शेती उत्तम व किफायतशीर होण्यासाठी
सर्वंकष मार्गदर्शन

शेती करू फायद्याची

डॉ. आ. बा. पाटील

मेहता पब्लिशिंग हाऊस

Ⓒ +91 020-24476924 / 24460313

Email : production@mehtapublishinghouse.com

Website : www.mehtapublishinghouse.com

◆   *या पुस्तकातील लेखकाची मते, घटना, वर्णने ही त्या लेखकाची असून त्याच्याशी प्रकाशक सहमत असतीलच असे नाही.*

SHETI KARU FAYDYACHI by Dr. A. B. Patil

शेती करू फायद्याची : डॉ. आ. बा. पाटील / शेतकी

Email : author@mehtapublishinghouse.com

© निर्मला आ. पाटील

मराठी प्रकाशनाचे हक्क मेहता पब्लिशिंग हाऊस, पुणे ३०.

प्रकाशक   : सुनील अनिल मेहता, मेहता पब्लिशिंग हाऊस,
                १९४१, सदाशिव पेठ, माडीवाले कॉलनी, पुणे – ४११०३०.

मुखपृष्ठ   : मेहता पब्लिशिंग हाऊस

प्रकाशनकाल : फेब्रुवारी, १९९६ / सुधारित दुसरी आवृत्ती : जुलै, २००१ /
                सप्टेंबर, २००७ / पुनर्मुद्रण : जून, २०१८

P Book ISBN 9788177661262

E Book ISBN 9788171615315

E Books available on : play.google.com/store/books
                www.amazon.in
                https://books.apple.com

सादर अर्पण

ज्या शेतकरी समाजातून आपण आलो आहोत, त्याचे ऋण फेडण्यासाठी, त्याला चांगले दिवस दिसण्यासाठी ज्यांनी आपल्या तरुणपणापासून आतापर्यंत सतत प्रयत्न केले. त्यासाठी अहमदनगर जिल्ह्यात ज्यांनी कोपरगाव सहकारी साखर कारखाना स्थापन करून आतापर्यंत कार्यक्षमतेने चालविला आहे, त्या भागाचे महाराष्ट्र विधानसभेत आणि लोकसभेत ज्यांनी प्रतिनिधित्व करून आणि आपल्या प्रेमळ वागण्याने व कार्यकर्त्यांच्या सहकार्याने कोपरगाव तालुक्याचा सर्वांगीण विकास घडविला आहे आणि अद्याप घडवीत आहेत, असे माजी राज्यमंत्री, माजी खासदार आणि कोपरगाव सहकारी साखर कारखान्याचे सध्याचे चेअरमन, जे मनाने, हाडाने, पेशाने आणि कर्तृत्वाने शेतकरी आहेत, अशा -

मा. शंकररावजी काळे

यांना **'शेती करू फायद्याची'** हे माझे पुस्तक सादर अर्पण.

डॉ. आ. बा. पाटील

शेताच्या बांधावर

शेती हे एक शास्त्र आहे आणि त्या शास्त्राप्रमाणे शेती केल्यास ती फायद्याची ठरते, याचा अनुभव आतापर्यंत अनेक शेतकऱ्यांनी घेतला आहे; त्यामुळेच आता शेती विषयावर अनेक पुस्तके प्रसिद्ध होत आहेत. भरपूर खपाची, अनेक दैनिके सध्या आठवड्यातून एका ठरावीक दिवशी शेती हे सदर देतात. कारण त्या सदरासाठी मोठा वाचकवर्ग आहे.

सध्या ही परिस्थिती आहे; परंतु वीस-बावीस वर्षांपूर्वी ही परिस्थिती नव्हती. शेती विषयावरील पुस्तकांना त्या वेळी फारशी मागणी नव्हती. कारण नवीन पद्धतीने शेती केल्यास शेती उत्पादन वाढते, यावर अनेकांचा विश्वास नव्हता. अशा वेळी म्हणजे १९७३ मध्ये मुंबईहून प्रसिद्ध होणाऱ्या दै. लोकसत्ताने शेती विषयावर दरमहा किमान एक लेख लिहावा, असे मला सुचविले. मी त्यांची विनंती मान्य केली. तेव्हापासून सतत दहा वर्षे दरमहा एक याप्रमाणे मी लोकसत्तेसाठी शेती विषयावर लेख लिहिले. त्याच वेळी दै. महाराष्ट्र टाइम्सनेही पंधरा दिवसांतून एक वेळ शेती विषयाचा वेगळ्या धर्तीचा लेख त्यांच्यासाठी माझ्याकडे मागितला. ते लेखही लिहिले. त्यानंतर दै. केसरी, दै. सकाळ या पुण्याच्या वृत्तपत्रांत मी शेती या विषयावर सतत लेखन केले. दै. सकाळ, पुणे मध्ये दर आठवड्यास एक याप्रमाणे शंभर शेती लेख लिहिले.

कोल्हापूरच्या दै. पुढारीचे संपादक श्री. बाळासाहेब जाधव हे माझे फार जुने चाहते. त्यांच्या वडिलांपासून (ग. गो. जाधव) दै. पुढारीशी माझे सबंध होते; त्यामुळे त्यांनीही त्यांच्या दैनिकासाठी माझ्याकडे शेती विषयावरील लेखांची मागणी केली. मी त्यांच्याकडे दर मंगळवारी प्रसिद्ध होणाऱ्या 'शेती सहकार' पुरवणीसाठी गेले कित्येक महिने लिहितो आहे.

आतापर्यंत वृत्तपत्रांत अनेक लेख लिहिले, लोकांनी ते वाचले असतील; पण नंतर सर्व विसरले जाते; म्हणूनच दै. पुढारीमध्ये प्रसिद्ध झालेल्या काही लेखांचे एक पुस्तक प्रसिद्ध करावे, अशी कल्पना कोल्हापूर आणि पुणे येथील एक प्रसिद्ध प्रकाशक, मेहता पब्लिशिंग हाऊसचे श्री. सुनील मेहता यांनी मांडली. कारण त्यांच्या मनात सारख्या काहीतरी नवीन कल्पना येत असतात. त्यांनी 'सुंदर माझी फुलबाग' आणि 'सुंदर माझी फळबाग' ही माझी पुस्तके फार आकर्षक स्वरूपात प्रसिद्ध केली; त्यामुळे त्यांचे आणि माझे फार जवळचे संबंध झाले. कारण आम्ही दोघेही मूळचे कोल्हापूरचेच. त्यांच्या कल्पनेतूनच 'शेती करू फायद्याची' या पुस्तकाने आकार घेतला.

या पुस्तकातील सर्व लेख दै. पुढारीत प्रथम प्रसिद्ध झाले आहेत. त्यांत किरकोळ बदल करून ते पुस्तकांच्या स्वरूपात येथे दिले आहेत. कोणत्याही दैनिकात लिहिताना त्याला शब्दांची मर्यादा पडते; त्यामुळे या पुस्तकात दिलेले ६८ लेख छोटे छोटे आहेत; परंतु तो विषय चांगल्या तऱ्हेने समजून देण्याच्या ताकदीचे आहेत. दैनिकात लिहिताना काही मर्यादा येतात. त्या समजून घेऊन पुस्तक वाचावे, ही विनंती.

आपली शेती हवामानावर, पावसावर अवलंबून असते. दैनिकात लिहिताना त्या वेळेचे हवामान, पाऊस इत्यादी गोष्टी विचारात घेऊन लिहावे लागते. आपणांस त्याचा अनुभव हे लेख वाचताना येईल; त्यामुळेच 'पाऊस नाही, काय करावे?' किंवा 'पावसाला लवकर सुरुवात होवो' या लेखावरून त्या वेळची परिस्थिती लक्षात येते; परंतु अशी परिस्थिती अधूनमधून येतच असते.

या ठिकाणी दिलेल्या लेखांत अनेक विषय आहेत. नांगरटीपासून धान्य साठवणीपर्यंत सर्व विषय हाताळले आहेत. मात्र, प्रत्येक विषय स्वतंत्र आहे. तेवढ्यापुरताच आहे. पुढील लेखाशी त्याचा फारसा संबंध नाही. शेतीविषयी खूप काही लिहिण्यासारखे आहे. त्यातील एखादा विषय निवडून, त्याविषयी थोडक्यात माहिती दिली आहे. या पुस्तकात दिलेली माहिती वाचून सामान्य शेतकऱ्याची शेती फायद्याची निश्चित होईल. कारण अगदी साध्या साध्या गोष्टींनाही शेतीत महत्त्व असते. सामान्य शेतकऱ्यास सहज करता येणाऱ्या परंतु महत्त्वाच्या गोष्टी देण्याचा प्रयत्न मी येथे केला आहे. तो कितपत यशस्वी झाला आहे, हे आपण ठरवायचे आहे.

नव्या शेतीचा विचार करून, नवीन आव्हाने स्वीकारून, शेती फायद्याची करून महाराष्ट्र 'सुजलाम् सुफलाम्' करण्याचा प्रयत्न प्रत्येक शेतकऱ्याने करावा, ही माझी तळमळ आहे. त्या दृष्टीने हे पुस्तक वाचावे, अशी विनंती आहे.

दैनिकात प्रसिद्ध झालेल्या आणि शेती या विषयावरील लेखांचे मराठीतील हे पहिलेच पुस्तक असावे. श्री. सुनील मेहता यांनी हा प्रयोग केला, त्याबद्दल त्यांचे

आभार मानावेत तेवढे थोडेच आहेत. दै. पुढारीच्या संपादकांनी लेख प्रसिद्ध करण्यास परवानगी दिल्याबद्दल त्यांचेही आभार! आता अधिक वेळ बांधावर न थांबता शेतात जाऊन काय आहे, काय नाही हे पाहा. जे चांगले असेल, ते तुमचे; नसेल, ते माझे.

डॉ. आ. बा. पाटील

नव्या शेतीचा विचार

आज गुढी पाडवा! वर्षप्रतिपदा! आपल्या हिंदूंच्या नवीन वर्षाचा पहिला दिवस! कोणत्याही गोष्टीचा आरंभ आपल्याला विशेष महत्त्वाचा वाटतो. तो दिवस चांगला जावा असे आपण म्हणतो. नवं वर्ष सुखाचं, समाधानाचं जावो अशी आपण प्रार्थना करतो.

वर्षप्रतिपदेला किंवा गुढी पाडव्याला चैत्र शुद्ध प्रतिपदा असेही म्हणतात. चित्रा नक्षत्रावरून या महिन्याला चैत्र हे नाव पडले आहे. चित्रा नक्षत्र असलेली पौर्णिमा ती चैत्री पौर्णिमा आणि ज्या महिन्यात चैत्री येते तो चैत्र महिना. चित्र या संस्कृत शब्दापासून चैत्र हा शब्द आला आहे. चित्र याचा अर्थ विविध असा आहे.

या महिन्यात वसंत ऋतू असतो; त्यामुळे सर्वत्र हिरवेगार दिसते. नाना प्रकारची फळे आणि नानारंगी फुले झाडांवर, रोपांवर दिसतात. सुष्टीचे हे सौंदर्य पाहून मन सुखावते. अशा या नयनरम्य चैत्र महिन्याचा पहिला दिवस 'वर्षप्रतिपदा' नावाने आपण साजरा करतो. साडेतीन मुहूर्तांतील हा एक मुहूर्त आहे. अशा या मुहूर्तावर आपण अनेक नवीन कामांचा शुभारंभ करतो.

माझे बालपण खेड्यात गेले. मराठी सातवीपर्यंत शिक्षण खेड्यातच झाले; त्यामुळे या गुढी पाडव्याच्या लहानपणीच्या आठवणी जागृत होतात. गुढी पाडव्यादिवशी आम्हा लहान मुलांचे पाटीपूजन असायचे. त्याची तयारी आम्ही आदल्या दिवसापासूनच करीत होतो. नवीन कपडे घालून पाटीपूजनासाठी शाळेत जाण्यात किती आनंद वाटायचा! खेड्यात प्रत्येकजण गुढी उभारतो. त्या दिवशी दुपारी गावातील सर्व लोक (प्रामुख्याने शेतकरी) चावडीत जमायचे. त्या वेळी ब्राह्मण गुरुजी पंचांग वाचून नवीन

वर्ष कसे जाईल, पाऊसमान कसे राहील, कोणत्या नक्षत्रात कसा पाऊस होईल, धान्य किती पिकेल इत्यादी गोष्टींची माहिती सांगत. सर्वजण ती आनंदाने ऐकून समाधानाने घरी जात. नवीन वर्षाच्या दृष्टीने खेड्यातील सर्वजण एकत्र येत. एकमेकांच्या सुख-दुःखाशी समरस होत. शेतीचा, पीक-पाण्याचा विचार करीत. ही पद्धत अद्याप चालू आहे की नाही याची मला निश्चित माहिती नाही.

गुढी पाडव्याच्या दिवशी आपण कडुलिंबाच्या पानात हरभऱ्याची डाळ, गूळ घालून ते सर्व लहान-थोर खातो; पण कडुलिंबाचा पाला का खातो याचा फार थोडे लोक विचार करीत असावेत. आयुर्वेददृष्ट्या कडुलिंबाचा पाला फार गुणकारी असून तो शरीरबल-संवर्धनास उपयुक्त आहे. कडुलिंबाने कोणताही रोग होत नाही. कडुलिंब खाणाऱ्याचे शरीर तेजस्वी व निरोगी असते.

प्राचीन काळी ऋषिमुनी कडुलिंबाची पाने खाऊन राहत. कडुलिंबाचा पाला शीतल असतो. चैत्र महिन्यात ऊन असते. अशा वेळी पाला खाल्ल्याने शरीराचा थकवा नाहीसा होऊन मेंदूस तरतरी येते. काम करण्यास उत्साह वाटतो. म्हणून गुढी पाडव्याच्या दिवशी लिंबाचा पाला खाण्याची पद्धत पडली असावी; पण आपण नवीन कडुलिंबाची झाडे किती लावतो? या झाडाची पाने, फुले, फळे (लिंबोळी), साल, लाकूड इत्यादी सर्व गोष्टींचा उपयोग होतो. हिरव्यागार लिंबाच्या सावलीत, मोकळ्या हवेत जो झोपतो त्याला दीर्घायुष्य लाभते, असे म्हणतात. म्हणून आपण लिंबाच्या लागवडीकडे लक्ष दिले पाहिजे.

गुढी पाडवा कशासाठी?

गुढी पाडवा सण साजरा करण्याची कोणती कारणे आहेत. याची माहितीही फार थोड्यांना असावी. हा सण साजरा करण्यामागे अनेक कथा आहेत. प्रभू श्रीरामाने आपला चौदा वर्षांचा वनवास संपवून, रावणाचा वध करून विजयाने, आनंदाने आपल्या अयोध्यानगरीत प्रवेश केला तो याच चैत्र शुद्ध प्रतिपदेस! त्या वेळी अयोध्येतील नगरवासीयांनी आपल्या नगरीत गुढ्या उभारून जो आनंदोत्सव केला त्याचेच प्रतीक म्हणून गुढी उभारली जाते.

गुढी पाडव्यासंबंधीच्या अशा अनेक पौराणिक कथा आहेत. या सणास धार्मिक महत्त्वही आहे. हिंदू धर्मशास्त्रप्रमाणे या दिवसापासून नूतन संवत्सर सुरू होते आणि त्याबरोबर नवे पंचांगही सुरू होते. गुढी पाडव्याचे ऐतिहासिक महत्त्व आहे. कारण हा दिवस शालिवाहन शकारंभाचा आहे. पैठणच्या शालिवाहन राजाने शक लोकांचा पराभव करून आपले राज्य सुखी केले. त्याच्या पराक्रमाचा हा विजयदिन आपण गुढ्या उभारून, आनंदाने साजरा करतो; पण इंग्रजी सनाप्रमाणे हा शक किती लोकांच्या लक्षात आहे ?

नवीन वर्षाचा विचार

आपणा हिंदूंचे आज नवीन वर्ष सुरू होत आहे. अनेक व्यापारी नवीन धंद्यांची, नवीन दुकानांची आज सुरुवात करतात; परंतु आपण शेतकऱ्यांनी या दिवशी काय करावे? फक्त गुढी उभारून, लिंबाचा पाला खाऊन समाधान मानणे योग्य आहे का? आपला प्रमुख धंदा शेती आहे. अर्थात शेती हा धंदा म्हणून किती शेतकरी करतात? आपली शेती फायद्याची आहे की तोट्याची आहे याचा हिशेब आपण कधी मांडतो का? निदान या गुढी पाडव्याच्या शुभमुहूर्तावर आपण आपल्या मुख्य धंद्याचा - शेतीचा विचार केला पाहिजे. या धंद्याचा कारभार फायद्याचा होण्यासाठी काय केले पाहिजे हे ध्यानात घेतले पाहिजे. नवीन वर्षाचा एक नवीन विचार आपण मनात घेतला पाहिजे.

सुधारलेली शेती ही सुशिक्षित बुद्धिमंतांची शेती आहे. नांगरणे, कुळवणे, उत्तम बी पेरणे, कोळपणे, निंदणे, जोरखते देणे, औषध फवारणे, पीक काढणे, मळणी करणे इत्यादी शारीरिक कष्टाची कामे हुशार नोकर, मजूर लावून, थोडा अधिक पैसा खर्च करून करवून घेता येतात; परंतु शेतीच्या धंद्याचा जम बसविण्याच्या दृष्टीने योजना आखणे, नफा-तोट्याचे अंदाजपत्रक करणे, वेळापत्रक तयार करून कामाचा क्रम ठरविणे आणि कसे पेरावे, त्याला जोरखते कोणती व किती घ्यावीत, त्यावर किडी व रोग केव्हा, कसे आणि का पडतात, त्याच्या नियंत्रणासाठी किंवा त्यांच्यापासून संरक्षणासाठी कोणती औषधे कशी वापरावीत इत्यादी कामे बुद्धीची, विचाराची आणि व्यवहाराची आहेत. आपल्या धंद्याच्या सर्व बाजू वरचेवर तपासून पाहिल्या पाहिजेत. ज्या वेळी आपल्या सर्व जमिनीतून व पेरलेल्या प्रत्येक पिकातून आपल्याला भरपूर नफा मिळाला पाहिजे हा दृष्टिकोन आपल्या मनात पक्का ठाण मांडून बसेल त्याच वेळी कोरडवाहू शेतीतूनसुद्धा आपणास चांगला फायदा होऊ शकेल याचा आपण आज विचार केला पाहिजे.

लंगड्या सबबी

आपल्या शेतीत नुकसान झाले म्हणजे आपण अनेक लंगड्या सबबी सांगतो. सरकारने चांगले बियाणे वेळेवर दिले नाही, सोसायटीने कर्ज दिले नाही, खते मिळाली नाहीत इत्यादी सबबी असतात. याशिवाय सध्या मजूरच काम करीत नाहीत आणि महत्त्वाचे म्हणजे निसर्गाने यंदा दगा दिला, अशा रामबाण सबबी आपण सांगतो. अर्थात यांतील काही कारणे काही वेळा खरी असतात. शेतीत नुकसान होण्याची कारणे दोन प्रकारची असतात. पहिले कारण म्हणजे आपले शेतीकडे दुर्लक्ष किंवा जाणते-अजाणतेपणामुळे झालेल्या आपल्या चुका हे असून दुसरे

कारण बाहेरची प्रतिकूल परिस्थिती आहे. आपण बाहेरच्या परिस्थितीला जेवढे महत्त्व देतो तेवढेच दुर्लक्ष पहिल्या कारणाकडे करतो. मी शेताची उन्हाळी मशागत नीट केली नाही, माझी पेरणी बिघडली, मी वेळेवर खते आणली नाहीत, पैशाची व्यवस्था केली नाही, निसर्गाची लहर मला सांभाळता आली नाही असे आत्मपरीक्षणात्मक विचार केल्याशिवाय आपली शेती सुधारणार नाही आणि शेतीचा धंदा यशस्वी करता येणार नाही.

इतर धंद्यांचे व्यवहार फक्त माणसाशी चालतात. शेतीत माणसे, जनावरे, खट्याळ यंत्रे आणि प्रचंड शक्तीचा निसर्ग सांभाळून यश मिळविण्यासाठी रात्रंदिवस प्रयत्न करावे लागतात. ठरावीक वेळेत - ११ ते ५ किंवा सकाळ-संध्याकाळपर्यंत कामे आटोपून, कपडे झटकून मोकळे होण्यासारखा हा धंदा नाही. दिवसाचे चोवीस तास आणि वर्षाचे तीनशे पासष्ट दिवस अवधान ठेवून, इतरांची मर्जी राखून शेतीचा धंदा करावा लागतो. त्यासाठी अनेक गोष्टींचा सतत विचार करावा लागतो.

एखाद्या चुकीमुळे वर्ष वाया

शेतीच्या धंद्यात होणाऱ्या चुका आणि इतर धंद्यांत होणाऱ्या चुका यात फरक आहे. इतर धंद्यांत झालेल्या चुकांची दुरुस्ती लगेच करता येते; परंतु शेतीत चूक झाली की पूर्ण वर्ष वाया जाते. पुढच्या वर्षी काळजी घेऊन ती चूक टाळल्यास पुन्हा नुकसान होणार नाही इतकेच! आता पेरणीचेच घ्या. आपली पेरणी बिघडली तर कितीही प्रयत्न केले आणि खर्च केला तरी ती निर्दोष होत नाही. पिकावर रोग-किडी आल्यास आणि वेळेवर औषधे न फवारल्यास नंतर काहीही केले तरी नुकसान भरून येत नाही. यंदाची चूक ही यंदाच दुरुस्त करण्यास वेळ मिळत नाही. एका चुकीसाठी वर्ष वाया जाते. फक्त एका चुकीसाठी एवढा मोठा भुर्दंड दुसऱ्या कोणत्याही धंद्यात सोसावा लागत नाही हे आपण ध्यानात घेतले पाहिजे. शेतीसारख्या चुकांबद्दल निसर्ग असा काही रट्टा मारतो की, त्यामुळे शेतकऱ्याला दोन-चार वर्षे सरळ चालताच येत नाही. तसेच एकदा झालेली चूक पुन्हा होणार नाही याची काळजी घेणे आवश्यक आहे.

आपली शेती सुधारण्यासाठी आपली चूक समजणे ही पहिली सुधारणा आहे. ती चूक कशी दुरुस्त करावी हे समजणे म्हणजे शेती-सुधारणेची पहिली पायरी. अशा अनुभवाने जी शेती सुधारते ती 'सुधारलेली शेती' ठरते. सुधारणा म्हणजे थोडाफार खर्च होणारच; परंतु प्रत्येक सुधारणेसाठी खर्च लागतोच असे नाही. कारण कामाच्या पद्धतीत सुधारणा करायला पैसा लागत नाही. चुकीच्या वेळेस केली जाणारी कामे वेळेवर केली की, खर्चाशिवाय फायदा मिळतो.

उदाहरण घ्यायचे तर नांगरटीचे घेता येईल. शेताची नांगरट करायची असते. परंतु ती जमिनीत थोडी ओल असताना (हिवाळी नांगरट) केल्यास ढेकळे निघत नाहीत; नांगरट सोपी होते. पुन्हा कुळवणी वेळेवर करता येईल. तसेच पेरणीचे, खतांचे, पीकसंरक्षक उपायांचे आहे. या सर्व गोष्टी वेळेवर केल्यास त्याच पैशांत अधिक फायदा मिळू शकतो. म्हणून शेतीतील कामे वेळच्या वेळी करावीत. 'बैल गेला नि झोपा केला' असे शेतात झाल्यास निसर्ग आपणास झोपविल्याशिवाय राहात नाही.

ट्रॅक्टरने नांगरट, पेरणी करणे, यंत्रांनी फवारणी किंवा धुरळणी करणे, मळणीसाठी यंत्रे वापरणे इत्यादी कामे केली म्हणजे शेती सुधारणे हे म्हणणे बरोबर नाही. कारण ही कामे बैल-माणसांच्या ऐवजी यंत्राने केली म्हणजे साधनांची सुधारणा होते, शेतीची सुधारणा होईलच याची खात्री नाही. सुधारलेली शेती म्हणजे आपल्या शेती-उत्पादनात वाढ होणे. एकरी २० पोती धान्य मिळण्याऐवजी २९ पोती धान्य झाले तर ती शेती सुधारली असे म्हणता येईल. त्यासाठी मग यांत्रिक साधने वापरली नसली तरी चालेल.

अधिक उत्पादन हे जर सुधारलेल्या शेतीचे साध्य असेल तर ते कसे मिळविता येईल याचा विचार केला पाहिजे. त्यासाठी अनेक गोष्टींचा विचार करणे आवश्यक आहे.

शेतीत पहिली महत्त्वाची गोष्ट म्हणजे ज्या जमिनीत आपण पिके घेतो त्या ठिकाणची माती. या मातीत काय आहे, पिकांना तारक कोणते व मारक कोणते घटक आहेत याची माहिती होण्यासाठी मातीची तपासणी करून घ्यावी. त्यानुसार पिकांना जोरखते द्यावीत; त्यामुळे कमी खर्चात चांगली पिके येतील.

मग आली जमिनीची पूर्वमशागत. हिवाळी नांगरटीचे महत्त्व पक्के ध्यानात ठेवावे. वेळेवर नांगरट करून, कुळवाच्या पाळ्या देऊन जमीन भुसभुशीत करावी. उंच-सखल जमीन समपातळीत आणावी. बांधबंदिस्ती करावी. वळवाचा एखादा मोठा पाऊस झाल्यास, पावसाच्या पाण्याने जमिनीतील माती वाहून जाणार नाही अशी बांधबंदिस्ती असावी. शेतात शेणखत, कंपोस्ट खत पाहिजेच. त्याची कमतरता असेल तर खतासाठी हिरवळीचे पीक घ्यावे. शेतात शेणखताचे ढीग न करता ते ताबडतोब जमिनीत मिसळावेत.

पेरणी वेळेवर होण्यासाठी अधिक उत्पादन देणारे, संकरित जातीचे बियाणे आणून ठेवावे. ऐनवेळी कुठले तरी बी आणू नये. शेतात रोपांची योग्य संख्या राहील या प्रमाणात योग्य खोलीवर बी पेरावे. पेरताना शिफारशीप्रमाणे रासायनिक खते पेरावीत; त्यासाठी दुचाडी पाभर वापरावी. रोपे दाट असल्यास विरळणी करावी. कमी असल्यास नांगे भरावेत. कोळपणी, निंदणी करून, तण काढून शेत स्वच्छ ठेवावे.

नत्रयुक्त खताचा दुसरा हप्ता वेळेवर द्यावा. पिकांवर रोग-किडी आढळल्यास ताबडतोब पीकसंरक्षक औषधे फवारावीत किंवा धुरळावीत. पाऊस नसेल तर खरिपात अगर इतर हंगामात योग्य प्रमाणात वेळेवर पाणी द्यावे. पिकांची काढणी, मळणी वेळेवर करावी. घर धान्याने भरेल.

अशा प्रकारे शेतीच्या कारभाराचा विचार आपण करावा. त्याप्रमाणे वेळापत्रक आखून प्रत्यक्षात काम करावे. आज पाडव्याच्या नववर्षींदिनी आपण अशा नव्या शेतीचा, शेतीतील नवीन कारभाराचा विचार पक्का करून त्याप्रमाणे कामाला लागावे; त्यामुळे आपले शेती-उत्पादन वाढेल. आपले घर धान्याने भरेल. पुढील गुढी पाडवा अधिक आनंदात जाईल. आजच्या गुढी पाडव्याच्या शुभदिनी आपण शेतकऱ्यांनी सुधारलेल्या शेतीच्या विचारांची गुढी उभारावी.

◆

स्वीकारू या ही आव्हाने

शेती हा फार मोठी व्याप्ती असलेला आणि मानवी जीवनाशी निगडित असलेला विषय आहे. शेतीशिवाय जगणे अजून तरी कोणाला शक्य झालेले नाही. कारण आपणाला लागणारे अन्नधान्य शेतीतूनच मिळते; परंतु अशी परिस्थिती असली तरी शेतीला आणि शेती करणाऱ्या शेतकऱ्याला आज त्या प्रमाणात महत्त्व दिले जात नाही. मूठभर पेरून पन्नास मुठी धान्य पिकविणारा शेतकरी हा खऱ्या दृष्टीने मोठा कारागीर किंवा चमत्कार करणारा समजला पाहिजे; परंतु तसे कोणी त्याला समजत नाही.

उत्तम शेती

उत्तम शेती, मध्यम व्यापार आणि कनिष्ठ नोकरी ही म्हण आता व्यवहारात उलटी झालेली आहे. कारण शेती करणाऱ्यांपेक्षा नोकरी करणाऱ्याला अधिक मान व पैसा मिळतो हे कटू सत्य आहे. अशा परिस्थितीत ज्या वेळी आपण महाराष्ट्राच्या शेतीचा विचार करतो त्या वेळी आपल्यापुढे अनेक समस्या येतात. महाराष्ट्रात लागवडीखालील क्षेत्र सुमारे पाच कोटी एकर असून ते भारताच्या क्षेत्राच्या १२ टक्के आहे. अन्नधान्याच्या उत्पादनात मात्र महाराष्ट्राचा वाटा फक्त ७ टक्के आहे. महाराष्ट्रातील कापूस - लागवडीखालील - क्षेत्र भारताच्या ३४ टक्के आहे, तर उत्पादनातील वाटा केवळ १७ टक्के आहे. अशा प्रकारे इतर अनेक क्षेत्रांतही महाराष्ट्राची व भारताची तुलना करता येईल; परंतु ही तुलना करीत असताना

महाराष्ट्रातील शेतीचे जे प्रश्न आहेत त्याचाही विचार करणे महत्त्वाचे आहे.

अपुरा पाणीपुरवठा

महाराष्ट्रातील शेतीचा महत्त्वाचा प्रश्न म्हणजे अपुरा पाणीपुरवठा आहे. कारण महाराष्ट्रातील फक्त सुमारे १३ टक्के जमिनीस पाणी पुरविले जाते. म्हणजेच ८७ टक्के जमीन ही कोरडवाहू आहे. पाऊस पडला तर या भागातील शेती पिकते, अन्यथा शेतकऱ्याला स्वतःच्या कुटुंबापुरतेही धान्य मिळत नाही. पाणीपुरवठ्याखालील क्षेत्र वाढवावयाचे म्हटले तर अनंत अडचणी आहेत. बर्वे कमिशनच्या अहवालानुसार महाराष्ट्रातील जास्तीतजास्त ३० टक्के क्षेत्र पाण्याखाली येऊ शकेल आणि त्यासाठी कोट्यवधी रुपये खर्च होऊन कित्येक वर्षे थांबावे लागेल. म्हणून आहे त्या पाण्याचा जास्तीतजास्त प्रमाणामध्ये कसा उपयोग करून घ्यावयाचा ही महत्त्वाची गोष्ट आहे.

शेती आणि पाणी हे एकमेकांशी फार संबंधित विषय आहेत. सध्या आपणाकडे थोडे कमी प्रमाणात पाणी असले तरी आपण पाण्याचा जो वापर करतो तो मात्र फार निष्काळजीपणाने करतो असे दिसते. कारण बरेचसे पाणी पाटाने देण्याची पद्धत आहे. पिकांना पाटाने पाणी दिल्यामुळे बरेच पाणी बाष्पीभवनाने निघून जाते. तसेच पाणी देण्याच्या पाटांची अनेक वर्षे दुरुस्ती न केल्यामुळे पाण्याचा कितीतरी अपव्यय होतो.

पाण्याचा अपव्यय

ज्या नद्यांना बारमाही पाणी आहे, अशा नद्यांच्या काठाशी अनेक उपसा जलसिंचन योजना सुरू झालेल्या आहेत. त्या योजनांतून पाणी देण्याची शेतकऱ्यांची पद्धत ही फार घातक पद्धत झाली आहे. कारण अनेक ठिकाणी रात्री उसासारख्या पिकाला पाणी सोडतात आणि सकाळीच ते पाणी बंद करतात; त्यामुळे शेतात सगळीकडे पाणीच पाणी झालेले असते. शेतीला भरपूर पाणी दिले म्हणजे भरपूर पीक येते अशा कल्पनेने आणि आळसामुळे या पद्धतीने पाणी देतात; परंतु हे योग्य नाही. कारण कोणतीही गोष्ट अति झाली तर त्याची माती व्हावयास वेळ लागत नाही. पिकांना अशा प्रकारे जरुरीपेक्षा जास्त पाणी दिल्यामुळे पिकांचे उत्पादन तर वाढत नाहीच; पण जमिनीची प्रत मात्र खालावते. या अधिक पाण्याचा योग्य निचरा न झाल्यामुळे काही वर्षांनी ती जमीन खारवट बनते. मग त्या जमिनीत गवतही उगवत नाही. यासाठी शेतकऱ्यांनी पाणी फुकट आहे म्हणून त्याचा अपव्यय करण्याचे बंद केले पाहिजे.

आपल्यासारख्या कमी पाण्याच्या राज्यात खरे तर पाणी मोजूनच दिले पाहिजे.

परंतु प्रत्यक्षात पाणी मोजून देण्याची पद्धत केव्हा आणि कशी सुरू होईल हे आताच समजणे फार अवघड आहे. अशा परिस्थितीत ठिबक किंवा तुषार सिंचन पद्धतीने पाणी दिल्यास पिकांना योग्य पद्धतीने हवे तेवढे पाणी मिळू शकेल. ज्यांच्याकडे पाणी कमी आहे त्यांनीच तुषार किंवा सिंचन पद्धत वापरावी अशी अनेक शेतकऱ्यांची गैरसमजूत आहे; परंतु या दोन्ही पद्धतींचा फायदा फार मोठा आहे; त्यामुळे कमी पाण्यात अधिक जमीन भिजते, त्याचबरोबर या पद्धतींनी पिकाचे किंवा फळझाडांचे उत्पादन निश्चितच वाढते असे अनेक प्रयोगांत सिद्ध झाले आहे. त्याचा अनुभव अनेक शेतकऱ्यांनाही आला आहे. म्हणून महाराष्ट्रातील शेतकऱ्यांनी अशा प्रकारे पाण्याचा फार काटकसरीने वापर केला पाहिजे. कालव्याचे पाणी कोणत्या पिकास किती द्यावयाचे हे लक्षात घेऊनच पाणी दिले पाहिजे. हल्ली आपले बरेच पाणी उसासारख्या पिकाला वापरले जाते; परंतु अन्नधान्याची किंवा तेलबियांची जी इतर पिके आहेत त्यांना फार कमी प्रमाणात पाणीपुरवठा केला जातो; त्यामुळे आपले उसाशिवाय इतर पिकांचे हेक्टरी उत्पादन फार कमी आहे. त्याचा परिणाम म्हणजे असंख्य शेतकऱ्यांना हलाखीचे जीवन जगावे लागते.

महाराष्ट्रात ओलिताखाली बाजरीचे क्षेत्र ०.६ टक्के, हरभरा १.३८ टक्के, कापूस ०.५ टक्के असे आहे. इतर पिकांची अवस्था कमी-अधिक प्रमाणात अशीच आहे. अखिल भारतीय पातळीवर हेक्टरी उत्पादनात महाराष्ट्राचा क्रमांक खालून दुसरा आहे. भारतातील तुलनात्मक मागासलेली अनेक राज्ये अन्नधान्य व इतर पिकांत महाराष्ट्रापेक्षा पुढे आहेत हे पुढील आकडेवारीवरून लक्षात येऊ शकेल. हेक्टरी उत्पादन : बिहार - ११८२ कि. ग्रॅ., कर्नाटक - ९७६ कि. ग्रॅ., ओरिसा - ९७६ कि. ग्रॅ., गुजराथ - ८८३ कि. ग्रॅ., मध्यप्रदेश - ८६४ कि. ग्रॅ., महाराष्ट्र ८२३ कि. ग्रॅ. म्हणून उसाबरोबरच इतर पिकांनाही पाणी देण्याची सवय आपल्या शेतकऱ्यांनी लावून घेतली पाहिजे.

लहान शेतकरी

महाराष्ट्राचा शेतीचा दुसरा महत्त्वाचा प्रश्न म्हणजे आपणाकडे लहान शेतकऱ्यांचे प्रमाण अधिक आहे. महाराष्ट्रात सुमारे ५७ टक्के शेतकरी लहान आहेत. अशा शेतकऱ्यांना फारशा सवलती मिळत नाहीत, कारण त्यांची जमीन कमी असल्याने त्यांची पत फारशी नसते; त्यामुळे त्यांना बहुतेक योजनांचा लाभ मिळत नाही.

या लहान शेतकऱ्यांच्या शेतीतून दर हेक्टरी जोपर्यंत अधिक उत्पादन मिळत नाही तोपर्यंत आपल्या राज्याचे दर हेक्टरी उत्पादन वाढणे अवघड आहे. अद्यापही आपल्या शेतीच्या वाटण्या होत असल्याने या लहान शेताचे अनेक तुकडे पडू लागले आहेत. कारण शेतावर राहणाऱ्या कुटुंबांची संख्या वाढते आहे. शेती हा

ज्यांचा मुख्य व्यवसाय आहे, असे नोकरपेशा लोकही केवळ आपला हक्क दाखविण्यासाठी शेतीचे तुकडे करून ७/१२ ला आपले नाव लावून घेतात; त्यामुळे शेती फायद्याची होण्याऐवजी तोट्याचीच होत चालली आहे. अमेरिकेसारख्या देशात किमान २५० एकरांची शेती असेल तरच ती फायद्याची ठरते; परंतु आपल्या महाराष्ट्रात किंवा देशात किमान किती एकर शेती असावी म्हणजे ती फायद्याची ठरेल या बाबतीत कोणी अभ्यास केलेला नाही आणि जरी केला असला तरी शेतीवरचा आपला हक्क सोडण्यास कोणी तयार नसल्याने आपल्या शेतीचे लहानलहान तुकडे होऊन लहान शेतकऱ्यांत भरच पडणार आहे. हे कसे कमी करता येईल याचा विचार व्हावा.

पीक-पद्धती बदला

आपले पिकाचे दर हेक्टरी उत्पादन वाढले पाहिजे, याचा विचार करीत असतानाच आपण आपल्या पीक-पद्धतीचा विचार केला पाहिजे. ज्या पिकापासून अधिक पैसे मिळू शकतात, जमिनीचा कसही कमी होत नाही अशी पिके आपण जास्तीतजास्त प्रमाणात घेतली पाहिजेत. अर्थात ज्वारी, बाजरी, भात, गहू अशी अन्नधान्याची पिके घेतली पाहिजेतच; परंतु त्याच्या जोडीला निरनिराळी कडधान्ये आणि तेलबियांची पिके घेतली पाहिजेत; परंतु सध्या बरेच ठिकाणी हे घडत नाही. कमी श्रमांत उसासारखी पिके चांगले पैसे देतात म्हणून अनेक शेतकरी ऊस-शेतीकडे वळतात; परंतु उसाचेच पाणी देऊन वर्षातून तीन पिके घेतल्यास उसापेक्षा जास्त पैसे निश्चितच मिळतील आणि जमिनीची सुपीकता वाढेल; त्यादृष्टीने आपण आपल्या पिकांचा आराखडा तयार केला पाहिजे. आपला शेजारी ते पीक घेतो म्हणून आपण तेच पीक घेतले पाहिजे ही कल्पना आता योग्य नाही. त्याऐवजी आपणाला फायद्याची ठरणारी पिके घेण्याचा विचार केला पाहिजे.

पीक-रचनेत बदल करताना सोयाबीनच्या पिकास अग्रक्रम दिला पाहिजे. सोयाबीनचे क्षेत्र महाराष्ट्रात वाढण्यास खूप वाव आहे. पुढील दहा वर्षांत १५ लाख हेक्टरपर्यंत सोयाबीनचे क्षेत्र वाढविता येईल असा तज्ज्ञांचा अंदाज आहे. कारण महाराष्ट्रात हे पीक खरीप व उन्हाळी हंगामात घेता येते. पाच वर्षांपूर्वी महाराष्ट्रात ५० ते ६० हजार हेक्टर क्षेत्रात सोयाबीन होते; परंतु आता महाराष्ट्रातील सोयाबीनचे क्षेत्र ४ लाख हेक्टरवर गेले आहे. थोड्या श्रमांत, थोड्या पैशांत चांगले उत्पादन देणारे सोयाबीनचे पीक शेतकऱ्यांनी अवश्य घ्यावे.

निरनिराळ्या अन्नधान्याच्या पिकांबरोबरच फळझाडांची लागवड वाढविली पाहिजे. कारण महाराष्ट्रात सर्व प्रकारची फळझाडे चांगल्या प्रकारे येऊ शकतात हे आता सिद्ध झाले आहे. विशेषतः कमी पाणी असलेल्या भागात कोरडवाहू फळझाडे मोठ्या प्रमाणात घेता येणे सहज शक्य आहे. त्यांत बोर, डाळिंब, आवळा, सीताफळ अशा

अनेक फळझाडांचा समावेश करता येऊ शकेल. अगदी हलक्या जमिनीतही ही फळझाडे घेऊन उत्पादन वाढविता येईल. पाऊस पडणाऱ्या भागात आणि वरकस जमिनीत काजू लागवड फायद्याची होऊ शकेल. कारण पडीक आणि डोंगराळ जमिनीवरसुद्धा काजूचे पीक चांगले येते. इतर सर्व फळपिकांपेक्षा काजूची शेती अधिक किफायतशीर होऊ शकते असे काही तज्ज्ञांचे मत आहे. काजूच्या झाडांच्या पानांना एक विशिष्ट प्रकारचा वास असल्याने शेळ्या, मेंढ्या आणि इतर जनावरे ती खात नाहीत. इस्राईल तज्ज्ञांच्या मतानुसार काजूपिकाची योग्य ती मशागत करून त्यास पाणी दिल्यास त्याचे उत्पादन बरेच वाढू शकते. म्हणून त्या दृष्टीने आपण विचार करणे आवश्यक आहे. फुलशेतीपासूनही चांगले पैसे मिळतात हे ध्यानात ठेवून फुलांची लागवड वाढवावी.

महाराष्ट्रातील सर्वसाधारण शेतकऱ्यांना निव्वळ शेतीवर जगणे अवघड आहे. कारण त्यांच्या शेतीचे अनेक प्रश्न असतात. म्हणून शेतीच्या जोडीला दूधव्यवसाय, कोंबडीपालन आवश्यक केले पाहिजे. अलीकडेच विकसित होत असलेल्या रेशीम उद्योगाकडेही शेतकऱ्यांनी अधिक लक्ष देणे जरुरीचे आहे.

महाराष्ट्रातील शेतकरी प्रगतिशील आहे, कष्टाळू आहे, नवीन काहीतरी करण्याची त्याची जिद्द आहे; म्हणूनच अखिल भारतीय पातळीवरील गहू, ज्वारी पीक स्पर्धेत प्रथम क्रमांक मिळविणारे अनेक शेतकरी महाराष्ट्रात आहेत; परंतु अगदी थोडे शेतकरी जे करू शकतात, तेच इतर शेतकरी का करू शकत नाहीत हा महत्त्वाचा प्रश्न आहे. अद्याप कितीतरी शेतकऱ्यांना दर हेक्टरी उत्पादन वाढविणे सहज शक्य आहे. फक्त त्यासाठी थोडासा विचार केला पाहिजे, त्याचे नियोजन केले पाहिजे आणि शास्त्रोक्त पद्धतीने त्या पिकांची लागवड केली पाहिजे. सर्वसाधारण शेतकऱ्यांना हे मुळीच अवघड नाही. तसे जर झाले तर महाराष्ट्रातील शेती आणि शेतकरी हे मागे नाहीत, इतर राज्यांच्याही पुढे आहेत हे सिद्ध झाल्याशिवाय राहणार नाही.

◆

मातीपरीक्षण आवश्यक

''तुम्ही सांगता त्याप्रमाणे आम्ही पिकांची लागवड करतो. त्यांना खतं देतो; परंतु तुम्ही सांगता त्याप्रमाणे आमच्या पिकांचं उत्पादन येत नाही, असं का होतं? तुमचं सांगायला चुकतं की आमचं करायला चुकतं?'' माझ्याकडे आलेले दोन प्रगतिशील शेतकरी मला विचारत होते.

''आपणास चांगली भूक लागते. आपण चांगलं पौष्टिक अन्न खातो; परंतु काही वेळा आपलं वजन कमी होतं. डॉक्टर आपणाला काही औषधं देतात; परंतु त्यानं गुण आला नाही तर मग आपल्या रक्तातील, लघवीतील साखरेची तपासणी करून घ्यायला सांगतात. छातीचा एक्स-रे काढायला सांगतात. त्या तपासणीच्या अहवालानंतर मग पुढील औषधयोजना सुरू करतात. बरोबर आहे ना?'' मी विचारले.

''बरोबर आहे; पण आपल्या आजाराचा आणि पिकांचा काय संबंध?'' त्यांनी विचारले.

''इथंच आपलं चुकतं. आपलं वजन कमी झालं किंवा इतर आजार झाले तर आपण आपली तपासणी करतो, तसंच ज्या जमिनीत आपण शेकडो वर्षे पिकं घेत आहोत ती जमीन कशी आहे, पिकाला उपयोगी आणि उपद्रवी घटक त्या जमिनीत आहेत किंवा कसे हे पाहण्यासाठी आपण त्या जमिनीतील मातीची तपासणी केली पाहिजे. योग्य ती खते देऊनही पिकांचं उत्पादन चांगलं येत नाही म्हणजे चांगलं अन्न खाऊनही आपलं वजन कमी होण्यासारखंच आहे.'' मी त्यांना सांगितले.

माती-तपासणी कशासाठी?

पिकांच्या वाढीसाठी नत्र, स्फुरद व पालाश ही अन्नद्रव्ये जमिनीतून द्यावी लागतात. त्यासाठी आपण पिकांना रासायनिक खते देतो; परंतु रासायनिक खतांच्या उपयोगासाठी दोन मुख्य गोष्टींची माहिती असणे आवश्यक आहे. त्या म्हणजे पिकांना किती अन्नद्रव्ये लागतात आणि त्यांपैकी आपल्या जमिनीत किती अन्नद्रव्ये उपलब्ध आहेत. खतांच्या शिफारशींवरून पिकांना किती अन्नद्रव्ये लागतात हे समजते; परंतु त्यांपैकी आपल्या जमिनीत कोणती अन्नद्रव्ये किती प्रमाणात उपलब्ध आहेत हे समजण्यासाठी मातीची तपासणी आवश्यक आहे.

माती-तपासणीत मातीच्या नमुन्यांचा आम्ल-विम्ल निर्देशांक (पी.एच.), क्षारांचे प्रमाण आणि नत्र, स्फुरद व पालाश या अन्नांशांचे प्रमाण काढले जाते. आम्ल-विम्ल निर्देशांक व क्षारांचे प्रमाण यावरून जमिनीची स्थिती समजते. पिकांना सुलभ रीतीने अन्नांश मिळण्यासाठी जमिनीचा आम्ल-विम्ल निर्देशांक सातच्या आसपास पाहिजे. फार आम्ल व फार विम्ल असणाऱ्या जमिनी पिकांच्या अन्नांश-शोषण-क्रियेवर दुष्परिणाम करतात. म्हणून आम्ल-विम्ल निर्देशांक चारच्या खाली असेल तर जमिनीस चुना देण्याची जरुरी असते. याउलट, आम्ल-विम्ल निर्देशांक जर साडेआठच्या वर असेल तर जिप्सम किंवा गंधक जमिनीत घालावे लागते.

जमिनीत क्षारांचे प्रमाण जर अर्ध्या टक्क्याच्या वर असेल तर अशा जमिनी खारवट बनतात. अशा जमिनी सुधारण्यासाठी चर काढून क्षारांचा निचरा करावा लागतो.

नत्र, स्फुरद व पालाश यांचे जमिनीतील उपलब्ध प्रमाण काढून त्यानुसार निरनिराळ्या पिकांना या अन्नांशांच्या किती मात्रा द्याव्यात हे माती-परीक्षण अहवालात सांगितले जाते; त्यामुळे पिकांना हव्या त्या प्रमाणात हवी ती खते मिळाल्याने पिके जोमाने वाढतात. सध्या रासायनिक खतांच्या किमती वाढल्या असल्याने पाहिजे तेवढीच खते देऊन खर्चात मोठी बचत करता येते. माती-तपासणीमुळे असे अनेक फायदे होतात.

मातीचा नमुना कसा घ्यावा?

माती-तपासणीसाठी नमुना केव्हा घ्यावा हेही महत्त्वाचे आहे. पीक-कापणी केल्यानंतर मातीचा नमुना घ्यावा. पीक उभे असताना किंवा जोरखत घातल्यानंतर निदान ८-१० आठवडे तरी मातीचा नमुना घेऊ नये. तसेच ते नमुने शेतातील जनावरे बसण्याची जागा, पाणथळ जमीन, कचरा साठवण्याची जागा, कंपोस्ट खताची जागा, झाडाखालची जागा, शेताचे बांध या ठिकाणांहून गोळा करू नयेत.

कमी-अधिक खोलीतील नमुनेही एकत्र करू नयेत. या दोन गोष्टींकडे लक्ष दिल्यास तो मातीचा नमुना योग्य ठरतो.

माती-परीक्षणासाठी नमुना कसा घ्यावा, हेही महत्त्वाचे आहे. मातीचे परीक्षण करताना एक महत्त्वाची गोष्ट ध्यानात ठेवली पाहिजे. ती म्हणजे ज्या जमिनीची तपासणी करावयाची त्या जमिनीतून पृथक्करणासाठी गोळा केलेले मातीचे नमुने हे त्या जमिनीचे प्रातिनिधिक नमुने असावेत. ते तसे नसल्यास माती-परीक्षणाचा योग्य तो फायदा मिळत नाही आणि आपले उत्पादन वाढत नाही.

जमिनीचे एकूण क्षेत्र, जमिनीच्या रंगातील फरक, जमिनीची खोली व जमिनीचा उतार वगैरे सर्व बाबी लक्षात घेऊनच मातीचे किती नमुने गोळा करावयास पाहिजेत हे ठरवावे.

मातीचे नमुने गोळा करण्याचेही एक तंत्र आहे. या तंत्रात प्रत्येक सलग आणि सपाट जमिनीचे चार भाग करून त्या प्रत्येक भागातून एकाच खोलीतील माती घ्यावी. मातीचा नमुना घेण्यासाठी अशा प्रकारे निरनिराळ्या ठिकाणी खड्डे खोदून २० सें. मी. खोलीपर्यंत माती घ्यावी. ही सर्व माती स्वच्छ घमेल्यात अगर बादलीत जमा करावी. नंतर ती स्वच्छ गोणपाट किंवा फडक्यात घेऊन चांगली मिसळावी. मग तिचे चार सारखे भाग करून समोरासमोरचे दोन भाग काढून टाकावेत. अशी क्रिया गोणपाटावर ५०० ग्रॅम माती शिल्लक राहीपर्यंत करावी.

अशा प्रकारे गोळा केलेली माती १५ ते २५ सें. मी. आकाराच्या तोंडाशी बंद असलेल्या कापडी पिशवीत भरावी. माती ओलसर असल्यास ती सावलीत वाळवून पिशवीत भरावी. मातीचे नमुने घेण्यासाठी वापरली जाणारी अवजारे, पोती व कापडी पिशव्या स्वच्छ असाव्यात. त्यांचा कुठल्याही खताशी संपर्क आलेला नसावा.

नमुना पिशवीत भरल्यानंतर पुढील सविस्तर माहिती भरून तक्ता पिशवीत टाकावा : अ) नमुना क्रमांक, आ) नमुना घेतल्याची तारीख, इ) शेतकऱ्याचे नाव ई) गावाचे नाव, उ) तालुका, ऊ) जिल्हा, ए) सर्व्हे नंबर/पोट हिस्सा/गट नंबर, ऐ) जमिनीचा उतार, ओ) पाण्याचा निचरा, औ) मागील पीक व त्याचे हेक्टरी उत्पादन, अं) पुढील वर्षी घ्यावयाचे पीक, अ:) गेल्या तीन वर्षांत घेतलेली पिके.

अशा प्रकारे मातीचा नमुना तयार केल्यानंतर तो आपल्या जवळच्या साखर कारखान्यात, खत-कंपनीत किंवा शासकीय प्रयोगशाळेत तपासणीसाठी पाठवावा. या सर्व गोष्टी आपणास करणे शक्य नसल्यास आपल्या गावातील प्रशिक्षण व भेटयोजनेच्या ग्रामविस्तारकास मातीचा नमुना घ्यावयास सांगून परीक्षणासाठी पाठविण्यास सांगावे. महाराष्ट्रात अनेक ठिकाणी शासकीय मातीपरीक्षण प्रयोगशाळा आहेत. त्या ठिकाणी माती-तपासणी मोफत केली जाते. म्हणजे काहीही पैसे खर्च न होता माती-तपासणी होऊन त्यापासून अनेक फायदे होतात.

पीक हा केंद्रबिंदू

मातीचे परीक्षण करून त्यावर आधारित खताचे प्रमाण व स्वरूप सुचविताना कोणते पीक घ्यावयाचे आहे हे गृहीत धरून निर्णय घेतला जातो. प्रत्येक पिकाच्या अन्नद्रव्याच्या गरजा वेगळ्या असतात. त्याच जमिनीत एकाऐवजी दुसरे पीक घेताना नत्र, स्फुरद व पालाश यांच्या प्रमाणात थोडाफार बदल करावा लागतो; त्यामुळे एकदा सुचविलेले खताचे प्रमाण सगळ्याच पिकांना सारखे लागू पडत नाही. म्हणून मातीचे परीक्षण करून ठरविलेले खताचे प्रमाण वापरताना कोणते पीक घ्यावयाचे हे नेहमी ध्यानात ठेवावे.

दुसरी महत्त्वाची गोष्ट म्हणजे मातीचे परीक्षण करून सुचविलेल्या सर्व गोष्टी काळजीपूर्वक पाळाव्यात. खत देतेवेळी जमिनीत पुरेसा ओलावा आहे किंवा नाही, खत योग्य पद्धतीने दिले जाते किंवा नाही आणि त्यानंतर रोग व किडीपासून पिकाचे संरक्षण वेळेवर केले जाते की नाही यावर खतांचा प्रत्यक्ष परिणाम अवलंबून असतो. म्हणून या गोष्टींकडेही लक्ष द्यावे.

आपली शेती सुधारावी, आपले शेती-उत्पादन वाढावे असे प्रत्येक शेतकऱ्याला वाटणे साहजिक आहे; पण फक्त वाटून काय उपयोग? त्यासाठी सर्व शेतीसुधारणांचा पाया म्हणजे माती-तपासणी आपण करून घेणे आवश्यक आहे. घराचा पायाच व्यवस्थित नसेल तर घर मजबूत कसे होणार? मातीचे परीक्षण करून घेतले नाही तर आपले शेती-उत्पादन कसे वाढणार? या माती-परीक्षणासाठी काहीही खर्च येत नाही. आता आपल्या शेतातून पिके निघाली असतील; म्हणून आता अधिक वेळ न घालविता मातीचा नमुना घेऊन तपासणीसाठी पाठवा. त्याचा अहवाल आल्यावर त्याप्रमाणे खते द्या. मग थोड्या खर्चात भरघोस शेती-उत्पादन मिळवा.

◆

नांगरट केव्हा व कशी करणे फायद्याचे?

"पूर्वी आम्ही बैलानं नांगरट करीत होतो; परंतु आता फारशी बैलं राहिली नाहीत. म्हणून ट्रॅक्टरनं भाड्यानं नांगरट करतो; पण ते भाडंही सध्या फार वाढल्यानं नांगरट करणं बरंच खर्चाचं झालं आहे. म्हणून नांगरट केव्हा करावी, प्रत्येक वर्षी नांगरट करणं जरुरीचं असतं काय इत्यादी प्रश्न आमच्या मनात येतात." एक प्रगतिशील शेतकरी मला सांगत होते.

असेच प्रश्न अनेक शेतकऱ्यांच्या मनात येतात; परंतु आपल्या मनातील शंका, प्रश्न विचारून त्यांची उत्तरे मिळविण्याचा प्रयत्न सर्वच शेतकरी करतात असे नाही.

मशागत कशासाठी?

आपण जमिनीची मशागत कशासाठी करतो? नांगरट करणे, ढेकळे फोडणे, कुळवणे, कोळपणे, पिकांना भर देणे अशी अनेक कामे आपण मशागतीत करतो; पण ही कामे कशासाठी करायची? त्यामुळे काय फायदा होतो? आपण जमिनीत पिके घेतो; परंतु नैसर्गिक स्थितीतील जमिनीत नेहमीच पिके घेणे शक्य नसते. ज्या जमिनीत बी पेरायचे ती जमीन कठीण आणि एकजीव नसावी. कारण तशा जमिनीत बी रुजत नाही. बियांचा अंकुर वर येत नाही आणि रोपाची मुळे जमिनीत घुसत नाहीत. त्यासाठी जमीन मऊ व भुसभुशीत हवी. अशा जमिनीत नाजूक अंकुर सहज वर येतो आणि कोवळी मुळे जमिनीत घुसू शकतात. त्यांना अशा जमिनीतून पाणी व अन्नद्रव्ये मिळतात; म्हणूनच जमिनीची मशागत महत्त्वाची आहे. त्यासाठीच

'जमिनीची योग्य मशागत करणं म्हणजे जमिनीला खत देणं' असे म्हणतात.

मशागतीच्या कामात नांगरटीला वरचा क्रमांक असतो. आपण जमीन का नांगरतो, नांगरटीचे उद्देश कोणते हे समजले म्हणजे जमीन केव्हा नांगरावी, कशी नांगरावी हे समजू शकेल.

नांगरट कशासाठी?

आपण जमिनीत पेरलेले बी चांगले रुजावे, रुजल्यावर त्याची चांगली वाढ व्हावी या उद्देशाने आपण मशागत करतो. जमीन नांगरली की, ती भुसभुशीत होते; त्यामुळे जमिनीत अधिक ओल धरून ठेवली जाते. रोपांच्या मुळ्या खोल आणि आजूबाजूला पसरतात. जमिनीत हवा खेळती राहते. पालापाचोळा जमिनीत मुजविला जातो. जमिनीतील उपयुक्त जीवाणूंची चांगली वाढ होते. जमिनीत हवा चांगली खेळती राहते. जमिनीत चांगल्या प्रमाणात पाणी आणि हवा असल्याने पिकाच्या वाढीसाठी उपयुक्त अशा रासायनिक व जैविक क्रिया चांगल्या घडतात; त्यामुळे सेंद्रिय पदार्थांचे विघटन चांगले होते.

जमिनीत हवा तर हवी; परंतु पिकांच्या निकोप वाढीसाठी जमिनीतील हवेची अदलाबदल होणे जरुरीचे असते. नांगरटीमुळे जमिनीतील कर्बवायू बाहेर येऊन पिकांना ऑक्सिजनचा पुरवठा होण्यास मदत होते. जमिनीतील मातीचे तपमान वाढण्यास मदत होते; त्यामुळे जमिनीतील जीवाणूंची वाढ होऊन ते सक्रिय होतात. उन्हामुळे जमिनीतील तण व अपायकारक किडी यांचा नाश होतो. नांगरटीमुळे अनेकदा वरची चांगली जमीन खाली जाऊन कमी सुपीक जमीन वर येते. अधिक चांगली जमीन खाली गेल्याने पिकांची वाढ चांगली होते.

वरील सर्व उद्देश सफल होण्यासाठी नांगरट योग्य वेळी केली पाहिजे. घात नसताना केलेल्या मशागतीमुळे फायदा होण्याऐवजी नुकसान होण्याची शक्यता असते. म्हणूनच नांगरट कधी करावी हे आपण समजून घेतले पाहिजे.

नांगरट केव्हा करावी?

नांगरट कधी करावी हे जेवढे महत्त्वाचे तेवढेच दरवर्षी नांगरट करावी का, हेही महत्त्वाचे आहे. दरवर्षी नांगरट करावी किंवा करू नये हे पुढील बाबींवर अवलंबून असते.

१) पूर्वीचे पीक - नवीन जमीन लागवडीखाली आणावयाची असेल तर तिची नांगरट केली पाहिजे. ज्या जमिनीत ऊस, ज्वारी, मका यांसारखी पिके घेतली असतील ती जमीन या पिकांमुळे घट्ट होते; म्हणून जमीन भुसभुशीत करण्यासाठी अशा जमिनीची नांगरट करावी; परंतु कडधान्ये, कापूस, भुईमूग, बटाटा अशी पिके

जमिनीत घेतली असतील तर ती जमीन दरवर्षी नांगरण्याची जरुरी नाही.

२) कोणती पिके घेणार? - आपण त्या जमिनीत कोणती पिके घेणार आहोत यावर त्या जमिनीची नांगरट करावयाची की नाही हे ठरवावे. ऊस, आले, हळद इत्यादी पिकांना भुसभुशीत जमीन लागते. तसेच ही पिके जमिनीत अधिक काळ राहात असल्याने आणि त्यांना पाणी अधिक हवे असल्याने अशा पिकांच्या वेळी जमिनीची खोल नांगरट करावी; परंतु ज्वारी, बाजरी, गहू अशा पिकांची मुळे उथळ असल्याने खोल नांगरटीची जरुरी नसते.

३) तण - ज्या जमिनीत हरळी, कुंदा, लव्हाळा यांसारख्या तणांचा त्रास असतो त्या जमिनीची दरवर्षी खोल नांगरट करून या तणांची मुळे वेचून काढल्यास उपद्रव कमी होतो.

४) जमिनीचा प्रकार - ज्या जमिनीतून पाण्याचा चांगला निचरा होत नाही अशा जमिनीत हवा खेळती राहावी म्हणून दरवर्षी नांगरट करावी. मात्र, वाळूमिश्रित जमिनीची प्रत्येक वर्षी नांगरट करण्याची जरुरी नाही. तसेच भारी काळ्या जमिनी प्रत्येक वर्षी नांगरू नयेत. त्या साधारणत: तीन वर्षांतून एकदा नांगराव्यात. तणांचा त्रास असल्यास नांगरट आवश्यक आहे. हलक्या जमिनी दरवर्षी नांगरल्याने त्यांचा पोत सुधारतो. कमी पावसाच्या जमिनी प्रत्येक वर्षी नांगरल्यास त्यांत अधिक ओलावा राहतो.

योग्य ओल फायद्याची

नांगरटीच्या वेळी जमिनीत किती ओल आहे हे फार महत्त्वाचे असते. कोरडी जमीन नांगरल्यास मोठमोठी ढेकळे निघतात. नांगरट करणे त्रासाचे होते. अधिक वेळ लागतो. याउलट ओली जमीन नांगरल्यास जमिनीत चिखल होतो. जमिनीचा पोत बिघडतो. निचरा कमी होतो. म्हणून नांगरटीच्या वेळी योग्य ओल असणे फार महत्त्वाचे असते.

ही योग्य ओल ओळखण्याचे एक साधे तंत्र आहे. जी जमीन नांगरायची तिथली एक मूठभर माती हातात घेऊन तिचा गोळा करावा. हातांनी गोळा होत नसेल तर जमिनीत नांगरटीला पुरेशी ओल नाही असे समजावे. मातीचा गोळा बनल्यास तो साधारण एक मीटर उंचीवरून जमिनीवर टाकावा. जर हा गोळा न फुटता तसाच दबला गेला तर जमिनीत वाजवीपेक्षा अधिक ओल आहे असे समजावे. याउलट गोळा फुटून त्याचे भाग सहजासहजी वेगळे झाले तर जमिनीतील ओल नांगरटीला पुरेशी आहे असे समजावे.

हिवाळी नांगरट

अशी योग्य वेळ जमिनीत केव्हा असते? आपली खरीप पिके ऑक्टोबर ते डिसेंबरपर्यंत निघतात. पीक-कापणीच्या वेळी जमीन ओलसर असते; परंतु त्यानंतर जमिनीतील ओल हळूहळू कमी होते. जितका उशीर होईल तितकी ती जमीन नांगरणीला अवघड व अयोग्य होते. म्हणून खरीप पिके निघाल्यानंतर ताबडतोब जमीन नांगरणे फार महत्त्वाचे असते. ही वेळ प्रामुख्याने हिवाळ्यात येते. म्हणून यास 'हिवाळी नांगरट' म्हणतात. या नांगरटीमुळे अनेक फायदे होतात. रब्बी पिके कापणीनंतरही लगेच नांगरट करावी.

या वेळी जमिनीत योग्य ओल असल्यामुळे नांगरट करणे सोपे जाते. थोड्या वेळात अधिक काम होते. ढेकळे सहजासहजी फुटतात. नंतरची मशागतीची कामे सोपी व कमी खर्चात होतात. खरीप पिकांचा पालापाचोळा जमिनीत गाडला जातो. उन्हामुळे किडींचा नाश होतो. पुढील मशागतीस वेळ मिळतो.

नांगरट कशी करावी?

नांगरट केव्हा करावी हे जेवढे महत्त्वाचे तेवढेच ती कशी करावी हेही महत्त्वाचे आहे. नांगरट व मशागतीची इतर कामे उताराला काटकोन साधून करावीत; त्यामुळे वळवाच्या पावसाने धूप होत नाही. नांगरटीचे तास उताराला आडवे असल्याने पावसाचे पाणी थबकत थबकत खाली येते म्हणून जमिनीत अधिक पाणी मुरते. पाण्याचा वेग कमी होऊन मातीचे बारीक कण वाहून जात नाहीत.

नांगरट किती खोल करावी हे वर सांगितले आहे. जमिनीचा प्रकार व त्यात घ्यावयाचे पीक या गोष्टींचा विचार करून नांगरटीची खोली ठरवावी. ऊस, हळद, बटाटा अशा पिकांसाठी खोल नांगरट करावी. उथळ मुळ्यांच्या पिकांना खोल नांगरटीची जरुरी असते. ज्वारी, बाजरी, गहू अशा पिकांसाठी जमिनी १२ ते १५ सें. मी. खोल नांगराव्यात. फळबागेतील दोन्ही झाडांच्या मधील जमिनी फार खोल नांगरल्यास झाडांची मुळे तुटण्याची भीती असते.

अशा प्रकारे योग्य वेळी, योग्य खोलीची आणि योग्य प्रकारे नांगरट केल्यास कमी श्रमांत, कमी पैशांत अधिक चांगली नांगरट होऊन आपली पिके अधिक जोमदार येतील.

◆

पाऊस नाही; काय करावे?

''यंदा मृगाचा पाऊस बरा झाला म्हणून घाई करून आम्ही आमच्या पेरण्या आटोपल्या. कारण पुन्हा जर एकसारखा पाऊस पडायला लागला तर मग पेरणी कशी करायची? ज्वारीची पेरणी लवकर केल्यानं उत्पादन वाढतं असं तुम्ही सांगता; त्याप्रमाणे आम्ही पेरण्या केल्या. जमिनीतील ओलीवर पिकं उगवून आली; परंतु त्यानंतर पावसानं पळ काढला. आकाशात ढग येतात. कुठंतरी चार थेंब पडतात; पण त्यानं काय होणार? सध्या अगदी मे महिन्यासारखं ऊन पडतं आहे. आम्ही आभाळाकडं पाहतो आहोत; पण पावसाचा पत्ता नाही. अशा परिस्थितीत आम्ही शेतकऱ्यांनी काय करावं?'' शेतकरी अनेकदा असं विचारतात.

या शेतकऱ्यांप्रमाणेच महाराष्ट्रातील बहुतेक शेतकऱ्यांची परिस्थिती अनेकदा होते. कारण मृग नक्षत्रातही फार पाऊस होते नाही. पेरणीस पुरेसा होतो. आर्द्रा नक्षत्र जवळजवळ कोरडे जाते. जुलैमध्ये पुनर्वसु नक्षत्र सुरू होते. या नक्षत्रात तरी चांगला पाऊस पडेल अशी सर्वांची अपेक्षा असते. पाऊस लवकरच पडेल असा अंदाज वेधशाळा व्यक्त करते. त्याअगोदर आपण आकाशाकडे पाहतो.

अनेकदा महाराष्ट्रात दुष्काळी परिस्थिती निर्माण होते. नेहमीचा पावसाळा संपल्यानंतर फार थोड्या ठिकाणी वळवाचा पाऊस पडतो. अनेक ठिकाणी पावसाअभावी रब्बीची पिके पेरली जात नाहीत. काही गावांत टँकरने पिण्याचे पाणी पुरविले जाते. अशी परिस्थिती पाहून शेतकरीवर्ग हवालदिल झाला नाही तरच नवल!

पाऊस पाडणे आपल्या हातात नाही; परंतु निसर्गनि निर्माण केलेल्या परिस्थितीला

खंबीरपणे तोंड देणे आवश्यक आहे. त्यासाठी काय करावे? कोणता उपाय योजावा? असे प्रश्न अनेकांच्या मनांत येतात.

पाणी द्या

पश्चिम महाराष्ट्रातील बहुतेक सर्व जिल्ह्यांत मृगाचा पाऊस झाल्यावर ज्वारी, बाजरी, भात, निरनिराळी कडधान्ये, भुईमूग इत्यादी पिकांच्या पेरण्या होतात. जमिनीत पुरेशी ओल नाही म्हणून काही शेतकरी पेरण्या करीत नाहीत; पण अशा शेतकऱ्यांची संख्या फारशी नसते. काही भागांत भाताची रोपे करून मग त्याची पुनर्लागण करतात. अशा भागातील शेतकऱ्यांनी रोपासाठी बी टाकले असेल ते उगवते तर काही भागांत शेतकरी कोरड्या जमिनीतच भाताची पेरणी किंवा टोकण करतात. त्यांचेही भात उगवून वर येते. पावसाची ओल झाल्यानंतर पेरभात पेरतात. अशा पेरभाताच्या पेरण्याही आटोपून भात उगवते.

अशा परिस्थितीत पाऊस लवकर यावा अशी आपणा सर्वांची अपेक्षा असते; परंतु तोपर्यंत थांबून चालणार नाही. म्हणून ज्यांच्याकडे पिकास पाणी देण्याची सोय आहे त्यांनी आपल्या पिकास ताबडतोब पाणी द्यावे. अशा वेळी पाण्यासाठी थोडा खर्च झाला तरी हरकत नाही. पाणी दिल्यामुळे पिकाच्या वाढणाऱ्या उत्पादनाने तो भरून निघेल. आपण उसाला पाणी देण्याची सोय केलेली असते. म्हणून ज्यांची शेते उसाच्या शेजारी आहेत, अशांना आपल्या पिकास पाणी देणे अवघड नाही.

परंतु ज्या ठिकाणी पाण्याची सोय नाही अशाच ठिकाणी आम्ही ज्वारी, बाजरी, भात, कडधान्ये, तेलबियांची पिके घेतो असे सांगणारेही अनेक शेतकरी आहेत. कारण अशा अन्नधान्याच्या पिकांना पावसाळ्यात पाऊस नसताना पाणी द्यायची कल्पना अनेकांना पटत नाही; पण हे योग्य नाही. म्हणून अधिक वेळ न घालविता पिकांना ताबडतोब पाणी द्यावे. पावसाळ्यातही पिकांना पाणी द्यावे लागते हे आपण ध्यानात ठेवावे.

पाण्याची सोय असेल तर ऊस घ्यायचा. पाणी नसेल तरच अन्नधान्याची, कडधान्याची वगैरे पिके घ्यायची असे गणित अनेक शेतकऱ्यांनी केलेले असते; पण ते बरोबर नाही. कारण या पिकांनाही पाणी दिल्याने त्यांचे उत्पादन वाढते आणि त्यापासून चांगला फायदा होतो हे ध्यानात ठेवणे जरुरीचे आहे.

आंतरमशागत करा

सर्वांच्याकडे पाणी देण्याची सोय असणे शक्य नाही. मग अशा परिस्थितीत त्यांनी काय करावे? त्यांनी आपल्या पिकाला ताबडतोब आंतरमशागत करावी. पावसाने ताण दिल्याच्या अवस्थेत आपण खरिपातील जवळजवळ सर्व पिकांना

खुरपणी, कोळपणी यांसारखी आंतरमशागत केली पाहिजे. काहींना वाटेल की, या आंतरमशागतीमुळे काय होणार? त्याचा आणि जमिनीतील ओलीचा काय संबंध? पण त्यांचा फार जवळचा संबंध आहे.

बरेच दिवस पाऊस नाही; त्यामुळे वातावरणातील तपमान वाढते. अशा हवामानात तणांची वाढ फार झपाट्याने होते. लव्हाळा, हरळी, कुर्डू, दुधी, टाळपे अशा अनेक तणांचा त्रास पावसाळ्यातील पिकांना होतो. ही तणे जमिनीतील ओलावा व अन्न शोषून घेतात; त्यामुळे पिकांना ओलावा आणि अन्न कमी पडते. मग पिकांची वाढ योग्य होत नाही, म्हणून अशा तणाचा बंदोबस्त करण्यासाठी वरचेवर खुरपणी, कोळपणी करावी. त्या वेळी हरळी, लव्हाळा इत्यादी तणे शेतांतून काळजीपूर्वक वेचून बाहेर टाकावीत नाहीतर ती पुन्हा जमिनीत लागू शकतात.

अशा खुरपणी किंवा कोळपणीमुळे जमीन हलविली जाते; त्यामुळे बाष्पीभवनामुळे जमिनीतून उडून जाणारा ओलावा थांबतो. जमिनीत हवा खेळती राहिल्याने पिकांना हवेचा योग्य पुरवठा होतो. पिके जमिनीतील अन्न शोषून घेऊ शकतात. झाडांच्या मुळांना मातीची भर मिळाल्याने त्यांच्या वाढीस मदत होते. आंतरमशागत केलेल्या अशा जमिनीत थोडा पाऊस पडला तरी ती जमीन पाणी शोषून घेते.

विरळणी करावी

पावसाने ताण दिलेल्या परिस्थितीत ज्वारीसारख्या पिकाची विरळणी करावी. पीक-पेरणीनंतर पहिली विरळणी १० ते १२ दिवसांनी आणि दुसरी विरळणी १५ ते २० दिवसांनी करतात; परंतु परिस्थिती लक्षात घेता ज्यांनी विरळणी केली नसेल त्यांनी ताबडतोब विरळणी करावी. काही ठिकाणी पीक दाट असते. त्या ठिकाणची रोपे काढून ती पीक पातळ असलेल्या ठिकाणी लावली तरी चालतील किंवा त्या ठिकाणी बी पेरावे. ज्वारीचे ठरावीक उत्पादन येण्यासाठी हेक्टरी १.८० लाख ते २.०० लाख रोपे ठेवावीत असे सांगतात; परंतु सध्याची कमी ओलीची परिस्थिती लक्षात घेता रोपांची संख्या थोडी कमी झाली तरी चालेल. कारण शेतात कमी रोपे असल्यास जमिनीतील ओलावा शोषून घेण्यासाठी त्यांच्यातील स्पर्धा कमी होते. जी रोपे शेतात आहेत ती चांगली वाढतात.

अशा वेळी ज्वारीचे पीक त्याच्या वाढीच्या प्रथम अवस्थेत असते. या अवस्थेत मुख्यतः पाने, खोड व मुळे यांची मोठ्या प्रमाणावर वाढ होते. या वाढीवरच आपणास त्या पिकापासून किती क्विंटल ज्वारी व कडबा मिळेल हे ठरते. म्हणून ज्वारीची ही अवस्था महत्त्वाची आहे. त्यासाठी वेळेवर आंतरमशागत करा. पाणी द्या.

शेणखत, रासायनिक खत हवे

शेणखत पुरेशा प्रमाणात मिळत नाही म्हणून अनेक शेतकरी धान्यपिकांना फार थोडे शेणखत देतात किंवा देत नाहीत; पण हे योग्य नाही. शेणखताचा तुटवडा भासतो. त्यासाठी स्वत:चे कंपोस्ट खत शेतात घातल्याने जमिनीच्या घडणीत सुधारणा होते. मातीतील सूक्ष्म जंतूंच्या संख्येत व कार्यशक्तीत वाढ होते. महत्त्वाचे म्हणजे जमिनीची पाणी धरून ठेवण्याची क्षमता वाढते; त्यामुळे अशा जमिनीत ओलावा अधिक काळ राहतो. म्हणून ज्यांनी आपल्या जमिनीत पुरेसे शेणखत, कंपोस्ट खत घातले असेल त्यांची पिके टवटवीत आणि चांगली असतात.

शेणखताबरोबर संकरित व अधिक उत्पादन देणाऱ्या संकरित ज्वारीस पेरणीबरोबर किंवा पेरणीअगोदर रासायनिक खते द्यावीत. कारण नत्र खताने पिकांची जलद वाढ होते. पीक रसरशीत दिसते. पीक लवकर तयार होते. स्फुरद खताने रोपांच्या मुळाची वाढ चांगली होऊन त्यास भरपूर फुले व दाणे येतात, तर पालाशमुळे पिकास कणखरपणा येतो; त्यामुळे पीक रोगास यशस्वीरीत्या प्रतिकार करू शकते. रासायनिक खतामुळे असे अनेक फायदे होतात. ज्यांनी असे खत दिले असेल त्यांची ज्वारीची पिके अशा वेळीही तजेलदार असतात. आपण प्रत्यक्ष पाहून अनुभव घ्यावा.

शेणखत किंवा कंपोस्ट आणि रासायनिक खते देणे पुढील उपयोगाच्या दृष्टीने लक्षात ठेवावे. अशा परिस्थितीत पिकांना पाणी देणे, आंतरमशागत आणि जरुरीप्रमाणे विरळणी करणे ही कामे त्वरित करावीत.

◆

पावसाला लवकर सुरुवात होवो!

महाराष्ट्रातील पर्जन्यमान कसे आहे त्यावरून महाराष्ट्राचे विभाग केले आहेत. शेतीच्या उत्पादनात एकूण पडणाऱ्या पावसापेक्षा पिकाच्या निरनिराळ्या वाढीच्या अवस्थेत कसा पाऊस झाला याला अधिक महत्त्व असते; त्यामुळे पडलेला एकूण पाऊस कमी झाला तरी अधिक उत्पन्न आल्याचे अनुभवास येते.

लावणी भात

कोल्हापूर, सांगली, सातारा या जिल्ह्यांचा पश्चिम भाग, बेळगाव जिल्ह्याचा काही भाग यामध्ये शेतकरी प्रथम भाताचे बी टाकून रोपे तयार करतात. त्यानंतर त्यांची लावणी करतात. पहिला पाऊस झाल्यानंतर ज्या शेतकऱ्यांनी अशी भातरोपे टाकली असतील त्यांची रोपे जुलै महिन्यात तीन ते चार आठवड्यांची होतात; परंतु पावसाअभावी त्यांना त्यांची लावणी करणे शक्य होत नाही. म्हणून अशा भातरोपांना एक आर क्षेत्रास २ किलो अमोनियम सल्फेट किंवा एक किलो युरिया घावा. चिखलणीस पाऊस नाही म्हणून शेतातील खोलगट भागात चिखलणी करून तेथे ३ ते ४ आठवड्यांच्या वयाच्या रोपांची लावणी करावी. चांगला पाऊस झाल्यानंतर मग चिखलणी करून संपूर्ण शेतात रोपांची पुनर्लागण करावी.

लावणी करताना रोपे जास्त दिवसांची झाल्यास एक चुडात २ ते ३ रोपांऐवजी ४ ते ५ रोपे लावावीत. तसेच दोन चुडांतील अंतर नेहमीपेक्षा कमी ठेवावे. लावणीनंतर फार पाऊस झाल्यास जास्त झालेले पाणी काढून टाकावे. जास्त

पावसाने रोपे पिवळी पडू लागल्यास त्यास हेक्टरी १० ते १५ किलो नत्र द्यावे.

ज्यांनी रोपे तयार केलेली नाहीत अशा ठिकाणी सामुदायिक रोपवाटिका तयार करून रोपे मिळवावीत. ज्यांनी पेरभात केले असेल त्यांनी पिकास कोळपण्या कराव्यात. भांगलण करावी. पाऊस फार लांबल्यास पेरभात घेऊ नये.

खरीप नागली

आपणाकडे कोल्हापूर, सांगली, सातारा या जिल्ह्यांतील डोंगराळ भाग व सिंधुदुर्ग, रत्नागिरी या जिल्ह्यांत डोंगरउतारावर हलक्या जमिनीत नागली घेतात. नागलीची पेरणी पहिल्या पावसावर करतात. ज्या ठिकाणी नागलीच्या पेरण्या झाल्या नसतील त्या ठिकाणी पाऊस पडल्यानंतर नागलीबरोबर हेक्टरी १२ ते १५ किलो चवळी किंवा २० किलो कुळीथ अगर ३० किलो मूग मिश्रपीक म्हणून पेरावे. या मिश्रपिकास हेक्टरी २५ किलो नत्र आणि २५ किलो स्फुरद याप्रमाणे खते द्यावीत.

खरीप ज्वारी

आपणाकडे खरीप ज्वारीचे पीक फार महत्त्वाचे आहे. ज्यांच्या पेरण्या जुलैच्या पहिल्या आठवड्यात होतात, त्यांनी आपल्या पिकात आंतरमशागत आणि भांगलण चालू ठेवावी. त्यांनी रोपांची संख्याही कमी करावी. पाऊस काही दिवस लांबल्यास पिकाची प्रत्येक तिसरी ओळ उपटून टाकून पाण्याचा ताण कमी करावा. तसेच अशा वेळी ज्वारीची नत्राची भूक वाढते. म्हणून पिकावर २ ते ३ टक्के युरियाचे द्रावण फवारावे.

ज्यांनी ज्वारीची पेरणी वेळेवर केलेली नाही त्यांनी पावसाला लवकर सुरुवात झाल्यास ज्वारीच्या लवकर तयार होणाऱ्या संकरित जाती पेराव्यात. पाऊस फारच लांबल्यास मध्यम ते भारी जमिनीत सूर्यफूल तर उथळ जमिनीत कारळे, चवळी, हुलगा किंवा मटकी पेरावी. बाजरीच्या पेरणीस फार उशीर झाल्यास त्या जमिनीतही अशीच पिके घ्यावीत.

भुईमूग

ज्यांनी भुईमुगाच्या पेरण्या केल्या आहेत त्यांनी शक्य असल्यास पिकास एखादे तरी पाणी द्यावे. असे एक पाणीही पिकांचा जीव वाचवू शकते. १९८७ मध्ये अशी परिस्थिती निर्माण झाली होती. त्या वेळी केवळ एक पाणी देऊन ज्वारी, बाजरी, कापूस, भुईमूग या पिकांचे उत्पादन ४० ते ६० टक्के वाढलेले आढळले. भुईमुगाची वरचेवर कोळपणी करावी. तसेच विरळणी करून १५ टक्के रोपांची संख्या कमी करावी. मात्र, भुईमुगास नत्रयुक्त खते देऊ नयेत. कारण नत्रखतामुळे

पीक माजते आणि शेंगा कमी लागतात.

भुईमुगाची ज्यांनी पेरणी लवकर केली नाही त्यांनी उशिरा पेरू नये. कारण भुईमूग उशिरा पेरल्यास उत्पादनात घट येते. म्हणून भुईमुगाऐवजी सूर्यफूल किंवा हळवी तूर घ्यावी. तसेच तीळदेखील उशिरा पेरणीस योग्य असतो. बाजरीऐवजी राळ किंवा भगर पेरावे.

पाऊस लांबल्यास लवकर तयार होणारे व काही प्रमाणात सुप्तावस्थेत असणारे वाण महत्त्वाचे ठरतात. १९८७ मध्ये पावसाचा सुमारे ४० दिवसांचा खंड पडला होता; त्यामुळे एकाच वेळी फुले येणारी फुले प्रगती ही भुईमुगाची जात अयशस्वी ठरली; परंतु त्या वेळी एस. बी. ११ किंवा मध्यम मुदतीची कोपरगाव या जाती चांगल्या आढळल्या. कारण त्या जातीत फुले येण्याचा काळ ४०-५० दिवस असल्याने पाऊसखंडानंतर पाऊस पडून फुले येण्यास सुरुवात झाली.

ज्यांनी तूर, मूग, उडीद यांसारखी कडधान्यपिके पेरली असतील त्यांनी त्यांची आंतरमशागत करावी; परंतु पावसाला उशीर झाल्याने ज्यांनी या पिकांची पेरणी केली नसेल त्यांनी उशिरा ही पिके पेरू नयेत. त्याऐवजी चवळी, मटकी, हुलगा (कुळीथ) अशी कडधान्यांची पिके घ्यावीत. हलक्या जमिनीत एरंडीची लागवड करावी.

पावसात खंड पडला असता कोळपणी करावी. त्याशिवाय पिकांच्या दोन ओळींत लाकडी नांगराचा तास घालून सरी करून ठेवावी. पाऊस सुरू झाल्यावर सरीत पाणी साठून भरपूर ओलावा तयार होतो.

अशा प्रकारे लांबलेल्या पावसाच्या परिस्थितीत वरीलप्रमाणे काळजी घ्यावी. ◆

शेती उत्पादनाची आव्हाने

महाराष्ट्रात रब्बी ज्वारीनंतर सर्वांत जास्त क्षेत्र खरीप ज्वारीखाली येते. दरवर्षी सुमारे ३० लाख हेक्टर क्षेत्रावर खरीप ज्वारीची पेरणी होते. कोल्हापूर, सांगली, सातारा, बेळगाव इत्यादी जिल्ह्यांत खरीप ज्वारी हे महत्त्वाचे पीक आहे. ज्वारीची पेरणी सर्वसाधारणपणे १६ जून ते ५ जुलैदरम्यान करतात.

खरीप ज्वारी कधी पेरावी याबाबत आतापर्यंत बरेच संशोधन झाले आहे. त्यानुसार जूनचा शेवटचा आठवडा आणि जुलैचा पहिला आठवडा पेरणीस योग्य आहेत, असे आढळून आले आहे. या वेळी पेरणी केल्यास सर्वांत अधिक उत्पादन मिळते असे आढळले आहे; परंतु जुलैचा तिसरा आठवडा संपत येतो तरी अनेकदा पाऊस पडत नाही. अशा वेळी ज्वारीची पेरणी केली तर नेहमीप्रमाणे उत्पादन मिळणार नाही; परंतु जनावरांना कडबा हवा, आपणास भाकरीसाठी जोंधळे हवेत म्हणून काही शेतकरी ज्वारी पेरणार हे निश्चित आहे. कारण शेतकऱ्यांच्या अडचणी शेतकरीच चांगल्या जाणतात.

नव्या जाती

काही वेळा पाऊस वेळेवर सुरू होत नाही म्हणून आपण जी ज्वारी पेरणार ती ज्वारी तयार होईपर्यंत नेहमीसारखे हवामान मिळणार नाही. कारण पावसाचे दिवस कमी होणार म्हणून त्यांनी कमी दिवसांत येणाऱ्या सीएसएच-१ व सीएसएच-६ या जाती पेराव्यात. सीएसएच-१ ही जात ११० दिवसांत तयार होते तर सीएसएच-

६ ही जात ९५ ते १०० दिवसांत तयार होते. हिची ताटे सीएसएच-५ च्या खालोखाल उंचीची असल्याने त्यापासून कडबाही चांगला मिळतो. धान्याचे उत्पादनही चांगले येते.

सीएसएच-५ आणि सीएसएच-९ या जाती पेरण्याकडे अनेक शेतकऱ्यांचा कल आहे. कारण या जाती निश्चितच चांगल्या आहेत; परंतु या जाती तयार होण्यास ११० ते ११५ दिवस लागतात. लांबलेल्या पावसाच्या परिस्थितीत त्या पेरणे तितकेसे योग्य ठरणार नाही.

पावसाने बराच खंड दिल्याने जनावरांच्या चाऱ्याची टंचाई भासण्याची शक्यता असते. म्हणून चाऱ्यासाठी मालदांडी ज्वारीसारखे काही स्थानिक वाण घेणे योग्य ठरेल. तसेच केवळ चाऱ्यासाठी ज्वारी, मका, चवळी इत्यादी पिके घेण्याचा अवश्य विचार करावा.

ज्यांच्या जमिनी मध्यम ते भारी आहेत अशा जमिनीत ज्यांना शक्य आहे त्यांनी ज्वारीऐवजी सूर्यफूल आणि उथळ जमिनीत कारळे, हुलगा किंवा मटकी पेरावी.

कडधान्ये

खरिपातील तूर, हुलगा, मटकी आणि चवळी ही कडधान्ये थोडी उशिरा पेरली तरी चालते. तुरीचे पीक मध्यम खोल जमिनीत घेतात. हे पीक कोणत्याही परिस्थितीत उथळ जमिनीत घेऊ नये. तुरीची पेरणी थोडी उशिरा केली तरी चालू शकते. हुलगा व मटकी ऑगस्टच्या सुरुवातीपर्यंत पेरली तरी चालेल. चवळी साधारणत: जुलैअखेरपर्यंत पेरण्यास हरकत नाही.

भुईमूग

भुईमूग हे खरिपातील महत्त्वाचे पीक आहे; परंतु ज्यांनी भुईमुगाची पेरणी लवकर केलेली नाही किंवा ज्यांनी पेरणी करूनही अपुऱ्या पावसामुळे शेतात पीक चांगले येत नाही या बाबतीत केलेल्या प्रयोगावरून असे दिसून आले की, जुलैच्या पहिल्या आठवड्यानंतर भुईमुगाची पेरणी केल्यास उत्पादन घटते. तसेच सध्या भुईमूग बियाचे वाढलेले दर पाहता पुन्हा पेरणी करणे योग्य ठरणार नाही.

भुईमूग पेरणे योग्य नसेल तर तेलबियाचे कोणते पीक घ्यावे? पाऊस लांबलेल्या परिस्थितीत ज्या जमिनीत आपण भुईमूग पेरतो ती जमीन भारी असेल तर त्या जमिनीत सूर्यफुलाचे पीक घ्यावे. मध्यम जमिनीत सूर्यफूल घेण्यास हरकत नाही. मात्र, उथळ जमिनीत सूर्यफूल घेऊ नये. हे पीक वर्षभर पेरण्यास योग्य असल्याने जमिनीचा मगदूर पाहून पिकाची पेरणी करावी; परंतु आजूबाजूला शेतकरी सूर्यफुलाचे पीक घेत असल्यासच या पिकाचा पेरा करावा. कारण एखाद्या शेतकऱ्यानेच हे पीक

घेतल्यास सूर्यफुलास पक्ष्यांचा त्रास होतो; त्यामुळे उत्पादन कमी होते. म्हणून आजूबाजूच्या शेतकऱ्यांनी एकत्र विचार करून सूर्यफूल अवश्य पेरावे. मात्र, हे पीक खादाड असल्याने त्याला योग्य खते द्यावीत. सूर्यफुलात तेलाचे प्रमाण बरेच म्हणजे ४५ ते ५० टक्के असल्यामुळे थोड्या क्षेत्रात, थोड्या वेळात या पिकापासून अधिक तेल मिळते. क्षारयुक्त जमिनीतही हे पीक येऊ शकते. याचे बी हेक्टरी फक्त १० किलो पुरते. भुईमुगापेक्षा या बियास बराच कमी खर्च येतो. सध्या त्यास दरही चांगला आहे. म्हणून सूर्यफूल अवश्य घ्यावे.

भात

भाताच्या पिकासाठी ज्यांनी रोपे तयार केली असतील त्यांनी पुरेसा पाऊस झाल्यावर चिखलणी करून रोपलावणी करावी. चिखलणीस योग्य पाऊस नसल्यास थोड्या खोलगट भागात चिखलणी करून रोपांची लावणी करावी. भरपूर पावसानंतर शेतात चिखलणी करून रोपांची पुनर्लावणी करावी. रोपे जून झाली असल्यामुळे चुडात ६ ते ८ रोपे लावावीत, तसेच दोन चुडांतील अंतर नेहमीपेक्षा कमी ठेवावे.

ज्यांनी वेळेवर भातरोपे टाकली नसतील त्यांनी रहू किंवा दापोग पद्धतीने रोपे तयार करावीत. त्यासाठी लवकर येणाऱ्या कर्जत ३५-३, कर्जत १८४, कुंडलिका, पवना, हळवे कोळंब यांसारख्या जाती वापराव्यात. रोपे करण्याच्या रहू पद्धतीत भाताचे बियाणे रात्रभर थंड पाण्यात भिजत ठेवावे. सकाळी बियाणे बाहेर काढल्यानंतर टोपल्यात, गोणपाटात भरून ठेवावे. ते भात पेंढ्याने झाकावे. जरुरीप्रमाणे त्यावर पाणी शिंपडावे. तिसऱ्या दिवशी दाण्यांना अंकुर आल्यानंतर ते बियाणे शेतात फेकून पेरावे.

अशा तऱ्हेने आपल्या पिकात बदल केला पाहिजे. ज्यांच्या पेरण्या साधल्या असतील त्यांनी पिकांना थोड्या दिवसांनंतर योग्य खते देऊन पिकांची काळजी घेतली पाहिजे. इतरांनी निसर्गाच्या लहरीप्रमाणे बदल करून जगायला शिकले पाहिजे. कारण आपणा शेतकऱ्यांचा सतत निसर्गाशी संबंध असतो. त्याच्याशी मिळतेजुळते घ्यायला पाहिजे.

खरिपाच्या तयारीला लागा

"रोहिणी निघाल्याबरोबर पावसाला सुरुवात झाली आणि मनाला फार समाधान झालं. मृगही वेळेवर पडो आणि आमची पिकंही चांगली येवोत." एक वृद्ध शेतकरी मला सांगत होते.

पूर्वमशागत लवकर संपवा

ज्या शेतकऱ्यांनी आपल्या जमिनीची नांगरट, कुळवणी वगैरे आंतरमशागत वेळेवर केली असेल त्यांना लवकर पडणाऱ्या पावसाने फार फायदा होतो. कारण पावसाचे पाणी शेतात मुरते. तसेच काहींनी फक्त नांगरटीच केल्या आहेत. रोहिणीच्या आणि इतर वळवाच्या पावसाने त्यांच्या शेतांतील ढेकळे फुटली. मऊ झाली; त्यामुळे त्यांना पुढील मशागत करणे सोपे जाईल; परंतु या मशागती करण्यासाठी फार वेळ घालवून चालणार नाही. कारण ७ जूनला मृग नक्षत्र निघते.

शेणखतांचे ढीग नकोत

रस्त्याच्या दोन्ही बाजूच्या शेतांत शेणखतांचे लहान लहान ढीग केलेले दिसतात. हे योग्य नाही. आम्हाला जनावरे पाळण्यास परवडत नाही; त्यामुळे आमची जनावरे कमी झाली. मग शेणखतही कमी झाले. म्हणून आम्ही पिकांना हव्या त्या प्रमाणात शेणखत देऊ शकत नाही असे अनेक शेतकरी सांगतात. त्यांचे ते खरे आहे. सध्या सगळीकडे शेणखताची टंचाई आहे. त्यासाठीच चांगले कंपोस्ट

खत करा, असे आम्ही सांगतो. अर्थात शास्त्रोक्त पद्धतीने कंपोस्ट खत तयार करणारे शेतकरी अद्याप मोठ्या प्रमाणावर नाहीत; परंतु जे थोडे शेणखत किंवा कंपोस्ट खत आपण तयार करतो ते तरी आपण शास्त्रोक्त पद्धतीने वापरतो काय? त्याला नकारार्थी उत्तर द्यावे लागेल. कारण तसे असते तर अनेक शेतकऱ्यांनी आपल्या शेतांत शेणखताचे ढीग करून ठेवले नसते.

अशा प्रकारे ढीग केल्याने बरेच नुकसान होते. आपण जमिनीला नत्र व इतर सेंद्रिय पदार्थ मिळावेत म्हणून जमिनीत शेणखत किंवा कंपोस्ट खत घालतो; परंतु अशा प्रकारे खड्ड्यांतून खत बाहेर काढून शेतात त्याचे लहान लहान ढीग करून उन्हात, पावसात १५ दिवस जरी ठेवले तरी त्यातील सर्व नत्र निघून जाते आणि फक्त माती शिल्लक राहते. अशा तऱ्हेने खतांचे ढीग केल्याने एवढे मोठे नुकसान होते.

म्हणून खत खड्ड्यांतून काढल्यानंतर ते ताबडतोब शेतातील मातीत मिसळावे किंवा ढीग करूनच ठेवायचे असल्यास शेताच्या मध्यभागी एक-दोन मोठे ढीग करावेत. ते मातीने संपूर्ण झाकावेत. मग आपणास सवड होईल त्या वेळी शेतातील मातीत टाकून कुळवाची पाळी द्यावी. ही अगदी साधी गोष्ट आहे; पण त्यापासून कितीतरी फायदा होतो हे ध्यानात ठेवावे.

खरिपाची तयारी

आपल्या शेतात कोणती पिके घ्यायची याचे नियोजन आपण यापूर्वीच केले असेल. ते केले नसेल तर ताबडतोब ठरवावे. कोणत्या शेतात संकरित जात घ्यायची, कोठे भात पेरायचा तर भुईमूग कोठे करायचा हे ठरविणे म्हणजेच शेतीचे नियोजन करणे. या फार साध्या गोष्टी वाटतात; पण त्या तितक्याच महत्त्वाच्या आहेत. कारण त्यावरच शेतीचे यश-अपयश अवलंबून असते; पण अनेकजण या महत्त्वाच्या गोष्टीकडे लक्ष देत नाहीत, हे योग्य नाही. कारण या पिकांच्या चांगल्या जातीचे बियाणे वेळेवर आणून ठेवले पाहिजे. पेरणीबरोबर द्यावयाच्या खतांचीही पूर्तता करायला पाहिजे. खत आणि बी एकदम पेरता येणारी दुचाडी पाभर व्यवस्थित नसेल तर तेही पाहिले पाहिजे. अशा सर्व कामांची वेळेवर तयारी केली म्हणजे ऐनवेळी खोळंबा होणार नाही. पेरणीची घात निघून जाणार नाही.

ज्वारी

आपणाकडे खरीप ज्वारीचे पीक महत्त्वाचे आहे. गावरान ज्वारीपेक्षा संकरित ज्वारीच्या वाणांचे पीक खरिपात चांगले व लवकर येते. याचा अनुभव आमच्या शेतकऱ्यांनी घेतला आहे. राज्यातील संकरित ज्वारीखालील क्षेत्रात भरीव वाढ झाली

आहे. संकरित ज्वारी पिकाखालील क्षेत्र वाढल्यामुळेच राज्याचे १२ ते १३ लाख टन ज्वारीचे उत्पादन ४० लाख टनांवर गेले.

आतापर्यंत संकरित ज्वारीच्या १४ जाती लागवडीसाठी दिल्या आहेत. त्यांपैकी सीएसएच नं. १, ५, ६ आणि ९ या अधिक लागवडीखाली आहेत. खरीप हंगामासाठी सीएसएच १०, ११ व १४ या नवीन जाती अलीकडेच देण्यात आल्या आहेत. सीएसएच १, ६ व १४ या जाती हलक्या ते मध्यम खोलीच्या जमिनीसाठी योग्य असून त्या ९५ ते १०० दिवसांत तयार होतात. तर सीएसएच ५, ९, १० व ११ आणि एसपीएच ३८८ या जाती मध्यम ते भारी जमिनीसाठी योग्य आहेत. या जाती ११० ते १२० दिवसांत तयार होतात.

सीएसएच १४ (एसपीएच ४६८) या संकरित जातीच्या दाण्याची प्रत चांगली असून ती ९० ते १०० दिवसांत तयार होते. सीएसएच ६ ऐवजी या जातीची लागवड करावी.

आपल्या जमिनीस योग्य अशा जातीचे चांगल्या प्रतीचे बियाणे आताच मिळवून ठेवावे. संकरित ज्वारीची पेरणी शक्यतो लवकर संपवावी. कारण लवकर पेरणी केल्यास खोडकिडीचा त्रास कमी होतो.

बाजरी

काही जिल्ह्यांत बाजरीचे पीकही महत्त्वाचे आहे. या पिकास इतर पिकांच्या मानाने खर्च कमी येतो. तसेच कमी पाऊसमानातही पीक चांगले येते. महात्मा फुले कृषी विद्यापीठाने विकसित केलेला बाजरीचा श्रद्धा (आरएचआर बीएच ८६०९) हा संकरित वाण अधिक उत्पादन देणारा, टपोऱ्या दाण्याचा, गोसावी रोगास प्रतिकारक्षम असणारा आणि लवकर येणारा आहे. इतर काही जातींपेक्षा या जातीने अधिक उत्पादन दिल्याचे निरनिराळ्या चाचण्यांत आढळून आले आहे. या जातीचे हेक्टरी उत्पादन सर्वसाधारणपणे २५ ते २७ क्विंटल येते; परंतु अनुकूल परिस्थितीत हेक्टरी ४० ते ६० क्विंटलपर्यंत उत्पादन मिळते. म्हणून या जातीची अधिक पेरणी करावी. 'श्रद्धा' या जातीशिवाय एमएच १७९, एमएच २०८ (एचएचबी ५०), एमएच १६९ आणि एमएच १४३ या संकरित जातीही चांगल्या आहेत. या जातीचे सर्वसाधारणपणे हेक्टरी १५ ते २७ क्विंटल उत्पादन मिळते. 'श्रद्धा' या बाजरीच्या जातीविषयी अधिक माहिती बाजरी पैदासकार, म. फुले कृषी विद्यापीठ, राहुरी, जि. अहमदनगर यांच्याकडे मिळू शकेल. आपणास योग्य असणाऱ्या जातीचे बियाणे आताच खात्रीच्या ठिकाणाहून मिळवावे. जून महिन्यात चांगला पाऊस झाल्यानंतर बाजरीची पेरणी करावी. १५ जून ते १५ जुलैपर्यंत पेरणी केल्यास उत्पादन चांगले येते.

भात

ज्वारीनंतरचे दुसरे महत्त्वाचे तृणधान्य म्हणजे भात हे आहे. भाताचे पीक निरनिराळ्या प्रकारच्या हवामानात व जमिनीत येते. भाताची लागवड रोपे तयार करून, धूळवाफ्यात पेरणी करून आणि पाऊस पडल्यानंतर वापशावर पेरणी करून करतात. जमीन, हवामान, पडणारा पाऊस याचा विचार करून कोणती पद्धत अवलंबायची हे ठरवावे.

कोकण कृषी विद्यापीठाने आतापर्यंत निरनिराळ्या दिवसांत तयार होणाऱ्या, चांगल्या उत्पादन देणाऱ्या १२ सुधारित जाती विकसित केल्या आहेत. फक्त ९० ते १०० दिवसांत तयार होणारी अति हळवी रत्नागिरी ७३ ही जात आहे. तर १०० ते १२० दिवसांत तयार होणाऱ्या कर्जत १८४, कर्जत १, रत्ना, रत्नागिरी २४, रत्नागिरी ७११, रत्नागिरी १ या हळव्या जाती आहेत, निमगरव्या जातीत पालघर १, जया, विक्रम, फाल्गुना, आर ४-१४ या आहेत. त्या १२५ ते १३५ दिवसांत तयार होतात. कर्जत १४-७, रत्नागिरी ६८-१, रत्नागिरी २ या गरव्या जाती असून त्या १३५ ते १५५ दिवसांत तयार होतात.

या भातजातीशिवाय आयइटी. ९१ (सोना), मसुरी, जगन्नाथ, पंकज या भातजातीही चांगल्या आहेत. आपल्या जमिनीत कोणती जात चांगली येईल याचा विचार करून भातजात निवडावी.

वरीलपैकी कोणत्याही चांगल्या वाणाची निवड करून त्याचे बियाणे खात्रीच्या ठिकाणाहून आताच आणून ठेवावे; त्यामुळे ऐन पेरणीच्या वेळी गडबड होणार नाही.

◆

पेरणीपूर्वी हे ध्यानात ठेवा

एखादे वर्षी पाऊस वेळेवर आला म्हणून आपण गडबडून जाण्याचे कारण नाही. वळवाचे पाऊस अनेक ठिकाणी चांगले होतात; त्यामुळे शेतीची मशागत करणे सोपे होते; परंतु बरेच वेळा पाऊस लवकर पडल्याने काही शेतकऱ्यांना जमिनीची पूर्वमशागत करण्यास फारसा वेळ मिळत नाही. आपली शेते तयार झाली असतील तर लवकर झालेल्या पावसाने चांगली ओल निर्माण होते. या पावसाचा म्हणजेच ओलीचा भरपूर फायदा घेऊन आपण आपल्या शेतीतून विक्रमी उत्पादन काढले पाहिजे. त्यासाठी पेरणीची व्यवस्थित तयारी करावी.

आपण आपल्या शेतात कोणते पीक घेणार आहोत हे आपण पूर्वीच ठरविले असेल. ज्वारी, बाजरी, भात, कडधान्ये, गळित धान्य अशा अनेक पिकांपैकी कोणते पीक कोणत्या शेतात घ्यावयाचे, त्यासाठी त्या पिकाच्या कोणत्या जाती पेरायच्या हे आपण यापूर्वीच ठरविले असेल. त्यानुसार त्या पिकाच्या अधिक उत्पादन देणाऱ्या संकरित जातीचे बियाणे आपण मिळवून ठेवले असेल अशी अपेक्षा आहे. तसे केले नसल्यास आता ताबडतोब बियाणे आणा.

बियाणे निवडा

आपणास योग्य त्या पिकांचे बियाणे आपण आणून ठेवावे; पण तेवढेच करून भागणार नाही. तर महत्त्वाची गोष्ट म्हणजे त्या बियाण्यातील प्रत्येक दाण्याची निवड केली पाहिजे. माझे एक मित्र कृषिपंडित, कृषिभूषण आहेत. त्यांचे नाव सांवरमल

सेडमल आहे. त्यांनी आपल्या शेतात एकरी ५० क्विंटल गहू पिकवून अखिल भारतीय पातळीवरील 'कृषिपंडित' ही प्रथम क्रमांकाची पदवी मिळविली.

त्यांच्या या यशाचे प्रमुख कारण कोणते याबद्दल विचारले असता ते म्हणाले की, मी कोणत्याही पिकाच्या बियाण्याला फार महत्त्व देतो. अधिक उत्पादनाच्या संकरित पिकांच्या जाती मी निवडतोच; परंतु, बियाणे आणल्यानंतर त्यातील टपोरे, रोग-कीड नसलेले दाणेच निवडून मी पेरणीसाठी वापरतो; त्यामुळे माझे किमान २५ टक्के उत्पादन वाढते असे त्यांनी सांगितले. आपणास हे शक्य नाही काय? बियाणे निवडण्यासाठी थोडासा खर्च होईल. काही बी टाकून द्यावे लागेल; परंतु फक्त टपोरे आणि रोग-कीड नसलेले बी पेरल्याने रोपे तजेलदार, निरोगी निपजतील. त्यापासून चांगले धान्य मिळेल. आपण याचा अवश्य अनुभव घ्या. सर्व शेतासाठी आपणास शक्य झाले नाही तरी एखाद्या एकरात निवडक बियाण्यांची पेरणी करून किती उत्पादन वाढते हे प्रत्यक्ष अनुभवा.

बियाण्यास औषध लावा!

फक्त बियाणे निवडून चालणार नाही. कारण कितीही काळजी घेतली तरी पिकावर अनेक रोग-किडी येतात. रोग आल्यानंतर त्यावर उपाय योजण्यापेक्षा रोग येऊच नये म्हणून काळजी घेणे केव्हाही योग्य ठरेल. त्यासाठी पेरणीपूर्वी बियाण्यास औषध लावणे आवश्यक आहे. पूर्वी ज्वारीवर काणी रोग फार पडत असे; परंतु ज्वारी बियाण्यास गंधक लावल्याने काणी रोगास प्रतिबंध झाला. तसेच इतर पिकांचे आहे. ज्वारीच्या संकरित जातीच्या बियाण्यास बहुतेक औषध लावलेले असते; पण इतर जातींच्या ज्वारीच्या बियाण्यास औषध लावणे आवश्यक आहे. १० लिटर पाण्यात ३०० ग्रॅम मीठ विरघळून द्रावण तयार करावे! त्यात भाताचे बियाणे टाकावे. पाण्यावर तरंगणारे बी काढून टाकावे. तळाशी रहिले वजनदार आणि निरोगी बी बाहेर काढून स्वच्छ पाण्याने धुऊन सावलीत २४ तास वाळवावे. त्यानंतर १० किलो बियाण्यास ३० ग्रॅम थायरम चोळावे. बाजरीचे बीही मिठाच्या पाण्यात बुडवून काढावे. सोयाबीनच्या १ किलो बियाण्यास २ ग्रॅम थायरम चोळावे. अशा प्रकारे निरनिराळ्या बियाण्यांस वेगवेगळी औषधे लावावीत; त्यामुळे फार फायदा होतो.

जीवाणू संवर्धने फायदेशीर

कडधान्याचे उत्पादन वाढविणे आवश्यक आहे. त्यांना चांगला दर असल्याने या पिकांपासून चांगले पैसे मिळतात. तीच गोष्ट तेलबिया पिकांची आहे. अशा द्विदल धान्य पिकांच्या बियाण्यास जीवाणू संवर्धने लावून मग पेरणी केल्यास उत्पादनात निश्चित वाढ होते. त्यासाठी फारसा खर्च येत नाही. जीवाणू संवर्धनाचे पाकीट फक्त

५ रुपयांस मिळते. मात्र, ते खात्रीच्या ठिकाणाहून घ्यावे. तसेच त्या पाकिटाची वापरण्याची तारीख उलटलेली नाही याचीही खात्री करून घ्यावी. कोणत्या पिकासाठी कोणते जीवाणू संवर्धन वापरावयाचे याचेही शास्त्र आहे. त्यानुसार त्यांचा वापर करावा. मात्र, पेरणीपूर्वी बियाण्यास ते अवश्य लावावे.

ठरावीक प्रमाणात बियाणे पेरा

पेरणी करताना आणखी एका महत्त्वाच्या गोष्टीकडे लक्ष दिले पाहिजे. ते म्हणजे ठरवून दिलेल्या प्रमाणात बी पेरले पाहिजे. ज्वारीचे उदाहरण घ्या. ज्वारीच्या स्थानिक जाती उशिरा तयार होत असल्याने त्यांच्या ताटांची संख्या कमी लागते. म्हणून खरिपात स्थानिक ज्वारीचे हेक्टरी ६ ते ७ किलो बी वापरून हेक्टरी ८० हजार ते १ लाख रोपसंख्या ठेवणे योग्य असते; परंतु संकरित व अधिक उत्पादन देणाऱ्या जातीसाठी हेक्टरी १० किलो बी वापरावे; त्यामुळे ३ लाख बी पेरले जाईल. उगवणीचे प्रमाण ८० टक्के धरल्यास २.४ लाख बी उगवेल. त्यांतील काही रोपे रोग-किडींनी मेली तरी साधारणपणे पेरणीनंतर खरिपात हेक्टरी १.८० ते २.०० लाख ताटे शेतात राहतील. आपणास आवश्यक तेवढे उत्पादन मिळण्यासाठी शेतात ताटांची एवढी संख्या पाहिजे. इतर पिकांचेही असेच गणित आहे. म्हणून शिफारस केल्यापेक्षा कमी बी मुळीच पेरू नका; त्यामुळे उत्पादन कमी येईल.

ओळीतील अंतर व आंतरपीक

बियाण्याप्रमाणेच पिकाच्या दोन ओळींतील आणि दोन रोपांतील अंतर ठरावीक असणे अत्यावश्यक आहे. त्याशिवाय पिकांची चांगली वाढ होत नाही. तसेच बी अधिक किंवा कमी खोलीवर पेरल्यास त्याचा उगवणीवर वाईट परिणाम होतो. म्हणून शिफारस केलेल्या खोलीवर पेरणी करावी. उदाहरणार्थ, ज्वारी घ्या. ज्वारीच्या दोन ओळींतील अंतर ४५ सें.मी. आणि दोन रोपांतील अंतर १० ते १५ सें.मी. ठेवावे. पेरणी ५ सें.मी. पेक्षा अधिक खोल करू नये. मात्र, बी ओलाव्यात पडेल याची काळजी घ्यावी. भाताची पेरणी करावयाची असल्यास दोन ओळींतील अंतर २० सें.मी. आणि दोन चुडांमधील अंतर १५ सें.मी. ठेवावे. इतर पिकांच्या बाबतीतही अशी शिफारस केलेली आहे. त्याची माहिती घेऊन त्याप्रमाणे पेरणी करून अधिक उत्पादन घ्यावे.

आपणास कडधान्यांचे उत्पादन वाढवायचे आहे. त्याचा बेवड चांगला असतो. ज्यांना स्वतंत्रपणे कडधान्ये घेणे शक्य नाही त्यांनी ज्वारीसारख्या पिकात कडधान्याचे पीक घ्यावे. याबाबतीत बरेच प्रयोग झाले आहेत. दोन ओळींत ३० सें.मी. अंतरावर ज्वारी आणि त्यानंतर ३० सें.मी. अंतरावर मुगाची एक ओळ असे आंतरपीक

घेतल्यास ज्वारीच्या ताटांची हेक्टरी संख्या १.८ लाख ठेवून ज्वारीच्या उत्पादनात घट न होता मुगाचे हेक्टरी २.५ ते ३ क्विंटल उत्पादन मिळून अधिक पैसे मिळतात.

दुचाडी पाभर वापरून आपण बी आणि रासायनिक खते एकाच वेळी पेरल्यास कमी खतात अधिक उत्पादन मिळते. कारण अशी पेरलेली खते पिकांना हवा त्या वेळी अन्नांश उपलब्ध करून देतात. खतेही शिफारस केल्याप्रमाणे द्यावीत. शक्यतो शेतातील मातीची तपासणी करून त्यातील शिफारशीप्रमाणे खते देणे केव्हाही चांगले असते.

पेरणी योग्य वेळी करणे फार महत्त्वाचे आहे. जूनच्या शेवटच्या आठवड्यात ज्वारीची पेरणी केल्यास सर्वांत अधिक उत्पादन मिळते असे आतापर्यंत अनेक ठिकाणी केलेल्या प्रयोगांत आढळले आहे. म्हणून पेरणी योग्य वेळी करावी.

अशा प्रकारे या साध्या पण महत्त्वाच्या गोष्टी लक्षात ठेवून, पावसाच्या ओलीचा भरपूर फायदा घेऊन पेरणी करा आणि भरघोस पीक घ्या.

◆

फायद्याची बीजप्रक्रिया करा

पिकाची पेरणी वेळेवर होऊन भरपूर उत्पादन मिळण्यासाठी पहिली गोष्ट म्हणजे बियाण्याची आहे. संकरित आणि अधिक उत्पादन देणाऱ्या जातीच्या पिकांचे बियाणे आपण आणून ठेवावे. ज्या भागात चांगला पाऊस झाला आणि जमिनीला वापसा आला आहे अशा ठिकाणी पेरणीला लवकरच सुरुवात करावी.

बीजप्रक्रिया

आपण चांगले बियाणे आणतो, वेळेवर पेरतो, पिकाला खते देतो, पाणी देतो. पीक चांगले येते; पण त्यावर रोग-किडी हल्ला करतात आणि आपल्या हाताशी आलेले पीक पदरात पडत नाही. म्हणून सुधारित पीकपद्धतीत पीक-संरक्षणाला फार महत्त्व आहे.

"पिकावर रोग-किडी आल्यानंतर त्यावर औषध फवारण्याऐवजी रोग-किडी येऊच नयेत म्हणून काही उपाययोजना करता येणार नाही का? आपण आषाढीच्या वारीला पंढरपूरला जाताना कॉलरा होऊ नये म्हणून अगोदरच इंजेक्शन करून घेतो. त्याचप्रमाणे पिकावर रोग-किडी येऊ नयेत म्हणून अगोदरच काही उपाय करता येणार नाही का?" एका शेतकऱ्याने मला विचारले.

या शेतकऱ्याची शंका फार चांगली आहे. कारण पिकावर रोग-किडी येऊ नयेत म्हणून निश्चितच प्रतिबंधक उपाययोजना करता येतात. त्यांपैकी एक साधा आणि महत्त्वाचा उपाय म्हणजे बियांना औषध लावणे, बी औषधाच्या पाण्यात बुडविणे

किंवा बियाण्यावर उष्ण पाण्याची प्रक्रिया करणे. यालाच बियाण्याची प्रक्रिया म्हणतात. कारण या पद्धतीने आपण बियाण्यावर उपचार करतो.

बीजप्रक्रिया महत्त्वाची

शेती-उत्पादन वाढण्यासाठी पीकसंरक्षण केले पाहिजे. त्याचप्रमाणे पीक-संरक्षण चांगले होण्यासाठी बीजप्रक्रिया केली पाहिजे. असे असले तरी अद्यापही अनेक शेतकरी बीजप्रक्रियेकडे फारसे लक्ष देत नाहीत. पिकावर औषधफवारणीमुळे त्यावरील किडींचे व रोगांचे नियंत्रण होते तर बीजप्रक्रियेमुळे बियांवरील सुप्तावस्थेत असलेल्या रोगांचे तसेच इतर जीवाणूंचे सुरुवातीसच नियंत्रण झाल्याने पुढे पिकावर रोगच येत नाहीत. कारण बऱ्याच रोगांचे मूळ बियांतच असते. एकदा असे रोगट बी उगवून आले की, त्यावरील रोग-नियंत्रणासाठी खात्रीचा उपाय राहात नाही.

उदाहरण म्हणून उसावरील गवताळ वाढीचे पाहू. हा रोग व्हायरसजन्य असून व्हायरसग्रस्त उसाचा वापर बेणे म्हणून केल्यास पुढील पिकात गवताळ वाढ हा रोग निश्चित होतो. एकदा रोग पिकात दिसल्यानंतर त्यावर खात्रीशीर उपाय नाही; परंतु लावणीअगोदरच अशा रोगग्रस्त बेण्यास गरम पाण्याची प्रक्रिया केल्यास पुढील पिकात या रोगाचा प्रादुर्भाव पुष्कळच कमी होतो. ज्वारीच्या बियाण्यास गंधक लावल्यास पिकास दाणेकाणीचा त्रास होत नाही. तर बाजरीवरील अरगट रोगाच्या नियंत्रणासाठी ते बियाणे मिठाच्या पाण्यातून काढावे. तसे केले नाही आणि पिकात अरगट रोग आढळल्यास त्यावर उपाय नाही. म्हणून बीजप्रक्रिया फार महत्त्वाची आहे; त्यामुळे उत्पादनात होणाऱ्या वाढीचा विचार केल्यास त्यासाठी येणारा खर्च फार कमी आहे.

अनेक फायदे

बीजप्रक्रियेमुळे अनेक फायदे होतात; त्यामुळे बियांवरील तसेच बियांच्या आतील रोगकारकांचे जंतू, बीजाणू यांचा नाश होऊन पुढील पिकास अशा रोगांचा उपद्रव होत नाही. जमिनीत काही रोगकारके असतात; त्यामुळे बी कुजणे, रोपे मरणे, रोपे कोलमडणे इत्यादी रोग होतात; पण बीजप्रक्रियेमुळे अशा रोगांचा बंदोबस्त होतो.

सध्या बाजारात उपलब्ध असलेली काही औषधे बियाण्यास लावल्यास पिकावर पुढे काही काळ तरी कीड येत नाही. उदाहरणार्थ, ज्वारीच्या बियांस पेरणीपूर्वी कार्बोफ्युरॉन लावल्यास पुढे पिकास खोडमाशीचा त्रास होत नाही. बीजप्रक्रियेमुळे पिकाची उगवण जोमदार होते. तसेच उगवणीचे प्रमाणही वाढते. हा एक मोठा फायदा आहे. पेरणी सुलभ होण्यासाठीही बीजप्रक्रियेचा उपयोग होतो. कापसाच्या

बियांवर गंधकाम्लाची प्रक्रिया करून त्यावरील लव काढून टाकता येते; त्यामुळे बी एकमेकांना चिकटत नाही आणि पेरणी करणे सोपे जाते. बटाट्याच्या बेण्यास थायो- युरियासारखे रासायनिक लावल्यास त्याची सुप्तावस्था मोडून त्याला लावणीयोग्य करतात. बीजप्रक्रियेचे असे अनेक फायदे आहेत.

विविध प्रकार

१) रासायनिक बीजप्रक्रिया - याचे प्रामुख्याने दोन भाग पडतात. १) बुरशीनाशक बीजलेपके, २) कीटकनाशक बीजलेपके.

बुरशीनाशक बीजलेपकांमध्ये सेंद्रिय पारायुक्त बीजलेपके आणि पारेतर बीजलेपके असे प्रकार आहेत.

सेंद्रिय पारायुक्त बीजलेपके बाजारात अॅग्रोसान, अॅग्लॉल, अरेटॉन इत्यादी नावाने मिळतात. सध्या त्यांचा वापर कमी झाला आहे. तर पारेतर बीजलेपकांत थायरम, कॅप्टन इत्यादी नावांची बीजलेपके मिळतात. त्यांचा वापर सध्या वाढतो आहे. ही लेपके कोरड्या किंवा ओल्या स्वरूपात वापरतात. कीटकनाशक बीजलेपकांत कार्बोफ्युरॉन हे फार चांगले आहे. खोडमाशीचा उपद्रव टाळण्यासाठी ज्वारीच्या बियाण्यास ते लावतात. याशिवाय मिठाच्या पाण्याची प्रक्रिया, गंधकाम्लाची प्रक्रिया इत्यादी प्रक्रिया आहेत. तिसरी प्रक्रिया म्हणजे उष्णजल प्रक्रिया ही आहे. उसाला गवताळ वाढीचा त्रास होऊ नये म्हणून उसाचे बेणे ५० अंश सेंटिग्रेड उष्ण पाण्यात दोन तास बुडवून लावण केल्यास बेण्यातील व्हायरसचे जीवाणू मरतात; त्यामुळे गवताळ वाढीचे प्रमाण कमी होते.

ही काळजी घ्या

बीजप्रक्रियेपासून फायदे मिळण्यासाठी ती काळजीपूर्वक केली पाहिजे. बियाला लावायची औषधे शिफारस केलेल्या प्रमाणातच सर्व बियाण्यास सारखी लागतील याची काळजी घ्यावी. कमी लागल्यास रोगाचे नियंत्रण होत नाही तर जास्त लागल्यास त्याची उगवण चांगली होत नाही. बियास औषध लावण्यापूर्वी बी फुटलेले किंवा कवचास तडा गेलेले नाही याची खात्री करावी. फुटलेल्या बियास पारायुक्त औषध लावू नये. तसेच शीतगृहात ठेवून बाहेर काढलेल्या बियाण्यास ताबडतोब औषध लावू नये. कापसाच्या बियासारखे कठीण कवच असलेल्या बियाण्यावर पेरणीपूर्वी २४ तास प्रक्रिया करून ते सावलीत वाळवावे. बियास औषध लावल्यानंतर ते थंड व कोरड्या जागेत ठेवावे. कारण उष्ण व दमट हवेतही असे बियाणे लवकर खराब होते. प्रक्रिया केलेले बियाणे ताबडतोब हवाबंद डब्यात किंवा प्लॅस्टिक पिशवीत भरू नये. बियांस औषध लावण्यासाठी ड्रम वापरावा. तो

नसल्यास मडक्यात योग्य प्रमाणात बियाणे आणि औषधे घालून मडक्याचे तोंड फडक्याने बांधावे. मग मडके उभे, आडवे, तिरके, उलटे, सुलटे असे काही वेळ हलवावे; त्यामुळे सर्व बियाणयांस सारख्या प्रमाणात औषध लागेल. अशी प्रक्रिया केलेले बियाणे विषारी असल्याने ते चुकूनही खाण्यात येणार नाही याची काळजी घ्यावी.

निरनिराळ्या प्रक्रिया

भात - सुरुवातीला बी १० लिटर पाणी व ३४० ग्रॅम मीठ यांच्या द्रावणात १० मिनिटे बुडवावे. हलके, रोगट बी वर तरंगेल ते काढावे. तळाचे जाड व निरोगी बी काढून ते स्वच्छ पाण्याने तीन वेळा धुवावे. मग सावलीत वाळवून पेरणीस वापरावे. तसेच भातावर मूळकुजव्या व करपा रोग होऊ नये म्हणून १० किलो बियांस ३० ग्रॅम थायरम औषध चोळावे. भाताची रोपे २०० लिटर पाणी व २५० ग्रॅम ५० टक्के ताम्रयुक्त औषधाच्या मिश्रणात बुडवून लावावीत.

बाजरी - बाजरीवरील अरगट रोगनियंत्रणासाठी १० लिटर पाण्यात २ किलो मीठ टाकून द्रावण करावे आणि त्यास ३० ग्रॅम थायरम चोळावे.

ज्वारी - ज्वारीवरील काणीसाठी ५ किलो बी टाकावे. पाण्यावर तरंगणारे बी काढून टाकावे. खालचे बी स्वच्छ पाण्याने धुऊन सावलीत वाळवून पेरावे. दाणेकाणी, गोसावी या रोगांसाठी १० किलो बियांस २० ग्रॅम गंधक चोळावे. अरगटासाठी ३ किलो मीठ व १० लिटर पाण्याच्या द्रावणात बी बुडवून तरंगणारे बी काढून टाकून तळाचे बी स्वच्छ पाण्याने धुऊन, वाळवून पेरावे. खोडमाशीसाठी ३०० ग्रॅम ५० टक्के कार्बोफ्युरॉन ३ किलो बियांस लावावे.

भुईमूग - करपा व मर रोग भुईमुगावर येऊ नये म्हणून १० किलो बियाण्यास ५० ग्रॅम थायरम किंवा २५ ग्रॅम कॅप्टन लावावे.

तूर - तुरीवर मर रोग येऊ नये म्हणून १० किलो बियाण्यास ३० ग्रॅम थायरम लावावे.

सूर्यफूल - सूर्यफुलाच्या १० किलो बियाण्यास २० ग्रॅम थायरम लावावे; त्यामुळे मर रोगाचा उपद्रव होत नाही.

ऊस - उसातील गवताळ वाढ आणि काणी रोगासाठी ५० अंश सें. तपमानाच्या पाण्यात उसाचे बेणे २ तास बुडवून ठेवावे. तसेच ऊस रंगणे, मर यांच्या प्रतिबंधासाठी बेणे ०.१ इक्को कार्बेन्डोझिम किंवा थायरम द्रावणात ५ मिनिटे बुडवावे.

कापूस - कापसावरील कवडी (टिक्का) रोगासाठी ५ किलो बियांस १५ ग्रॅम थायरम औषध लावावे.

बटाटा - बटाट्याचे बांगडी रोगाने फार नुकसान होते. त्याच्या प्रतिबंधासाठी १०० लिटर पाणी व ५०० ग्रॅम ३ टक्के पारायुक्त औषध या द्रावणात १० मिनिटे बटाटा बेण्याच्या फोडी बुडवाव्यात.

कोबी - कोबीचा घाण्या रोग भयंकर असतो. त्याच्या प्रतिबंधासाठी १ मिलीलिटर मर्क्युरिक क्लोराइड आणि १ लिटर पाणी यात बी ३० मिनिटे भिजवून, सुकवून रोपासाठी पेरावे.

वांगी - वांग्यावरील करपा रोगासाठी १० किलो बियांस २५ ग्रॅम थायरम चोळावे.

कांदा - कांद्यावरही करपा रोगाचा उपद्रव होतो. त्यासाठी १ किलो बियाण्यास २.५ ग्रॅम डायफोलाटान किंवा कॅप्टन हे बुरशीनाशक लावावे.

ही यादी आणखी वाढविता येईल. निरनिराळ्या पिकांवरही रोग-किडींच्या नियंत्रणासाठी बियाण्यास वेगवेगळी औषधे लावून मोठ्या प्रमाणात होणारे नुकसान टाळता येईल. या बीजप्रक्रियेसाठी खर्चही फार कमी येतो. म्हणून आता बियाण्यास औषध लावून किंवा इतर प्रक्रिया करून मगच पेरणी करा. थोड्या खर्चात भरपूर फायदा मिळवा.

◆

पेरणी कधी, कशी करावी?

पेरणीसाठी जमीन चांगली भुसभुशीत करावी लागते. अर्थात निरनिराळ्या पिकांना निरनिराळ्या प्रकारची पेरणीयोग्य जमीन लागते. उदा. गव्हासाठी वरची १० ते १२ सें.मी. जमीन मोकळी व भुसभुशीत हवी. तर ज्वारीसाठी मुळांची योग्य वाढ होण्यासाठी दाबलेली व घट्ट जमीन हवी. बाजरी, नाचणी, तंबाखू इत्यादींचे बी फार बारीक असते. त्यांना पेरण्यासाठी जमीन रवाळ, मऊ व मोकळी हवी. तर भुईमुगाला शेंगांची वाढ होण्यासाठी पृष्ठभागापेक्षा त्याच्या खालची जमीन भुसभुशीत, न आवळणारी व ढिली हवी असते. उसाचे पीक शेतात एक वर्षापेक्षा अधिक काळ राहत असल्यामुळे लावण करण्यापूर्वी जमिनीची खोल नांगरट करून ढेकळे फोडावीत; त्यामुळे पाण्याचा योग्य निचरा घेऊन जमिनीत हवा चांगली खेळते.

भात, तंबाखू, कांदा, पानकोबी, टोमॅटो, वांगी इत्यादी पिकांसाठी बी प्रथम चांगल्या प्रकारे तयार केलेल्या वाफ्यात पेरतात. खरीप हंगामातील वाफे साधारणपणे जमिनीच्या पृष्ठभागाच्या सुमारे १५ ते २५ सें. मी. वर असतात. त्यांना गादीवाफे म्हणतात. वाफ्याची लांबी-रुंदी सोयीनुसार बदलते. बी वाफ्यात फेकून किंवा ओळीतील अंतर कमी करून दाट पेरतात. रोपे काही आठवड्यांची झाली की, त्यांची शेतात सपाट वाफ्यात, रुंद वरंब्यावर किंवा सऱ्या आणि वरंब्यावर लावण करतात. बी फेकून, पाभरीने टोकण करून, रोपांची लावण करून सर्वसाधारणपणे पेरणी करतात.

किती बी पेरावे?

आपल्या शेतात दर एकरी किंवा किती बियाणे पेरावे आणि तेवढेच का पेरावे असा प्रश्न अनेकदा मनात येतो. एका ठरावीक क्षेत्रात ताटांची योग्य संख्या ठेवून जास्तीतजास्त उत्पादन मिळते; ते बियाण्याचे योग्य प्रमाण असते. पिकांच्या वाढण्याच्या निरनिराळ्या सवयी असतात. तसेच त्यांची वाढ होण्यासाठी निरनिराळ्या प्रमाणात जागा लागते; त्यामुळे दर एकरी किंवा हेक्टरी लागणाऱ्या बियाण्यांतही फार मोठा फरक पडतो. ज्या पिकांच्या रोपांना फांद्या फुटतात किंवा अधिक फुटवे येतात त्यांना जास्त जागा लागते; त्यामुळे त्यांच्या रोपांची हेक्टरी संख्या कमी असते. उदा. भुईमुगाचे बी ३० X १५ सें.मी. अंतरावर लावतात. तर एरंडीचे बी १.५ X २ मीटरवर लावतात. एकाच पिकाच्या निरनिराळ्या जातींना निरनिराळ्या आकाराची जागा लागते. उदा. कापसाच्या एके-२३५ जातीला ४५ X २२.५ सें.मी. अंतरावर तर कापसाच्या संकरित ४ या जातीला १.५ X २ मीटर अंतरावर पेरतात.

आपणास दर हेक्टरी रोपांची जी संख्या ठेवायची असेल त्यापेक्षा अधिक प्रमाणात पिकाचे बी पेरावे लागते. कारण पेरलेले सर्वच बी उगवत नाही तर कीड व रोग यामुळे काही रोपे मरतात. काही वेळा काही रोपांची चांगली वाढ होत नाही. म्हणून अधिक बियाणे पेरावे लागते. अनुभवाच्या व प्रयोगाच्या आधारावर निरनिराळ्या पिकांचे दर हेक्टरी बियाणे आता ठरले आहे. त्याप्रमाणेच बियाणे पेरावे. त्यापेक्षा कमी मुळीच पेरू नये. संकरित ज्वारीचे बी थोडे जास्त पेरल्यास दर हेक्टरी रोपांची संख्या वाढते. मात्र, त्याचा वाईट परिणाम न होता एकूण उत्पादन वाढते.

या कारणाशिवाय पीक ज्या कारणासाठी घ्यावयाचे त्यामुळेही बियाण्यात फरक पडतो. उदा. ज्वारीचे पीक दाण्यासाठी घ्यावयाचे असेल तर बियाण्याचे प्रमाण हेक्टरी ७.५ ते १० किलो ठेवावे. मात्र, हेच पीक जर वैरणीसाठी घ्यावयाचे असेल तर हेक्टरी प्रमाण सुमारे ६५ किलो हवे.

पेरणी कधी करावी?

पेरणी कधी करावी याचा विचार करताना पेरणीच्या वेळी बी मातीत ज्या ठिकाणी पडेल त्या ठिकाणी योग्य त्या प्रमाणात ओलावा आहे ना हे पाहिले पाहिजे. तरीही काही वेळा पावसाच्या अगोदर कोरड्या मातीत पेरणी करतात. त्याला 'धूळपेरणी' म्हणतात. पाऊस झाल्यानंतर ज्या वेळी पेरणी करावयाची त्या वेळी जमिनीत 'वापसा' आल्याशिवाय पेरणी करू नये. जास्त ओल असताना पेरणी करू नये. कारण तशी पेरणी केल्यास चिखल-मातीने पाभरीच्या नळ्यांची भोके वारंवार

बंद होण्याची शक्यता असते.

पेरणीची वेळ ठरविताना दुसरी गोष्ट विचारात घ्यावयाची ती म्हणजे हवेतील आणि जमिनीतील तपमानाविषयी असते. कीड व रोग पडण्याची केव्हा शक्यता आहे याचा विचार करून पेरणीची वेळ ठरवावी. उदा. सीएसएच १ या संकरित ज्वारीची पेरणी १५ जुलैनंतर केल्यास त्याला खोडमाशीचा फार उपद्रव होतो. म्हणून पेरणी त्यापूर्वी संपवावी.

पेरणी किती खोलीवर?

बी पेरताना किती खोलीवर टाकावे असा प्रश्नही काहींच्या मनात येतो. जमिनीत ओल असेल अशा जागी बी टाकल्यास ते रुजते. या दृष्टीने पेरणीच्या खोलीचे महत्त्व आहे. बी जर फार उथळ जागी पेरले तर उगवण बरोबर होत नाही. कारण जमिनीच्या अगदी वरच्या थरात योग्य प्रमाणात ओल नसते. तसेच बी जर जास्त खोल पेरले तर उगवलेल्या लहानशा रोपाला जमिनीच्या जाड थरातून वर येणे शक्य होत नाही. म्हणून योग्य खोलीवर पेरणी करावी.

बियांचा प्रकार आणि आकाराप्रमाणे पेरणीची खोली बदलते. बी जितके मोठे असेल तितके ते खोल पेरावे; पण बारीक बी मात्र उथळ पेरावे. सर्वसाधारणपणे खरीप हंगामातल्या पेरण्या उथळ म्हणजे सुमारे १ ते ४ सें.मी. च्या आत करतात; परंतु पेरणीपूर्वी जर जमिनीला पाणी दिले नसेल तर रब्बी हंगामातील पेरणी खोल म्हणजे ५ ते १० सें.मी. च्या आत करतात. गव्हाच्या सोनोरा ६४, एस २२७ या जाती अगदी उथळ पेराव्यात.

दर हेक्टरी ताटांची संख्या

पूर्वी 'पातळ पेरा व राशी भरा' असे म्हणत; परंतु आता संकरित व अधिक उत्पादन देणाऱ्या जाती निघाल्यापासून 'दाट पेरा व राशी भरा' असे म्हणतात. कारण आपल्या शेतात पिकाची किती रोपे आहेत यावरच त्याचे किती उत्पादन मिळेल हे ठरते. रोपांची संख्या कमी झाल्यास हव्या त्या प्रमाणात उत्पादन मिळत नाही. तसेच रोपांची फार दाटी झाल्यास त्यांत अन्न, पाणी, प्रकाश इत्यादींसाठी निष्कारण स्पर्धा होते. म्हणून शेतात रोपांची किंवा ताटांची संख्या योग्य प्रमाणात असणे फार महत्त्वाचे आहे. त्यासाठी योग्य प्रमाणात बी घेऊन ते योग्य खोलीवर पेरले पाहिजे. तसेच रोपांच्या दोन ओळींतील आणि दोन रोपांतील अंतर आवश्यक त्या प्रमाणात ठेवले पाहिजे. रोपांची दाटी झाल्यास विरळणी करावी. रोपात नांगे (गॅप) पडले असल्यास त्या ठिकाणी दुसरी रोपे आणून लावावीत.

पिकाच्या सुरुवातीपासून रोपांची एकसाररखी वाढ आणि पाहिजे तेवढीच संख्या

असेल तर नेहमी हमखास चांगले उत्पादन मिळते. निरनिराळ्या पिकांसाठी महाराष्ट्रात चांगले उत्पादन मिळण्यासाठी रोपांची किंवा ताटांची किती संख्या असावी हे ढोबळमानाने पुढील तक्त्यात दिले आहे.

अर्थात आपली जमीन, पिकाचा प्रकार इत्यादी पाहून या अंतरात बदल करावा.

आपल्या शेतात पिकांची रोपे किंवा ताटे किती आहेत याचा हिशेब करावयाचा असल्यास पुढील कोष्टकावरून ही संख्या काढता येते.

पिकांच्या रोपांतील अंतर व दरहेक्टरी ताटांची संख्या

पीक	अंतर सें.मी.मध्ये		दर हेक्टरी रोपांची संख्या हजारात
	दोन ओळींत	दोन रोपांत	
भात आयआर-८	२२.५	१५	३१२
सं. ज्वारी	४५	१५	१३७ ते १५०
सं. बाजरी	४५	१५	१३७ ते १५०
सं. मका	७५	२५	५०
भुईमूग	३०	१५	२०० ते २५०
गहू	२२.५	१०	४६२ ते ५२५
रब्बी ज्वारी	३०	२२.५	१३७ ते १५०
ऊस	२५०० कांड्या		७५

$$\text{हेक्टरी झाडांची संख्या} = \frac{१०००\ (\text{चौ. मीटर हेक्टरचे क्षेत्र})}{\text{ओळींतील अंतर (मीटर)} \times \text{रोपातील अंतर (मीटर)}}$$

अशा प्रकारे पेरणी करताना अनेक गोष्टींचा विचार करावा लागतो. लागवड पद्धतीत पेरणी सर्वांत महत्त्वाची गोष्ट आहे. पेरणी व्यवस्थित झाली नाही, बी उगवले नाही, शेतात रोपांची संख्या योग्य राहिली नाही तर आपणास हवे तेवढे पिकाचे उत्पादन मिळणार नाही हे ध्यानात ठेवावे.

◆

दक्षिणोत्तर पेरणी करा

पुणे - सातारा रस्त्याने एकदा मी सातारला निघालो होतो. वाटेत बाजूलाच शेतकरी आपल्या शेताची ट्रॅक्टरने नांगरट करीत होते; मी गाडी थांबवून त्या शेतकऱ्यांकडे गेलो.

"तुमच्या शेतास पूर्वेकडील बाजूस उतार आहे; तरीही तुम्ही तुमच्या शेताची नांगरट पूर्व-पश्चिम म्हणजे उताराला समांतर का करता? त्याऐवजी उताराला आडवी नांगरट केल्यास तुमचा फायदाच होईल. तशी नांगरट करण्यात काही अडचण आहे का?" मी त्यांना विचारले.

"नांगरट उभी काय आणि आडवी काय? त्यात काय फरक पडणार आहे? आडवी नांगरट करण्यात तसा काही त्रास नाही; परंतु आमचे शेत पूर्व-पश्चिम लांबीला अधिक आहे. म्हणून आम्ही पहिल्यापासून अशी पूर्व-पश्चिम नांगरट करतो; पण त्याऐवजी दक्षिणोत्तर नांगरट केल्याने कसा फायदा होणार?" त्यांनी विचारले.

"तुमच्या शेताला पूर्वेच्या बाजूला उतार आहे; त्यामुळे त्या दिशेनेच नांगरट केल्यास पावसाचे पाणी शेतात न मुरता सरळ पूर्वेच्या बाजूला म्हणजे उताराच्या बाजूला निघून जाईल; पण त्याऐवजी तुम्ही उताराला आडवी नांगरट केल्यास पावसाचे पाणी अडविले जाईल आणि ते शेतात मुरेल." मी त्यांना सांगितले.

"खरं आहे तुमचं. हे आमच्या ध्यानातच आलं नव्हतं." त्यांनी सांगितले.

उताराला आडवी नांगरट केल्याने असा फायदा होतो; त्याचप्रमाणे दक्षिणोत्तर

पेरणी केल्यानेही-पिकाचं उत्पादन अधिक येतं हे तुम्हाला माहीत आहे का?'' मी त्यांना विचारले.

''पेरणी पूर्व-पश्चिम करण्याऐवजी दक्षिणोत्तर केल्याने कसा काय फायदा होईल? हे तुमचं म्हणणं मात्र आम्हाला पटत नाही.'' ते शेतकरी म्हणाले.

अनेक शेतकऱ्यांची अशीच कल्पना आहे. पेरणीची दिशा बदलल्याने कसा काय फायदा होणार असे त्यांना वाटते. म्हणूनच आपल्या पद्धतीनुसार किंवा सवयीनुसार शेतकरी दिशांचा विचार न करता पेरणी करतात.

उत्पादन का वाढते?

पेरणीच्या दिशांमुळे उत्पादन वाढते हे अद्यापही अनेक शेतकऱ्यांना पटत नाही. मला भेटलेल्या शेतकऱ्यांनी तेच सांगितले; परंतु असा दिशाबदल केल्यामुळे पीक-उत्पादन वाढते हे शास्त्रज्ञांनी अनेक शेती-प्रयोगांतून सिद्ध केले आहे. आपल्या शेतात पिकांच्या रोपांची संख्या किती असावी यावर ज्याप्रमाणे शेती-उत्पादन अवलंबून असते त्याच प्रमाणे पिकांची रोपे शेतात कोणत्या दिशेने उभी आहेत हेही महत्त्वाचे असते. कारण वनस्पतींना म्हणजेच पिकांना सूर्यप्रकाशाची फार आवश्यकता असते. भरपूर सूर्यप्रकाशात पिकांची चांगली वाढ होते; परंतु या महत्त्वाच्या गोष्टी अनेक शेतकऱ्यांना माहीत नाहीत. उन्हाळी पिकांचे उत्पादन अधिक येते; त्याचे कारण त्यांना मिळणारा भरपूर सूर्यप्रकाश हे आहे.

पिकांना खते दिली पाहिजेत, पाणी वेळेवर दिले पाहिजे, त्यावर औषधे फवारली पाहिजेत हे अनेक शेतकऱ्यांना माहीत आहे; परंतु पिकाची पेरणी पूर्व-पश्चिम केल्याने फायदा होतो की दक्षिणोत्तर केल्याने उत्पादन वाढते याबाबत त्यांना कोणी फारसे सांगितलेले नसते आणि त्यांनीही याबाबतीत फारसा विचार केलेला नसतो.

पेरणीची दिशा आणि शेती-उत्पादन यांचा काही संबंध असावा असे अनेक शेतकऱ्यांना वाटत नाही; परंतु प्रत्यक्षात तसे नाही. कारण शेतात पिकांच्या ओळी कोणत्या दिशेने लावलेल्या आहेत यावर त्यांना मिळणारा सूर्यप्रकाश अवलंबून असतो. विशेषतः भात, गहू यांसारखी जी पिके संपूर्ण जमीन व्यापतात त्यांच्या बाबतीत कोणत्या दिशेने ओळी आहेत त्याचा उत्पादनावर परिणाम होतो. योग्य दिशेने पिकांच्या ओळी नसतील तर एका ओळीची सावली पिकाच्या दुसऱ्या ओळीवर पडते; त्यामुळे दुसऱ्या ओळीतील पिकांना कमी प्रमाणात सूर्यप्रकाश मिळतो आणि मग साहजिकच त्यांचे उत्पादन कमी येते.

प्रयोगातील निष्कर्ष

याबाबतीत अनेक ठिकाणी वेगवेगळे प्रयोग झाले आहेत. लुधियाना येथील

पंजाब कृषी विद्यापीठात या दृष्टीने बरेच प्रयोग करण्यात आले. त्यांतील निष्कर्ष निश्चितच विचार करण्यासारखे आहेत.

पंजाबात गव्हाचे पीक मोठ्या प्रमाणात घेतात. म्हणून त्यांनी प्रामुख्याने गव्हाच्या पिकावर बरेच प्रयोग केले. या विद्यापीठात निरनिराळ्या ठिकाणी घेतलेली गहू, बाजरी, बार्ली यांसारखी पिके पूर्व-पश्चिम पेरण्याऐवजी दक्षिणोत्तर पेरल्यास त्यांचे उत्पादन वाढते असे आढळून आले. गव्हाचे पीक पूर्व-पश्चिम दिशेने पेरण्याऐवजी दक्षिणोत्तर पेरणी केल्यास त्या पिकापासून दर हेक्टरी २.२ क्विंटल गहू अधिक मिळाला. गहू उशिरा पेरल्यानंतरही अशी दिशा बदलल्यामुळे गव्हाच्या उत्पादनात वाढ होते असे आढळले.

बाजरीच्या पिकातही असे प्रयोग घेण्यात आले. त्यात असे आढळले की, पूर्व-पश्चिम दिशेने बाजरी पेरल्यास दर हेक्टरी ३२.९ क्विंटल उत्पादन मिळते. तर ते पीक दक्षिणोत्तर घेतल्यास ३५.१ क्विंटल उत्पादन मिळते. म्हणजेच फक्त पेरणीची दिशा बदलल्याने हेक्टरी २.२ क्विंटल अधिक उत्पादन मिळाले. त्यासाठी काहीही जादा खर्च करावा लागला नाही.

केवळ पेरणीची दिशा बदलल्यामुळे असे उत्पादन का वाढते? असा प्रश्न काहींच्या मनात येणे साहजिक आहे. दक्षिणोत्तर पेरणी केल्यामुळे पिकांच्या सर्व ओळींना भरपूर प्रमाणात सूर्यप्रकाश मिळतो. विशेषतः हा सूर्यप्रकाश दिवसभर चांगल्या तऱ्हेने मिळतो; त्यामुळे पिकाची वाढ चांगली होऊन त्यापासून अधिक उत्पादन मिळते. विशेषतः ज्या वेळी आपण आंतरपिके घेतो त्या वेळी तर दिशा बदलल्यामुळे उत्पादनात निश्चितच वाढ होते. कारण आंतरपिकांना हव्या त्या प्रमाणात सूर्यप्रकाश मिळण्यासाठी त्यांची दक्षिणोत्तर पेरणी करणे अधिक योग्य आहे असे प्रयोगात आढळले.

आंतरपिकांचे उत्पादन वाढते

मका व त्यात मूग ही दोन पिके शेतात पूर्व-पश्चिम दिशेने पेरल्यास मक्याचे दर हेक्टरी ३४.५ क्विंटल उत्पादन मिळाले तर मुगाचे दर हेक्टरी ३ क्विंटल उत्पादन मिळाले; परंतु त्याऐवजी याच पिकांची पेरणी दक्षिणोत्तर केल्यास मक्याचे दर हेक्टरी ३५.७ क्विंटल आणि मुगाचे दर हेक्टरी ३.५ क्विंटल उत्पादन मिळाले. यावरून अधिक उत्पादन मिळण्याचा साधा आणि सोपा उपाय म्हणजे पिकांची पेरणी पूर्व-पश्चिम न करता दक्षिणोत्तर करावी. त्यासाठी काहीही जादा खर्च येत नाही; परंतु जादा खर्चाशिवाय उत्पादन वाढते हे ध्यानात ठेवावे.

पेरणी दक्षिणोत्तर केल्यामुळे उत्पादन वाढते हे निश्चित आहे; परंतु दक्षिणोत्तर पेरणी केल्यामुळे दिवसातील काही वेळेतच पिकांना भरपूर प्रमाणात सूर्यप्रकाश

मिळतो. उदा. पूर्व-पश्चिम पेरणी केल्यामुळे सकाळी आणि संध्याकाळी पिकांना अधिक सूर्यप्रकाश मिळतो. अशा परिस्थितीत काय करावे हा प्रश्न शास्त्रज्ञांच्या पुढे होता. म्हणून या हेतूने त्यांनी एक नवा प्रयोग केला.

दोन्ही दिशांनी पेरणी

ज्या पेरणीमुळे संपूर्ण दिवसभर पिकांच्या ओळीतील रोपांना भरपूर सूर्यप्रकाश मिळेल अशा दृष्टीने त्यांनी दोन्ही दिशांनी ग्हणजे दक्षिणोत्तर व पूर्व-पश्चिम पेरणी करून किती उत्पादन येते यासंबंधी प्रयोग केले.

एकूण लागणाऱ्या बियाण्यापैकी निम्मे बी वापरून एका दिशेने पेरणी केली तर उरलेले निम्मे बियाणे वापरून पहिल्या पेरणीशी काटकोन करून दुसऱ्या दिशेने पेरले. अशी दोन्ही दिशांनी पेरणी केल्यामुळे अधिक उत्पादन मिळाल्याचे दिसले. हे उत्पादन दक्षिणोत्तर पेरणी केल्याने जेवढे मिळते त्यापेक्षा अधिक होते. हे प्रयोग शास्त्रज्ञांनी गव्हाच्या पिकात केले होते. त्यात त्यांना असे आढळले की, गव्हाची पेरणी पूर्व-पश्चिम केल्यास दर हेक्टरी ३३.४ क्विंटल उत्पादन मिळते. हीच पेरणी दक्षिणोत्तर केल्यास दर हेक्टरी ३५.५ क्विंटल उत्पादन मिळते; परंतु त्याऐवजी गव्हाची पेरणी वर दिल्याप्रमाणे पूर्व-पश्चिम आणि दक्षिणोत्तर अशी दोन्ही दिशांनी केल्यास दर हेक्टरी ३८.५ क्विंटल उत्पादन मिळते. म्हणजेच पूर्व-पश्चिम पेरणीपेक्षा दर हेक्टरी ५ क्विंटल आणि दक्षिणोत्तर पेरणीपेक्षा दर हेक्टरी ३ क्विंटल अधिक उत्पादन मिळते. अशा प्रकारे दोन्ही दिशांनी पेरणी केल्यामुळे त्या पिकांच्या रोपांना दिवसभर भरपूर सूर्यप्रकाश मिळतो; त्यामुळे त्यांची चांगली वाढ होते. त्यांना भरपूर फुटवे येतात. साहजिकच उत्पादनही वाढते.

ज्या वेळी आपणास गव्हाची पेरणी उशिरा करावी लागते त्या वेळीही अशा प्रकारे दोन्ही दिशांनी पेरणी केल्यास अधिक उत्पादन मिळते असेही या प्रयोगात आढळले. अशी पेरणी केल्याने बाजरीचेही उत्पादन वाढते असे प्रयोगात दिसले.

अशा प्रकारे केवळ पेरणीची दिशा बदलून आपल्याला शेती-उत्पादनात वाढ करणे शक्य असते, हे शास्त्रज्ञांनी प्रत्यक्ष प्रयोगांनी दाखवून दिले आहे. अर्थात दोन्ही दिशांनी पेरणी केल्यास काही वेळा आंतरमशागतीची अडचण होते. मात्र, गव्हासारख्या पिकाचे त्यामुळे फारसे नुकसान होत नाही असे दिसले. दोन्ही दिशांनी पेरणी करणे सर्वांना शक्य होणार नाही. म्हणून पूर्व-पश्चिम पेरणी करण्यापेक्षा दक्षिणोत्तर पेरणी करून आपले उत्पादन वाढविणे अवघड नाही.

येत्या हंगामात काहीही जादा खर्च न करता दक्षिणोत्तर पेरणी करून आपले उत्पादन कसे वाढते याचा प्रत्यक्ष अनुभव घ्या.

शेतातच सेंद्रिय खत तयार करा

"प्रत्येक पिकाला शेणखत, कंपोस्ट खत यांसारखी सेंद्रिय खते दिल्याशिवाय जमिनीचा पोत टिकणार नाही आणि हव्या त्या प्रमाणात पिकांचे उत्पादन मिळणार नाही, हे आम्हाला माहीत आहे; परंतु सध्या चांगली सेंद्रिय खते विकत मिळत नाहीत. जनावरं कमी झाल्याने शेणखत तयार करता येत नाही. तसेच कंपोस्ट खत तयार करावं म्हटलं तर त्यासाठी लागणारी योग्य जागा आमच्याकडे नाही. अशा परिस्थितीत सेंद्रिय खतांचा प्रश्न कसा सोडवायचा हा प्रश्न आमच्यापुढं आहे,'' असं अनेक शेतकरी मला सांगतात.

शेतकऱ्यांचे हे म्हणणे खरे आहे; त्यामुळेच अनेक शेतकरी आणि विशेषतः कोरडवाहू शेतकरी धान्यपिकांना सेंद्रिय खते देत नाहीत ही वस्तुस्थिती आहे; परंतु यावर काही उपाय नाही काय? उपाय निश्चितच आहे. त्यासाठी आपल्या शेतातच सेंद्रिय खत तयार करा. मात्र, त्याचा अर्थ आपल्या शेतात कंपोस्ट खड्डे काढून ते भरा असा मात्र नाही.

समपातळी रेषेवर पेरणी

समपातळी रेषेवर (कंटूरवर) पेरणी केल्यास कोरडवाहू शेतीतील उत्पादन वाढते हे आमच्या शेतीशास्त्रज्ञांनी फार पूर्वी सिद्ध केले आहे. अनेक ठिकाणी असे समपातळीत बांधही घातले आहेत. परंतु हव्या त्या प्रमाणात आपण त्यांची देखभाल करीत नाही. तसेच अनेकदा काही शेतकरी उताराला उभी मशागत व पेरणी करतात;

त्यामुळे पावसाचे पाणी शेतांतून वाहून जाते. फक्त पाणीच वाहते असे नाही तर त्याबरोबर शेतांतील मातीही वाहते; त्यामुळे फार नुकसान होते. पीक चांगले येत नाही. म्हणून उताराला आडवी मशागत व पेरणी केल्यास पावसाचे पाणी अडते. ते जमिनीत अधिक मुरते. शेतांतील मातीही पाण्याबरोबर वाहून जात नाही; त्यामुळे उत्पादन वाढण्यास निश्चितच मदत होते.

परंतु एकदा समपातळी रेषा समजल्यानंतर प्रत्येक वर्षी ती ओळखायची कशी असा प्रश्न काहींच्या मनात येतो. त्यासाठी त्या समपातळी रेषेवर वाळा, एरंड, सूर्यफूल लावा असेही काहीजण सांगतात. त्याचा फायदा होतो; परंतु या समपातळी रेषेवर जर अशा काही वनस्पती लावल्या आणि त्यांचा पाला आपणास खत म्हणून वापरता आला तर किती चांगले होईल? त्यातूनच या समपातळी रेषेवर सुबाभूळ लावण्याची कल्पना आली.

शेतात सुबाभूळ लावा

सुबाभूळ हे झपाट्याने वाढणारे झाड आहे. ते दुष्काळातही चांगले येते. म्हणून अशा कोरडवाहू झाडांची लागवड करून त्यांच्या फांद्या व पाला जमिनीत टाकल्यास त्यापासून किती खत मिळते याची पाहणी करण्याच्या दृष्टीने कोरडवाहू शेती संशोधन केंद्र, सोलापूर व इतर संशोधन केंद्रांवर बरीच वर्षे प्रयोग केले. त्यांचे चांगले निष्कर्ष मिळाले. सुरुवातीला रब्बी ज्वारीसाठी सोलापूर येथे हे प्रयोग घेतले.

सुबाभुळीची के-२८ ही जात रब्बी ज्वारीच्या शेतात दोन ओळींत ऑगस्ट महिन्यात लावली. या दोन रांगांतील अंतर ३-३ मीटर होते. या सुबाभुळीची झाडे पुढील वर्षाच्या जुलै महिन्यापर्यंत वाढविली. मग ही झाडे जमिनीपासून ९० सें.मी. अंतरावर छाटली. त्यांतून मिळालेला पाला आणि फांद्या शेतात टाकल्या. जुलै महिन्यात अशी पहिली छाटणी केल्यानंतर पुन्हा ऑगस्ट, सप्टेंबर आणि नोव्हेंबर महिन्यात तीन वेळा छाटणी करून तो पाला जमिनीत टाकला. सप्टेंबर महिन्यात मालदांडी ज्वारीची पेरणी ६० सें.मी. X २० सें.मी. अंतरावर केली. ही पेरणी सुबाभुळीच्या झाडांच्या मध्ये केली.

किती उत्पादन वाढले?

अशा प्रकारे शेतात सुबाभूळ लावून त्याचा पाला जमिनीत टाकल्यानंतर किती उत्पादन वाढले असा प्रश्न काहींच्या मनात येईल. असा पाला टाकलेल्या जमिनीतून त्या वर्षी दर हेक्टरी ९.३१ क्विंटल रब्बी ज्वारीचे उत्पादन मिळाले; परंतु असा पाला न टाकलेल्या त्याच प्रकारच्या जमिनीतून त्या वर्षी दर हेक्टरी ६.१७ क्विंटल उत्पादन

मिळाले; म्हणजेच या पाल्यामुळे दर हेक्टरी ३.१४ क्विंटल उत्पादन वाढले.

सुबाभुळीच्या पाल्याबरोबर दर हेक्टरी २५ किलो आणि ५० किलो नत्र देऊन काय फरक पडतो हेही पाहिले. त्यात असे आढळले की, २५ किलो नत्र व सुबाभुळीचा पाला दिल्यामुळे दर हेक्टरी १३.८६ क्विंटल उत्पादन मिळाले तर सुबाभुळीचा पाला आणि दर हेक्टरी ५० किलो नत्र दिल्यास हेक्टरी १६.६० क्विंटल ज्वारी मिळाली. यावरून थोड्या नत्र खतात किती चांगले उत्पादन मिळते हे स्पष्ट होते.

इतर ठिकाणांहून पाला आणा!

आमच्या शेतात आम्हाला सुबाभूळ लावणे शक्य नाही. अशा वेळी आम्ही काय करावे? किंवा आम्ही शेताच्या बांधावर सुबाभुळीची झाडे लावून त्याचा पाला शेतात टाकल्यास चालेल काय, अशा शंकाही काहींच्या मनात येतील. त्याही बाबतीत प्रयोग झाले आहेत.

शेतातच सुबाभूळ न लावता बाहेरून त्याचा पाला आणून जमिनीत टाकल्यास दर हेक्टरी १०.६० क्विंटल ज्वारीचे उत्पादन मिळाले. तर या बाहेरच्या पाल्याबरोबर दर हेक्टरी २५ किलो व ५० किलो नत्र दिल्यास अनुक्रमे दर हेक्टरी १५.८४ क्विंटल आणि १७.४३ क्विंटल ज्वारीचे उत्पादन प्रयोगात मिळाले. यावरून सुबाभुळीच्या पाल्याने किती फायदा होतो हे स्पष्ट होते.

पाल्यात किती अन्नद्रव्ये?

सुबाभुळीचा पाला टाकल्याने शेती-उत्पादन वाढते; म्हणून त्यात किती नत्र, स्फुरद व पालाश असते याचीही पाहणी करण्यात आली. सुबाभुळीची कोवळी पाने आणि फांद्यांत सुमारे ३ टक्के नत्र असते. हा पाला व फांद्या शेतात जमीन तयार करताना मिसळल्यास त्याचे लवकर विघटन होऊन ते नत्र पिकास ताबडतोब उपलब्ध होते. अशा प्रकारे सुबाभुळीचा हिरवा पाला चार वेळा जमिनीत टाकल्यामुळे दर हेक्टरी सुमारे ९.४५ टन हिरवे पदार्थ मिळतात. या पाल्यात सुमारे ३.७४ ते ३.९२ टक्के नत्र, ०.१३९ ते ०.१६७ टक्के स्फुरद आणि ०.१२४ ते ०.१४८ टक्के पालाश असते असे आढळले. म्हणजेच चार छाटण्यांत शेतात दर हेक्टरी ९.४५ टन सुबाभुळीचा पाला टाकल्यास त्या शेतात दर हेक्टरी सुमारे ७५.०६ किलो नत्र, २.८६ किलो स्फुरद आणि २.५९ किलो पालाश मिळते. फार कमी खर्चात ही अन्नद्रव्ये मिळत असल्याने उत्पादनाचा खर्च बराच कमी होतो.

अनेक शेतकरी कोरडवाहू रब्बी ज्वारी पिकास नत्र देत नाहीत. काहींना ते देणे परवडत नाही. म्हणून अशा वेळी फक्त सुबाभुळीचा पाला व कोवळ्या फांद्या शेतात

टाकल्यास पाला न टाकलेल्या ज्वारीपेक्षा हे उत्पादन ७२.८ टक्क्यांनी वाढते असे प्रयोगात आढळले आहे.

खरीप ज्वारीसही फायद्याचे

ही पद्धत फक्त रब्बी ज्वारीसाठीच उपयुक्त आहे असे नाही तर खरीप ज्वारीही या पद्धतीने घेता येते. त्यासाठी पेरणी करतेवेळी समपातळी रेषेवर सुबाभुळीचे बी ३० सें.मी. अंतरावर लावावे. दोन ओळींत १० मीटर अंतर ठेवावे. जूनमध्ये ही लागवड करावी. चार महिन्यांत ज्वारी तयार होत असल्याने सुबाभुळीचा ज्वारीच्या पिकावर काहीही वाईट परिणाम होत नाही. सुमारे एक वर्षनंतर झाडांची उंची ६० सें.मी. वाढल्यानंतर ते छाटावे. त्याचा पाला आणि कोवळ्या फांद्या जमिनीत टाकल्यानंतर एखादी कुळवाची पाळी द्यावी; त्यामुळे ज्वारी उत्पादनात ६० ते ७० टक्के वाढ होते, असे प्रयोगात आढळले आहे.

अनेक फायदे

सुबाभुळीच्या झाडाचे सोटमूळ असल्यामुळे ते जमिनीत सरळ जाते; त्यामुळे शेतातील पिकाला हानी पोहोचत नाही. एवढेच नाही तर सुबाभुळीच्या जवळजवळ लागवडीमुळे जमिनीत अधिक पाणी मुरते. ज्या ठिकाणी ही झाडे आहेत, त्या ठिकाणी जमिनीत अधिक पाणी आढळते असा अनुभव आहे. अशा प्रकारे सुबाभुळीची लागवड केल्यानंतर सर्वसाधारणपणे ती झाडे ५ ते ६ वर्षपर्यंत चांगली राहतात. त्यानंतर ती जमिनीतून काढून त्यांचा उपयोग जळणासाठी होतो. म्हणजे पिकांचे उत्पादन वाढते आणि जळणही मिळते.

ज्यांच्याकडे बागायती जमीन आहे किंवा ज्या भागात खात्रीने पाऊस पडतो अशा शेतकऱ्यांनी शेतात जरी सुबाभुळी लावल्या नाहीत तरी शेताच्या बांधावर त्यांची लागवड करता येईल. वर्षभर या रोपांची देखभाल करावी. त्यानंतर त्यांची छाटणी करून तो पाला शेतात टाकता येईल. तीन वर्षांच्या सुबाभुळीच्या एका झाडापासून एका छाटणीच्या वेळी तीन किलो पाला मिळतो. एक हेक्टर जमिनीत ५ टन पाला टाकण्यासाठी अशी सुमारे एक हजार झाडे पाहिजेत. त्यांची दोन किंवा तीन वेळा छाटणी करून दर हेक्टरी ६० किलो नत्र देता येणे शक्य असते; त्यामुळे खर्चात मोठी बचत होऊन उत्पादनही वाढते.

काही शेतकरी ज्वारीच्या पिकास दर हेक्टरी ४० किलो नत्र देतात. त्यावेळी त्यांना दर हेक्टरी २७ क्विंटल ज्वारी मिळते; परंतु दर हेक्टरी ६० किलो नत्र आणि वर सांगितल्याप्रमाणे सुबाभुळीचा पाला वापरल्यास दर हेक्टरी ५५ क्विंटल ज्वारी मिळू शकते असे दिसून आले आहे. म्हणजेच फारसा खर्च न करताही आपणास

ज्वारीचे उत्पादन दुप्पट करता येते. इतर पिकांच्या बाबतीतही असे होऊ शकते.

सुबाभुळीच्या काड्या जमिनीत टाकल्यास जमिनीचा पोत सुधारतो, असेही आढळून आले आहे. म्हणूनच येत्या हंगामात आपल्या शेतात सुबाभुळी लावून आपल्या शेतातच नत्र खताचा कारखाना सुरू करण्यास हरकत नाही. मग खते देणे परवडत नाही किंवा खते वेळेवर मिळत नाहीत असे म्हणावे लागणार नाही.

◆

कडधान्यांची लागवड अवश्य करा!

''तुरीची डाळ अट्ठावीस रुपये किलो झाली आहे. आमच्या सारख्यांना साधी तूरडाळ घेणे परवडत नाही. म्हणून तुम्ही तुमच्या शेतकऱ्यांना अधिक प्रमाणात तूर, मूग, उडीद अशी महत्त्वाची डाळीची पिके घ्यायला का सांगत नाही?'' माझे पुण्यातील एक मित्र मला विचारत होते.

माझ्या मित्रप्रमाणेच शहरातील अनेक लोकांना वाटते की, निरनिराळ्या डाळी एवढ्या महाग का झाल्या आहेत? कोणत्याही वस्तूबाबत मागणी अधिक आणि पुरवठा कमी अशी परिस्थिती झाली की, त्यांचे दर वाढतात. कडधान्यांचे तसेच झाले आहे.

आपण दररोज आपल्या जेवणात बहुधा एखाद्या तरी डाळीचा समावेश करतो. कारण डाळीत प्रथिने हा महत्त्वाचा अन्नघटक असतो; त्यामुळे डाळीला अधिक मागणी आहे; परंतु त्या प्रमाणात आपले उत्पादन नाही. म्हणून डाळीचे दर वाढणे साहजिकच आहे. डाळी आपल्या जेवणात जशा महत्त्वाच्या आहेत त्याचप्रमाणे डाळवर्गीय पिके जमिनीच्या दृष्टीनेही महत्त्वाची आहेत. कारण ही पिके हवेतील नत्र जमिनीत स्थिर करतात. या पिकांचे अवशेष जमिनीत पडल्यामुळे जमिनीची सुपीकता वाढते. जमिनीची धूप कमी होण्यास मदत होते.

फारसे लक्ष नाही

कडधान्यांच्या पिकांमुळे चांगले पैसे मिळतात. जमिनीची सुधारणा होते. तरीही

बरेच शेतकरी या पिकाकडे फारसे लक्ष देत नाहीत. भरपूर उत्पादन देणाऱ्या जातीची लागवड करीत नाहीत. मिळेल त्या स्थानिक, कमी उत्पादन देणाऱ्या जातीची लागवड करतात. या पिकांचे किडीमुळे बरेच नुकसान होते; परंतु अनेक शेतकरी पीकसंरक्षणाकडेही लक्ष देत नाहीत. अशा अनेक कारणांमुळे आपल्याला कडधान्यांचे उत्पादन कमी मिळते; परंतु हे योग्य नाही. या हंगामात आपण शास्त्रीय पद्धतीने कडधान्यांची लागवड करून भरघोस उत्पादन घेतले पाहिजे.

तूर, मूग व उडीद ही आपली खरिपातील महत्त्वाची कडधान्ये आहेत. या पिकांच्या वाढीच्या कुठल्याही अवस्थेत फार थंडी पडली तर पिकांचे नुकसान होते. म्हणून थंडी पडण्यापूर्वी ही पिके तयार होतील याकडे लक्ष घ्यावे.

तूर, मूग व उडीद ही पिके विविध प्रकारच्या जमिनीत येतात हे जरी खरे असले तरी क्षारयुक्त व चोपण जमिनीत या पिकांची वाढ चांगली होत नाही. म्हणून ही पिके मध्यम ते भारी जमिनीत घ्यावीत. या पिकांची मुळे खोलवर जात असल्याने जमिनीची खोल नांगरट करून, कुळवाच्या ३-४ पाळ्या देऊन जमीन चांगली तयार करावी. हेक्टरी १२ ते १५ गाड्या शेणखत किंवा कंपोस्ट खत टाकून ते मातीत चांगले मिसळावे.

सुधारित जाती

तूर :

१) **बीडीएन- २ :** ही जात मर रोगप्रतिबंधक असून तिचा दाणा पांढऱ्या रंगाचा आहे. ही जात १६० ते १६५ दिवसांत तयार होते आणि तिचे हेक्टरी १२ ते १४ क्विंटल उत्पादन मिळते.

२) **आयसीपीएल-८७ :** पीक १२० ते १२५ दिवसांत येणारी ही लाल दाण्याची जात असून दुबार पीक-पद्धतीत चांगली आहे. हेक्टरी १० ते १२ क्विंटल उत्पादन या जातीपासून मिळते.

३) **आयसीपीएच-८ :** तुरीची ही संकरित जात असून तिचे दाणे लाल रंगाचे असतात. या जातीचे पीक १३५ ते १४० दिवसांत तयार होऊन हेक्टरी १२ ते १४ क्विंटल उत्पादन मिळते.

४) **नं. १४८ :** लाल दाण्याची ही एक चांगली जात असून तिचे हेक्टरी १४ ते १५ क्विंटल उत्पादन मिळते. ही जात १७० ते १७५ दिवसांत तयार होते.

५) **आयसीपीएल - ८७११९ :** या जातीचे हेक्टरी १५ ते १६ क्विंटल उत्पादन मिळते. ही जात वांझ व मर रोगप्रतिबंधक असून ती १८० ते १९० दिवसांत तयार होते.

मूग :

१) फुले एम-२ : ही अधिक उत्पादन देणारी फक्त ६० ते ६५ दिवसांत तयार होणारी मुगाची जात पश्चिम महाराष्ट्रासाठी चांगली आहे. या जातीचे हेक्टरी १० ते १२ क्विंटल उत्पादन मिळते.

२) बीएम-४ : टपोऱ्या दाण्याची चांगल्या उत्पादनाची ही जात असून ही पिवळ्या विषाणूजन्य रोगास प्रतिबंधक आहे. ही जात ६५-६७ दिवसांत तयार होऊन हेक्टरी १० ते १२ क्विंटल उत्पादन देते.

३) एम. ८ : मध्यम आकाराच्या चमकदार दाण्याची ही जात ६० ते ६५ दिवसांत तयार होऊन हेक्टरी ७ ते ८ क्विंटल उत्पादन मिळते.

४) जळगाव-७८१ : ही जातही चमकदार दाण्याची असून ६० ते ६५ दिवसांत तयार होते. या जातीचे हेक्टरी ५ ते ७ क्विंटल उत्पादन मिळते.

उडीद :

१) टी. ए. यू-२ : अधिक उत्पादन देणारी टपोऱ्या दाण्याची ही जात ७० ते ७५ दिवसांत तयार होते. या जातीचे हेक्टरी ९ ते १० क्विंटल उत्पादन मिळते.

२) टी-९ : उडदाची ही जात ६५ ते ७० दिवसांत तयार होते. या जातीचे हेक्टरी ६ ते ८ क्विंटल उत्पादन मिळते.

३) टीपीयू-४ : ही जात भुरी रोगास प्रतिकारक असून ती ७० ते ७५ दिवसांत तयार होते. तिचे हेक्टरी ८ ते १० क्विंटल उत्पादन मिळते.

४) टीपीयू-१ : ही जात ६५ ते ७५ दिवसांत तयार होऊन तिचे हेक्टरी ७ ते ८ क्विंटल उत्पादन मिळते.

वरील जातींपैकी आपल्या जमिनीस, हवामानास योग्य असणारी जात निवडावी. पंचायत समिती स्तरावर या सुधारित जातीचे बियाणे उपलब्ध असेल ते आताच आणून ठेवावे.

पेरणीची वेळ महत्त्वाची

कोणत्याही पिकाची वेळेवर पेरणी झाल्यास त्याचे चांगले उत्पादन मिळते. मृगाचा पहिला पाऊस पडल्यावर जमिनीत पुरेशी ओल आहे याची खात्री करून जूनच्या दुसऱ्या पंधरवड्यात मूग व उडीद पेरावा. तुरीचीही पेरणी पाऊस सुरू झाल्यानंतर शक्यतो लवकर म्हणजे १ जुलै ते १५ जुलै या दरम्यान करावी. कारण तपमान व सूर्यप्रकाश यांचा तूर-पिकावर मोठ्या प्रमाणात परिणाम होतो. म्हणून लवकर पेरणी केल्यास पिकाची वाढ चांगली होऊन फुले येण्यासाठी भरपूर कालावधी मिळतो; त्यामुळे उत्पादनात चांगली वाढ होते.

पेरणीसाठी योग्य प्रमाणात कडधान्याचे बियाणे वापरावे. मूग व उडीद यांचे हेक्टरी १२ ते १५ किलो बियाणे वापरावे. हल्ली अनेक शेतकरी तुरीचे सलग पीक घेतात. अशा सलग पिकासाठी लवकर येणाऱ्या जातीचे (आयसीपीएल-८७) हेक्टरी २० ते २५ किलो, तर १६० ते १७० दिवसांत तयार होणाऱ्या जातीचे हेक्टरी १२ ते १५ किलो बियाणे वापरावे. अद्याप काही शेतकरी ज्वारीत तूर हे आंतरपीक घेतात. सीएसएच-५ किंवा ९ ज्वारी व तूर यांची ३:३ ओळी या प्रमाणात पेरणी करावी. लवकर येणारे ज्वारीचे इतर वाण असल्यास ज्वारी व तूर यांची २:१ ओळ याप्रमाणे पेरणी करावी. यासाठी हेक्टरी ४ ते ५ किलो बियाणे वापरावे. पेरणीपूर्वी तूर, मूग व उडीद यांच्या बियाण्यास जीवाणूसंवर्धन लावावे.

पेरणी करताना मूग व उडीद या पिकांच्या दोन ओळींतील अंतर ३० सें. मी. ठेवावे. तर दोन झाडांतील अंतर १० सें.मी. असावे. लवकर येणाऱ्या तूर जातीच्या दोन ओळींतील अंतर ४५ सें.मी. आणि दोन रोपांतील अंतर १० सें.मी. ठेवावे. मध्यम मुदतीच्या जातीतील हे अंतर ६० सें.मी. व २० सें.मी. असावे.

इतर पिकांप्रमाणेच या पिकात तण उगवले असल्यास ते वेळेवर काढावे. कोळपणीही घ्यावी.

या पिकास नत्र खताची फारशी जरुरी नसते. तथापि, जमिनीच्या मगदुराप्रमाणे हेक्टरी २० ते २५ किलो नत्र आणि ४० ते ५० किलो स्फुरद पेरणीच्या वेळी घ्यावे.

पाणी द्या

खरीप हंगामातील कडधान्याची ही पिके पावसाच्या पाण्यावर घेतात; परंतु १२० ते १२५ दिवसांत तयार होणाऱ्या तुरीच्या जाती निघाल्या आहेत. त्यांचे भरघोस उत्पादन मिळण्यासाठी पावसाने ताण दिल्यास त्यांना पाणी घ्यावे. विशेषत: पिकाच्या कळी आणि शेंगा लागण्याच्या अवस्थेत पावसाचा ताण पडल्यास २ ते ३ पाण्याच्या पाळ्या द्याव्यात; त्यामुळे उत्पादनात ३३ टक्के वाढ होते, असे प्रयोगात आढळले आहे.

मूग, उडीद व तूर या तिन्ही कडधान्यांवर रस शोषण करणाऱ्या मावा, तुडतुडे, पांढरी माशी इ. किडींचा प्रादुर्भाव आढळतो. त्याशिवाय शेंग माशी, घाटे अळी, पिसारी पतंग इ. किडींचा उपद्रव होतो. त्यापासून फार नुकसान होते. म्हणून वेळीच त्यावर औषधे फवारून त्यांचे नियंत्रण करावे. तुरीवर मर व वांझ रोग येतात. म्हणून त्यास प्रतिबंधक असणाऱ्या जाती लावाव्यात.

मूग व उडीद ही पिके ६० ते ७० दिवसांत तयार होतात, तर तुरीचे पीक जातीनुसार १२० ते १९० दिवसांत तयार होते. मुगाचे हेक्टरी ८ ते १० क्विंटल आणि उडदाचे हेक्टरी १० ते १२ क्विंटल उत्पादन मिळते. सध्याच्या बाजारभावाने

याची किंमत ८ ते १० हजार रुपये होते. एवढे पैसे फक्त ६० ते ७० दिवसांत मिळतात. तुरीचे हळव्या वाणाचे हेक्टरी ८ ते १० क्विंटल, निमगरव्या वाणाचे हेक्टरी १२ ते १४ क्विंटल आणि गरव्या वाणाचे हेक्टरी १४ ते १६ क्विंटल उत्पादन मिळते. तुरीचा दर सध्या १५०० ते २००० रुपये क्विंटल आहे. यावरून हेक्टरी किती पैसे मिळाले याचा हिशेब करा. या पिकांना खर्च कमी आहे. शिवाय जमिनीची सुपीकता वाढते. म्हणून कडधान्याची लागवड अवश्य करा.

◆

बासमती भात

"बासमती तांदळाचा किलोचा दर २५ ते ४० रुपये असतो; त्यामुळे या भात जातीपासून चांगले पैसे मिळतात; परंतु आम्ही पश्चिम महाराष्ट्रातील आणि कर्नाटकातील शेतकऱ्यांनी बासमती भाताचे पीक घ्यावे काय?'' बेळगावचे एक शेतकरी मला विचारत होते.

तांदळाचा राजा

लांबसडक व पारदर्शक तांदूळ, उत्तम चव आणि सुवास अशा गुणांमुळे बासमती तांदळाचे नाव सध्या अनेक ठिकाणी ऐकू येत आहे. हा तांदूळ शिजल्यावर तांदळाची लांबी दुप्पट होते; परंतु रुंदी वाढत नाही. शिजवलेला भात मोकळा व मऊ वाटतो. या सर्व गुणांमुळे बासमती तांदूळ हा 'तांदळाचा राजा' म्हणून समजला जातो. गेली काही वर्षे भारतातून या तांदळाची निर्यात होत असून त्यातून कोट्यवधी रुपयांचे परकीय चलन आपणास मिळते. म्हणूनच बासमती पिकाखालील क्षेत्र वाढते आहे. सध्या जगात तांदळाच्या ४० हजारांवर जाती उपलब्ध असल्या तरी बासमती तांदळाची बरोबरी इतर कोणतीच जात करीत नाही. बिर्याणी अगर पुलाव करावयाचा असेल तर तो बासमती तांदळाचाच असे समीकरण ठरले आहे.

दिवसेंदिवस बासमतीची निर्यात वाढते आहे. त्याला चांगला दर मिळतो आहे; त्यामुळे पंजाब, हरयाना, उत्तर प्रदेश इत्यादी राज्यांतील शेतकरी अधिक प्रमाणात बासमतीचे पीक घेत आहेत; परंतु महाराष्ट्रात अद्याप म्हणावे तेवढ्या प्रमाणात

शेतकरी या पिकाकडे वळलेले नाहीत. याबाबतीत काही शेतकऱ्यांशी मी चर्चा केली. त्यात मला असे आढळले की, बासमती भातलागवडीबद्दल आपल्या भागातील शेतकऱ्यांच्या मनात काही शंका, गैरसमज आहेत. त्यांपैकी प्रमुख शंका पुढीलप्रमाणे आहेत.

काही गैरसमज

१) आपल्या भागात वास कमी येतो किंवा अजिबात येत नाही असे शेतकऱ्यांना वाटते.

याविषयी तज्ज्ञांशी चर्चा केली असता त्यांनी सांगितले की, बासमती तांदूळ हा त्याच्या वासासाठी फार प्रसिद्ध नाही तर त्याच्या इतर गुणधर्मांसाठी तो अधिक प्रसिद्ध आहे. या तांदळाची लांबी ७ ते ७.५ मि.मी. म्हणजे सर्वांत अधिक असते. त्याच्या लांबी-रुंदीचे गुणोत्तर ४ ते ४.२ असे असते. इतर कोणत्याही तांदळाच्या जातीचे असे गुणोत्तर नसते. हा तांदूळ शिजल्यानंतर त्याची लांबी १५ मि.मी. होते; परंतु रुंदी मात्र वाढत नाही; त्यामुळे हा तांदूळ शिजल्यावर लांबटपणा कायम राहतो. तसेच शिजविलेला तांदूळ फुगल्याने दुप्पट होतो. तो सुटा आणि मऊ राहतो. म्हणूनच बिर्याणी व पुलाव यासाठी हा तांदूळ निवडतात.

महाराष्ट्रात भाताच्या अनेक सुवासिक जाती आहेत. या जातींत फार सुवास आहे. त्याव्यतिरिक्त वरील महत्त्वाचे गुणधर्म या जातींत नाहीत; त्यामुळे यातील एकाही जातीचा तांदूळ निर्यात होत नाही. म्हणूच बासमतीस वास किती आहे हे महत्त्वाचे नाही. वास कमी असला तरी बिनवासाचा बासमती म्हणून त्याची निर्यात होते आणि त्यापासून चांगले पैसे मिळतात.

२) बासमती तांदळाच्या कण्या फार होतात; त्यामुळे किंमत कमी मिळते असा समज काहींच्या मनात आहे.

या जातीच्या तांदळाच्या कण्या होऊ नयेत म्हणून पीक ९० ते ९५ टक्के तयार झाल्यावर कापणी करावी. तसेच भात कापल्यानंतर ताबडतोब मळणी करून ते उन्हात न वाळविता सावलीत वाळवावे. या उपायामुळे तांदळात कण्यांचे प्रमाण फार कमी होते. आणखी एका महत्त्वाच्या गोष्टीकडे लक्ष दिले पाहिजे. ती गोष्ट म्हणजे बासमती भात भरडताना हॉलर न वापरता रबर रोलर वापरावा; त्यामुळे अखंड तांदळाचे प्रमाण वाढते.

३) बासमती जातीच्या पिकावर अनेक रोग-किडींचा उपद्रव होतो असाही एक समज काहींच्या मनात आहे.

बासमतीच्या पूर्वीच्या जातीबाबत हे काही अंशी खरे होते; परंतु यावर उपाय म्हणून रोग-किडीस कमी बळी पडणाऱ्या पुसा बासमती - १ व कस्तुरी या जातींची

लागवड करावी. या जाती बुटक्या व अधिक उत्पादन देणाऱ्या असून रोग-किडीस कमी प्रमाणात बळी पडतात.

इतर कारणे

अशा प्रकारे काही गैरसमजांमुळे आपले शेतकरी बासमतीची लागवड करीत नाहीत. याशिवाय महाराष्ट्रातील शेतकऱ्यांचे या जातीच्या लागवडीकडे दुर्लक्ष होण्याची इतर कारणे आहेत.

पहिले कारण म्हणजे गेली सुमारे ३० वर्षे आपली कृषी विद्यापीठे भाताच्या चांगल्या जाती शोधून काढण्याच्या प्रयत्नात आहेत. त्यांना त्यात यश आले आहे. भाताच्या या अधिक उत्पादन देणाऱ्या जाती शेतकऱ्यांपर्यंत नेण्याचे काम शेती खात्याने केले आहे. शेतकऱ्यांनाही या नवीन जाती आवडल्या असून त्यांनी या जातींची लागवड मोठ्या प्रमाणावर केली; त्यामुळेच महाराष्ट्रातील तांदळाचे उत्पादन सुमारे दुपटीने वाढले आहे. आपल्या चारही कृषी विद्यापीठांनी संशोधन करून अधिक उत्पादन देणाऱ्या तांदळाच्या सुमारे २५ जाती विकसित केल्या. त्याच्या मशागत-पद्धतीही निश्चित केल्या. या सर्वांमुळे १९६० मध्ये महाराष्ट्राचे तांदळाचे हेक्टरी ७ क्विंटल उत्पादन होते ते आता हेक्टरी १५ ते १६ क्विंटलपर्यंत वाढले. अशा अधिक उत्पादन देणाऱ्या भाताच्या जाती उपलब्ध झाल्याने आपल्या शेतकऱ्यांचे बासमती जातीकडे दुर्लक्ष झाले.

बासमतीची लागवड न वाढण्याचे दुसरे कारण म्हणजे आपणाकडे बासमती ३७० ही एकच उंच वाढणारी, लोळणारी व कमी उत्पादन देणारी जात होती. ती रोग व किडींना बळी पडत असे; त्यामुळे शेतकऱ्यांनी बासमती जातीची लागवड केली नाही. बासमती जातीत चांगली सुधारलेली जात काढण्याचा प्रयत्नही आपल्या शेती-संशोधकांनी केला नाही.

सध्या भातशेती आणि ती पिकविणारा शेतकरी यांची काय अवस्था आहे? मजुरी, खते, औषधे यांचा खर्च आता बराच वाढला आहे. त्यात निसर्गाच्या लहरीपणामुळे भातउत्पादनाची खात्री राहिलेली नाही. या सर्व कारणांमुळे भातशेतीत फारसा फायदा राहिला नाही. या परिस्थितीतून बाहेर पडून आपणास भातशेती फायद्याची करायची असेल तर आपण बासमतीच्या लागवडीकडे वळले पाहिजे.

परंतु या लागवडीकडे वळताना जुन्या जाती लावून चालणार नाही तर नवीन बुटक्या, न लोळणाऱ्या, अधिक उत्पादन देणाऱ्या जातीच लावल्या पाहिजेत. आपल्या राज्यातील ज्या जिल्ह्यांत भाताचे पीक घेतले जाते, त्या जिल्ह्यांत पारंपरिक पद्धतीने बासमती पीक घेतले जात नाही. कारण त्या पिकास आपले हवामान फारसे अनुकूल आहे असे म्हणता येणार नाही; त्यामुळे आपल्याकडील बासमतीस इतर

राज्यांपेक्षा कदाचित कमी वास येईल, तरीही बासमतीची यशस्वी लागवड करता येते याचा अनुभव आला आहे.

१९९३ मध्ये सातारा, कोल्हापूर, पुणे, नाशिक या जिल्ह्यांत आणि संपूर्ण विदर्भ व रत्नागिरी या जिल्ह्यांत ५००० हेक्टर क्षेत्रावर बासमती भाताची प्रथमच लागवड केली. त्यातून फार चांगले उत्पन्न मिळाले. काही शेतकऱ्यांनी या बासमतीच्या पिकाचे हेक्टरी ५ ते ९.३ टन उत्पादन काढले. यावरून आपणाकडे बासमतीचे पीक किती चांगले येते याचा विचार करा.

जाती व लागवड

बासमतीपासून चांगले उत्पादन मिळण्यासाठी पुढील जातींचीच निवड करावी.

१) पुसा बासमती - १ : ही जात १२५ ते १३० दिवसांत तयार होते. या जातीचे हेक्टरी उत्पादन ४ ते ४.५ टन मिळते.

२) कस्तुरी : ही जात बासमती ३७०/ सीआरआर ८८ - १ - ५ या जातीच्या संकरातून विकसित केली असून १२५ दिवसांत तयार होते. या जातीचे हेक्टरी उत्पादन ४ टन मिळते.

या जातीची पेरणी मान्सूनचा पाऊस पडल्यावर ताबडतोब करावी. पाणीपुरवठ्याची सोय असल्यास याची पेरणी मे महिन्याच्या दुसऱ्या पंधरवड्यात करणे योग्य असते. काही ठिकाणी भात न पेरता भाताची लावण करतात. अशा भागात रोपे २० ते २५ दिवसांची झाल्यानंतर कोणत्याही परिस्थितीत रोपांची पुनर्लावण केली पाहिजे. अशा प्रकारे लवकर आणि वेळेवर पेरणी, लावणी केल्यास पिकांवर रोग-किडी येत नाहीत. जरी आल्या तरी त्या फार कमी असतील आणि त्याचे नियंत्रण करणे सोपे असते.

महाराष्ट्रात बासमती जातीची लागवड कोणत्या पद्धतीने करावी म्हणजे अधिक उत्पादन येते याविषयी कृषी विद्यापीठात संशोधन सुरू आहे. तथापि, भाताच्या निमगरव्या, बुटक्या जातीप्रमाणे या जातीची लागवड करावी असे तज्ज्ञ सांगतात. या जातीसाठी शेतात हेक्टरी २५ गाड्या शेणखत किंवा कंपोस्ट खत घालावे. तसेच लागवड २० X १५ सें. मी. अंतरावर करावी. हेक्टरी १०० किलो नत्र, ५० किलो स्फुरद आणि ५० किलो पालाश द्यावे.

अशा प्रकारे बासमतीच्या नवीन जातींची लागवड करून हेक्टरी ४ ते ५ टन उत्पादन काढणे सहज शक्य आहे. या जातीच्या तांदळास दुप्पट ते तिप्पट अधिक दर मिळतो. म्हणजे बासमतीची लागवड कितीतरी फायद्याची आहे. म्हणून बासमती भाताचे पीक घ्यावे काय याबद्दल अधिक विचार न करता बासमतीच्या नवीन जातींचे बियाणे आणून येत्या खरीप हंगामात ते पेरा.

◆

भुईमूग उत्पादनवाढीची तंत्रे

भुईमुगाचे पीक अधिक क्षेत्रावर घेऊन चांगले उत्पादन काढावे असे आम्हाला नेहमी वाटते; परंतु काहीतरी अडचण येऊन भुईमुगाचे उत्पादन पाहिजे त्या प्रमाणात येत नाही; त्यामुळे भुईमुगाचे पीक घ्यावयाची आमची फारशी इच्छा होत नाही, अशी तक्रार अनेक शेतकऱ्यांकडून ऐकायला मिळते.

भुईमूग महत्त्वाचे पीक

सध्या खाद्यतेलांचे दर बरेच वाढले आहेत; त्यामुळे कोणतेही तेलबियाचे पीक घेतल्यास त्यापासून चांगले पैसे मिळतात हे शेतकऱ्यांना समजावून सांगण्याची जरुरी नाही. म्हणूनच अनेक शेतकरी तेलबियांची पिके घेऊ लागले आहेत. तेलबियांच्या पिकांचा विचार करीत असताना त्यांतील महत्त्वाचे पीक म्हणजे भुईमुगाचे पीक आहे. भारतात तेलबियांची जी नऊ महत्त्वाची पिके आहेत, त्यांपैकी केवळ भुईमुगाच्या पिकामुळे ६७ टक्के तेलबियांचे उत्पादन होते आणि ५२ टक्के खाद्यतेलाचे उत्पादन होते. भुईमुगाच्या पिकास भारतात फार महत्त्वाचे स्थान आहे.

अशी परिस्थिती असली तरी अद्यापही आपण खाद्यतेलाच्या बाबतीत पूर्ण तूट भरून काढू शकलो नाही. म्हणूनच अनेकदा खाद्यतेलाची आयात करावी लागते. त्यासाठी भुईमुगाचे दर हेक्टरी उत्पादन वाढविल्यास आपली ही तूट निश्चित भरून काढणे शक्य आहे.

कमी उत्पादनाची कारणे

खरीप हंगामातील भुईमुगाचे पीक प्रामुख्याने पावसाच्या पाण्यावरच घेतले जाते. या पिकाचे उत्पादन कमी येण्याची अनेक कारणे आहेत. या कारणांचे आणि ती कशी निवारण करावयाची याबद्दलचे संशोधन भारतात अनेक ठिकाणी चालते. गुजरातमधील जुनागढ येथे राष्ट्रीय भुईमूग संशोधन केंद्र आहे. त्या ठिकाणी गेली अनेक वर्षे भुईमुगासंबंधी संशोधन सुरू आहे. या ठिकाणी संशोधन करणाऱ्या काही संशोधकांना भेटण्याचा योग नुकताच आला.

पावसावर घेण्यात येणाऱ्या भुईमुगाचे उत्पादन कमी येण्याची काय कारणे आहेत याबद्दल त्यांना विचारले असता ते म्हणाले की, या कारणांत प्रामुख्याने अधिक उत्पादन देणाऱ्या जातींचा वापर न करणे, ठरवून दिलेल्या प्रमाणात बी पेरणीसाठी न वापरणे, बियाण्यास पेरणीपूर्वी औषध न लावणे आणि योग्य त्या पीक-संरक्षण उपायांचा वापर न करणे अशी अनेक कारणे आहेत. तसेच या पिकास हव्या त्या प्रमाणात अन्नद्रव्ये देण्याकडे फार कमी लोक लक्ष देतात, असे ते म्हणाले.

भुईमुगाचे उत्पादन वाढण्यासाठी कोणत्या नवीन तंत्राचा वापर करणे योग्य ठरते आणि ते कसे ठरते याबद्दल अधिक माहिती देताना तेथील अनुभवी तज्ज्ञांनी सांगितले की, भुईमूग-उत्पादनाचे आम्ही जे नवीन तंत्र विकसित केले आहे ते आतापर्यंत भारतातील अनेक राज्यांतील शेतकऱ्यांच्या शेतावर प्रत्यक्ष वापरून पाहिले आहे. त्या ठिकाणी हे तंत्र अधिक फायद्याचे झाल्याचे आम्हाला आढळले; त्यामुळे अनेक ठिकाणी उत्पादनात चांगली वाढ झाली. अशा प्रकारचे हे तंत्र शेतकऱ्यांनी वापरल्यास त्यापासून त्यांचा निश्चितच फायदा होऊ शकेल.

सुधारित तंत्र

भुईमूग-उत्पादनाच्या सुधारित तंत्राबद्दल अधिक माहिती देताना त्यांनी सांगितले की, यातील पहिली महत्त्वाची गोष्ट म्हणजे भुईमूग पिकासाठी चांगल्या प्रकारची जमीन तयार करणे आवश्यक आहे. कारण चांगली मऊ आणि भुसभुशीत जमीन तयार केल्यास त्या जमिनीत भुईमुगाची उगवण चांगली होऊन आवश्यक ती रोपसंख्या राहू शकते. म्हणून शेतकऱ्यांनी भुईमूग पिकासाठी जमिनीची चांगली पूर्वमशागत करणे आवश्यक आहे. तसेच मशागतीच्या वेळी योग्य त्या प्रमाणात शेणखत किंवा कंपोस्ट खतही घावे.

चांगली जमीन तयार केल्यानंतर पेरणीसाठी चांगल्या जातीची निवड करणे महत्त्वाचे आहे. कारण अधिक उत्पादन देणारी सुधारित जात वापरल्यास उत्पादनात सुमारे २० टक्के वाढ होते असे त्यांनी सांगितले. गेल्या सुमारे २० वर्षांत अधिक उत्पादन देणाऱ्या सुधारलेल्या अशा भुईमुगाच्या सुमारे ३७ जाती शास्त्रज्ञांनी

शेतकऱ्यांना लागवडीसाठी दिल्या आहेत असे त्यांनी सांगितले. अर्थात आपल्या भागातील जमिनीस आणि हवामानास योग्य ठरेल अशी जातच शेतकऱ्यांनी निवडावी. मात्र, कोणत्याही परिस्थितीत सुधारलेली जात पेरणे आवश्यक आहे.

चांगल्या जातीची निवड केल्यानंतर त्या जातीचे चांगले, टपोरे आणि रोग-कीडविरहित बियाणे मिळविणे फार महत्त्वाचे आहे. त्यातल्या त्यात भुईमुगाच्या बियाण्याच्या बाबतीत अशी अधिक काळजी घ्यावी. बियाण्यास पेरणीपूर्वी बीजप्रक्रिया करावी. त्यासाठी भुईमुगाच्या १ किलो बियाण्यास ५ ग्रॅम थायरम किंवा २.५ ग्रॅम कॅप्टन हे औषध चोळावे.

बियाण्यास प्रक्रिया करून बियाणे तयार ठेवल्यानंतर ते योग्य प्रमाणात पेरणे आवश्यक आहे याचा त्यांनी उल्लेख केला. या बाबतीत अनेक ठिकाणी पाहणी केली असून त्यात असे आढळले की, भुईमुगाचे बियाणे महाग असल्याने अनेक शेतकरी ते कमी प्रमाणात वापरतात; परंतु त्यामुळे उत्पादनात फार मोठी घट येते. बंच प्रकारच्या भुईमुगासाठी दर हेक्टरी १२० किलो बियाणे वापरावे, असे त्यांनी सांगितले; त्यामुळे शेतात योग्य प्रमाणात रोपसंख्या राहू शकते.

रोपांची संख्या महत्त्वाची

भुईमुगाचे कमी उत्पादन येण्याचे दुसरे महत्त्वाचे कारण म्हणजे भुईमुगाची पेरणी अनेकदा उशिरा होते, याचा उल्लेख करून ते म्हणाले की, जेवढ्या लवकर पेरणी करता येईल तेवढ्या लवकर पेरणी करणे आवश्यक आहे. सर्वसाधारणपणे जूनच्या दुसऱ्या पंधरवड्यापासून जुलैच्या पहिल्या पंधरवड्यापर्यंत भुईमुगाची पेरणी केल्यास चांगले उत्पादन मिळते असा अनुभव आहे. अर्थात मान्सूनचा पाऊस केव्हा सुरू होईल त्यावर बऱ्याच गोष्टी अवलंबून असतात. ही पेरणी करताना दोन ओळींत व दोन रोपांत ठरवून दिलेले अंतर ठेवावे; त्यामुळे दर हेक्टरी २.२२ लाख ते ३.३३ लाख एवढी रोपे शेतात राहू शकतात. एवढी रोपे राहिल्यास हव्या त्या प्रमाणात उत्पादन येऊ शकते. भुईमुगाचे बी महाग असल्याने पेरणी करण्याऐवजी टोकण केल्यास अधिक फायद्याचे ठरते.

ज्या शेतकऱ्यांना शक्य आहे त्यांनी एखादे पाणी देऊन जमीन ओलावून घ्यावी आणि मग पेरणी करावी. अशा प्रकारे पावसाळ्यापूर्वी पेरणी केल्यास उत्पादनात सुमारे ४० ते ४५ टक्के वाढ होते असे आढळून आल्याचे त्यांनी सांगितले. महाराष्ट्रात फुले प्रगती ही जात अनेक शेतकरी पेरतात. या जातीच्या बियाण्यास पेरणीपूर्वी रायझोबियम जीवाणू संवर्धन चोळल्यास उत्पादनात बरीच वाढ होते.

योग्य खते द्या

भुईमुगाच्या पिकास किती खते द्यावी लागतात याबद्दल विचारले असता त्यांनी सांगितले की, जमिनीचा मगदूर बघूनच खते दिली पाहिजेत. तथापि, दर हेक्टरी १०

ते २० किलो नत्र, २० ते ४० किलो स्फुरद आणि २५ किलोपर्यंत आवश्यकतेनुसार पालाश ही खते द्यावीत. स्फुरद खतासाठी सुपर फॉस्फेट वापरावे. कारण त्यात स्फुरदाशिवाय क्लोरियम आणि सल्फर असतात. ही दोन्ही द्रव्ये भुईमुगाचे अधिक उत्पादन मिळण्यासाठी फायद्याची ठरतात.

अनेकदा भुईमुगाच्या पिकात सूक्ष्म अन्नद्रव्याची कमतरता आढळून येते. याचा उल्लेख करून ते म्हणाले की, सर्वसाधारणपणे झिंक, बोरॉन आणि लोह या सूक्ष्म अन्नद्रव्याची भुईमूगपिकास अधिक आवश्यकता असते. ही सूक्ष्म अन्नद्रव्ये कमी पडल्यास उत्पादन कमी होते. म्हणून त्यासाठी दर हेक्टरी २५ किलो झिंक सल्फेट वर्षातून एकदा द्यावे. तर दर हेक्टरी २ किलो बोरॅक्स फवारावे. त्याचबरोबर दर हेक्टरी १५ ग्रॅम फेरस सल्फेट आणि १.५ ग्रॅम सॅट्रिक असिड १० लिटर पाण्यात मिसळून ते बोरॅक्सबरोबर फवारावे.

तणामुळे नुकसान

भुईमुगाच्या पिकाचे तणामुळे बरेच नुकसान होते. विशेषत: पेरणीनंतर ४५ दिवस शेतातील तण न काढल्यास पिकाचे अधिक नुकसान होते. याचा उल्लेख करून ते म्हणाले की, यासाठी पहिले ४५ दिवस भुईमुगाचे पीक तणविरहित ठेवले पाहिजे. त्यासाठी वेळेवर निंदणी, कोळपणी करावी. ज्या शेतकऱ्यांना शक्य असेल त्यांनी तणनाशकांचा वापर करावयास हरकत नाही.

पावसाने ताण दिल्यास अनेकदा भुईमुगाच्या पिकाचे फार मोठे नुकसान होते. विशेषत: भुईमुगाच्या आऱ्या जमिनीत जाण्याच्या वेळी जमिनीत ओल नसल्यास उत्पादनावर अनिष्ट परिणाम होतो. अशा वेळी १ किंवा २ पाणी दिल्यास भुईमुगाचे उत्पादन ५० ते ६० टक्के वाढते असा अनुभव आल्याचे त्यांनी सांगितले.

काही जमिनींत जिप्सम दिल्यामुळे फायदा होतो असेही त्यांनी सांगितले. तथापि, ते पेरणी करून वापर करणे योग्य ठरेल असे ते म्हणाले. याशिवाय भुईमुगाच्या पिकावर येणाऱ्या मावा, तुडतुडे इत्यादी किडींचा वेळेवर बंदोबस्त करणे आवश्यक आहे. तसेच टिक्कासारख्या रोगाने भुईमुगाचे बरेच नुकसान होते. या सर्व रोग-किडींचे वेळेवर नियंत्रण केल्यास उत्पादनात निश्चित वाढ होते.

भुईमुगाचे पीक तयार झाल्यानंतर योग्य वेळी काढणी करून, शेंगा वाळवून विक्रीसाठी पाठविणे किंवा साठवणे फायद्याचे असते. अशा प्रकारे काही महत्त्वाच्या गोष्टींकडे लक्ष दिल्यास भुईमुगाच्या उत्पादनात निश्चितच वाढ होऊ शकते असा अनुभव अनेक ठिकाणच्या प्रयोगांत आल्याचे त्यांनी सांगितले. महाराष्ट्रातील शेतकऱ्यांनी या सुधारित तंत्राचा वापर करून भुईमुगाचे उत्पादन वाढविणे आवश्यक आहे.

◆

खरीप पिकांची काळजी घ्या

इतर पिकांना फारशी पाण्याची जरुरी नसली तरी भाताच्या पिकास मात्र पाण्याची आवश्यकता असते. भातपिकास किती आणि कधी पाणी द्यावे याबद्दल अनेकांच्या मनात काही वेळा थोडा गोंधळ उडालेला असतो. अनेकदा लांबलेल्या पावसामुळे काहींच्या भातरोप लावण्या उशिरा होतात. म्हणून भातपिकास आणि विशेषत: रोपलावणी केलेल्या भातपिकास पाण्याची व्यवस्था केली पाहिजे.

भातास पाणीपुरवठा करताना काही महत्त्वाच्या गोष्टी ध्यानात ठेवाव्यात. खाचरात रोपांची मुळे चांगली रुजेपर्यंत पाण्याची उंची कमी म्हणजे २.५ सें.मी. ठेवावी. त्यानंतर दाणा पक्व होईपर्यंत ही पातळी सुमारे ५ सें.मी.पर्यंत ठेवावी. तसेच अधूनमधून पाण्याचा निचरा करावा. पीक निसवण्यापूर्वी १० दिवस आणि पीक निसवल्यानंतर १० दिवस पाण्याची पातळी १० सें.मी. ठेवावी. तसे केले नाही तर लोंबीतील पळींजाचे प्रमाण वाढून उत्पादन घटते. त्यानंतर पाण्याची पातळी हळूहळू कमी करावी. भात कापणीपूर्व दहा दिवस अगोदर शेतातील पाणी पूर्णपणे काढून टाकावे; त्यामुळे दाणे भरण्यास आणि एकाच वेळी सारख्या प्रमाणात पीक तयार होण्यास मदत होते.

खोडकिड्याच्या नियंत्रणासाठी

भातपिकावर अनेक ठिकाणी खोडकिड्याच्या उपद्रव आढळतो. त्यासाठी अनेक कीटकनाशके आहेत; पण त्यांचा उपयोग नेहमी होतोच असे नाही. यासाठी

खोडकिड्याचा प्रादुर्भाव होऊ नये याकरिता वैभव विळ्याने जमिनीलगत भातकापणी करावी. कापणीनंतर वापसा येताच लगेच शेताची नांगरट करून भाताचे चोथे मुळासह गोळा करून जाळून टाकावेत; त्यामुळे खोडकिडा व इतर कीड-रोगांचे नियंत्रण होते. हा अगदी साधा उपाय आहे. सर्व शेतकऱ्यांनी त्याचा अवलंब केला तर भातशेतातील खोडकिड्याचे नियंत्रण करणे फारसे अवघड नाही.

ज्वारीची काळजी घ्या

अनेकदा ज्वारीची पेरणी बरीच पुढेमागे होते. ज्या शेतकऱ्यांनी सुरुवातीच्या पावसाच्या ओलीवर ज्वारी पेरली त्यांची कणसे लवकर बाहेर पडू लागतात. तर उशिरा पेरलेल्या ज्वारीची कोळपणी, निंदणी करून त्या पिकास अधिक ओलावा मिळवून दिला पाहिजे.

काही ठिकाणी जमिनीस भेगा पडल्या असल्या तर फासाच्या कोळप्याने कोळपणी करावी; त्यामुळे ज्वारीच्या ताटांना मातीची भर मिळू शकेल.

ज्वारीची कणसे बाहेर पडल्यानंतर त्यावर काही रोग-किडी हल्ला करतात; म्हणून त्यापासून पिकाचे संरक्षण करणे महत्त्वाचे आहे. त्या दृष्टीने पुढील काळजी घ्यावी.

कणसातील अळ्या - ज्वारीच्या कणसात निरनिराळ्या प्रकारच्या अळ्या सापडतात. या प्रामुख्याने तीन प्रकारच्या असतात. यांपैकी वबवर्म कणसात जाळी तयार करते आणि कणसातील दाणे खाते. या अळीच्या आधीच्या पिढ्या गवतावर व इतर पिकांवर येतात. योग्य हवामानात संकरित ज्वारी कणसावर येण्याच्या वेळी त्या कणसावर काही वेळा फार मोठ्या प्रमाणावर आढळतात. त्यांच्या नियंत्रणासाठी कार्बारिल १० टक्के भुकटी १५ किलो किंवा कार्बारिल १० टक्के आणि बीएचसी १० टक्के भुकटी १:१ या प्रमाणातील मिश्रण २० किलो १ हेक्टरवर धुरळावे. पिकाची ३० ते ५० टक्के कणसे निसवताच त्यावर ही भुकटी धुरळावी. पुन्हा ५ दिवसांनी दुसरी धुरळणी करावी.

कणसाची काणी - या रोगामुळे कणसात दाणे भरण्याऐवजी कणसाचा आकार बदलतो आणि त्या ठिकाणी काळ्या केसांचा गुटका तयार होतो. यालाच शेतकरी झिप्री काणी किंवा काळा गोसावी असे म्हणतात. हा रोग जमिनीतून पसरतो. म्हणून रोगट झाडे उपटून शेताबाहेर जाळून नष्ट करावीत; त्यामुळे रोगप्रसार थांबतो.

तांबेरा - या रोगामुळे सुरुवातीला पानाच्या खालच्या बाजूस लहान अंडाकृती किंवा लांबट गोलाकार पृष्ठभागापासून वर आलेले फोड दिसतात. त्यांचा रंग तांबूस - जांभळट दिसतो. काही वेळा हे फोड पानाच्या वरच्या पृष्ठभागावरही येतात. रोगाचा प्रादुर्भाव वाढल्यास पर्णकोषावरही लक्षणे दिसून पानाचा सर्व पृष्ठभाग

ग्रासला जातो. पानाचा रंग गर्द लालसर/तपकिरी दिसतो; त्यामुळे पाने अकाली वाळतात. पानावरील फोडांतून लालसर भुकटी बाहेर येते.

या रोगाच्या नियंत्रणासाठी प्रतिबंधक उपाय म्हणून झायनेब ७५ टक्के पाण्यात मिसळणारे १८७५ ग्रॅम १०० लिटर पाण्यातून फवारावे. या औषधाची दुसरी फवारणी १५ दिवसांनी करावी.

खडखड्या - या रोगाचे प्रमुख लक्षण म्हणजे पीक तयार होत असताना मुळानजीकचा बुंधा नरम पडतो. नंतर थोड्याच दिवसांत अशी ताटे वाकडी होऊन जमिनीवर पडतात. या ताटांचे खोड फोडले असता त्याच्या मधील भागातील भेंडाचे दोरे झालेले आढळतात. त्यावर फार सूक्ष्म असंख्य काळे ठिपके दिसतात. हे काळे ठिपके म्हणजे बुरशींच्या स्केलेरोशिया असतात.

या रोगामुळे खोडातील गाभा सुकतो; त्यामुळे असे खोड हलवले की, त्यातून खडखड असा आवाज येतो. म्हणून या रोगास खडखड्या असे म्हणतात.

हा रोग जमिनीतील ओलावा कमी झाला म्हणजे अधिक प्रमाणावर येतो. म्हणून जेथे पाणी देण्याची सोय आहे त्या ठिकाणी पीक फुलोऱ्यावर आल्यानंतर पिकास पाणी द्यावे. पिकास नत्र जास्त आणि पालाश कमी दिल्यास अन्नांशाचा समतोल बिघडून रोगाचे प्रमाण वाढते. पेरणीपूर्वी शेतात शेणखत टाकल्यास या रोगाचे प्रमाण कमी होते.

आपल्या जमिनीत वर्षातून फक्त एकच पीक घेऊन चालत नाही. वाढत्या खर्चाची तोंडमिळवणी करण्यासाठी किमान दोन पिके घेतली पाहिजेत.

रब्बी हंगामात ज्वारी, गहू, हरभरा, करडई, सूर्यफूल इत्यादी पिके घेता येतात. यांपैकी आपल्या जमिनीत कोणती पिके घ्यावयाची हे आताच निश्चित करून त्याप्रमाणे त्या पिकाचे चांगले सुधारित, संकरित बियाणे मिळवून ठेवावे. आपणाकडे भरपूर पाणी असेल तरच गहू घ्यावा. कोरडवाहू गव्हाचे पीक फारसे फायद्याचे होत नाही. त्याऐवजी करडई, सूर्यफूल यांसारखी थोड्या पाण्यात येणारी व चांगला पैसा मिळवून देणारी पिके घ्यावीत. हरभऱ्याच्या पिकापासूनही चांगले उत्पन्न मिळते.

तणांचा बंदोबस्त असा करा!

शेतात तण उगवल्यानंतर त्यांचा बंदोबस्त करण्याऐवजी शेतात तण उगवणारच नाही यासाठी काही उपाय योजणे अधिक योग्य आहे. अनेकदा आपल्या पिकाच्या बियाण्यात तणाचे बी मिसळलेले असते. म्हणून असे बियाणे स्वच्छ करून, त्यातील इतर बी काढून मगच पेरावे. शेणखतात व कंपोस्ट खतातही तणाचे बी असते; परंतु चांगल्या कुजलेल्या खतात ते नसते; म्हणून चांगले कुजलेले शेणखत किंवा कंपोस्ट खत घालावे. शेताच्या बांधावर किंवा पडीक जमिनीत अनेकदा तण उगवते. ते त्यास बी धरण्यापूर्वीच काढून टाकावे. कारण तेथे पडलेले बी वाऱ्याने, पायाने आपल्या शेतात येऊ शकते. पाण्याच्या पाटात किंवा कालव्यात आणि मोऱ्यांत वाढत असलेली तणे काढून ती स्वच्छ ठेवावीत. कारण पाण्यातूनही तणांचा प्रसार होतो.

तणांचा नाश असा करा

प्रतिबंधक उपाय योजूनही शेतात तण उगवले तर त्यांचा नाश किंवा नियंत्रण करण्यासाठी प्रमुख उपाय असे आहेत.

१) जमिनीची मशागत करणे - यात सामान्य उपाय म्हणजे तणे हाताने उपटणे, खुरपणे, कोळपणे, जाळणे, शेतात पाणी भरणे, नांगरणे, कुळवणे इत्यादी येतात. तण नियंत्रणाच्या उद्देशानेच आपण जमिनीची मशागत करतो. सध्या बहुतेक ठिकाणी ट्रॅक्टरने नांगरट करतात. अशी नांगरट केल्यानंतर वर येणाऱ्या तणांच्या

मुळ्या, कंद वेचून काढावेत. कुळवणी करावी. ज्या शेतात तणे खूप माजली असतील आणि त्यांच्या काठावरही वाढली असतील ती बऱ्याच वेळा जाळून त्यांचे नियंत्रण करतात.

२) पीक फेरपालट पद्धतीने नियंत्रण - पिकांची फेरपालट केल्यास काही तणांचे नियंत्रण होते. दरवर्षी तेच ते पीक घेतल्याने किंवा त्याच त्या पद्धतीचा वापर केल्याने तणांचा प्रादुर्भाव वाढतो. भुईमूग किंवा बटाट्यासारख्या पिकाला जमीन खोदणे आवश्यक असते. अशा फेरपालटीने तणांचा त्रास काही प्रमाणात कमी होतो. तागासारखे जोरदार वाढणारे आणि खूप पाने असलेले पीक घेतल्यास तणे गुदमरून मरतात. मशागत व पिकांची फेरपालट यांचा योग्य वापर केल्यास तणाचे चांगले नियंत्रण होऊ शकते.

३) जीवाणूद्वारा नियंत्रण - काही वनस्पती किंवा कीटक विशिष्ट तणांचे उपजत शत्रू असतात. पूर्वी आपल्या भागातील निवडुंगाच्या नाशासाठी कोचिनिअल कीटकांचा वापर केल्याने त्या किड्यांनी सर्व निवडुंग खाऊन टाकला. या बाबतीत संशोधन सुरू आहे.

४) रासायनिक तणनाशकाद्वारे नियंत्रण - सध्या अनेक रासायनिक तणनाशके उपलब्ध झाली असून त्यांचा वापरही कार्यक्षमपणे होत आहे. ही पद्धत कमी खर्चाची आहे. मात्र, त्यासाठी थोडी माहिती घेऊन मगच त्यांचा वापर केला पाहिजे. निरनिराळी तणनाशके त्यांचा पूर्ण नाश करतात किंवा त्यांच्या वाढीस प्रतिबंध करतात. १९४५ मध्ये २, ४- डीचा शोध लागल्यानंतर तणनाशकांचा अधिक उपयोग होऊ लागला.

तणनाशकांचे वर्गीकरण

रासायनिक तणनाशकांचे वर्गीकरण पुढीलप्रमाणे केले जाते.

१) निवडक तणनाशके - यात अ) पानावर फवारण्यासाठी स्पर्शजन्य तणनाशके - उदा. फिनालॉक्स, डीएनबीपी ही येतात. तसेच प्रवाही तणनाशकांत २, ४- डी एमसीपीए, २, ४ - डीबी यांचा समावेश होतो. ब) यामध्ये मुळ्यांना देण्यासाठीची तणनाशके येतात. उदा. एमसीपीए, टीसीए, सिमाझीन इ. तणनाशके यात येतात.

२) सर्वसामान्य तणनाशके - यात अ) पानावर फवारण्यासाठी आणि ब) मुळ्यांना देण्यासाठी. उदा. मोन्यूरॉन, कार्बन बायसल्फाइड यांचा समावेश होतो.

३) अ) पानावर फवारण्याच्या तणनाशकांत १) स्पर्शजन्य तणनाशके - उदा. कॉमेट, गंधकाम्ल, सोडियम आर्सेनाइट ही येतात, तर ब) प्रवाही तणनाशकांत - उदा. ऑसिड आर्सेनिकल, सोडियम क्लोरेट यांचा समावेश होतो.

निवडक तणनाशके पिकांना अपाय न करता केवळ तणांचाच नाश करतात.

याच्या उलट सर्वसामान्य तणनाशके तणे आणि पिके अशा सर्व प्रकारच्या वनस्पतींचा नाश करतात. याशिवाय स्पर्शजन्य तणनाशके, प्रवाही तणनाशके आणि जमीन निर्बीजकरण रासायनिके असे वर्गीकरण केले जाते.

महत्त्वाची तणनाशके

१) २, ४ डी - (२, ४ -डी डायक्लोरोफेनॉक्झी ॲसिड) हे निवडक स्पर्शजन्य तणनाशक असून तणांचा नाश करण्यासाठी फार मोठ्या प्रमाणावर वापरतात. १९४४ च्या सुमारास या तणनाशकाचा शोध लागला आणि त्याने रासायनिक पदार्थाने तणाचे नियंत्रण करण्याचा एक नवीन अध्यायच उघडला. त्याचा वापर केल्याने रुंद पानांची तणे मरतात. ते फवारण्यास सोपे असल्याने लोकप्रिय झाले आहे. या तणनाशकांचे तीन प्रकार किंवा स्वरूपे आहेत. १) अमोनियम साल्ट (डायकोटॉक्स), २) अमाइन साल्ट (ब्रलॅंडेक्स-जी), ३) इस्टर्स (ब्रलॅंडेक्स-बी).

ही तणनाशके मुळ्या किंवा खोडाद्वारे लगेच शोधून घेतली जातात. साधारणपणे त्यांची दर हेक्टरी मात्रा १.२५ ते १.८७ कि.ग्रॅ. २ ए.इ. (ॲसिड इक्विव्हॅलेंट) तणे उगवण्यापूर्वीच्या फवारणीसाठी आणि १.२५ कि. ग्रॅ. ए.इ. तणे उगवल्यानंतरच्या फवारणीसाठी वापरावीत अशी शिफारस आहे.

२, ४ -डी सारखी तणनाशके वापरताना विशेष सावधगिरी बाळगावी. वारा जोरात वाहत असताना ही तणनाशके मुळीच फवारू नयेत. विशेषतः जवळच्या शेतात कापूस, टोमॅटो, भेंडी यांसारख्या रुंद पानांचे पीक असेल तर त्या शेतात हे जाणार नाही याची काळजी घ्यावी. कारण तसे झाले तर पीक मरून जाईल. तसेच हे फवारण्यासाठी जो स्प्रेअर, बादली वापरली असेल ती इतर कीटकनाशकासाठी वापरू नये. कारण ती कितीही धुतली तरी त्यात तणनाशकाचा अंश राहून रुंद पानांच्या पिकाचे नुकसान होते. ऊस, गहू, कांदा इत्यादी पिकांतील रुंद पानांच्या तणनियंत्रणासाठी याचा उपयोग होतो. लव्हाळ्याचे काही प्रमाणात नियंत्रण होते. तसेच ज्वारी, मका, ऊस, भात, बाजरी इत्यादी पिकांच्या मुळावर जगणाऱ्या टारफुला किंवा टाळपाच्या नियंत्रणासाठी हे वापरावे.

२) स्टॅम, एफ -३४ - हे स्पर्शजन्य आणि निवडक तणनाशक असून भाताच्या पिकातील गवत, लव्हाळा आणि रुंद पानांच्या तणाचे नियंत्रण करण्यासाठी फार परिणामकारक आहे. तण उगवल्यानंतर हे फवारावे.

३) सिमाझीन - हे प्रवाही व निवडक तणनाशक असून तणे उगवण्यापूर्वीच फवारतात. त्याने रुंद पानांचे तण व गवत मरते. हे तणनाशक मका, ऊस, बटाटे व द्राक्षे यातील तणनियंत्रणासाठी फार परिणामकारक आहे.

४) ॲट्राझीन - हे सिमाझीनप्रमाणेच आहे; परंतु त्यापेक्षा ते पाण्यात अधिक

प्रमाणात विरघळणारे असल्याने तण उगवल्यानंतरही फवारता येते. ही दोन्ही तणनाशके अनेक महिने शेत स्वच्छ ठेवतात; परंतु ती प्रमाणाबाहेर फवारल्यास जमीन नापीक होते.

५) टी सी ए - हे वर्षायू आणि बहुवर्षीय गवत मारण्यासाठी चांगले आहे. मात्र, तण उगवण्यापूर्वी ते मारावे. हे फवारल्यानंतर उथळ नांगरणी किंवा वखरणी करणे चांगले असते. २, ४ -डीचे १.२५ कि. ग्रॅ. ए.इ. (आम्ल) १२.५ कि. ग्रॅ. टी सी ए मध्ये मिसळून एक हेक्टरवर उगवण्यापूर्वी फवारले तर उसातील बहुतेक सर्व तणांचे नियंत्रण होते.!

६) डेलॅपॉन - हे टी सी ए प्रमाणे मुळ्या व पानांकडून शोषले जाते. ज्या जमिनीत कास हे तण फार आहे तेथे याचा चांगला उपयोग होतो.

७) एप्टोम किंवा ई पी टी सी - हे निवडक तणनाशक असून ते तण उगवण्यापूर्वी फवारण्याचे आहे. त्याने गवताळ तणे जसजशी उगवतात तशी मरतात. लव्हाळ्यासारख्या बहुवर्षीय तणांचेही याने नियंत्रण होते.

याशिवाय एम सी पी बी, मोनुरॉन, पी सी पी, डी एन बी पी, ग्रामॅक्झोन, ई टोकई – २५/ अनसार, रॅन्डॉक्स, लारसो इत्यादी तणनाशके आहेत.

योग्य वापर हवा

तणनाशकाचा चांगला परिणाम होण्यासाठी शिफारस केलेले तणनाशक पुरेशा प्रमाणात वापरणे; एवढेच नाही तर त्याचे पाण्यात बरोबर द्रावण तयार करून ते योग्य प्रकारे वापरणेही महत्त्वाचे आहे. त्याच्या फवारणीपासून जास्तीतजास्त परिणाम मिळण्यासाठी ते पिकांच्या व तणाच्या योग्य अवस्थेत फवारावे. निरनिराळी तणनाशके फवारण्याची वेळ पिकांप्रमाणे बदलते उदा. गव्हाच्या पिकात, २, ४-डीचा फवारा गव्हाला पूर्णपणे फुटवे आल्यानंतर मारावा. त्यापूर्वी मारला तर ओंब्यात विकृती येते आणि उशिरा मारला तर तणांचा नाश होत नाही. पीक पेरण्यापूर्वी, पीक उगवण्यापूर्वी आणि पीक उगवून वर आल्यानंतर अशा तणनाशके फवारणीच्या तीन वेळा आहेत.

तणनाशके निरनिराळ्या पद्धतीने वापरता येतात. उदा. फेकून किंवा सरसकट पसरून, रोपांच्या बाजूने, नॉझलची उंची सोयीची करून फवारणे आणि लहान ठरावीक क्षेत्रात, पाहिजे त्या जागी टाकून तणनाशके फवारताना पुढीलप्रमाणे महत्त्वाची दक्षता घ्यावी.

वारा नसेल तेव्हा किंवा मंद वारा असेल तेव्हा फवारणी करावी. शक्यतो ऊन असेल त्या दिवशी फवारणी करावी. फवारणीच्या वेळी जमिनीत पुरेसा ओलावा असावा. तणनाशकाचा आपल्या शरीराशी संबंध येऊ नये. कारण त्यामुळे अंगाला खाज सुटते. कीटकनाशके व तणनाशके फवारण्यासाठी एकच स्प्रेअर वापरू नये.

तणनाशके फवारणे कमी खर्चाचे

सध्याच्या मजुरांच्या टंचाईच्या काळात पिकातील तणाच्या नियंत्रणासाठी तणनाशके फवारणे कमी खर्चाचे आहे असे याबाबतीत घेतलेल्या प्रयोगावरून दिसून आले आहे. कारण भांगलणी किंवा खुरपणीसाठी बराच खर्च येतो. वेळेवर मजूर मिळत नाहीत. त्यापेक्षा तणनाशके फवारणे कमी खर्चाचे, कमी दिवसांत होणारे काम आहे. त्याचा परिणामही चांगला होतो; परंतु तणनाशकाचे मिश्रण कसे करावे, ते केव्हा, कसे, कोणत्या तणावर किती फवारावे याची संपूर्ण माहिती घेऊन फवारावे; त्यामुळे कमी खर्चात तणांचा नाश होऊन जोमदार पीक येईल. रासायनिक तणनाशके म्हणजे रासायनिक कोळपीच आहेत. आता त्यांचेच युग सुरू आहे.

◆

पीकसंरक्षक औषधे

''आमच्या शेतावरील कामगार गेल्या आठ दिवसांपासून आजारी असल्याने आमची फार पंचाईत झाली. तरी बरं अगदी मरता मरता वाचला.'' माझे शेतकरीमित्र मला सांगत होते.

''पण असा एकदम कसला आजार झाला!'' मी विचारले.

''अहो, काय सांगायचं, आमचंच चुकलं. त्यानं पिकावर औषध फवारलं. त्यानंच त्याचं मिश्रण केलं होतं. औषध विषारी आहे, असं दुकानदारानं सांगितलं होतं. तशी बहुतेक पीकफवारणीची औषधं विषारी असतात; परंतु आमच्या गड्याला औषध फवारताना चुना - तंबाखू खायची लहर आली. औषधानं भरलेल्या हातानंच त्यानं चुना - तंबाखू हातावर मळला आणि खाल्ला. थोड्याच वेळात तो चक्कर येऊन पडला. सुदैवाने मी त्या वेळी शेतातच होतो. मग डॉक्टरांकडे नेलं. थोडा वेळ गेला असता तर त्याचं काय झालं असतं हे सांगता येत नाही.'' ते म्हणाले.

असे प्रसंग अनेकदा घडतात. त्याला आपला निष्काळजीपणाच कारणीभूत असतो. निरनिराळी रासायनिक पीकसंरक्षक औषधे विषारी असतात; पण ती फवारताना त्याची खास काळजी घेण्याचे अनेकांच्या लक्षात येत नाही. पिकावर निरनिराळ्या किडी व रोग दिसू लागतात. कारण अनेकदा फार पाऊस पडतो. शेतातील तण काढण्यासदेखील शेतकऱ्यांना वेळ मिळत नाही. कारण शेतात पाऊल टाकणेही शक्य नसते इतकी शेतात ओल होते. मग औषधे कोण मारणार?

पिकांना युरिया द्या

अनेकदा पाऊस उघडतो. काही वेळ झालेल्या प्रचंड पावसामुळे शेतातील पिकांची रोपे पिवळी पडतात. म्हणून त्या पिकांना थोड्या प्रमाणात युरिया द्यावा; त्यामुळे पिकातील पिवळेपणा जाऊन पिके अधिक जोमदार दिसू शकतील. ज्यांना शक्य आहे त्यांनी तण काढावे. तण उपटून काढणे शक्य नसल्यास ते तसेच कापून शेतातील मातीत मिसळले तरी चालेल; त्यामुळे पिकांना फायदाच होईल. मात्र, पिकावरील रोग-किडींची पाहणी करून ताबडतोब औषधे फवारा. औषध कोणतेही असो ते फवारताना फार काळजी घेतली पाहिजे; परंतु या महत्त्वाच्या गोष्टीकडे फार थोड्या शेतकऱ्यांचे लक्ष असते. हे योग्य नाही. कारण थोडासा निष्काळजीपणा आपल्या जिवावर बेतू शकेल. तसेच औषधाच्या पॅकिंगवर, डब्यावर जे प्रमाण दिले आहे, त्या प्रमाणातच औषधे फवारावीत. औषधे अधिक प्रमाणात वापरली तर पिकांना त्रास होतो. तसेच औषधाचे प्रमाण कमी केल्यास त्यावरील रोग-किडी मरत नाहीत. म्हणून औषध योग्य प्रमाणात, योग्य पाण्यात मिसळणे महत्त्वाचे असते.

औषधाचे प्रमाण

पीकसंरक्षक औषधाची भुकटी वापरायची झाल्यास ती हेक्टरी २० किलोग्रॅम धुरळावी. मात्र, भुकटी जमिनीत टाकायची असल्यास हेक्टरी १०० ते १२५ किलो या प्रमाणात वापरावी. वारा शांत असताना आणि शक्यतो सकाळी भुकटीची धुरळणी केल्यास ती पानावरील दवबिंदूंना चिकटून राहून अधिक चांगला परिणाम होतो.

द्रवरूप कीटकनाशक वापरायचे झाल्यास पाण्यात मिसळणारी भुकटी किंवा प्रवाही स्वरूपे त्या प्रमाणात पाण्यात मिसळून फवारणी मिश्रण तयार करावे. अनेकदा अमूक टक्के कीटकनाशक फवारावे असे सांगतात; पण हे कसे समजायचे? त्यासाठी खालील सूत्राचा उपयोग करावा. या सूत्रावरून एक लिटर पाण्यात (म्हणजेच १००० मि. लि. पाण्यात) मिसळण्यासाठी कीटकनाशक किती मि. लि. किंवा ग्रॅम लागते हे काढता येते.

सूत्र - अंतिम फवाऱ्यातील कीटकनाशकातील मूळ स्वरूपाची अपेक्षित टक्केवारी : कीडनाशक स्वरूपात असणारे मूळ स्वरूपाचे प्रमाण $\times$ १००० = एक लिटर पाण्यात मिसळण्यास लागणारे कीटकनाशक स्वरूप. (मि.लि. वा ग्रॅम)

उदा. पाच शतांश (०.०५) टक्के मॅलाथिऑनचा फवारा तयार करणे. मॅलाथिऑन कीटकनाशक ५० टक्के इ. सी.च्या स्वरूपात मिळते. म्हणून वरील सूत्राप्रमाणे ०.०५/५० $\times$ १००० म्हणजेच ५/१०० $\times$ १/५० $\times$ १०००/ १ = १ मि.

लि. म्हणजेच मॅलाथिऑन ५० टक्के इ. सी. - १ मि. लि. एक लिटर पाण्यात मिसळले म्हणजे ०.०५ (पाच शतांश) टक्के मॅलाथिऑन फवारणीसाठी तयार होते. उदा. : आपण दोन दशांश (०.२) टक्के बीएचसी किंवा कार्बरिलचे मिश्रण तयार करावयाचे आहे. बाजारात या कीटकनाशकाची पाण्यात मिसळणारी ५० टक्के भुकटी मिळते. या सूत्रप्रमाणे ०.२/५० X १००० = ४ ग्रॅम म्हणजेच पाण्यात मिसळणारी ५० टक्के बीएचसी किंवा कार्बरिल ४ ग्रॅम भुकटी १ लिटर पाण्यात मिसळली असता ०.२ मिश्रण मिळते. या सूत्रावरून आपणास कोणत्याही कीटकनाशकाचे फवारणी मिश्रण तयार करता येते. हेक्टरी किती फवारणी मिश्रण लागते हे पिकावर आणि त्याच्या वाढीवर अवलंबून असते.

कसे वापरावे?

फवारा मारतेवेळी कीटकनाशक पानांच्या दोन्ही बाजूंवर पडेल याची काळजी घ्यावी. कारण मावा, तुडतुडे यांसारख्या किडी पानांच्या खालील बाजूवर असतात तसेच झाड फवाऱ्याने संपूर्ण भिजेल असे फवारावे. ज्वारीवरील कणसांतील अळ्यांच्या बंदोबस्तासाठी नॉझल कणसात खुपसून फवाऱ्याने कणीस भिजवावे. कारण अळ्या कणसात असल्याने फक्त कणसावर फवारा मारून फायदा होत नाही. तसेच खवले कीड किंवा पिठ्या ढेकूण यांसारख्या किडी झाडाच्या कोवळ्या शेंड्यावर असतात; म्हणून कीटकनाशकाचा फवारा शेंड्यावर मारावा.

या चुका होतात

कीटकनाशके हाताळताना अगर फवारताना अनेक चुका होतात. त्या कोणत्या आणि त्या कशा टाळाव्यात याची माहिती पुढे दिली आहे.

१) वास घेऊ नका : कीटकनाशकास कसा वास येतो हे पाहण्याची अनेकांना सवय असते. त्यासाठी ते बाटलीचे अगर डब्याचे टोपण काढून नाकाजवळ नेऊन वास घेतात. अशा प्रकारे विषारी औषध हुंगल्यास तो माणूस बेशुद्ध पडू शकतो. त्याला श्वासोच्छ्वास घेण्यास त्रास होतो. तसे झाल्यास पेशंटला ताबडतोब उचलून मोकळ्या हवेत हलवावे आणि त्याचे कपडे सैल करावेत.

२) मोकळ्या हाताने झाकण काढू नका : अनेक शेतकरी औषधाच्या डब्याचे अगर बाटलीचे झाकण मोकळ्या हाताने काढतात; तसे करू नये, कारण झाकण काढताना हातावर औषध पडण्याची शक्यता असते. म्हणून रबरी हातमोजे घालूनच टोपण काढावे. अशा वेळी किंवा औषध फवारताना ते हाताला लागल्यास किंवा अंगावर उडाल्यास हात अगर त्वचेचा तो भाग साबण लावून भरपूर पाण्याने धुऊन टाकावा. औषध डोळ्यांत गेल्यास डोळ्यांच्या पापण्या उघडून पाण्याचा

हलकासा फवारा मारून ताबडतोब कीटकनाशक धुऊन टाकावे. हे तातडीने करावे. त्यात थोडा जरी वेळ गेला तरी डोळ्याला इजा होऊ शकते.

३) औषध स्प्रेअरमध्ये भरताना स्प्रेअरवर सांडू नका : फवारण्यासाठी औषध तयार केल्यानंतर अनेकजण ते तसेच बादलीने स्प्रेअरमध्ये भरतात; त्यामुळे ते स्प्रेअरवर सांडते. मग हाताला लागते. म्हणून स्प्रेअरमध्ये औषध भरताना नरसाळ्याचा वापर करावा. हाताला औषध लागल्यास वरीलप्रमाणे ताबडतोब पाण्याने धुऊन टाकावे.

४) डब्यावरील सूचना वाचा : औषधाचा डबा अगर बाटली आणल्यानंतर त्यावर आणि आत स्वतंत्र कागदावर त्यासंबंधी काही माहिती व सूचना दिलेल्या असतात; पण त्या सूचना वाचणारे फारच थोडे शेतकरी असतात. हे योग्य नाही. वापरापूर्वी त्या सूचना वाचून त्याप्रमाणे करा.

५) मिश्रण हाताने ढवळू नका : औषधाचे मिश्रण करताना काहीजण ते हाताने ढवळतात. हे फार धोकादायक आहे. मिश्रण कधीही हाताने ढवळू नये. त्यासाठी लाकडी काठीचा, दांडक्याचा वापर करावा.

६) नोझल तोंडाने फुंकू नका : फवारणी सुरू करण्यापूर्वी किंवा सुरू झाल्यानंतर फवारा उडत नाही; म्हणून काही शेतकरी त्यातील घाण निघून जाण्यासाठी ते तोंडाने फुंकतात; पण हे योग्य नाही. नोझलचे तोंड बंद झाले असल्यास ते मोकळे करण्यासाठी एखाद्या बारीक तारेच्या तुकड्याचा किंवा टाचणीचा वापर करावा. नोझल बिघडले असल्यास बदलावे. अशा वेळी किंवा इतर वेळी चुकून औषध पोटात गेल्यास त्याला ओकारी करावयास लावून पोटातील कीटकनाशक बाहेर काढावे. ओकारी होण्यासाठी त्याला दोन-तीन ग्लास स्वच्छ पाणी प्यायला द्यावे. रुग्ण बेशुद्ध असल्यास ओकारी करण्याचा प्रयत्न करू नये.

७) फवारणी करताना खाऊ नका, पिऊ नका; ओढू नका : कीटकनाशकाची फवारणी करताना काहीही खाण्याचे टाळावे. एवढेच नाही तर पान, तंबाखूही खाऊ नये. तसेच विडी, सिगारेट ओढू नये. तसे केल्यास कीटकनाशक श्वासात किंवा पोटात जाण्याची शक्यता असते.

८) उपाशीपोटी फवारणी नको : सकाळी फवारणी करतानाही काहीतरी खाऊन मगच फवारणी करावी. उपाशीपोटी फवारणी करणे योग्य नसते.

९) हातमोजे वापरा : फवारणी करताना नेहमी रबरी हातमोजे वापरा. तसेच धुरीजन्य कीटकनाशके वापरताना चेहऱ्यावर आवरण (गॅस मास्क), पायात गमबूट घाला; त्यामुळे शरीराच्या कोणत्याही भागाला औषध लागणार नाही. भरपूर ऊन असताना फवारणी करणेही योग्य नाही.

१०) फवारणीच्या कामानंतर बादली, स्प्रेअर धुणे : फवारणीचे काम

झाल्यानंतर स्प्रेअर, बादली, नरसाळे इ. साहित्य व्यवस्थित धुतले पाहिजे. तसेच या वस्तू नदीच्या, ओढ्याच्या किंवा पिण्याच्या पाण्याच्या ठिकाणी धुऊ नयेत; त्यामुळे ते पाणी दूषित होते. फवारणी किंवा धुरळणी झाल्यानंतर हात, पाय व तोंड साबण लावून स्वच्छ धुवावे. शक्य झाल्यास साबण लावून अंघोळ करावी आणि कपडे बदलावेत. फवारणीच्या वेळी वापरलेले कपडे धुऊन टाकावेत.

११) मोकळे डबे, बाटल्या फोडा व पुरा : कीटकनाशकाचे मोकळे डबे, बाटल्या दोन - तीन वेळा चांगले धुऊन ते फोडून जमिनीत गाडून टाका. त्याचा कधीही इतर काही उपयोग करू नका.

१२) लहान मुलांपासून दूर ठेवा : कीटकनाशकाचे डबे, बाटल्या, स्प्रेअर या वस्तू लहान मुलांच्या हाताला लागणार नाहीत अशा ठिकाणी ठेवा. तसे न केल्यास मुलांच्या अंगावर, पोटात, नाकात विषारी द्रव्य जाण्याची शक्यता असते. त्याचे गंभीर परिणाम होऊ शकतात.

१३) फवारणीच्या वेळी जनावरे, मुले लांब ठेवा : कीटकनाशक फवारण्याच्या वेळी जवळपास जनावरे, कोंबड्या, कुत्री, मांजरे, मुले इत्यादी नसावीत. अन्यथा त्यांना अशा फवारणीपासून त्रास होऊ शकतो.

अशा प्रकारे कीटकनाशक फवारताना काळजी घ्यावी. योग्य प्रमाणात औषधे तयार करावीत. त्यांची योग्य प्रकारे फवारणी करावी. या लहान परंतु महत्त्वाच्या गोष्टींकडे लक्ष दिल्याने मोठी संकटे टळू शकतात.

आंतरमशागतीचे अनेक फायदे

अनेकदा फार पाऊस पडला असता अतिवृष्टीने फार नुकसान होते; परंतु वरुणराजा आपणा शेतकऱ्यांची अडचण ओळखतो आणि आपला जोर कमी करतो; त्यामुळे पिके चांगली फोफावतात. माळरानावर पाण्याचा चांगला निचरा होत असल्याने या भरपूर पावसाचा त्यांना चांगलाच फायदा होतो. इतर भारी जमिनीत, भातपिकात पाणी साचून राहते; परंतु पावसाची उघडीप मिळाल्याने पिकांचा तजेलदारपणा वाढीस लागतो.

आंतरमशागत कशासाठी?

पावसाच्या उघडिपीचा फायदा घेऊन आपण आपल्या शेतातील तणांचा बंदोबस्त केला पाहिजे. ज्वारी, भुईमूग अशा पिकांना आंतरमशागत केली पाहिजे. आंतरमशागत कशासाठी करावयाची हा प्रश्न काहींच्या मनात येतो.

आंतरमशागतीने तणांचा नाश होतो; पण महत्त्वाचा फायदा म्हणजे आंतरमशागतीमुळे जमिनीत हवा खेळती राहते. पिकांची योग्य वाढ होण्यासाठी जमिनीत हवा खेळण्याची फार आवश्यकता असते. अनेकदा पावसाने जमिनी खूप घट्ट होतात. अशा जमिनी आंतरमशागतीने भुसभुशीत करता येतात; त्यामुळे जमिनीतील हवेचे प्रमाण वाढते. त्याचा परिणाम म्हणजे जमिनीतील उपयुक्त जीवाणूंची वाढ होते. हे जीवाणू हवेतील नत्र शोषून घेतात; त्यामुळे पिकांना जमिनीतील जास्त अन्न उपलब्ध होते.

पावसाने ताण दिल्यास जमिनीतील ओल कमी होते. मग जमिनीस भेगा पडतात. या भेगांतून बाष्पीभवनाने ओल उडून जाते; परंतु अशा वेळी आंतरमशागत केल्यास जमिनीस भेगा पडत नाहीत; त्यामुळे जमिनीतील ओलावा टिकून राहतो. तसेच आंतरमशागतीने जमीन भुसभुशीत झाल्याने जमिनीत अधिक प्रमाणात पाणी धरून ठेवले जाते. आंतरमशागतीने जमिनीतील भेगा बुजविल्या जातात आणि भेगांमुळे पिकांच्या मुळांना होणारी इजा होत नाही.

आंतरमशागतीमुळे पिकांच्या जुन्या मुळ्या तुटतात; त्यामुळे नवीन जोमदार मुळ्या फुटतात; त्यामुळे पिके अधिक अन्न शोषून घेतात आणि त्यांची वाढ चांगली होते. आंतरमशागत केल्याने पिकांच्या बुंध्यास मातीची भर मिळते; त्यामुळे पिकाला एक प्रकारचा आधार मिळतो आणि पिके लोळत नाहीत. अशा प्रकारे आंतरमशागतीने अनेक फायदे होतात. म्हणून आता आपण सर्वांनी पिकांच्या कोळपण्या, निंदण्या किंवा भांगलण्या लवकर संपवाव्यात. पुढे पावसाने ताण दिल्यास पुन्हा कोळपणीसारखी आंतरमशागत करावी.

अनेक अवजारे

आंतरमशागतीसाठी हाताने चालणारी, बैलांनी चालणारी, यंत्राने चालणारी अशी अनेक अवजारे आहेत. निंदणी किंवा खुरपणीसाठी आपण लोखंडी खुरपे वापरतो. भाताची कोळपणी करण्यासाठी जपानी किंवा कर्जत हातकोळपे अधिक चांगले असते. अनेकदा बैलांनी कोळपणी करतात. त्यासाठी अखंड फासेचे, दातेरी किंवा फटीचे कोळपे वापरावे. त्यासाठी पिकास हलकीशी तगरणी देण्यास अंकुश नांगर फायद्याचा असतो. पॉवर टिलरने चांगली आंतरमशागत होते. आपल्या सोईने आंतरमशागतीसाठी कोणतेही अवजार वापरावे. मात्र, आंतरमशागत वेळेवर आणि व्यवस्थित करावी.

आंतरमशागतीने फायदा

आंतरमशागतीने कसा आणि किती फायदा होतो याबद्दलचे प्रयोग कृषी महाविद्यालय, पुणे येथे घेण्यात आले होते. त्यात असे आढळून आले की, आंतरमशागतीमुळे पिकांच्या उत्पादनात वाढ झाली. जमिनीत जास्त ओलावा टिकून राहिला. तणांची वाढ कमी झाली; त्यामुळे तणांमार्फत वाया जाणारे खत वाचले. आंतरमशागतीने असे अनेक फायदे होतात; म्हणून पिकांची आंतरमशागत वेळेवर, व्यवस्थित करावी.

किती वेळा आंतरमशागत करावी असा प्रश्न काही शेतकरी विचारतात; पण आंतरमशागत किती वेळा करावी हे अनेक गोष्टींवर अवलंबून असते.

पिकात जर जास्त प्रमाणात तण असेल तर वरचेवर आंतरमशागत करावी. ज्या जमिनीचा पोत चांगला आहे, तिची मशागत लवकर केली नाही तरी चालेल; परंतु ज्या जमिनीत माती कोरडी झाल्यावर धुळीसारखी होते ती जमीन पावसाने लवकर घट्ट होते. म्हणून प्रत्येक पावसानंतर अशा जमिनीची आंतरमशागत करावी.

आंतरमशागत किती वेळा करावी हे निरनिराळ्या पिकांवरही अवलंबून असते. मिरची, तंबाखू, ऊस, कापूस यांसारख्या पिकांच्या दोन ओळींतील अंतर अधिक असते. अशा पिकांना बरेच दिवस आंतरमशागत करावी लागते.

परंतु ज्वारी, बाजरी, मका, गहू इत्यादी तृणधान्यांची पिके पेरणीनंतर ३०-३५ दिवसांत झपाट्याने वाढतात आणि थोड्याच दिवसांत सर्व जमीन झाकून टाकतात. म्हणून अशा पिकांना पहिली आंतरमशागत ३० ते ३५ दिवसांतच करावी. तर भुईमुगासारख्या पिकास दोन वेळा कोळपणी करावी. त्यास फुले आल्यानंतर आंतरमशागत करू नये.

उडीद, मूग, मटकी, चवळी इत्यादी पिके पसरणारी असतात; त्यामुळे त्यांच्या दोन ओळींतील जागा थोड्याच दिवसांत झाकली जाते. म्हणून अशा पिकांना एखादी कोळपणी दिली तरी चालते.

कोरडवाहू शेतीत ज्वारीसारख्या पिकांची तीन वेळा आंतरमशागत करणे फायद्याचे असते. त्यासाठी पहिली कोळपणी पीक तीन आठवड्यांचे असताना फासाच्या कोळप्याने करावी. दुसरी कोळपणी पीक पाच आठवड्यांचे झाल्यावर दातेरी कोळप्याने करावा; तर तिसरी कोळपणी दातेरी कोळप्याने पीक आठ आठवड्यांचे असताना करावी. या वेळी सर्वसाधारणपणे पीक पोटरीवर येते. तिसरी कोळपणी खोल करावी. तसेच त्या वेळी कोळप्यास दोरी बांधल्यास ज्वारीच्या ताटांना भर मिळते. जमिनीच्या भेगा बुजून जमिनीतील ओल कमी होत नाही. अशा तऱ्हेने पिकात आंतरमशागत किती वेळा करावी हे जमिनीतील ओलाव्याचे प्रमाण व तणाचा प्रादुर्भाव लक्षात घेऊन ठरवावे.

उसासारख्या बारमाही पिकास पहिले चार महिनेपर्यंत दातेरी कोळप्याने तीन-चार कोळपण्या द्याव्यात. पीक चार महिन्यांचे होईपर्यंत अंकुश नांगराने हलक्याशा तगरण्या कराव्यात. तसेच उसाला तीन कांडी धरण्याच्या वेळेस म्हणजे ऊस ५ ते ५॥ महिन्यांचा असताना खांदणी करावी. या वेळी वरंबे फोडून रिजरच्या साहाय्याने त्या ठिकाणी सऱ्या पाडून उसाच्या बुंध्यास मातीची भर द्यावी.

किती खोल?

आंतरमशागत किती खोल करावी हे पिकांच्या व त्यातील तणांच्या वाढीवर अवलंबून असते. जी पिके लहान असतात आणि शेतात स्थिर झालेली नसतात

त्यांना खोल आंतरमशागत केल्यास रोपे उपटून निघण्याची शक्यता असते. स्थिर झालेल्या पिकांचीही खोल मशागत केल्यास त्यांची मुळे तुटून जाऊन उत्पादन कमी येण्याची शक्यता असते. म्हणून जमिनीचा प्रकार, जमिनीतील ओलाव्याचे प्रमाण, पिकांचा प्रकार, त्यांची वाढ इत्यादींचा विचार करून आंतरमशागत किती खोल करावी हे ठरवावे.

अशा प्रकारे आंतरमशागतीने अनेक फायदे होतात. मुख्य म्हणजे पिकांचे उत्पादन वाढते. म्हणून वर सांगितल्याप्रमाणे पिकांची आंतरमशागत करा आणि भरघोस उत्पादन घ्या.

लष्करी अळीचे नियंत्रण

अखेर मान्सूनचे पुनरागमन झाले. नाहीतर -

'येरे येरे पावसा, तुला देतो पैसे; पैसे झाले खोटे, पाऊस गेला कोठे? असे म्हणण्याची वेळ आपणावर आली होती. पाऊस पडणार, असे हवामानतज्ज्ञांचे अंदाजही चुकीचे ठरत होते. असे का?

"भारतात अनेकदा पावसाळ्यात मान्सून उशिरा येईल, कमी-जास्त होईल; परंतु दगा देणार नाही. आफ्रिकेसारख्या देशात अनेकदा एखाद्या वर्षी मान्सूनचा पाऊसच येत नाही; परंतु भारतात मात्र अशी परिस्थिती कधीच निर्माण होणार नाही. संपूर्ण पावसाळा देशात कोरडा गेला, असं होणं शक्य नाही. मान्सून पूर्णपणे कधीच दगा देणार नाही.'' असे डॉ. वसंतराव गोवारीकर यांनी एका मुलाखतीत सांगितले होते.

डॉ. वसंत गोवारीकर कोल्हापूरचे सुपुत्र असून ते जागतिक कीर्तीचे ज्येष्ठ शास्त्रज्ञ व पंतप्रधानांचे विज्ञान-तंत्रज्ञानविषयक सल्लागार होते. मान्सून पावसाचा जवळजवळ शंभर टक्के अचूक अंदाज कित्येक महिने अगोदर सांगण्याचे तंत्र विकसित करून ते अंदाज वर्तवितात; त्यामुळे त्यांचा अंदाज चुकणे अवघड आहे.

त्यांनी पुढे असेही सांगितले होते की, काही वेळ पावसाळा त्यामानाने उशिरा सुरू होईल. काही प्रमाणात कमीही होईल; परंतु अशा आगाऊ अंदाज वर्तविण्यामुळे शेतकऱ्यांना, सरकारला पाण्याचं, पिकांचे नियोजन करता येते. पडणाऱ्या पावसाचा जास्तीतजास्त उपयोग करून घेता येतो.

पावसाळा उशिरा सुरू झाला तरीही तो सर्वसाधारण म्हणण्याइतका होईल. म्हणजे गेल्या काही वर्षांतल्या सरासरीच्या ९०-९२ टक्क्यांच्या आसपास होईल, असेही त्यांनी सांगितले.

यावरून आपण शेतकऱ्यांनी पाऊस पडत नाही म्हणून फार घाबरण्याचे कारण नाही. गेल्या काही दिवसांत पावसाने सुरुवात केली आहे; परंतु त्याला अद्याप म्हणावा तसा जोर नाही. आषाढ महिन्यात सर्व नद्या, नाले पाण्याने भरलेले असतात. महापूर येतात; परंतु यंदा अद्याप तसे झालेले नाही; परंतु आता केरळमध्ये मान्सूनचा जोर अधिक तीव्र झाल्याने कोकण आणि इतर भागांत जोरदार पाऊस होईल, असा अंदाज पुण्याच्या मध्यवर्ती हवामान खात्याने जाहीर केला आहे. आपण हा लेख ज्या वेळी वाचत असाल त्या वेळी चांगला पाऊस पडत असेल अशी परिस्थिती अनेकदा होते.

भातरोपावर लष्करी अळी

आपण पावसाच्या आशेवर थांबणार आहोत; पण त्याचबरोबर शेतातील इतर कामांकडे लक्ष दिले पाहिजे. पिकातील आंतरमशागत, विरळणी सुरू ठेवली पाहिजे. अशा परिस्थितीत 'दुष्काळात तेरावा महिना' याप्रमाणे काही ठिकाणी भातरोपावर लष्करी अळ्यांचा प्रादुर्भाव झाल्याच्या बातम्या येतात; त्यामुळे शेतकऱ्यांचे बरेच नुकसान होणार आहे. म्हणून लष्करी अळीचे ताबडतोब नियंत्रण करणे जरुरीचे आहे.

पावसाळ्यात फार दिवस उघडीप राहिल्यास लष्करी अळी येते. ही अळी दिवसा झाडाच्या बुंध्यात लपून बसते तर रात्रीच्या वेळी ही अळी रोपांची पाने खाते. ही फार खादाड असल्याने रोपावर ती अधाशासारखी तुटून पडून फार नुकसान करते. पीक निसवल्यानंतर ही अळी लोंबी कुरतडते.

ही कीड दिसताच ५ टक्के मॅलेथिऑन आणि १० टक्के कार्बारिल भुकटी प्रत्येकी १० किलो याप्रमाणे मिसळून ती एक हेक्टर पिकावर उडवावी. भुकटी उडवण्याचे काम वारा नसताना करावे. तसेच दिवसा ही कीड लपून राहात असल्याने आणि संध्याकाळी पाने खाण्यासाठी ती बाहेर येत असल्याने संध्याकाळी धुरळणी करणे अधिक परिणामकारक ठरते.

उसावरील पायरिला

शेतात उभे असलेले प्रमुख पीक म्हणजे उसाचे पीक. म्हणून त्या पिकाचीही काळजी घेतली पाहिजे. उसावरील रोग-किडीचा आपण अनेकदा विचार करीत नाही; पण हे योग्य नाही. माणसाप्रमाणेच अनेक किडींना ऊस गोड लागतो हे विसरून

चालणार नाही. या दिवसांत काही भागांत उसावर पायरिला किडीचा उपद्रव वाढतो.

पूर्ण वाढलेले पायरिला वाळलेल्या गवताच्या रंगाचे असून त्यांच्या तोंडाचा भाग टोकदार चोचीप्रमाणे निमुळता असतो. लहान पिले फिकट पांढऱ्या रंगाची असतात. पायरिला आणि त्यांची पिल्ले पानातील रस शोषून घेतात; त्यामुळे पीक निस्तेज दिसते. किडीचे प्रमाण जास्त असल्यास उसातील साखरेचे प्रमाणही घटते. अशा उसाचा गूळही चांगला होत नाही. याशिवाय या किडी अंगातून गोड चिकट पदार्थ बाहेर टाकतात. त्यावर काळी बुरशी तयार झाल्यामुळे पानांची अन्न तयार करण्याची क्रिया मंदावते; त्यामुळे उसाची वाढ चांगली होत नाही.

या किडीच्या नियंत्रणासाठी पिकावर एन्डोसल्फान ३५ टक्के प्रवाही १००० मि. लि. १००० लिटर पाण्यात (०.०३५ टक्के तीव्र द्रावण) पिकावर फवारावे. प्रादुर्भाव चालूच राहिल्यास १५ दिवसांच्या अंतराने दुसरी फवारणी करावी किंवा फवारणीसाठी ३६ टक्के प्रवाही मोनोक्रोटोफॉस ७५० मि. लि. १००० लिटर पाण्यात मिसळून फवारावे.

काही शेतकरी आडसाली उसाची लागवड करतात. अनेकदा अशा लागवडीच्या शेतात हुमणीचा त्रास असतो. हुमणीच्या अळ्या जमिनीत राहतात. त्या मुळ्यांवर हल्ला करून मुळ्या खातात; त्यामुळे पीक वाळते. वाळलेल्या रोपाखाली ३-४ हुमणीच्या अळ्या सापडतात; म्हणून आडसाली उसाला चांगले कुजलेले शेणखत घालावे. ते शेतात टाकण्यापूर्वी शेणखतात गाडीस १ किलो याप्रमाणे १० टक्के बीएचसी भुकटी मिसळावी. तसेच लावणीपूर्वी जमिनीत १० टक्के बीएचसी भुकटी हेक्टरी १२५ किलो या प्रमाणात मातीत चांगली मिसळावी; त्यामुळे हुमणीचे नियंत्रण होईल.

◆

करपा, केवडा, मावा, टिक्का... यांचा पिकांना धोका

भातावरील करपा रोग जून ते सप्टेंबर या काळात अधिक आढळतो. या रोगाची लक्षणे पानांवर, भाताच्या फुटव्यातील रोपांवर, लोंबीच्या खालच्या भागावर आणि दाण्यांवर दिसतात. या रोगात पानांवर लांबटगोल ठिपके दिसतात. हे ठिपके दोन्ही टोकांना निमुळते आणि मध्यभागी फुगीर असतात. रोपाच्या पेरावर गर्द तपकिरी रंगाचा पट्टा दिसतो. लोंबीवरही हा रोग येतो; त्यामुळे लोंबीच्या खालच्या भागावर तपकिरी डाग पडून लोंबी मोडून पडते. त्यास मानमोडी असे म्हणतात; त्यामुळे उत्पादनात बरीच घट होते. म्हणून आपल्या भातपिकाच्या पानांवर शंखाकृती व मध्यभागी फुगीर लांबटगोल आकाराचे तांबूस किंवा विटकरी रंगाची कडा आणि राखी रंगाचा मध्यबिंदू असलेले ठिपके दिसतात किंवा कसे हे काळजीपूर्वक पाहा. तसे असल्यास करपा रोग आल्याचे समजावे.

करपा रोगाची वरील लक्षणे दिसून येताच ५०० लिटर पाण्यात २ किलो झायनेब किंवा सव्वा किलो ताम्रयुक्त बुरशीनाशक औषध मिसळून ते एक हेक्टर क्षेत्रावर फवारावे.

ज्वारीवरील केवडा

काही भागांत ज्वारीवर केवडा रोग येतो. सांगली जिल्ह्यात या रोगाचे प्रमाण अधिक असते. जमिनीत पडलेल्या पाचोळ्याबरोबर या रोगाचे बिजाणू जमिनीत राहतात; त्यामुळे हा रोग होतो. बियाण्याच्या उगवणीबरोबर बिजाणूंची वाढ सुरू

होते. त्याची बुरशी मुळातून रोपात प्रवेश करते. रोपाबरोबरच बुरशीची वाढ होते; त्यामुळे झाड पिवळसर दिसते. रोपावस्थेत रोगामुळे झाडे मरण्याची शक्यता असते.

या रोगामुळे पांढरट - पिवळसर पडलेल्या पानांच्या खालच्या बाजूस चकचकीत पांढऱ्या रंगाची भुकटी (कोनडिया) दिसून येते. हवेतून व पावसामुळे या रोगाचा प्रसार होतो; त्यामुळे शेतातील दुसरी झाडे रोगट होतात. हवेत आर्द्रता जास्त असेल आणि रात्रीचे तपमान कमी असेल तर 'कोनडिया' बऱ्याच प्रमाणात तयार होतात; त्यामुळे रोग झपाट्याने पसरतो. अशा वेळी रोपांची पाने पांढरट - पिवळसर होतात. तसेच पाने फाटून दोरे दोरे झाल्यासारखी दिसतात. या रोगामुळे अनेकदा झाडांना कणसे येत नाहीत किंवा आलेल्या कणसांत दाणे भरत नाहीत.

सीएसएच -५ किंवा सीएसएच -६ या जाती या रोगास प्रतिबंध करणाऱ्या आहेत. म्हणून शक्यतो या जातींची पेरणी करावी. रोगाचे नियंत्रण होण्यासाठी पाण्यात मिसळणारे ७५ टक्के ४० ग्रॅम मॅकोझेब १० लिटर पाण्यात मिसळून (०.४ टक्के) आठवड्याच्या अंतराने चार वेळा फवारावे.

पुढील पिकास हा रोग होऊ नये म्हणून पीक-काढणीनंतर जमीन नांगरून पिकाचे सर्व अवशेष गोळा करून जाळावेत. अशा रोग झालेल्या पिकाच्या जमिनीत पुढील वर्षी ज्वारीचे पीक घेऊ नये. त्यासाठी योग्य त्या पिकाची फेरपालट करावी.

भुईमूग

भुईमूग पिकावरील खरीप हंगामातील मावा ही महत्त्वाची कीड आहे. या किडीमुळे रोझेटी नावाच्या घातक लसीचा प्रसार होतो.

या किडीची लहान पिले सुरुवातीला फिकट हिरवी असतात. त्यांची वाढ होईल तशी त्यांचा रंग गडद होतो. पूर्ण वाढलेला मावा पंख असलेला किंवा पंख नसलेला असतो. पंखी माव्याचा रंग गर्द तपकिरी किंवा मोरपंखी असतो; तर बिगरपंखी माव्याचा रंग गर्द मोरपंखी, तपकिरी किंवा काळा असतो. त्यांचा आकार अंड्यासारखा असून ते मऊ असतात.

मावा आणि त्याची पिले कोवळ्या शेंड्यावर पानांच्या पाठीमागे एका ठिकाणी बसून आतील रस शोषून घेतात; त्यामुळे झाडाची वाढ खुंटते. नंतर फुले आल्यावर त्यांच्या दांड्यावर बसून त्यातील रस शोषल्यामुळे पिकाचा जोर कमी होऊन उत्पादन बरेच कमी येते. याशिवाय हे कीटक अंगातून मधासारखा गोड पदार्थ बाहेर टाकतात. त्यावर काळी बुरशी तयार होते. काळ्या बुरशीमुळे पानाची अन्न तयार करण्याची क्रिया मंदावते; त्यामुळे उत्पादन कमी येते. माव्याच्या या जातीचा चवळी, वाल, घेवडा, सोयाबीन, मूग व तूर इत्यादी पिकांनाही उपद्रव होतो.

या किडीच्या नियंत्रणासाठी ८५ टक्के फॉस्फेमिडॉन १०० मि.लि. किंवा ३०

टक्के डायमेथोएट ५०० मि.लि. किंवा ५० टक्के मॅलाथिऑन ५०० मि.लि. ५०० लिटर पाण्यात मिसळून एक हेक्टरवर फवारावे. १० टक्के बीएचसी भुकटी दर हेक्टरी २० किलो याप्रमाणे धुरळल्यासही नियंत्रण होते. पीक उगवणीनंतर दीड महिन्याने पहिली फवारणी करावी. १५ दिवसांनी दुसरी फवारणी करावी.

पाने गुंडाळणारी अळी

या किडीचा उपद्रवही भुईमुगास फार होतो. याची पूर्ण वाढलेली अळी ६ ते ८ मि.मि. लांबीची असून पाठीमागच्या बाजूस निमुळती होत जाते. तिचा रंग तपकिरी किंवा फिकट हिरवा असतो. या अळ्या पानांचा वरचा पापुद्रा पोखरून आतला भाग खातात. नंतर शेजारच्या पानांच्या गुंडाळ्या करून त्यांत राहून पाने खातात; त्यामुळे पाने वाळतात. काही वेळा झाडेही वाळू लागतात; त्यामुळे उत्पादन कमी येते.

अळीच्या नियंत्रणासाठी घमेल्यात पाणी घेऊन त्यात थोडे रॉकेल मिसळावे. मग त्या पाण्यात वीट ठेवून त्या विटेवर गॅसबत्ती किंवा शक्य असल्यास विजेचा दिवा सोडावा. त्या उजेडाने अळीचे पतंग आकर्षिले जाऊन पाण्यात पडून मरतात. पाऊण हेक्टर क्षेत्रासाठी एक दिवा पुरतो. किडीचा उपद्रव दिसू लागताच १० टक्के कार्बारिल भुकटी १० किलो आणि मॅलेथिऑन ५ टक्के भुकटी १० किलो एकत्र मिसळून उडवावी. जरुरी भासल्यास १५ दिवसांनी पुन्हा भुकटी उडवावी.

टिक्का रोग

या रोगामुळे भुईमुगाच्या पानांवर ठिपके पडतात. दोन जातींच्या बुरशीमुळे वेगवेगळ्या आकाराचे ठिपके दिसतात. भुईमुगाची वाढ झाल्यानंतर पानांवर गोलाकार किंवा वेडेवाकडे, तांबूस करड्या रंगाचे ठिपके आढळतात. अनुकूल हवामानात झाडाच्या सर्व भागांवर ठिपके दिसतात; त्यामुळे पाने गळाल्याने शेंगा कमी लागतात.

टिक्का रोगाचा प्रादुर्भाव दिसू लागताच पिकावर ३०० पोताची गंधकाची भुकटी हेक्टरी १० किलो धुरळावी. १५ दिवसांच्या अंतराने दुसरी धुरळणी करावी.

अशा प्रकारे आपल्या शेतातील ज्वारी, भात, भुईमूग इत्यादी पिकांवर आलेल्या रोग-किडींचे नियंत्रण करून पीक निरोगी राहील याकडे लक्ष द्यावे.

११८ वर्षे वयाचे बोर्डोमिश्रण

आपणा सर्वांच्या चांगल्या परिचयाच्या 'बोर्डोमिश्रण' नावाच्या बुरशीनाशकाने नाबाद ११८ वर्षे पूर्ण केली आहेत. १८८२ मध्ये 'मिलार्डेट' या शास्त्रज्ञाने फ्रान्समध्ये या बुरशीनाशकाचा द्राक्षावरील केवडा रोगाचे नियंत्रण करण्यासाठी

सर्वप्रथम वापर केला. ११८ वर्षांनंतर आजही ते उत्तम व प्रभावी बुरशीनाशक आहे.

भारतात सर्वात प्रथम ओझेन या शास्त्रज्ञाने १८८५ मध्ये मोरचुदाचा ज्वारीच्या काणी रोगास आळा घालण्यासाठी वापर सुचविला. बोर्डोमिश्रण फवारल्याने सुपारीचा गळ रोग आणि बटाट्याच्या करपा रोगाचे नियंत्रण होऊ शकते हे कोलमन व मॅकरी या शास्त्रज्ञांनी अनुक्रमे १९१० व १९११ मध्ये दाखवून दिले.

जुन्या मुंबई राज्यात १९०४ मध्ये लॉरेन्स या शास्त्रज्ञाने भुईमुगावरील टिक्का रोगाच्या नियंत्रणासाठी बोर्डोमिश्रणाचा वापर केला. तसेच १९०६ मध्ये त्यांनी द्राक्षावरील भुरी रोगाच्या नियंत्रणासाठी गंधकाची भुकटी उपयोगी आहे हे दाखवून दिले. प्रा. एम. एन. कामत यांनी १९२७ मध्ये मुंबई राज्यात दाखवून दिले की, बोर्डोपेस्ट लावल्याने लिंबूवर्गीय झाडाच्या डिंक्या रोगास आळा बसतो. पानवेलीचा पायकूज रोग थांबविण्यासाठी जे. एफ. दस्तूर यांनी बोर्डोमिश्रण हे उपयुक्त औषध आहे हे दाखवून दिले.

डॉ. उप्पल आणि प्रा. दस्तूर यांनी १९३५ मध्ये असे सुचविले की, ताम्रयुक्त बुरशीनाशकामुळे अंजिराचा गेरवा व बोर्डोमिश्रण फवारल्याने लिंबाचा कॅंकर रोग आटोक्यात येतो. १९४७ मध्ये डॉ. अस्थाना यांनी मूळकुज रोगप्रतिबंधासाठी पानवेलीच्या कांड्या २:२:५० च्या बोर्डोमिश्रणात बुडवून लावण्याची शिफारस केली. महाराष्ट्रात १९५९ मध्ये भुईमुगावरील टिक्का रोगाला आळा घालण्यासाठी केलेल्या प्रयोगात असे आढळले की, ५:५:५० बोर्डोमिश्रणाच्या फवारणीने रोग निश्चित आटोक्यात येतो. वडनेर भैरव (जि. नाशिक) येथील प्रयोगात असे दिसले की, पानवेलीच्या रोगाला आळा घालण्यासाठी जमिनीतून बोर्डोमिश्रण उपयुक्त असते.

बोर्डोमिश्रणाचे वय ११८ वर्षे झाले असले तरी ते अद्याप अनेक रोगांना पुरून उरले आहे.

◆

रासायनिक खते कशी परवडतील?

''आता तुम्ही आम्हाला रासायनिक खताचं काहीही सांगू नका. त्यांचे दर तर आकाशाला भिडले आहेत. आमच्यासारख्या सामान्य शेतकऱ्याला ही खतं वापरणं कसं काय परवडणार?'' एक शेतकरी मला विचारत होते. सध्या बहुतेक सर्व शेतकऱ्यांची हीच प्रतिक्रिया आहे. रासायनिक खतावरील अनुदान (सबसिडी) केंद्र शासनाने काढून घेतल्याने त्यांचे दर प्रचंड वाढल्याचे शेतकऱ्यांना वाटणे साहजिक आहे.

दर वाढायला नको होते; पण वाढले. आपणास भूक लागायला नको; पण लागते; त्यामुळे जेवायला पाहिजे. आपण शेती केली पाहिजे. त्यातून पिकांचे चांगले उत्पादन मिळाले पाहिजे; पण त्यासाठी पिकांना खते देऊन त्यांची भूक भागवायला नको का? कारण आपण पिकांची भूक व्यवस्थित भागविली तरच ती आपणास भरपूर धान्य देऊन आपली भूक भागवतील; पण खतांच्या वाढलेल्या दरांचे काय करायचे?

खतांचे वाढलेले दरही परवडण्याचे काही मार्ग आहेत. आपण त्यांचा आतापर्यंत फारसा वापर केला नव्हता. कारण अंदाजाने कोणती मिळतील ती खते पिकांना सवडीनुसार द्यायची सवय काही शेतकऱ्यांना आहे. कोणत्या खतामुळे पिकाचा कसा फायदा होतो, ते खत पिकाला का दिले पाहिजे याचा किती शेतकरी विचार करतात? आता तो विचार करण्याची वेळ आली आहे.

नत्र कशासाठी?

पिकाला नत्र, स्फुरद व पालाश (एनपीके) ही अन्नद्रव्ये लागतात हे बहुतेकांना माहीत आहे. त्यांतल्या त्यात नत्र (नायट्रोजन) सर्वांच्या परिचयाचे आहे. युरिया, अमोनियम सल्फेट यांमधून पिकांना नत्र मिळते याचीही बहुतेकांना कल्पना आहे.

परंतु हे नत्र पिकांना दिल्याने काय होते, त्याची पिकांना कशासाठी जरुरी असते याची कल्पना अनेकांना नसते.

नत्रामुळे पिकास भरपूर पालवी फुटते. स्फुरद व पालाश घेण्यास मदत होऊन पिकाची जोरदार वाढ होते. गरजेपेक्षा नत्र कमी पडल्यास रोपाची वाढ खुंटते. पाने पिवळसर दिसतात. पिकातील प्रथिने कमी होतात. जुनी पाने अकाली गळून पडतात. पानांच्या कडा व टोके जळाल्यासारखी दिसतात. नत्राची फार कमतरता पडल्यास फलधारणा कमी होते. गरजेपेक्षा अधिक नत्र दिल्यासही फलधारणा उशिरा होते. झाडे ठिसूळ बनतात. तसेच ती कीड व रोगांना बळी पडण्याची शक्यता निर्माण होते. म्हणून नत्र कमी अगर जास्त देऊ नये. दोन्हीचेही वाईट परिणाम होतात.

स्फुरद

स्फुरद हे पिकाचे दुसरे महत्त्वाचे अन्नद्रव्य आहे. स्फुरदमुळे अंकुर आणि फुटवे लवकर फुटतात. मुळ्या आणि देठ यांची जोमदार वाढ होते. फलधारणा भरपूर व योग्य वेळी होते. वनस्पती वाढण्यास प्रथिने व खनिजे यांची मदत होते. धान्याचे दाणे मोठे व वजनदार होतात. स्फुरद कमी पडल्यास पीक तयार होण्यास वेळ लागतो. फळे कमी धरतात. देठ व मुळे यांची वाढ खुंटते. पाने कमी लागतात. स्फुरदाची फार कमतरता भासल्यास पाने व देठ तांबूस दिसतात. म्हणून पिकाला योग्य त्या प्रमाणात स्फुरद द्यावे.

पालाश

पालाशमुळे वनस्पतीचे धांडे बळकट होण्यास मदत होते. धान्य-पिके व डाळीची पिके यांचे दाणे मोठे व जोमदार होतात. वनस्पतीत साखर व पिष्टमयता निर्माण होते. रोग-किडी, थंडी यांचा प्रतिकार करण्याची वनस्पतीमधील शक्ती पालाशमुळे वाढते. पालाश कमी पडल्यास पानांच्या कडा आणि टोके सुकतात. पिकांची वाढ खुंटते देठ आणि धांडे कमकुवत होऊन पाने गळतात. तसेच दाणे व फळे आकसतात.

अशा प्रकारे नत्र, स्फुरद व पालाश यांचा फायदा होतो. त्यांच्या कमतरतेमुळे बरेच तोटे होतात. म्हणून त्यांचा प्रमाणात वापर हवा; पण हे प्रमाण कसे ठरवायचे?

चांगला उपाय

आपल्या पिकांना जास्त नाही अगर कमी नाही इतकीच नत्र, स्फुरद आणि पालाश ही अन्नद्रव्ये दिल्यास पिके चांगली येतात. शिवाय ही अन्नद्रव्ये अधिक दिल्यास पिकांचे नुकसान होते आणि सध्या महाग खतामुळे पैसेही वाया जातात. हे सर्व वाचविण्यासाठी आपण आपल्या शेतातील मातीची तपासणी करून घेतली पाहिजे. मातीतपासणीमुळे काय होते?

जमीनतपासणी कशासाठी?

मातीतपासणी करून मातीतील आम्ल-विम्ल निर्देशांक, क्षारांचे प्रमाण आणि नत्र, स्फुरद व पालाश या अन्नांशांचे प्रमाण काढले जाते. आम्ल-विम्ल निर्देशांक व क्षाराचे प्रमाण यावरून जमिनीची स्थिती समजते. पिकांना सुलभरीत्या अन्नांश मिळण्यासाठी जमिनीचा आम्ल-विम्ल निर्देशांक सातच्या आसपास असावा. निर्देशांक चारच्या खाली असेल तर जमिनीला चुना द्यावा लागतो. याउलट आम्ल-विम्ल निर्देशांक जर साडेआठच्या वर असेल तर जिप्सम अगर गंधक या रसायनांचा उपयोग करावा लागतो. जमिनीत क्षारांचे प्रमाण जर अर्ध्या टक्क्याच्या वर असेल तर अशा जमिनी खारवट होतात. अशा जमिनींची सुधारणा चर काढून, क्षारांचा निचरा करून करावी.

रासायनिक खते देण्याच्या दृष्टीने आणखी एक महत्त्वाची गोष्ट म्हणजे मातीतपासणीत नत्र, स्फुरद व पालाश यांचे प्रमाण काढून या अन्नद्रव्यांचे प्रमाण त्या जमिनीत किती आहे ते काढले जाते. त्या प्रमाणानुसार निरनिराळ्या पिकांना ही अन्नद्रव्ये किती द्यावीत याची शिफारस केली जाते.

अशा प्रकारे ही महत्त्वाची मातीतपासणी निरनिराळ्या शासकीय मृद्-चाचणी प्रयोगशाळेत मोफत केली जाते.

आपण आता खते खरेदी केली आणि ती ताबडतोब न वापरता साठवून ठेवली तर पुढील काळजी घ्यावी. खताचे पोते उघडे ठेवू नये. ते ओल्या किंवा दमट जागी साठवून ठेवू नये. खताच्या पोत्यावर वजनी वस्तू ठेवू नयेत. प्रत्यक्ष जमिनीवर खताचे पोते न ठेवता ते कोरडे राहील अशा तरटावर किंवा लाकडी फळीवर ठेवावे.

अशा प्रकारे थोडासा विचार करून, मातीची तपासणी करून रासायनिक खते वापरल्यास आपणास खते परवडत नाहीत असे म्हणावे लागणार नाही.

◆

पिकांना लोह, जस्त, तांब्याचीसुद्धा आवश्यकता

''आमच्या गावाशेजारच्या जमिनीत उसाची पाने पांढरी पडून शेंड्यांकडून वाळू लागली होती. म्हणून आम्ही शेती कॉलेजमधील एका तज्ज्ञांना बोलावले. त्यांनी पिकांची पाहणी करून सांगितलं की, आमच्या उसाच्या पिकाला लोह या सूक्ष्म अन्नद्रव्याची कमतरता आहे.'' मला माझे शेतकरी मित्र सांगत होते.

''बरोबर आहे त्यांचं. त्यासाठी तुम्ही तुमच्या उसावर फेरस सल्फेट म्हणजेच हिराकस फवारलं की नाही?'' मी त्यांना विचारलं.

''मी उसावर हिराकस फवारणार आहे; परंतु ही सूक्ष्मद्रव्याची काय भानगड आहे? आम्ही इतकी वर्षे शेती करतो आहे; पण अशी द्रव्ये कमी पडली असं कोणी आम्हाला सांगितलं नव्हतं.'' माझे मित्र म्हणाले.

सोळा अन्नद्रव्ये

माझ्या शेतकरी मित्रांची शंका बरोबर होती. कारण पिकांना शेणखत, कंपोस्ट खते द्यायची. त्याचबरोबर रासायनिक खतांतून नत्र (नायट्रोजन), स्फुरद (फॉस्फरस) आणि पालाश (पोटॅश) द्यावे लागते. हे बहुतेक सर्व शेतकऱ्यांना माहिती आहे. त्यावरून निरनिराळ्या पिकांना फक्त ही तीनच अन्नद्रव्ये हवी असतात अशी अनेकांची कल्पना आहे. काही प्रमाणात ते बरोबरही आहे. कारण नत्र, स्फुरद व पालाश ही तीन अन्नद्रव्ये वनस्पतींना मोठ्या प्रमाणात लागतात. परंतु पिकांना एकूण सोळा अन्नद्रव्यांची आवश्यकता असते. नत्र, स्फुरद, पालाश, कॅल्शियम, मॅग्नेशियम,

गंधक, कर्ब, उदजन, प्राणवायू या नऊ मूलद्रव्यांची मोठ्या प्रमाणात आवश्यकता असते. म्हणून त्यांना प्रमुख अन्नद्रव्ये म्हणतात. उरलेल्या सात म्हणजे ताम्र, बोरॉन, जस्त, लोह, मँगनीज, मॉलीबडेनम आणि क्लोरीन ही अन्नद्रव्ये सूक्ष्म प्रमाणात पिकांना लागतात म्हणून त्यांना सूक्ष्म अन्नद्रव्ये (मायक्रोन्यूट्रिएंट्स) म्हणतात.

आताच जरुरी का?

सूक्ष्म अन्नद्रव्ये फार कमी प्रमाणात पिकांना लागत असली तरी त्यांपैकी प्रत्येकाची पिकाच्या वाढीसाठी जरुरी असते. यांपैकी एखाद्या अन्नद्रव्याचे प्रमाण कमी झाले अगर वाढले तर त्याचा पिकाच्या वाढीवर वाईट परिणाम होऊन पिकाचे उत्पादन घटते. पूर्वी आपण शेतात दरवर्षी शेणखत, कंपोस्ट खत, हिरवळीचे खत, निरनिराळ्या पेंडी, बोनमील भरपूर वापरत होतो. या सेंद्रिय खतात सूक्ष्म अन्नद्रव्ये असल्याने त्याचा जमिनीस आपोआप पुरवठा होत असे.

याशिवाय जमीन पड ठेवणे, पिकांची फेरपालट करणे यामुळेही जमिनीत असणाऱ्या सूक्ष्म अन्नद्रव्यांचे प्रमाण पूर्वीच्या काळी कमी होत नसे; परंतु गेल्या २०-२५ वर्षांत आपण अधिक उत्पादन देणाऱ्या, संकरित जातींच्या पिकांची लागवड करीत आहोत. पाणीपुरवठ्याची सोय वाढल्यामुळे एकाच शेतातून वर्षातून दोन-तीन पिके घेऊ लागलो. त्यासाठी शेतात नत्र, स्फुरद व पालाशयुक्त रासायनिक खते देऊ लागलो. सेंद्रिय खते कमी वापरू लागलो. या सर्वांचा परिणाम म्हणजे आपल्या जमिनीतील सूक्ष्म अन्नद्रव्यांचे प्रमाण कमी झाले. त्याचा पिकावर वाईट परिणाम दिसू लागला; त्यामुळे उत्पादन घटू लागले असे संशोधनाने सिद्ध झाले.

अनेक फायदे

पिकांना योग्य प्रमाणात सूक्ष्म अन्नद्रव्ये मिळाल्याने पुढील फायदे होतात. १) पिकाच्या उत्पादनात वाढ, २) पाने पिवळी पडत नाहीत, ३) धान्याच्या दाण्याचा दर्जा सुधारून त्यांच्या आकारात व वजनात वाढ होते, ४) पोचट दाणे भरतात, ५) फुलांची संख्या वाढते, ६) फुले व फळे गळत नाहीत, ७) पिकांची वाढ जोरात होते, ८) पिकावर रोग-किडींचा उपद्रव कमी होतो.

ध्यानात ठेवा

हे फायदे मिळण्यासाठी आपल्या पिकांना सूक्ष्म अन्नद्रव्ये मिळणे आवश्यक आहे; परंतु कोणतीही सूक्ष्म अन्नद्रव्ये पिकांना देण्यापूर्वी ती आपल्या जमिनीत किती प्रमाणात आहेत हे पाहण्यासाठी मातीची तपासणी करून घ्यावी. पिकांच्या पानांचे पृथक्करण करूनही पिकात सूक्ष्म अन्नद्रव्यांची कमतरता आहे किंवा कसे हे पाहता

येते. कमतरता असेल तरच ती पिकांना घ्यावीत.

अनेकदा जमिनीत सूक्ष्म अन्नद्रव्ये असतात; परंतु ती पिकांना उपलब्ध होतातच असे नाही. उपलब्धतेच्या प्रमाणावर पिकांची वाढ अवलंबून असते. म्हणून उपलब्धतेचे प्रमाण माहीत असणे आवश्यक आहे. सूक्ष्म अन्नद्रव्यांची उपलब्धता जमिनीचा आम्ल-विम्ल निर्देशांक (सामू), चुनखडीचे प्रमाण, सेंद्रिय कर्ब व चिकणमातीचे प्रमाण यावर प्रामुख्याने अवलंबून असते.

संशोधनाचे निष्कर्ष

गेल्या २०-२५ वर्षांत आपल्या देशात निरनिराळ्या पिकांवर झालेल्या प्रयोगांवरून असे दिसून आले आहे की, अनेक पिके सूक्ष्म अन्नद्रव्यांना चांगला प्रतिसाद देतात. या संशोधनात आढळून आले की, मोरचुदाच्या स्वरूपात ताम्र दिल्यास भाताचे उत्पादन वाढते. गव्हाच्या पिकावर जस्ताचा चांगला परिणाम होतो. बोरॉन, ताम्र, मॅंगनीज आणि जस्त यामुळे कापसाच्या उत्पादनात वाढ होते. फळे व भाजीपाल्याची पिके यांचे उत्पादन सूक्ष्म अन्नद्रव्यांमुळे वाढते. पिकांवर येणाऱ्या काही रोगांनासुद्धा सूक्ष्म अन्नद्रव्यांच्या पुरवठ्यामुळे प्रतिबंध होतो असेही आढळले. डाळीची पिके, मका, ज्वारी, ओट इत्यादींचे उत्पादनही सूक्ष्म अन्नद्रव्यांमुळे वाढते. म्हणून प्रमुख अन्नद्रव्यांसोबत जरुरीप्रमाणे सूक्ष्म अन्नद्रव्ये दिली पाहिजेत.

कमरतेमुळे होणारे परिणाम व उपाय

पिकांना काही सूक्ष्म अन्नद्रव्यांची कमतरता भासल्यास त्यावर काही लक्षणे दिसतात. ती लक्षणे कोणती आणि त्यावर काय उपाय योजावेत याची माहिती आपणास हवी.

१) बोरॉन - बोरॉनमुळे कॅल्शियम शोषून घेण्यास मदत होते. तसेच वनस्पतीमधील जलशोषणाचे प्रमाण वाढते. बोरॉन कमी पडले तर वाढीच्या कळीचा रंग फिकट हिरवा होतो. जास्त कमतरता भासल्यास कळ्या सुकतात. कोबीचा आकार लहान होतो. त्यावर तांबूस ठिपके दिसतात. कॉली फ्लॉवरवर चॉकलेटी रंग येतो. मक्क्याच्या कोवळ्या पानांची वाढ खुंटते. मोठी पाने पिवळी पडतात. कणसे चांगली भरत नाहीत. वाटाण्याचा दाणा पोकळ होतो. काही वेळा पानांची सुरळी होते आणि फळे आकाराने वाकडीतिकडी होतात.

उपाय - जमिनीतील उपलब्धतेच्या प्रमाणात बोरॅक्स (टाकणखार) जमिनीतून दर हेक्टरी ५ ते १० किलो घ्यावे किंवा ०.२ टक्के पिकावर फवारून घ्यावे.

२) लोह - पानांना हिरवा रंग देणाऱ्या क्लोरोफिलच्या निर्मितीसाठी लोहाची जरुरी असते. लोह कमी असेल तर कोवळ्या पानांतील हिरवेपणा नाहीसा होतो.

शिरा तेवढ्या हिरव्या राहतात. जास्त कमतरतेमुळे पाने पांढरी होतात.

उपाय - फेरस सल्फेट (हिराकस) दर हेक्टरी १० ते ४० किलो जमिनीतून त्याच्या उपलब्धतेनुसार द्यावे किंवा ०.४ ते ०.५ टक्के पिकावर फवारावे.

३) जस्त - जस्तामुळे वर्धक द्रव्ये (हार्मोन्स) तयार होण्यास मदत होते. जस्त कमी पडले तर फळझाडांना कमी पाने येतात. पाने पिवळी पडून सडतात. फांदीच्या टोकाची पाने फार लहान येतात. तंबाखूच्या खालच्या पानांवर ठिपके पडतात. मक्याचा हिरवा रंग फिकट होतो. बटाट्याच्या पानांवर तांबूस ठिपके पडतात.

उपाय - झिंक सल्फेट दर हेक्टरी १० ते ४० किलो जमिनीतून जमिनीतील उपलब्धतेनुसार द्यावे किंवा ०.५ टक्के पानांवर फवारून द्यावे.

४) तांबे - ज्या जमिनीत सेंद्रिय पदार्थांचे प्रमाण कमी असते आणि चुन्याचे प्रमाण जास्त असते अशा जमिनीत तांब्याचे प्रमाण कमी असते. तांब्यामुळेच झाडाच्या श्वसनक्रियेस मदत होते तर झाडाच्या वाढीसाठी लोहाचा जास्त उपयोग होण्याकरिता तांब्याची मदत होते. तांब्याच्या कमतरतेमुळे पानांच्या शिरांमधील भाग पिवळा दिसू लागतो. फांदीच्या शेंड्याकडील पानांचे झुबके तयार होतात. पाने मरगळून त्यांच्या माना खाली वळतात. काही वेळा पानांच्या कडा आत किंवा बाहेर वळतात.

उपाय - मोरचूद (कॉपर सल्फेट) दर हेक्टरी जमिनीतून १० ते ५० किलो, जमिनीतील उपलब्धतेनुसार किंवा ०.१ टक्के पिकावर फवारून द्यावे.

५) मँगनीज - मँगनीजमुळे वनस्पतींच्या वाढीतील निरनिराळ्या प्रक्रिया नीटपणे चालण्यास मदत होते. मँगनीजच्या कमतरतेमुळे पानांमधील हिरवेपणा कमी होतो. पानांवर ठिपके पडतात. काही दिवसांनंतर भोकेही पडतात. वनस्पतीची वाढ खुंटते.

उपाय - मँगनीज सल्फेट जमिनीतून दर हेक्टरी १० ते १५ किलो जमिनीतील उपलब्धतेनुसार द्यावे किंवा ०.६ टक्के पिकावर फवारावे.

६) मॉलिबडेनम - पिकात नत्राचे स्थिरीकरण करण्यास हे उपयोगी पडते. तांबे, बोरॉन व मँगनीज यांचे दुष्परिणाम कमी करण्यास याची मदत होते. याच्या कमतरतेमुळे पाने पिवळी किंवा फिकट हिरवी दिसतात. त्यावर सोनेरी पिवळ्या रंगाचे ठिपके दिसतात; परंतु असे ठिपके शिरांवर नसतात. काही पिकांच्या पानांच्या खालच्या भागातून डिंकासारखा पदार्थ बाहेर येतो आणि पानांच्या कडा खालच्या बाजूस वळतात.

उपाय - सोडियम - मॉलिबडेट जमिनीतून दर हेक्टरी ३ ते ५ किलो तिच्या उपलब्धतेनुसार द्यावे अगर ०.०५ पिकावर फवारावे.

७) क्लोरीन - क्लोरीनमुळे वनस्पतीची पाणी साठवण्याची क्षमता वाढते.

वनस्पतीतील पाचकता आणि हिरवा रंग यांच्या निर्मितीस मदत होते. हे झाडांना जास्त प्रमाणात लागते. याची जमिनीत सहसा कमतरता आढळत नाही. पावसाच्या पाण्यातून तसेच अमोनियम, क्लोराईड व पोटॅशियम क्लोराईड या खतांतून जमिनीस क्लोरीनचा पुरवठा होतो.

असे करा

१. रासायनिक खंताबरोबर पिकांना सेंद्रिय खते-घ्या. २. अधिक उत्पादन देणाऱ्या पिकांना अधिक सूक्ष्म अन्नद्रव्ये लागतात. म्हणून त्यांना योग्य पुरवठा करा. ३. तृणधान्ये जस्त व ताम्र अधिक घेतात, तर कडधान्ये मॉलिबडेनम व बोरॉन अधिक घेतात. म्हणून तृणधान्यानंतर कडधान्ये घ्या. ४. सारखीच मुळे असलेली पिके एकाच शेतात वर्षानुवर्षे घेऊ नका. विविध प्रकारची मुळे असलेली पिके फेरपालटीमध्ये घ्या. ५. जरुरीपेक्षा अधिक सूक्ष्मद्रव्ये पिकांना देऊ नका; त्यामुळे फायद्याऐवजी नुकसान होते.

अशा प्रकारे पिकांना योग्य सूक्ष्म अन्नद्रव्ये योग्य प्रमाणात देऊन भरघोस उत्पादन घ्या.

◆

पक्ष्यांपासून पीकसंरक्षणाचा नवा सोपा उपाय

"तुमच्या सांगण्याप्रमाणे आम्ही या उन्हाळ्यात सूर्यफूल घेतलं आणि आमची फार अडचण झाली.'' नेहमी सल्ला विचारून त्याप्रमाणे शेती करणारे शेतकरी मला सांगत होते.

"उन्हाळ्यात सूर्यफूल घेऊन तुमची काय अडचण झाली हे तरी मला सांगा.'' असे मी त्यांना म्हणताच ते सांगू लागले,

"आम्ही उन्हाळी सूर्यफूल घेतलंय. पीकही चांगलं आह; पण आमच्या शेजारी उसाची पिकं आहेत; त्यामुळे आमच्या सूर्यफुलाच्या पिकांना पोपट पक्ष्यांचा फार त्रास होतो. ते सूर्यफुलांतील इतके दाणे खातात की, शेवटी त्यात काही शिल्लक राहील की नाही अशी शंका वाटते.''

"तुम्ही म्हणाल, राखणीसाठी गडी ठेवा; पण आज गड्याला दररोज ५० रुपये द्यावे लागतात; त्यामुळे त्याचा पगार देणं परवडत नाही. अहो, आमच्या रब्बी ज्वारीचं असंच झालं. शेजारी सगळे ऊस आणि मध्येच आमची ज्वारी. पक्ष्यांनी आमच्या ज्वारीचा फडशा पाडला.'' त्यांच्या बरोबर आलेल्या शेतकऱ्यांनी सांगितले.

अनेक शेतकरी अशा प्रकारचे अनुभव नेहमी सांगतात. अनेक प्रकारच्या पक्ष्यांमुळे पिकांचे नुकसान होते. पेरणी केल्यानंतरही काही प्रमाणात पाखरांचा त्रास होतो; परंतु दाणे भरू लागल्यानंतर हा त्रास अधिक वाढतो. पिकांची राखण करण्यासाठी जवळजवळ दिवसभर स्वतंत्र माणूस ठेवावा लागतो. सध्या मजुरीचे दर फार वाढले आहेत. प्रामाणिकपणे काम करणारे मजूरही थोडे आहेत. अशा परिस्थितीत

स्वतंत्र मजूर ठेवणे अनेकांना परवडत नाही; त्यामुळे पिकांची राखणही नको आणि तशी पिकेही नकोत, असे शेतकऱ्यांना वाटणे साहजिक आहे.

शेतकऱ्यांची ही अडचण लक्षात घेऊन दिल्ली येथील भारतीय कृषी अनुसंधान संस्थेतील कीटक-शास्त्र विभागातील शास्त्रज्ञांनी पिकांचे पक्ष्यांपासून संरक्षण करण्यासाठी एक नवीन चांगला उपाय शोधून काढला आहे. या उपायासाठी मजुरीच्या मानाने फार कमी खर्च येऊन या उपायामुळे पिकाचे पक्ष्यांपासून ७० ते १०० टक्के संरक्षण होऊ शकते.

सध्याची राखण

मजुराकरवी पिकाची पक्ष्यांपासून राखण करण्याची पद्धत फार जुनी आहे. त्याशिवाय पीकराखणीसाठी आतापर्यंत अनेक उपाय, साधने भारतात वापरली जातात. सध्या पक्ष्यांना भिवविण्यासाठी वेगळ्या प्रकारच्या यंत्रामधून आवाज काढणे, काही प्रकाश टाकून पक्ष्यांचा बंदोबस्त करणे इत्यादी मार्गांचा अवलंब होतो; परंतु हे उपाय फारसे परिणामकारक नाहीत असे आढळले आहे. म्हणून अमेरिकेसारख्या देशांत काही चकाकणाऱ्या धातू किंवा रिबन वापरून पक्ष्यांचा बंदोबस्त करता येईल किंवा कसे याचेही प्रयोग झाले. उदाहरणार्थ, ३ मि.मि.च्या प्लॅस्टिकच्या सपाट पट्ट्या एकत्र बांधून त्या एका बांबूवर बांधून तो बांबू शेतात उभा करतात. ज्या वेळी वारा वाहतो, त्यावेळी त्या पट्ट्यांतून एक प्रकारचा आवाज निघतो; त्यामुळे पक्षी येत नाहीत किंवा उडून जातात.

नवीन संशोधन

निरनिराळ्या पिकांचे पक्ष्यांपासून संरक्षण करण्याच्या दृष्टीने भारतात एक वेगळाच प्रयोग करण्यात आला. प्रकाश परावर्तित होणाऱ्या रिबन वापरून पक्ष्यांचा बंदोबस्त करणे चांगले आणि कमी खर्चाचे आहे असे यापूर्वींच आढळून आले आहे. तसेच हा उपाय फार सोपा आणि बहुतेक सर्व पिकांसाठी उपयुक्त आहे असेही पाहणीत आढळले. या उपायाने कबुतरे, कावळे, निरनिराळ्या प्रकारच्या चिमण्या इत्यादी पक्ष्यांचा चांगल्या प्रकारे बंदोबस्त करता येतो असेही अनुभवास आले.

या पद्धतीचा वापर करून गहू, हरभरा, तूर, भात, जवस, मका, ज्वारी, सूर्यफूल इत्यादी पिकांवरील पक्ष्यांचा बंदोबस्त कार्यक्षमपणे करता येतो असे दिसून आले आहे. बाजरीसारख्या पिकात दाणे भरायला लागल्यापासून पीक काढणीपर्यंत या प्लॅस्टिक रिबनचा उपयोग केला असता जवळजवळ सर्व नुकसान टळते असेही पाहणीत दिसून आले आहे. म्हणूनच या पद्धतीचा जास्तीतजास्त शेतकऱ्यांनी उपयोग करणे आवश्यक आहे.

यासाठी ज्या प्लॅस्टिकच्या रिबन वापरावयाच्या त्या पातळ प्लॅस्टिकच्या असतात. त्या एका बाजूला चांदीसारख्या किंवा सोन्यासारख्या चकाकणाऱ्या रंगाच्या असतात. त्याच्या दुसऱ्या बाजूला लाल, आमसुली, पिवळा, हिरवा, निळा इत्यादी गडद रंग असतात. हे कागद उन्हात धरल्यास त्यावर प्रकाश परावर्तित होऊन त्यांच्या रंगाप्रमाणे चांदीसारखे किंवा सोन्यासारखे चकाकतात. अशा पातळ प्लॅस्टिकची निर्मिती भारतातील काही नायलॉनचे कारखाने करतात. तसेच त्याचा उपयोग औषधे, टॉफी, चॉकलेट, इलेक्ट्रिक वायर इत्यादी गुंडाळण्यासाठी करतात. अशा प्रकारचे प्लॅस्टिकचे कागद आपल्या पाहण्यात अनेकदा येतात; परंतु आपण त्याकडे फारसे लक्ष देत नाही. एखाद्या समारंभाच्या वेळी सभागृह सजविण्यासाठी अशा रंगीबेरंगी कागदांचा आपण उपयोग करतो. काही ठिकाणी त्यास बेगड असेही म्हणतात. त्याचाच उपयोग पक्ष्यांच्या राखणीसाठी वापरावयाच्या रिबनसाठी करतात.

रिबन अशा करा - बांधा

अशा प्रकारचे प्लॅस्टिकचे कागद रोलमध्ये मिळतात किंवा मोठ्या कागदापासूनही अशा रिबन करणे शक्य असते. त्यासाठी मोठ्या कागदाच्या १ ते २.५ सें.मी. रुंदीच्या आणि ४ ते ५ मीटर लांबीच्या पट्ट्या कापून घ्याव्यात. अशा प्रकारे या कागदाच्या तयार झालेल्या पट्ट्या जमिनीला समांतर अशा शेताच्या दोन्ही बाजूला बांबू किंवा लाकडी खुंट्या उभ्या करून पिकाच्या वरच्या बाजूला बांधाव्यात. दोन रिबनमधील अंतर सुमारे ५ मीटर असावे. अर्थात हे अंतर १.५ ते २ मीटरपर्यंत कमी करता येते. पिकाला पक्ष्यांचा होणारा उपद्रव लक्षात घेऊन हे अंतर ठेवावे. अशा प्रकारे संपूर्ण शेतात पिकाच्यावर जमिनीला समांतर अशा या रिबन बांधाव्यात. शेताच्या कोपऱ्याभोवतीही त्या बांधाव्यात. दोन्ही कोपरे जोडणारी रिबनही बांधावी.

या रिबिनी शक्यतो पूर्व-पश्चिम दिशेने बांधाव्यात; त्यामुळे अधिक फायदा होतो. तसेच शेतातील कामे करताना या रिबिनींची काही अडचण होणार नाही या दृष्टीने त्या ताणून बांधाव्यात. या रिबिनीवर ऊन पडल्यानंतर त्या एकसारख्या चकाकतात; त्यामुळे संपूर्ण शेत चकाकल्यासारखे दिसते. पक्ष्यांनी कुठल्याही दिशेने शेतात पाहिले तरी त्यांना संपूर्ण शेत चकाकते आहे असे दिसेल अशा तऱ्हेने या रिबिनी बांधाव्यात. काही पक्षी शेतात खालील बाजूने येतात. म्हणून पिकाच्या चारही बाजूने रिबिनी बांधाव्यात. ज्या बांबूवर किंवा खुंटीवर रिबिनी बांधल्या असतील त्या ठिकाणी त्या फाटण्याची शक्यता असते; म्हणून त्यांच्या टोकांना दुसरा कागद गुंडाळून त्या बांधाव्यात. वाऱ्यामुळे काही रिबिनी तुटल्यास त्या ठिकाणी त्वरित दुसऱ्या रिबिनी बांधाव्यात.

पक्षी का भितात?

अशा रिबनमुळे पिकावर येणारे पक्षी कसे रोखले जातील असा प्रश्न मनात येणे साहजिक आहे; परंतु या रिबन चकाकणाऱ्या आणि वाऱ्याने त्या एकसारख्या हलत असल्यामुळे त्याचा परिणाम पक्ष्यांवर होतो. रिबन पांढरी, तांबडी किंवा मरून रंगाची असेल तर ती चकाकून वाऱ्याने हलल्यामुळे पिकाच्या वरच्या बाजूला आग लागली असावी असा भास पक्ष्यांना होतो; त्यामुळे अशा शेतावर पक्षी येत नाहीत. यास पक्ष्यांच्या शास्त्रीय भाषेत 'पायरोटेक्निक' असे म्हणतात. या तंत्रामुळे पक्ष्यांवर मानसिक ताण निर्माण होऊन त्यांना अशा चकाकणाऱ्या रिबनची भीती वाटते; त्यामुळे ते शेतातील पिकाचे दाणे खाण्याचा मोह टाळतात; त्यामुळे ते शेतावर येत नाहीत आणि पिकाचे पक्ष्यांपासून संरक्षण होते.

इतर कोणत्याही साधनापेक्षा हे साधन अधिक सोयीस्कर, सोपे व स्वस्त आहे, असे शास्त्रज्ञांचे मत आहे. मजुराकरवी पक्ष्यांपासून पिकाचे संरक्षण करण्यास जेवढा खर्च येतो त्याच्या सुमारे १/३ खर्च या पद्धतीने येतो. शिवाय या उपायाने ७० ते १०० टक्के पक्ष्यांचा उपद्रव कमी होतो. मजुराकरवी ते शक्य नसते. या रिबन पुन्हा वापरता येतात; त्यामुळे पहिल्या वर्षपेक्षा दुसऱ्या वर्षी फार कमी खर्च येतो. म्हणूनच अशा प्रकारे या रिबनचा उपयोग शेतात करून पक्ष्यांपासून पिकाचे संरक्षण केल्यास कमी खर्चात अधिक फायदा होतो. आपण आपल्या शेतात हे करून प्रत्यक्ष अनुभव घ्या.

◆

खरीप पिके वेळेवर काढा

कणसे काढा

ज्यांच्या पेरण्या जूनमध्ये होतात त्यांची ज्वारी-बाजरीची पिके वेळेवर काढणीला येतात. पावसामुळे अशा पिकांचे नुकसान होण्याची शक्यता असते. कारण पावसाने त्यांचे दाणे काळे पडण्याची शक्यता असते. तसेच वाऱ्यामुळे पिके वाकण्याची आणि मोडण्याचीही भीती असते. अशा परिस्थितीत काय करावे, अशी विचारणा काही शेतकरी करतात. त्यासाठी सोपा उपाय आहे. तो म्हणजे तयार झालेल्या ज्वारी-बाजरीची फक्त कणसे कापून घ्यावीत; ती निवाऱ्याच्या हवेशीर जागी पसरून ठेवावीत. ऊन असेल तर उन्हात टाकायला हरकत नाही; परंतु ती पुन्हा पावसात भिजणार नाहीत याची काळजी घ्यावी. पावसाने चांगली उघडीप दिल्यानंतर ज्वारी-बाजरीचे सरमाड शेतातून कापून किंवा उपटून काढावे. कणसाची मळणीही करावी.

ज्यांचा भुईमूग अगदी तयार झालेला असतो, त्यांच्या शेंगातील दाण्यांना या पावसामुळे कोंब फुटण्याची शक्यता असते. त्यांनी ताबडतोब भुईमुगाच्या जाळ्या उपटून निवाऱ्याच्या ठिकाणी आणून टाकाव्यात. शेंगा तोडून पसरून ठेवाव्यात. ऊन असल्यास उन्हात वाळवाव्यात; परंतु अनेक शेतकऱ्यांच्या भुईमुगाच्या पिकातील दाणा पूर्ण तयार झालेला नसतो. त्यांना या पावसाचा फायदाच होतो.

ऑक्टोबर महिन्यात सर्वसाधारणपणे भात कापणीस येते; परंतु काही वेळा पावसाच्या खंडानंतर काही भागांत पुन्हा पावसाला सुरुवात झाल्याने भाताच्या पेरण्या

किंवा लावण्या लांबतात; त्यामुळे भातकाढणी काही दिवस लांबण्याची शक्यता असते. भाताची कापणीही वेळेवर करणे महत्त्वाचे असते; पण ही वेळ कशी ठरवायची?

भाताचे पीक निसवल्यावर सर्वसाधारणपणे ३० दिवसांनी म्हणजे लोंबीतील ९० टक्के दाणे पक्व झाल्यावर भातकापणीस सुरुवात करावी. या बाबतीत शेतकऱ्यांनी एक ठोकताळा लक्षात ठेवावा की, पीक फुलावर आल्यानंतर कापणीला ४० दिवसांपेक्षा जास्त उशीर करू नये. कापणी करताना बियांची शुद्धता कायम राखण्यासाठी भेसळ झाडे मुळासह उपटून टाकावीत.

बरेच शेतकरी भाताचे पीक पिवळे झाल्याशिवाय कापणी करीत नाहीत; परंतु हे तितकेसे योग्य नाही. कारण भाताच्या काही जाती तयार झाल्या तरी हिरव्या दिसतात; म्हणून त्या हिरव्या दिसतात या कारणावरून कापणीस उशीर करू नये. प्रथम झोडपणी करून भाताची मळणी करतात; परंतु आता अनेक ठिकाणी मळणीयंत्रे उपलब्ध झाली आहेत. त्यांचा वापर केल्यास कमी श्रमांत आणि कमी वेळांत भातमळणी होईल. हल्ली काही शेतकरी भात किंवा इतर पिकांची मळणी न करता मोठ्या डांबरी रस्त्यावर ती पिके किंवा त्यांची कणसे टाकतात. येणाऱ्या-जाणाऱ्या वाहनांमुळे त्यांची मळणी होते; परंतु ही पद्धत योग्य नाही. मळणीचा थोडासा त्रास कमी करण्यासाठी ही पद्धत वापरू नये. कारण या पद्धतीने कणसातील सर्व दाणे व्यवस्थित निघत नाहीत. अनेक दाणे वाहनांच्या ओझ्याने फुटतात. चाकांची घाण धान्यात मिसळते.

ओलीचा फायदा घ्या

अनेकदा नवरात्रात पाऊस पडतो. नवरात्रात पडलेल्या पावसाने आपल्या शेतात झालेल्या ओलीचा पुरेपूर फायदा घेऊन रब्बी हंगामातील पिके घेतली पाहिजेत. अर्थात आपल्या शेतातील खरिपाची पिके निघाल्यानंतरच रब्बी पिकांची पेरणी केली पाहिजे; परंतु आपल्या शेतात रब्बीत काय पेरायचे याचा विचार आताच केला पाहिजे. ज्वारी, गहू, करडई, सूर्यफूल, हरभरा ही रब्बी हंगामातील प्रमुख पिके आहेत. आपली जमीन कशी आहे, आपल्याकडे पाण्याची सोय आहे किंवा नाही, रब्बी पिकांचे बियाणे, खते यासाठी आपण किती खर्च करू याचा हिशेब करून आपण कोणते रब्बी पीक घ्यायचे ते ठरवावे.

सोलापूरसारख्या जिल्ह्यात रब्बी ज्वारी हे महत्त्वाचे पीक आहे. आपण त्यास शाळू म्हणतो. इतर जिल्ह्यांतही अनेक शेतकरी आता रब्बी ज्वारीचे पीक घेत आहेत. कारण आता गव्हाइतका किंबहुना अधिक दर ज्वारीला मिळतो आहे. रब्बी ज्वारी घेण्यासाठी पाऊस पडल्यानंतर ताबडतोब पेरण्या कराव्यात. कारण रब्बी ज्वारीची

पेरणी वेळेवर होणे फार महत्त्वाचे असते. त्यावरच ज्वारीचे उत्पादन अवलंबून असते.

ज्वारीखालोखाल रब्बी हंगामातील महत्त्वाचे पीक म्हणजे गव्हाचे आहे. आपले गव्हाचे उत्पादन कमी आहे. ते वाढविण्यासाठी आपण प्रयत्न केले पाहिजेत. आपल्याकडे पाण्याची भरपूर सोय असेल तरच गहू घ्यावा. कारण कोरडवाहू गहू फायद्याचा नसतो. तसेच अपुऱ्या पाण्यावर गव्हाचे पीक चांगले येत नाही. १५ ऑक्टोबरपासून नोव्हेंबरच्या दुसऱ्या आठवड्यापर्यंत गव्हाची पेरणी केल्यास गव्हाचे उत्पादन चांगले होते. त्यानंतरचा गहू चांगला येत नाही. म्हणून वेळेवर पेरणी करावी. तसेच काही शेतकऱ्यांना अजूनही खपली गव्हाचे बरेच प्रेम आहे; पण खपली गव्हाचे प्रेम त्यांना तोट्यात आणते हे त्यांनी लक्षात घ्यावे. कारण अधिक उत्पादन देणाऱ्या गव्हाच्या जातींच्या तुलनेत खपली गव्हाचे निम्मेही उत्पादन मिळत नाही. म्हणून खपली गव्हाला थोडा जास्त दर मिळाला तरी एकूण तोटाच असतो. यासाठी नवीन अधिक उत्पादन देणाऱ्या गव्हाच्या जातीच पेरा. निदान या वर्षी हा अनुभव घ्या आणि मग कोणते फायद्याचे ते ठरवा.

आपणाकडे पाण्याची फारशी सोय नसेल तर गव्हाचे पीक घेण्याऐवजी करडईचे पीक घ्या. करडईच्या मुळ्या खोलवर जाऊन त्या जमिनीच्या खालच्या थरातील ओलावा मिळवितात. म्हणून थोड्या ओलीवरही करडई येऊ शकते. सध्या करडईच्या तेलाचा दर किती आहे हे आपणास माहिती आहे. करडईचा दरही चांगला आहे. करडईच्या पिकास एक किंवा दोन पाणी दिल्यास उत्पादन दुप्पट येते. त्यापासून चांगले पैसे मिळतात. करडईची पेरणी वेळेवर करणे आवश्यक असते. करडईप्रमाणेच सूर्यफुलाच्या पिकापासूनही चांगला फायदा होतो. या दोन्ही पिकांचे बियाणेही फार महाग नाही. या पिकांना फारसा खर्चही येत नाही. म्हणून या दोन्हीपैकी एका पिकाचा विचार अवश्य करावा. सूर्यफुलाची पेरणीही वेळेवर केली पाहिजे. करडईचे पीक सलग घ्यावे.

हरभरा

रब्बी हंगामात गहू, ज्वारी, करडई ही पिके घेण्यास जमले नाही तरच हरभरा घेण्याची काही शेतकऱ्यांची पद्धत आहे; पण तो काळ गेला. आता हरभरा डाळीचे दर किती वाढले आहेत पाहा. हे दर कमी होण्याची शक्यता फार कमी आहे. म्हणून हरभऱ्याची पेरणी अवश्य करावी. ही पेरणी ऑक्टोबर महिन्यात शक्यतो लवकर करावी. हरभऱ्याचा बेवड फार चांगला असतो.

आता बागायती हरभऱ्याच्या 'विश्वास' सारख्या जाती निघाल्या आहेत. थोड्या पाण्यावर या जातीचे हेक्टरी २५ ते ३० क्विंटल उत्पादन मिळते. हरभऱ्याचा क्विंटलला ६०० रुपये भाव धरला (आता ७०० ते ८०० रुपये क्विंटल आहे.)

तरी हरभऱ्यापासून हेक्टरी १५,००० रुपयांचे उत्पन्न मिळते. आपण हा हिशेब कधी केला आहे का? असा हिशेब करून आपण आपली पिके घेत नाही; त्यामुळेच आपली शेती तोट्याची होते. म्हणून या रब्बी हंगामात हिशेबीपणाने वागून योग्य पिके निवडा, त्यांच्या सुधारित जाती वेळेवर पेरा; त्यांना खते, पाणी देऊन भरघोस उत्पादन काढा आणि 'माझी शेतीही फायद्याची होते' असे अभिमानाने सांगा!

◆

हरभरा

"आपली प्रकृती चांगली राहण्यासाठी निरनिराळी कडधान्ये खा, डाळी खा असं सगळे सांगतात; पण साधी हरभऱ्याची डाळ २५ रुपये किलो झाली आहे. आमच्यासारख्या मध्यमवर्गीयांनी कशा डाळी खायच्या?" माझे पुण्यातील मित्र मला विचारत होते.

मागणी वाढली आणि पुरवठा कमी झाला की, त्याचे दर वाढतात. कडधान्ये व डाळी यांचे तसेच झाले आहे. आपली कडधान्याची मागणी वाढली; परंतु उत्पादन कमी झाले; त्यामुळे त्याचे दर वाढणे साहजिक आहे. म्हणून आपण शेतकऱ्यांनी जास्तीतजास्त प्रमाणात कडधान्ये पिकवून भरपूर पैसा मिळविला पाहिजे.

आता हरभऱ्याचेच उदाहरण घ्या. रब्बी हंगामातील हरभरा हे महत्त्वाचे पीक आहे. अनेकदा पावसाळ्यात महाराष्ट्रातील अनेक ठिकाणी फार पाऊस होतो; त्यामुळे खरिपातील मूग, उडीद या कडधान्यांच्या पिकांचे फार नुकसान होते. तूर पिकाचेही काही प्रमाणात नुकसान होते. म्हणून रब्बी हंगामात हरभऱ्याचे पीक घ्यावे. भरपूर पावसामुळे आपल्या शेतात भरपूर ओल निर्माण झालेली असते. त्याचा फायदा घेऊन हरभरा पेरला पाहिजे.

फार फायद्याचा

ज्वारी, करडई, गहू या खरीप पिकांपैकी कोणतीच पिके घेणे शक्य झाले नाही तर मग आपण हरभरा घेऊ, असा विचार काही शेतकरी करतात; हे योग्य नाही.

कारण हरभऱ्याचे पीक हे द्विदल वर्गातील असल्याने त्या पिकामुळे जमिनीची सुपीकता वाढते. हरभऱ्याचा बेवड फार चांगला असतो. एवढेच नाही तर या पिकापासून फार चांगले पैसे मिळतात. हरभऱ्याची 'विकास' ही जात लावल्यास कोरडवाहू पिकाचे हेक्टरी ११ ते १२ क्विंटल उत्पादने मिळते तर विश्वास ही बागायती जात घेऊन पाण्याच्या २ ते ३ पाळ्या दिल्या की, हेक्टरी २५ ते ३० क्विंटल उत्पादन मिळू शकेल. सध्या हरभऱ्याचा दर क्विंटलला १४०० रुपये आहे. यावरून हेक्टरी किती पैसे मिळतात याचा हिशोब करा.

लागवड अशी करा

अशा या भरपूर पैसा मिळवून देणाऱ्या आणि जमिनीची सुपीकता वाढविणाऱ्या हरभऱ्याला भारी परंतु पाण्याचा चांगला निचरा होणारी जमीन लागते. या पिकास थंड व कोरडे हवामान मानवते. पिकास पाणी देण्याची सोय असेल तर मध्यम म्हणजे ४५ सें. मी. खोलीच्या जमिनीतही हरभऱ्याचे पीक चांगले येते.

खरिपातील पीक निघाल्यानंतर जमिनीची नांगरट करावी. कुळवाच्या पाळ्या देऊन जमीन भुसभुशीत करावी. जमिनीतील काडी - कचरा वेचावा.

सुधारित जाती

हरभरा लागवडीसाठी योग्य जातीची निवड करणे फार महत्त्वाचे आहे. पश्चिम महाराष्ट्र व कर्नाटक राज्यांतील काही जिल्ह्यांसाठी पुढील जाती चांगल्या आहेत.

विकास - हरभऱ्याच्या पिकास मर रोगाचा फार त्रास होऊन पिकाचे फार नुकसान होत असे. म्हणून या रोगाला काही प्रमाणात प्रतिकारक असा हा वाण महात्मा फुले कृषी विद्यापीठाने विकसित केला आहे. पश्चिम महाराष्ट्रातील शेतकऱ्यांनी कोरडवाहू पिकासाठी या जातीचीच निवड करावी.

या जातीच्या हरभऱ्याची वाढ झुडूपदार असून खोडावरील मुख्य फांद्यांपेक्षा दुय्यम फांद्यांची संख्या अधिक असते. खोडावर व फांद्यांवर लालसर छटा असून पाने पक्व होताना तांबूस दिसतात. या जातीचे घाटे चाफा जातीपेक्षा मोठे असून पीक पूर्ण तयार होण्यापूर्वी घाट्यावर निळसर ठिपका असतो. याच्या दुय्यम फांद्या जमिनीला समांतर वाढतात; त्यामुळे चांगले वाढलेले पीक जमीन झाकून टाकत असल्याने जमिनीतील ओलावा अधिक काळ टिकतो. या वाणापासून हेक्टरी ११ ते १२ क्विंटल उत्पादन मिळते. याचे दाणे आकाराने मध्यम असून रंगाने पिवळे, सुरकुतलेले आणि पृष्ठभाग खडबडीत असलेले असतात. या जातीच्या पिकास पेरणीनंतर ४० दिवसांत फुले येण्यास सुरुवात होऊन पीक १०५ ते ११० दिवसांत तयार होते. या जातीस मर रोग, घाटे अळी आणि साठवणीत भुंग्यांचा त्रास कमी होतो. या

जातीस डाळीसाठी अधिक मागणी असते

विश्वास - ही जात पाणी, खत आणि इतर मशागतीस फार चांगला प्रतिसाद देते; त्यामुळे बागायती क्षेत्रासाठी या जातीची शिफारस केली आहे. महाराष्ट्रातील सर्व जिल्ह्यांसाठी ही जात चांगली आहे. इतर जातीपेक्षा ही जात उंच वाढते. मुख्य आणि दुय्यम फांद्यांवर अनेक घाटे असल्याने प्रत्येक फांदी ही घाट्यांची माळ असल्यासारखे वाटते. बागायती क्षेत्रात पेरणीनंतर ५० ते ५५ दिवसांनी या पिकाला फुले येऊन ११५ ते १२० दिवसांत पीक तयार होते.

या जातीचे दाणे गोल, मोठे व मऊ असतात. दाण्याची रंग पिवळा असतो. परंतु साठवणीत तो बदलून तपकिरी होतो. या जातीच्या मुळावर रायझोबियम जीवाणूंच्या मोठ्या व असंख्य गाठी असतात. या जातीस वेळेवर पाणी, खते दिल्यास आणि आंतरमशागत केल्यास पिकापासून हेक्टरी २५ ते ३० क्विंटल उत्पादन मिळते.

फुले जी - १२ - कोरडवाहू व बागायती अशा दोन्ही जमिनींत चांगली येणारी ही हरभऱ्याची जात आहे. या जातीचे दाणे मध्यम आकाराचे, पिवळे व सुरकुतलेले असून त्याला पेरणीनंतर ३५ ते ४० दिवसांत फुले येण्यास सुरुवात होऊन १०५ ते ११० दिवसांत पीक तयार होते. या जातीचे वैशिष्ट्य म्हणजे कोरडवाहूत तो विकास जातीपेक्षा अधिक आणि बागायतीत विश्वास जातीइतके उत्पादन देतो. तो मर रोगास प्रतिकारक आहे. तसेच साठवणीत त्यावर किडींचा कमीतकमी प्रादुर्भाव होतो. ही जात जिरायती क्षेत्रास अधिक योग्य असून खतास चांगला प्रतिसाद देते. पश्चिम महाराष्ट्रासाठी ही जात फार चांगली आहे.

एन- ३१ - या जातीची पाने गडद हिरवी व रुंद असतात. तर झाडाचे खोड आणि फांद्या जाड असून खोडावर लालसर छटा असते. या जातीचे घाटे रुंद असून ते तयार होतेवेळी त्यावर जांभळा ठिपका दिसतो. याचे दाणे मोठे असतात; त्यामुळे या जातीच्या हिरव्या हरभऱ्यास अधिक मागणी असते. तसेच चणे करण्यासाठी ही जात चांगली आहे. सांगली, कोल्हापूर, नाशिक, अहमदनगर, धुळे, जळगाव इत्यादी जिल्ह्यांसाठी ही जात चांगली आहे.

एन - ५९ - हरभऱ्याच्या या जातीच्या फांद्या लांब असून त्या जमिनीवर पसरतात. या जातीची पाने, फुले, घाटे आणि दाणे चाफा जातीपेक्षा आकाराने मोठे असतात. याच्या खोडाचा आणि फांद्यांचा रंग पूर्ण हिरवा तर फुलांचा रंग लालसर गुलाबी असतो. याचे पीक तयार होताना खोड, फांद्या पिवळसर दिसतात. दाण्याचा रंग पिवळा असून दाणे सुरकुतलेले परंतु त्यांचा पृष्ठभाग मऊ असलेले असतात. या जातीच्या झाडास पेरणीनंतर ४० दिवसांनी फुले येतात तर १०५ ते ११० दिवसांत पीक तयार होते. या जातीच्या जिरायती पिकापासून हेक्टरी ८ ते ९ क्विंटल

उत्पादन मिळते. पश्चिम महाराष्ट्रासाठी ही जात चांगली आहे.

वरील जातींशिवाय चाफा, वरंगळ, डी - ८, बी. डी. एन. - ९- ३ या हरभऱ्याच्या काही चांगल्या जाती आहेत. लागवडीसाठी वरीलपैकी एका चांगल्या जातीची निवड करावी.

पेरणीची वेळ महत्त्वाची

हरभऱ्याचे अधिक उत्पादन हवे असेल तर एक महत्त्वाची गोष्ट म्हणजे त्याची पेरणी वेळेवर होणे फार आवश्यक आहे. या बाबतीत अनेक ठिकाणी अनेक प्रयोग घेतले गेले आहेत.

कोरडवाहू क्षेत्रात हरभरा पेरावयाचा असल्यास खरिपातील पीक काढल्यानंतर लगेच सप्टेंबरच्या शेवटी किंवा ऑक्टोबरच्या पहिल्या पंधरवड्यात - जमिनीत पुरेशी ओल असतानाच पेरणी करावी. बागायती शेतासाठी २० ऑक्टोबर ते १५ नोव्हेंबरच्या काळात पेरणी करावी. अगदी काहीच पेरायला जमले नाही तर शेवटी हरभरा पेरायचा असे काही लोक समजतात; पण ते योग्य नाही. पेरणी लवकर किंवा उशिरा केल्यास उत्पादनात घट आल्याचे राहुरी येथील प्रयोगात आढळून आले आहे. लवकर पेरणी केल्यामुळे हरभऱ्यास सुरुवातीच्या काळात थंडीचा कालावधी मिळत नाही. उशिरा पेरणी केल्यास थंडीचा कालावधी मिळतो; परंतु जमिनीतील ओल झपाट्याने कमी होत असल्याने उत्पादन फार कमी येते.

हरभऱ्याची पेरणी दोन खणांतील अंतर ३० सें. मी. असलेल्या पाभरीने करावी. पेरणीनंतर १५ दिवसांनी, आवश्यकता असेल तर नांगे भरावेत. तसेच रोपांची गर्दी झाली असल्यास विरळणी करून दोन रोपांतील अंतर १० सें.मी. ठेवावे.

हरभऱ्याच्या निरनिराळ्या जातींनुसार त्यांच्या दाण्याच्या आकारात फरक असतो. म्हणून जातीनुसार बियाण्याचे प्रमाण वापरावे. विकास, फुले जी - १२, चाफा, वरंगळ, एन - ५९, बी डी एन ९-३ आणि डी - ८ या जातीचे बियाणे हेक्टरी ७० किलो तर विश्वास जातीसाठी हेक्टरी ८५ किलो आणि एन - ३१ साठी हेक्टरी १०० किलो बियाणे पेरावे.

बियाण्यास औषध लावा

पेरणीसाठी खात्रीच्या ठिकाणाहून आणलेले किंवा घरचे बियाणे वापरावे. पिकाला बुरशी रोगाचा प्रादुर्भाव होऊ नये म्हणून बियांना बुरशीनाशक लावून मगच पेरणी करावी. त्यासाठी १ किलो बियाण्यास १ ग्रॅम कार्बेन्डॅझिम किंवा २ ते २.५ ग्रॅम थायरम ७५ डब्ल्यू डीपी ही बुरशीनाशके पेरणीपूर्वी चोळावीत. तसेच पेरणीपूर्वी १० ते १५ किलो बियाण्यास २५० ग्रॅम रायझोबियम जीवाणू संवर्धनाचे एक

पाकीट गुळाच्या थंड पाकातून हलक्या हाताने चोळावे. ते बियाणे सावलीत वाळवून लगेच पेरणी करावी. अशा प्रकारे बियाण्यास जीवाणू संवर्धन लावल्यास उत्पादनात २२ टक्के वाढ होते असे आढळले आहे. एका पाकिटाच्या जीवाणू संवर्धनाची किंमत फक्त ५ रुपये आहे.

खते द्या

खरिपात शेणखत किंवा कंपोस्ट दिले असेल तर रब्बी हंगामात पुन्हा हरभऱ्यास शेणखत देण्याची जरुरी नाही. रासायनिक खते मात्र दिली पाहिजेत.

जिरायती हरभऱ्याला हेक्टरी १२.५ किलो नत्र आणि २५ किलो स्फुरद द्यावे. तर बागायती पिकास २५ किलो नत्र आणि ५० किलो स्फुरद द्यावे. एवढे खत मिळण्यासाठी जिरायती पिकाला हेक्टरी ६२.५ त्या किलो आणि बागायती पिकाला १२५ किलो डाय - अमोनियम फॉस्फेट वापरावे. पेरणीपूर्वी खत जमिनीत पेरावे. रासायनिक खतामुळे हरभऱ्याच्या उत्पादनात २५ ते ३० टक्क्यांनी वाढ होते, असे आढळले आहे.

आंतरमशागत

पेरणीनंतर २१ दिवसांनी हरभऱ्याच्या पिकाला कोळपणी आणि खुरपणी द्यावी. शेतातील तण लवकर काढणे महत्त्वाचे आहे. कारण पेरणीनंतर पहिल्या ३० दिवसांत पिकात अजिबात तण ठेवले नाही तर उत्पादनात २५ टक्के वाढ होते असे सिद्ध झाले आहे. तणाचे वेळीच नियंत्रण केल्याने पाणी व खताचा अपव्यय टळून त्याचा उत्पादनवाढीसाठी चांगला उपयोग होतो.

पाणी अवश्य द्या

कोरडवाहू पिकाला एखादे संरक्षण पाणी देणे शक्य असल्यास ते पिकाला फुले लागण्याच्या वेळी म्हणजेच पेरणीनंतर ३५ ते ४० दिवसांनी द्यावे. जेथे दोन ते तीन पाणी देणे शक्य असेल तेथे 'विश्वास' ही बागायतीस योग्य जात पेरावी.

बागायती जमिनीत पेरणीच्या वेळी जमिनीत पुरेसा ओलावा नसल्यास जमीन ओलावून वापसा येताच पेरणी करावी. कोरड्या जमिनीत पेरणी करून रानबांधणी करून लगेच पाणी दिले तरी चालेल; परंतु अशा वेळी पेरणीनंतर ३-४ दिवसांत पुन्हा एक हलके पाणी द्यावे; त्यामुळे उगवण चांगली होते.

जमीन भारी असेल तर पेरणीच्या वेळी दिलेल्या पाण्याशिवाय पहिले पाणी, पीक ३५ ते ४० दिवसांचे असताना आणि दुसरे पाणी त्यानंतर ३० दिवसांनी द्यावे. मध्यम खोलीच्या जमिनीत पेरणीनंतर १५ दिवसांच्या अंतराने पाण्याच्या ३ पाळ्या

घ्याव्यात. हरभऱ्याच्या पिकाला एक पाणी दिल्याने उत्पादनात १५ टक्के वाढ होते. जरुरीपेक्षा अधिक पाणी देऊ नये. कारण अशा जादा पाण्याने झाडांची वाढ जास्त होते आणि घाटे कमी लागतात. म्हणून जमिनीच्या प्रतिनुसार हरभऱ्यास २ ते ३ वेळा पाणी द्यावे.

पीकसंरक्षण

मर आणि मूळकुजव्या हे हरभऱ्याचे महत्त्वाचे दोन रोग आहेत. मर रोगाचे जीवाणू असणाऱ्या मर रोगग्रस्त जमिनीत हरभऱ्याचे पीक घेऊ नये. तसेच जमिनीत पाणी साचून राहिले तर पिकाची मुळे कुजतात आणि पीक पिवळे पडून वाळते. म्हणून या दोन्ही गोष्टींची खबरदारी घ्यावी. रोगप्रतिकारक जाती लावाव्यात.

हरभरा पिकाचा मुख्य शत्रू म्हणजे घाटे अळी हा आहे. पीक चांगले येऊनही घाटे अळीचे वेळीच नियंत्रण केले नाही तर उत्पादनात ३० ते ४० टक्के घट येते. म्हणून पिकाला फुले येऊ लागताच पिकावर घाटे अळीचा प्रादुर्भाव आहे किंवा कसे याची काळजीपूर्वक पाहणी करावी. अळी दिसून आल्यास एन्डोसल्फान ३५ टक्के प्रवाही ७२५ मि.लि. ५०० लिटर पाण्यात मिसळून फवारणी करावी. फवारणी करणे शक्य नसल्यास ५ टक्के मॅलेथिऑन भुकटी १५ किलो आणि १० टक्के कार्बारिल भुकटी ५ किलो एकत्र मिसळून एक हेक्टर क्षेत्रावर दोन वेळा धुरळावी.

हेक्टरी २५ टन उत्पादन

वरीलप्रमाणे सुधारित मशागत पद्धतींचा वापर केल्यास जिराईत हरभऱ्यापासून हेक्टरी १० ते ११ क्विंटल आणि बागायती हरभऱ्यापासून हेक्टरी २५ ते ३० क्विंटल उत्पादन मिळते. सध्या हरभऱ्यास क्विंटलला १८०० ते १९०० रुपये दर आहे; त्यामुळे दर हेक्टरी किती पैसे मिळतात याचे गणित मांडा. हे उत्पन्न फक्त ३ ते ४ महिन्यांतच मिळते. शिवाय जमिनीची सुपीकता वाढते. म्हणून अशा भरघोस फायद्यासाठी रब्बी हंगामात आपण हरभरा घ्यायचे नक्की करा आणि कामाला लागा.

◆

लसूण

''लसूण बराच औषधी आहे. तो खा आणि निरोगी राहा असे तुम्हीच सांगता; परंतु आता लसूण खाणेही परवडत नाही. कारण सध्या चांगला लसूण ४० रुपये किलो झाला आहे,'' माझे पुण्यातील मित्र माझ्याकडे येऊन तक्रार करीत होते.

सध्या लसणाला चांगला दर आहे हे खरे आहे. त्याचे प्रमुख कारण म्हणजे मागणीइतका त्याचा पुरवठा होत नाही. लसणाचे औषधी महत्त्व आता अधिकाधिक लोकांना माहीत होऊ लागले आहे. नियमित कांदा-लसूण खाणाऱ्यांना हृदयविकारही कमी प्रमाणात होतो असे संशोधनात दिसून आले आहे. खोकला, कान व डोळ्यांचे त्रास, फुप्फुस व पोटाचे विकार इत्यादीसाठी तर फार गुणकारी आहे.

कांद्यापेक्षा लसणात अधिक पोषक द्रव्ये असतात. त्यात प्रथिने, कर्बोदके, चुना, स्फुरद, पालाश इत्यादी खनिजे भरपूर असतात. 'क' जीवनसत्त्व आणि गंधकाचे प्रमाणही लसणात बरेच असते; त्यामुळे सध्या लसूण खाण्याकडे अधिक लोक वळतात. लसूण किंवा त्याची पावडर निर्यातही होऊ लागली आहे; त्यामुळे लसणाला मागणी वाढणार आहे. चांगल्या प्रतीच्या लसणाला तर उत्तम दर मिळणार आहे. म्हणून आपण आता अधिकाधिक प्रमाणात लसणाची लागवड करून भरपूर पैसे मिळविले पाहिजेत.

लसूण व कांद्याचा फार जवळचा संबंध आहे. लसणाची वाढीची सवय कांद्यासारखीच आहे. फरक इतकाच की, लसणात कांद्याप्रमाणे सलग मोठा गड्डा तयार न होता पुष्कळसे लहान लहान गड्डे तयार होतात. त्या सर्वांचा मिळून एक

गड्डा होतो. लसणाच्या या लहान गड्ड्यांना पाकळ्या किंवा कुड्या म्हणतात. या पाकळ्या पातळ कागदासारख्या आवरणाच्या साहाय्याने एकत्र राहतात. दक्षिण भारतातील हवामानात लसणाला फुले येत नाहीत. लसणाच्या पाकळ्याच बी म्हणून वापरतात; त्यामुळे बेण्यासाठी फारसा खर्च येत नाही. म्हणून सामान्य शेतकरीही लसणाची लागवड करू शकतो.

जमीन - हवामान

लसूण लागवडीसाठी जमीन भुसभुशीत आणि मध्यम ते कसदार लागते. पाण्याचा चांगला निचरा होणारी जमीन असेल तर लसणाचा गड्डा चांगला पोसतो. याउलट भारी चिकण जमिनीत गड्डा चांगला पोसत नाही.

लसणाचे पीक रब्बी हंगामात येणारे आहे. उष्ण हवामानात लसणाची वाढ चांगली होत नाही. म्हणून लसणाची लागवड रब्बी हंगामाच्या सुरुवातीला म्हणजे सप्टेंबर ते नोव्हेंबर या वेळेत करावी. थंडी पडण्याच्या अगोदर लसणाची उगवण होऊन तो वाढीला लागला पाहिजे. फार लवकर लागवड केल्यास त्याची फक्त पात वाढते. कारण गड्ड्याला थंड हवामान पोषक असते. त्या दृष्टीने लागवड करावी.

जाती

लसणात सुधारलेले फार वाण नसले तरी पांढरा लसूण, तांबूस अगर किंचित जांभळसर लसूण हे प्रकार दिसतात. उत्तर भारतात प्रामुख्याने पांढऱ्या जाती लावतात. लसणाच्या जामनगर, नाशिक, महाबळेश्वर, हिसा, मदुराई अशा अनेक स्थानिक जाती आहेत. निरनिराळ्या जातीप्रमाणे त्यांत पाकळ्यांचे प्रमाण १६ ते ५० पर्यंत असते. तामिळनाडू कृषी विद्यापीठाने सी-ओ- २ ही लसणाची सुधारित जात विकसित केली आहे. ही जात उत्पादनाला चांगली असून या जातीचे गड्डे पांढरे व आकर्षक असतात.

लागवड अशी करा

लसूण लागवडीसाठी चांगली कसदार व भुसभुशीत जमीन निवडावी. जमिनीची चांगली पूर्वमशागत करावी. त्या वेळी जमिनीत हेक्टरी २०० क्विंटल शेणखत पसरून द्यावे. ते मातीत चांगले मिसळावे.

याशिवाय लसणाच्या पिकाला हेक्टरी १०० ते १२५ किलो नत्र, ५० किलो स्फुरद आणि ५० किलो पालाश द्यावे. नत्राची अर्धी मात्रा आणि सर्व स्फुरद व पालाश लागवडीच्या वेळेस द्यावे. उरलेले लागवडीनंतर एक महिन्याने द्यावे.

लागवड सपाट वाफ्यात करावी. दोन ओळींतील अंतर १५ सें. मी. व दोन

रोपांतील (पाकळ्यांतील) अंतर ७.५ सें. मी. ठेवावे. पाकळ्या दोन ते तीन सें. मी. खोल उभ्या लावाव्यात. पाकळ्या सुरुवातीस कोरड्या जमिनीत लावून लगेच पहिले पाणी द्यावे. दुसरे पाणी लागवडीनंतर ३-४ दिवसांनी द्यावे. नंतरच्या पाण्याच्या पाळ्या नियमितपणे ८ ते १० दिवसांच्या अंतराने द्याव्यात. लागवडीसाठी हेक्टरी ३५० ते ५०० किलो बेणे पुरते.

लसणाचे पीक तयार होण्यास सुमारे पाच महिने लागतात. पात पिवळी पडून सुकू लागली म्हणजे पीक तयार झाले असे समजावे. हाताने पानासहित लसूण जमिनीतून काढता येतो. जमीन फार घट्ट असेल तर लहान कुदळीने जमीन सैल करून लसणाच्या गड्ड्याला इजा न होऊ देता ते काढून घ्यावेत. पातीसह हे गड्डे सावलीत ४-५ दिवस सुकू द्यावेत. नंतर पातीसह त्याच्या जुड्या बांधून कोरड्या जागी आडव्या बांबूवर बांधून ठेवाव्यात. लसूण बाजारात विक्रीसाठी पाठविताना त्याची पात कापून निव्वळ गड्डे गोणीत भरून पाठवावेत.

आपली जमीन, आपण शास्त्रोक्त पद्धतीने केलेली लसणाची लागवड यावरून लसणाचे हेक्टरी ५ ते १० हजार किलो उत्पादन मिळते. सध्या बाजारात लसणाला मिळणारा दर लक्षात घेता लसूण लागवडीपासून हेक्टरी १ ते २ लाख रुपये मिळतात; तेही फक्त पाच महिन्यांत मिळतात. फक्त ऊस पिकापासूनच चांगले पैसे मिळतात असे नाही तर लसणाच्या पिकापासून उसापेक्षा कितीतरी अधिक पैसे मिळतात. अनेकदा झालेल्या भरपूर पावसाने सगळीकडे भरपूर ओल झालेली असते. विहिरी, नद्या पाण्याने भरतात म्हणून या ओलीचा, पाण्याचा भरपूर फायदा घेऊन लसूण लावा; भरपूर पैसे मिळवा.

अनेक औषधी उपयोग

लसणाला 'गरिबाची कस्तुरी' असे म्हणतात; परंतु औषध म्हणून लसणाचा ज्या प्रमाणात उपयोग होणे आवश्यक आहे, त्या प्रमाणात होत नाही. लसूण मसाला म्हणून वापरण्यापेक्षा औषधी द्रव्य म्हणून त्याचे फार महत्त्व आहे. काही महत्त्वाचे उपयोग पुढीलप्रमाणे आहेत.

संधिवात - संधिवातात शरीराचे सर्व सांधे दुखतात. विशेषतः वय वाढल्यानंतर हा त्रास अधिक होतो. सांधे फुटल्यासारखे वाटते. चमका येतात. चालताना गुडघ्यावर, घोट्यावर भार देववत नाही. सांध्यावर सूज असते. अशा वेळी रोज लसूण भाजून निम्मा व तळलेला निम्मा घेऊन दोन्ही एकत्र करून त्यात थोडी साखर व सैंधव घालून ते मिश्रण रोज घ्यावे. दुखणाऱ्या सांध्यावर, लसूण कच्चा बारीक वाटून त्याचा लेप द्यावा. सांधे दुखणे कमी होते.

कानदुखी - कानास ठणका लागतो. कान सारखा दुखतो. कानास त्रास होतो.

आग होते. खाज सुटते. अशा वेळी तिळाचे तेल अगर खोबरेल तेलात लसूण घालून तेल उकळावे. ते तेल गार झाले म्हणजे दिवसातून दोन वेळा कानात घालावे. कानदुखी कमी होते.

अंग दुखणे - पावसात भिजल्यामुळे व जागरण केल्यामुळे अंग ठणकते, दुखते, त्या वेळी लसूण दुधात उकळून ते दूध व लसूण थोडी साखर घालून घ्यावे. अंग दुखण्याचे थांबते.

ज्वर - कोणत्याही ज्वरात लसणाचा अवश्य उपयोग करावा. लसूण भाजून अगर साजूक तुपात तळून साखरेबरोबर खावा.

बुद्धी वाढविणारा - काही मुलांच्या बुद्धीची वाढ हव्या त्या प्रमाणात झालेली नसते. बुद्धी तरतरीत होण्यास लसणाचा चांगला उपयोग होतो. शाळेस जाणाऱ्या विद्यार्थ्यांनी लसूण अवश्य खावा. लसूण कच्चा न खाता दुधात शिजवून दुधासह खावा. दुधात थोडी साखर घालण्यास हरकत नाही. लसणाचे असे अनेक औषधी उपयोग आहेत. हे उपयोग फक्त उदाहरणादाखल आहेत. कोणाही वैद्याकडे लसणाच्या औषधी उपयोगांची माहिती मिळू शकेल. असा हा भरपूर फायदा देणारा, औषधोपयोगी लसूण आपण आपल्या शेतात लावला पाहिजे.

◆

रब्बी पिकांना पाणी!

रब्बी पिकांचे उत्पादन प्रामुख्याने त्या पिकास कोणत्या वेळी, किती पाणी मिळते यावर अवलंबून असते. रब्बी पिकांना भरपूर पाणी देणे सर्वच शेतकऱ्यांना शक्य नसते. कारण काहींच्याकडे फार थोडे पाणी उपलब्ध असते. म्हणून उपलब्ध असणारे पाणी योग्य वेळी, योग्य प्रकारे देऊन पिकांचे भरघोस उत्पादन घेणे महत्त्वाचे आहे. पिकाची पाण्याची गरज, पिकाचा प्रकार, जमिनीचा प्रकार, पिकाच्या वाढीची अवस्था हंगामाप्रमाणे बदलते.

रानबांधणी

रब्बी पिकांना पाणी देताना महत्त्वाची गोष्ट म्हणजे पिकाला सारख्या प्रमाणात पाणी मिळण्याच्या दृष्टीने रानबांधणी करणे. रानबांधणीमुळे पाण्याचा वापर काटकसरीने तर होतोच; पण त्याशिवाय उत्पादनही वाढते असे प्रयोगात सिद्ध झाले आहे. म्हणून जमिनीचा प्रकार व उतार पाहून योग्य आकाराचे सारे पाडावेत.

पिकाच्या वाढीची अवस्था लक्षात घेऊन त्याप्रमाणे पाणी देणे महत्त्वाचे आहे. पेरणी करताना त्यास उगवणीपुरतेच पाणी लागते; परंतु जसजसे पीक वाढेल त्या प्रमाणात त्याची पाण्याची गरज वाढते. पिकाची फुलोऱ्याची व दाणे भरण्याची अवस्था महत्त्वाच्या आहेत. या वेळी जमिनीत योग्य ओलावा हवा. जेव्हा पीक पक्व होते त्या वेळी त्याला कमी पाणी लागते. म्हणून पिकाच्या सुरुवातीच्या वाढीच्या काळात कमी खोलीचे पाणी द्यावे. मग जोमदार वाढीच्या काळात पाण्याची खोली

वाढवावी. पुन्हा पक्वतेच्या वेळी कमी पाणी द्यावे. पिकाच्या मुळाजवळ ओलावा राहणे महत्त्वाचे असते. मुळांच्या वाढीपेक्षा कमी किंवा जास्त ओलावा राहिल्यास त्याचा पिकाच्या वाढीवर परिणाम होऊन पाणी फुकट जाते. निरनिराळ्या पिकांना पाणी देताना या गोष्टी ध्यानात ठेवाव्यात.

निरनिराळ्या पिकांना केव्हा पाणी द्यावे?

रब्बी ज्वारी - महाराष्ट्रात रब्बी ज्वारीचे क्षेत्र गोठ्या प्रमाणात आहे; परंतु रब्बी ज्वारीचे आपले दर हेक्टरी उत्पादन फार कमी म्हणजे फक्त पाच क्विंटल आहे. त्याचे प्रमुख कारण म्हणजे रब्बी ज्वारीचे बहुतांश क्षेत्र जिराईत आहे. म्हणून जास्तीतजास्त क्षेत्रातील रब्बी ज्वारीस पाणी देऊन उत्पादन वाढविणे आवश्यक आहे. रब्बी ज्वारीस मध्यम प्रतीच्या जमिनीत एकूण ३९ सें.मी. पाणी तिच्या वाढीच्या काळात लागते. म्हणून रब्बी ज्वारीस तीन पाण्याच्या पाळ्या पिकाच्या महत्त्वाच्या वाढीच्या अवस्थेत द्याव्यात. पहिली पाण्याची पाळी पीक पोटऱ्यात असताना, दुसरी पाळी पीक फुलोऱ्यात असताना आणि तिसरी पाण्याची पाळी कणसात दाणे भरताना द्यावी. अशा प्रकारे पाणी दिल्याने रब्बी ज्वारीचे उत्पादन कितीतरी वाढते. एकाच पाण्याने रब्बी ज्वारीचे उत्पादन ५० ते ७० टक्क्यांपर्यंत वाढते असे प्रयोगात आढळून आले आहे. असे एक पाणी पेरणीनंतर ४० ते ४५ दिवसांनी द्यावे.

पाणी नाही, काय करावे?

ज्यांच्याकडे रब्बी ज्वारीसाठी पाणी नाही त्यांनी आपल्या शेतात रोपांची फार गर्दी ठेवू नये. शेतात हेक्टरी ९० हजार ते एक लाख रोपे राहतील हे पाहावे. बागायती क्षेत्रात मात्र रब्बी ज्वारीच्या रोपांची संख्या हेक्टरी दोन ते अडीच लाख ठेवावी. कोरडवाहू पिकास जमिनीतील जास्तीतजास्त ओल मिळावी म्हणून तीनदा कोळपणी करावी. जमिनीतील ओल जसजशी कमी होईल तसे भेगा पडण्याचे प्रमाण वाढते. या भेगांतून मोठ्या प्रमाणात पाण्याचे बाष्पीभवन होते. कोळपणी केल्यावर या भेगा बुजून जातात; त्यामुळे ओल उडून जात नाही. पहिली कोळपणी अखंड फासाच्या आणि दुसरी व तिसरी कोळपणी दातेरी कोळप्याने केल्यास अधिक फायदा होतो.

करडई - करडई हे रब्बी हंगामातील गळीत धान्याचे पीक आहे. या पिकास एकूण २२ सें.मी. पाणी लागते. ते त्या पिकाच्या महत्त्वाच्या वाढीच्या अवस्थेत देणे आवश्यक असते. ज्यांच्याकडे एकच पाणी देण्याची सोय आहे त्यांनी पेरणीनंतर ३५ ते ४० दिवसांनी किंवा जमिनीला तडे जाण्यापूर्वी पाणी द्यावे. ज्यांच्याकडे दोन पाण्यांची सोय आहे त्यांनी पेरणीपूर्वी जमीन ओलावण्यासाठी पाणी द्यावे तर दुसरे

पाणी पेरणीनंतर ५० ते ६० दिवसांनी म्हणजे पीक फुलावर असताना द्यावे. अशा प्रकारे पाणी दिल्यास करडईचे दुप्पट उत्पादन मिळते असा अनेकांचा अनुभव आहे.

सूर्यफूल - हल्ली महाराष्ट्रात सूर्यफूल हेही एक महत्त्वाचे गळीत धान्याचे पीक होऊ लागले आहे. अनेक शेतकरी रब्बी सूर्यफूल घेत आहेत. जमिनीच्या मगदुराप्रमाणे एकूण ३० सें. मी. पाणी लागते. पाणी देण्याच्या दृष्टीने महत्त्वाच्या वाढीच्या अवस्था पुढीलप्रमाणे आहेत. १) पेरणीनंतर १५ ते २० दिवसांनी रोपावस्था, २) ३० ते ३५ दिवसांनी फूलकळ्या लागण्याची अवस्था, ३) ४५ ते ५० दिवसांनी पीक फुलावर असताना आणि ४) ६० ते ६५ दिवसांनी दाणे भरण्याची अवस्था. या सर्व अवस्थांत १५ ते २० दिवसांचे अंतर असते. म्हणून या वेळी सूर्यफुलास पाणी दिल्यास उत्पादन चांगले येते.

हरभरा - रब्बी हंगामातील हरभरा हे महत्त्वाचे कडधान्याचे पीक आहे. सर्वसाधारणपणे हरभरा मध्यम प्रतीच्या जमिनीत घेतात. हरभऱ्यास एकूण २५ ते ३० सें. मी. पाणी लागते. हे पाणी त्याच्या वाढीनुसार दोन पाळ्यांत द्यावे. पहिली पाण्याची पाळी फांद्या फुटताना आणि दुसरे पाणी पीक फुलोऱ्यावर येण्याच्या अवस्थेत दिल्यास उत्पादन चांगले येते. बागायती पिकासाठी बागायती जाती वापरल्यास अधिक फायदा होतो.

गहू - गव्हाच्या पिकास पाण्याच्या एकूण ५ ते ६ पाळ्या लागतात. त्यांत पेरणीपूर्वीचे पाणी आले. जमिनीत योग्य ओलावा नसल्यास पहिले पाणी देऊन मगच पेरणी करतात; त्यामुळे उगवण चांगली होते. या पिकास एकूण ४१ सें.मी. पाणी लागते. सुरुवातीला कमी पाणी लागते. गहू लहान असताना दरदिवशी १.५ मि.मी. पाणी लागते. पुढे पीक जसजसे वाढेल त्याप्रमाणे त्याची पाण्याची गरज वाढते. मुगुट मुळांच्या अवस्थेत ती थोड्या प्रमाणात वाढते. पीक लोंबीवर असताना गव्हास दर दिवशी ५ मि.मी. पाणी लागते. त्यानंतर पाण्याची गरज कमी होते.

पिकास मुगुट मुळे असताना, फुटवे आल्यानंतर, फुलोऱ्यात आणि शेवटचे पाणी दाणे भरण्याच्या अवस्थेत द्यावे.

अशा प्रकारे निरनिराळ्या रब्बी पिकांच्या पाण्याचे नियोजन केल्यास थोड्या पाण्यात चांगले उत्पादन येते.

उसाच्या पिकात मका नको

कोल्हापूर, सांगली जिल्ह्यांत फार मोठ्या क्षेत्रावर उसाचे पीक घेतले जाते. नदीचे पाणी खासगी लिफ्टने चार-पाच किलोमीटर अंतरावर नेऊन माळरानावरही ऊस पिकवितात. कारण ऊस हेच या जिल्ह्यांतील प्रमुख पैशाचे पीक आहे; परंतु या पैशात घट येणाऱ्या काही गोष्टी शेतकरी करतात. आता उसातील मक्याचेच घ्या. अनेक शेतकरी उसात मका घेतात.

"मक्याचे पीक तुम्ही उसात का घेता?" याबद्दल शेतकऱ्यांना विचारले असता ते म्हणाले, "उसात मका केल्यामुळे मक्याची ओली कणसं, ओली वैरण आणि वाळलेलं मक्याचं धान्य मिळतं."

"परंतु या मक्याच्या पिकामुळे उसाचं टनेज कमी येत नाही का?" मी विचारलं.

"मक्यामुळे उसाचं काय नुकसान होणार आहे? ऊस एक-दोन टन कमी निघाला तरी आम्हाला मक्याच्या पिकाचे पैसे मिळतात," त्यांनी सांगितलं.

हेक्टरी २० टन ऊस कमी

उसातील मक्यामुळे उसाचे फारसे नुकसान होत नाही, उलट बराच फायदा होतो अशी अनेक शेतकऱ्यांची कल्पना आहे; पण ती चुकीची आहे. कारण मक्यामुळे ऊस किती टन कमी झाला याचा फारसा कोणी विचार करीत नाही; परंतु या बाबतीत गेल्या अनेक वर्षांत अनेक शेती - संशोधन केंद्रांवर अनेक प्रयोग केले

गेले आहेत. त्यांत असे आढळून आले की, उसात मका घेतल्यामुळे दरहेक्टरी १६ ते २० टन उसाचे उत्पादन कमी होते. मक्याच्या पिकापासून मिळणारे उत्पन्न आणि या कमी निघणाऱ्या १६ ते २० टन उसाची किंमत याचा हिशेब करून आपले किती नुकसान होते याचा विचार करावा.

इतर आंतरपिके घ्या

उसात मका घेतल्याने नुकसान होते याचा अर्थ उसात इतर कोणतीच पिके घेऊ नयेत असे नाही; परंतु योग्य पिकाची निवड करणे महत्त्वाचे आहे. कोणत्याही पिकात आंतरपीक घेताना त्याचा मुख्य पिकाच्या वाढीवर काय परिणाम होतो हे पाहिले पाहिजे. उसाची उगवण पूर्ण होण्यास ६ ते ८ आठवडे लागतात. त्यानंतर उसास फुटवे फुटतात. सुरुवातीस उसाच्या फुटव्यांची वाढ सावकाश होते. म्हणून अशा वेळी उसात आंतरपीक घ्यावे.

दुसरी महत्त्वाची गोष्ट म्हणजे आंतरपीक घेण्यास उसात मोकळी जागा पाहिजे. उसाच्या दोन सरींतील अंतर कमीतकमी १ ते १.२० मीटर असते. उसाच्या फुटव्यांची वाढ पूर्ण होण्यास ४ ते ४.५ महिने लागतात. म्हणजेच फुटव्यांची वाढ पूर्ण होईपर्यंत उसाच्या दोन सरींतील जागा मोकळी असते. या मोकळ्या जागेत आंतरपीक घेता येईल. मात्र, त्या पिकामुळे उसाच्या वाढीला अडथळा निर्माण होऊ नये.

योग्य आंतरपिके

उसात आंतरपिके घेताना त्या पिकांच्या वाढीचा काळ, त्याची मुळ्या वाढण्याची पद्धत, त्याला लागणारे पाणी, कापणीचा काळ, त्यावरील रोग-किडी इत्यादी गोष्टींचा विचार केला पाहिजे. त्या दृष्टीने उसात कोणती पिके घ्यावीत यासंबंधी अनेक ठिकाणी बरेच संशोधन झाले आहे. काही ठिकाणी अद्यापही संशोधन सुरू आहे. त्या प्रयोगात अनेक पिके आंतरपिके म्हणून घेतली. त्यांत असे आढळले की, ल्यूसर्न, बरसीम, ताग, धैंचा ही आंतरपिके घेतल्यास उसाच्या उत्पादनात घट होत नाही. एवढेच नाही तर या पिकांमुळे जमीन सुधारून उसाला घ्यावयाच्या खतांतही बचत होते, असे आढळले. ल्यूसर्न, बरसीम या पिकांमुळे जनावरांना चांगली पौष्टिक वैरणही मिळते.

आपण कोणत्या हंगामात ऊस लावला आहे याचा विचार करून आंतरपिकांची निवड करावी. तसेच आंतरपिकांच्या उत्पन्नातून ऊस उत्पादनात येणारी तूट भरून निघाली पाहिजे.

पूर्वहंगामी उसात कोणती आंतरपिके घ्यावीत? या उसाची लावण ऑक्टोबर-

नोव्हेंबर महिन्यात करतात. हा रब्बी हंगाम असतो. म्हणून कांदा, लसूण, बटाटा, कोबी यांसारखी पिके घ्यावीत. तसेच ल्यूसर्न, बरसीम ही चाऱ्याची पिकेही अशा उसात घ्यावीत.

उसात कांदा, लसूण

पूर्वहंगामी उसात कांदालावण कशी करावी? त्यासाठी उसाची लावण केल्यानंतर ५ ते ६ दिवसांनी सरीच्या दोन्ही बाजूंना १० ते १५ सें.मी. अंतरावर कांद्याची रोपे लावावीत. कांद्याच्या पिकास हेक्टरी ५० किलो नत्र आणि २० किलो स्फुरद द्यावे. सर्व स्फुरद व अर्धे नत्र कांद्याची रोपे लावताना द्यावे. उरलेले नत्र ३० ते ३५ दिवसांनी द्यावे. याशिवाय उसाची नेहमीची खते द्यावीत.

कांद्याचे पीक साडेतीन ते चार महिन्यांत काढणीस येते. या कांद्यापासून हेक्टरी १०० ते १२५ क्विंटल उत्पादन मिळते. अर्थात कांद्याच्या पिकामुळे उसाचे उत्पादन हेक्टरी ६ ते ७ टन कमी येते. मात्र, उसाची लागवड पट्टा पद्धतीने केली तर हेक्टरी १ ते २ टनच ऊस कमी येतो. पट्टा पद्धतीत कांद्याचे उत्पादन हेक्टरी ११८ क्विंटल आणि लसणाचे हेक्टरी ४ ते ५ क्विंटल उत्पादन मिळते. म्हणजेच उसात कांदा आणि लसूण ही आंतरपिके घेतल्यास आपणास किती फायदा होतो याचा हिशेब करावा.

बटाटा, कोबी

पूर्वहंगामी उसात बटाट्याचे पीक फार फायद्याचे ठरते, असे संशोधनात आढळले आहे; परंतु उसाची जमीन बटाट्याच्या पिकाला योग्य हवी. बटाट्याची लावण उसाच्या सरीच्या दोन्ही बाजूंना करावी. लागवडीसाठी शक्यतो कुफरी, चंद्रमुखी ही जात निवडावी. उसातील बटाट्याचे हेक्टरी १०० ते ११० क्विंटल उत्पादन मिळते. अर्थात त्यामुळे उसाचे हेक्टरी १५ टनांपर्यंत कमी उत्पादन येते. मात्र, बटाट्याचे उत्पन्न अधिक असल्याने हा तोटा फार नसतो.

उसात कोबीचेही आंतरपीक घेता येते. मात्र, कोबी विकण्याची सोय जवळपास हवी. उसाची लावण झाल्यावर दुसऱ्या पाण्याच्या वेळी सरीच्या एका बाजूस ६० सें.मी. अंतरावर कोबीचे एक/एक रोप लावावे. हे पीक सुमारे अडीच महिन्यांत तयार होते. त्याचे हेक्टरी ४५ क्विंटलपर्यंत उत्पादन मिळते. कोबीच्या पिकामुळे ऊस उत्पादनात हेक्टरी १० टन घट येते. तरीही निव्वळ उसापेक्षा ऊस व कोबी यांचे उत्पन्न अधिक मिळते.

सुरू उसात कोणती पिके

सुरू उसाची लावण जानेवारी महिन्यात करतात. या पिकात कांदा व इतर द्विदल पिके घेण्याने फायदा होतो. सुरू उसात एसबी - ११ या जातीच्या भुईमुगाचे पीक अधिक फायद्याचे होते असे संशोधनात आढळले आहे.

सुरू उसात भुईमुगाचे पीक कसे घ्यावे? उसाच्या लावणीनंतर ५ ते ६ दिवसांनी जमीन वापशावर आली असता सरीच्या एका बाजूला भुईमुगाची टोकण दोन रोपांत २५ सें.मी. अंतर ठेवून करावी. एका ठिकाणी एकच बी टोकावे. उसाला नेहमीप्रमाणे खते द्यावीत. त्याशिवाय भुईमुगाच्या पिकास हेक्टरी २० किलो नत्र आणि ५० किलो स्फुरद द्यावे. या भुईमुगाच्या आंतरपिकापासून हेक्टरी ९ ते ११ क्विंटल वाळलेल्या शेंगांचे उत्पादन मिळते. या पिकामुळेही उसाचे उत्पादन हेक्टरी ४ ते ५ टन कमी येते; परंतु उसाच्या घटीपेक्षा भुईमुगाचे उत्पन्न अधिक येते. शिवाय या पिकामुळे जमिनीची सुपीकता वाढते. म्हणून उसात भुईमूग अवश्य घ्यावा.

आडसाली उसात गवार, भेंडी, कांदा, मुळा यांसारखी भाजीपाल्याची पिके फायद्याची ठरतात; इतर पिके तोट्याची असतात असे प्रयोगांत आढळले आहे.

खोडव्यात आंतरपिके फायद्याची

अशा प्रकारे तिन्ही हंगामांतील उसात आंतरपिके घेता येतात. यासंबंधी केलेल्या प्रयोगांत असे आढळून आले की, सुरू उसात आंतरपिके घेतल्याने कमी फायदा होतो; परंतु खोडव्यात आंतरपिके घेतल्याने निव्वळ उसापेक्षा बरेच अधिक पैसे मिळतात. कारण सुरू उसात आंतरपिकामुळे फुटव्याची वाढ आणि संख्या कमी होत असावी; परंतु खोडव्याचे पीक शेतात चांगले स्थिरावलेले असते. त्याच्या मुळ्यांची वाढ पहिल्याच वर्षी पूर्ण झालेली असते; त्यामुळे खोडव्यातील आंतरपिकामुळे उसाच्या उत्पादनात फारशी घट न येता आंतरपिकाचे जादा उत्पन्न मिळते. म्हणून खोडव्यात अवश्य आंतरपिके घ्यावीत.

अशा प्रकारे उसात आंतरपिके घेऊन आपण अधिक उत्पन्न मिळविले पाहिजे; परंतु मक्यासारखी आंतरपिके घेतल्यास हेक्टरी २० टन उसाचे नुकसान होते. एवढे पैसे मक्यापासून मिळत नाहीत. म्हणून उसाचे कमी नुकसान होऊन अधिक पैसे मिळण्यासाठी उसात भुईमूग, बटाटा, भेंडी, मुळा, कांदा, कोबी, ताग, धैंचा, लसूण, गवार, मूग अशी पिके घ्यावीत. मक्याची वैरण मिळते म्हणून नुकसान करून घेऊ नये. वैरणीसाठी ल्यूसर्न, बरसीम, चवळी अशी पिके घेतल्यास उसाच्या उत्पादनात घट न होता अधिक पैसे मिळतील.

◆

खोडवा उसाचे उत्पादन चांगले येते

उसाचा खोडवा घ्यावा की घेऊ नये, असा प्रश्न अनेक शेतकऱ्यांच्या मनात येतो. काही शेतकरी फारसा विचार न करता उसाचा खोडवा घेतात; परंतु त्यापासून त्यांना हव्या त्या प्रमाणात उत्पादन न मिळाल्याने शेवटी त्यांचा तोटाच होतो. काही शेतकऱ्यांना वाटते की, खोडवा घेऊच नये, कारण खोडव्यापासून फार चांगले उत्पादन मिळत नाही.

उसाचा खोडवा घेण्याबद्दल अशी वेगवेगळी मते आहेत; परंतु उसाच्या खोडव्यापासून चांगले उत्पादन मिळत नाही याबद्दल मात्र सर्वांचे एकमत होईल. लावणीच्या तुटून गेलेल्या उसापैकी महाराष्ट्रात सुमारे ४० टक्के क्षेत्रावर खोडव्याचे पीक घेतात. यावरून खोडवा उसाचे क्षेत्र किती मोठे आहे हे लक्षात येईल.

कमी उत्पादन का?

खोडवा उसाचे उत्पादन कमी का येते याबद्दल विचारले असता ऊसतज्ज्ञांनी सांगितले की, त्याची अनेक कारणे आहेत. पहिले आणि महत्त्वाचे कारण म्हणजे ज्या उसाचा खोडवा घ्यावयाचा, त्या मूळ उसाची योग्य ती काळजी घेतली जात नाही. खोडवा ठेवायचा की नाही याचा निर्णय ऊस तोडण्यापूर्वी बरेच दिवस अगोदर घ्यावा लागतो, कारण त्या दृष्टीने जमिनीलगत उसाची तोडणी करणे चांगले असते. ज्या जातीचा खोडवा चांगला येतो अशा उसाच्या जातीचीच लावण केली पाहिजे. लावणीच्या उसाची जेवढी काळजी घेतली जाते, त्या प्रमाणात खोडवा पिकाकडे

लक्ष दिले जात नाही.

महाराष्ट्रातील बहुतेक सर्व साखर कारखाने ऑक्टोबर - नोव्हेंबर महिन्यात सुरू होतात; परंतु सर्वांचाच ऊस लवकर जाईल असे नाही. म्हणून कारखान्यास फार उशिरा ऊस गेल्यास खोडवा घेऊ नये. याबद्दल बोलताना तज्ज्ञांनी सांगितले की, ऊस कधीही गेला तरी शेतकरी खोडवा ठेवतात हे योग्य नाही. याबाबतीत बरेच प्रयोग झाले आहेत. त्यांत असे दिसून आले की, १५ सप्टेंबरला तोडलेल्या उसाचा खोडवा ठेवल्यास हेक्टरी १६० टन ऊस मिळतो; तर १५ ऑक्टोबरच्या तोडणीच्या उसाच्या खोडव्याचे हेक्टरी १४६ टन, १५ नोव्हेंबरच्या खोडव्याचे हेक्टरी १४४ टन तर १५ डिसेंबर आणि १५ जानेवारीच्या खोडव्याचे हेक्टरी १३९ टन तर १५ फेब्रुवारीच्या खोडव्याचे हेक्टरी १२९ टन उत्पादन मिळते. यावरून ऊस उशिरा गेल्यास त्याचा खोडवा चांगला येत नाही. विशेषतः फेब्रुवारीनंतर तुटलेल्या उसाचा खोडवा ठेवल्यास त्याचे फार कमी उत्पादन येते, म्हणून तो ठेवू नये.

आपणाकडे आडसाली, पूर्वहंगामी, सुरू व उशिरा (लेट) सुरू अशी उसाची लागवड होते. यांपैकी कोणत्या उसाचा खोडवा अधिक उत्पादन देतो याबाबतीत प्रयोग झाले आहेत. त्यांत असे आढळून आले की, आडसाली उसाच्या खोडव्याचे हेक्टरी ११० टन, पूर्वहंगामी उसाच्या खोडव्याचे हेक्टरी १२८ टन उत्पादन मिळते. म्हणून पूर्वहंगामी उसाचा खोडवा ठेवणे फायद्याचे असते. मात्र, त्यासाठी या उसाची तोडणी लवकर होणे आवश्यक असते.

योग्य जात

उसाच्या सर्वच जातींच्या खोडव्याचे पीक चांगले येते असे नाही. यासंबंधीही बरेच प्रयोग झाले आहेत. त्यांत असे आढळले की, को-७४० व कोएम -७१२५ या जाती खोडव्यासाठी चांगल्या आहेत. को-७११९ या जातीचा खोडवा चांगला येत नाही असे आढळून आले आहे. म्हणून खोडवा घ्यावयाचा असल्यास आपण त्यासाठी योग्य जातीची लावण केली आहे की नाही हे पाहावे.

खोडवा फायद्याचा कसा करावा?

खोडव्यापासून उसाचे उत्पादन कमी मिळण्याची अशी अनेक कारणे आहेत; परंतु उसाचा खोडवा ठेवल्यास उत्पादनखर्चात बचत होते. कारण पूर्वमशागत, बेणे इत्यादींचा खर्च वाचतो. त्यांची योग्य काळजी घेतल्यास त्यापासून चांगले उत्पादनही मिळू शकते. म्हणून खोडवा ठेवायचा असल्यास त्यासाठी उसाची योग्य जात, खोडवा ठेवण्याची योग्य वेळ, योग्य खतांचा वापर, योग्य वेळी आंतरमशागत, पीकसंरक्षक उपाय या बाबींकडे लक्ष दिल्यास खोडवा उसाचे उत्पादन चांगले येते.

आंतरमशागत हवी

खोडवा उसाचे उत्पादन कमी येण्याचे एक महत्त्वाचे कारण म्हणजे काही शेतकरी खोडव्यात अजिबात आंतरमशागत करीत नाहीत. हे योग्य नाही. ऊस तुटट्यानंतर त्या शेतातील पाचट गोळा करून त्या पाचटापासून कंपोस्ट करावे. त्यानंतर उसाची बेटे जमिनीलगत छाटावीत. मग वरंब्याच्या दोन्ही बाजू अंकुश नांगराने फोडाव्यात; त्यामुळे जमिनीतील मुळे तुटतील आणि जमीन भुसभुशीत होईल. जुनी मुळे तुटल्याने नवीन मुळे चांगली वाढतात; त्यामुळे फुटव्यांचे प्रमाण वाढून ऊस जोमदार वाढू लागतो. या मशागतीमुळे तणांचाही बंदोबस्त होतो.

उसाच्या बगला फोडल्यानंतर सरीमध्ये कुळवाने जमीन भुसभुशीत करावी. पाण्याचे पाट दुरुस्त करून पिकास तीन ते चार आठवड्यांत पाणी द्यावे. पाण्याबरोबर वरखताचा पहिला हप्ताही द्यावा. अशा प्रकारे थोडीशी आंतरमशागत करून खोडव्याचे पीक घेतल्यास हेक्टरी ८ ते १० टन उत्पादन वाढते; कारण या आंतरमशागतीमुळे शेतात हवा खेळती राहते. जुनी मुळे तुटल्याने खोडवाफुटीचे प्रमाण वाढते.

योग्य खते द्या

उसाच्या मुख्य पिकास ज्याप्रमाणे वरखतांची आवश्यकता असते त्याप्रमाणे खोडवा पिकासही खतांची जरुरी असते. योग्य वेळी तुटलेल्या सुरू उसाचा खोडवा ठेवून त्यास योग्य ती खते देऊन त्याची चांगली काळजी घेतल्यास त्यापासून मुख्य पिकापेक्षा अधिक उत्पादन मिळते, असे आढळून आले आहे.

यासंबंधी अधिक माहिती देताना ऊसतज्ज्ञांनी सांगितले की, खोडवा पिकास हेक्टरी २५० किलो नत्र, ११५ किलो स्फुरद आणि ११५ किलो पालाश द्यावे. पाण्याच्या पहिल्या पाळीबरोबर यांपैकी हेक्टरी ७५ किलो नत्र, सर्व पालाश व स्फुरद द्यावे. पहिल्या पाण्यानंतर सहा आठवड्यांनी नत्राचा दुसरा म्हणजे ७५ किलोचा हप्ता द्यावा. तिसरा हेक्टरी १०० किलो नत्राचा हप्ता बांधणीच्या वेळी द्यावा. म्हणजेच पहिल्या ३ ते ६ महिन्यांत वरखताचे सर्व हप्ते द्यावेत. अशा खतामुळे उत्पादनात २० टक्के वाढ होते. ज्यांना शक्य असेल त्यांनी त्यांच्या जमिनीतील मातीची तपासणी करून घ्यावी आणि या तिन्ही मुख्य अन्नद्रव्यांशिवाय जस्त, लोह, मॅग्नेशियम इत्यादी सूक्ष्मद्रव्यांची जमिनीत कमतरता असेल तर तीही पिकास द्यावीत; त्यामुळे खोडव्याच्या उत्पादनात निश्चित वाढ होते.

पाणी

पाणी ही ऊस-लागवड तंत्रातील महत्त्वाची बाब आहे. खोडवा उसास त्याच्या वाढीला ११ ते १२ महिन्यांच्या काळात ३२ ते ३४ पाण्याच्या पाळ्या द्याव्या

लागतात. मूळ ऊसतोडणी केल्यानंतर ३ ते ४ आठवड्यांनी पहिले पाणी द्यावे. हंगाम व जमिनीची प्रत पाहून नंतरचे पाणी द्यावे. उन्हाळ्यात ८ ते १० दिवसांनी आणि इतर हंगामात १२ ते १५ दिवसांनी पाणी द्यावे. खोडवा उसाला सर्वसाधारणपणे सुरू उसाइतके पाणी लागते. म्हणून योग्य वेळी योग्य प्रमाणात पाणी देणे फार महत्त्वाचे आहे.

तणनाशक वापरू शकाल

खोडवा पिकात योग्य वेळी आंतरमशागत केल्याने त्याचे उत्पादन वाढते. शिवाय त्यामुळे काही प्रमाणात तणाचेही नियंत्रण होते. तरीही वेळेवर तण काढणे महत्त्वाचे आहे. हल्ली मजुरीचे दर फार वाढल्याने तणनाशकांचा वापर करणे योग्य ठरेल. तणांची वाढ लक्षात घेता खोडवा पिकाला ३ किलो २-४-डी किंवा २.५ किलो अॅट्राझीन (५ किलो अॅट्रटॉप) ५०० लिटर पाण्यात मिसळून एक हेक्टरवर फवारावे किंवा एक-दोन खुरपण्या कराव्यात. अर्थात तणनाशक वापरणे मजुरीपेक्षा निश्चितच स्वस्त पडते.

खोडवा पिकावर काही रोग-किडी आढळल्यास त्यावर योग्य ती उपाययोजना करावी.

आंतरपिकामुळे खोडवा पिकाच्या उत्पादनावर फारसा वाईट परिणाम होत नसला तरी मक्क्यासारखी पिके खोडव्यात शक्यतो घेऊ नयेत. इतर आंतरपिके अवश्य घेऊन उत्पादनात भर घालावी.

अशा प्रकारे उसाची योग्य जात निवडून, तोडणी वेळेवर करून, योग्य ती आंतरमशागत करून आणि वरखते व पाणी योग्य वेळी, योग्य प्रमाणात देऊन खोडवा पिकाचे भरपूर उत्पादन मिळते. या तंत्राचा वापर केल्यास खोडवा पिकाचे हेक्टरी १२५ ते १५० टन उत्पादन मिळू शकते. त्यामानाने खर्च कमी होतो. मग खोडवा पीक घेणे निश्चितच फायद्याचे ठरते.

◆

पाण्याचा करा निचरा; खंडीने धान्य भरा!

''गेल्या दोन-तीन वर्षांपासून आमच्या एका जमिनीतील ओल कमीच होत नाही. जमीन वापशावरच येत नाही. तसेच त्या जमिनीत उसाचं पीकही चांगलं येत नाही.'' कोल्हापूर जिल्ह्यातील एक शेतकरी सांगत होते.

''आमच्या सोलापूर जिल्ह्यात पाऊसमान कमी आहे; परंतु या कमी पडणाऱ्या पावसानंही आमच्या काही जमिनीतील ओल कमी होत नाही. पेरणीला घातच येत नाही.'' सोलापूर जिल्ह्यातील शेतकरी बोलत होते.

''सांगली जिल्ह्यातील आष्टा आणि त्या भागातील जमिनींना पाटाचं पाणी फार व्यवस्थित मिळते; पण तरीही आमच्या जमिनीवर मीठ आलं आहे; त्यामुळे आमच्या जमिनीत काहीच पिकत नाही. असं का होतं?'' तिसरे शेतकरी विचारत होते.

तीन जिल्ह्यांतील या शेतकऱ्यांच्या जमिनीची ही परिस्थिती आहे. असे का होते हा त्यांच्या पुढील प्रश्न आहे. त्याचप्रमाणे यावर काय उपाय योजावा, असा प्रश्नही त्यांच्या मनात आहे. महाराष्ट्रातील अनेक भागांतील शेतकऱ्यांपुढे हा प्रश्न निर्माण झाला आहे. अद्याप आणखी काही नवीन भागांत हा प्रश्न निर्माण होण्याची शक्यता आहे. म्हणून आपण त्यावर उपाय पाहिला पाहिजे.

पाण्याचा निचरा नाही

पिकांच्या योग्य वाढीसाठी जमीन, अन्न, पाणी आणि हवा या प्राथमिक गरजा आहेत. यांपैकी एखादा घटक कमी-जास्त झाला तरी त्याचा पिकावर वाईट परिणाम

होतो. जमिनीत पाणी जास्त झाले आणि त्याचा निचरा झाला नाही तर सुपीक जमिनी लागवडीस निरुपयोगी ठरतात. कारण भूभागात साठलेल्या पाण्याची पातळी वर येते; त्यामुळे योग्य उष्णतामान राहत नाही आणि जमिनीत हवा न खेळल्यामुळे पिकांच्या मुळांना इजा पोहोचते. त्यांची निरोगी वाढ होऊ शकत नाही.

तसेच निचरा न झाल्यामुळे बाधक क्षारांचे प्रमाण वाढते. निचरा न झालेले पाणी जमिनीत फार काळ साठल्याने ऑक्सिजन व कार्बनडाय-ऑक्साईड यांचे प्रमाण वाढल्यामुळे सूक्ष्म मुळांतून अन्न शोधून घेण्याची वनस्पतींची क्रिया बंद पडते. जमिनीत साठलेल्या पाण्यात विरघळणाऱ्या अनेक क्षारांपैकी काही क्षार पिकांना बाधक ठरतात. योग्य निचऱ्याअभावी वरील सर्व क्षार जमिनीत पृष्ठभागापासून ९० ते १२० सें.मी.पर्यंत खोल अंतरावर साठतात. क्षाराचे प्रमाण आणि प्रकार यांवर जमिनीची उत्पादनक्षमता अवलंबून असते. जमिनीत क्षाराचे प्रमाण १ ते ७ टक्क्यांपर्यंत असू शकते; परंतु ०.५ टक्के किंवा त्यापेक्षा कमी प्रमाणात क्षार जमिनीत आहेत अशाच जमिनीत पिके जगू शकतात. जमिनीतील क्षाराचे प्रमाण जसजसे वाढू लागते तसतसे त्याचा पिकांच्या वाढीवर वाईट परिणाम होऊन जमिनी खारवट आणि नापीक होतात. अशा जमिनी सुधारण्यास बराच खर्च व बरीच वर्षे लागतात. म्हणून जमिनीतील पाण्याचा योग्य निचरा होईल याची काळजी घेणे आवश्यक आहे.

निचरा म्हणजे काय?

पिकांच्या वाढीच्या दृष्टीने शेतातील अनावश्यक व जास्तीचे पाणी जमिनीच्या बाहेर काढण्याच्या क्रियेला 'शेतजमिनीचा निचरा' म्हणतात. शेतजमिनीच्या निचऱ्यासाठी योग्य त्या ठिकाणी चर खोदून जमिनीच्या अंतर्गत जादा झालेले पाणी काढून देणे हे पिकाची जोपासना करण्याच्या दृष्टीने महत्त्वाचे आहे. खोलगट व सखल जमिनीत पावसाच्या किंवा पाटाच्या जादा साचून राहणाऱ्या पाण्याचा निचरा केल्याने जमिनीस लवकर वापसा येतो. जादा पाणी व जादा झालेल्या क्षारापासून पिकांचे संरक्षण करता येऊन खोलगट असलेल्या जमिनी उपजाऊ व अधिक उत्पादनक्षम होतात.

निचरा का बिघडतो?

भरपूर पाणी आणि भरपूर रासायनिक खते दिली म्हणजे पिकाचे भरपूर उत्पादन मिळते अशी काही शेतकऱ्यांची कल्पना असते; पण ती पूर्णपणे चुकीची आहे. अशा अतिरेकाने काही वर्षे उत्पादन बरे मिळते; परंतु नंतर जमीन खारवट बनून त्या जमिनीत काहीच उगवत नाही. म्हणून पाणी व रासायनिक खते योग्य प्रमाणातच दिली पाहिजेत. अन्यथा आपल्या जमिनी कायमच्या बिघडतील. निचरा बिघडण्याचे हे एक कारण आहे. अपुऱ्या मापाच्या सांडी असलेल्या मोठमोठ्या ताली घालून

नाला अडविल्यामुळे नैसर्गिकरीत्या होणाऱ्या निचऱ्यास अडथळा निर्माण होतो. डोंगरमाथ्यावरून वाहून येणाऱ्या निचऱ्यातून जास्त प्रमाणात वाहून येणारे क्षार खोलगट जमिनीत मुरतात. अशा क्षारयुक्त जमिनीतून योग्य निचरा होत नाही. कालव्याकाठच्या जमिनीत, कालव्याच्या पाण्याच्या सतत पाझरणाऱ्या निचऱ्यामुळे जमिनीच्या अंतर्गत पाण्याची पातळी भूपृष्ठानजीक येते; त्यामुळे जमीन खारवट होते. जमिनीच्या मातीच्या कणांची रचना व मांडणी बिघडते; त्यामुळे जमिनीचा नैसर्गिक पोत बिघडतो. भारी जमिनीत थोडेसे पाणी असले तरी असे घडते. त्यामुळेच सोलापूरसारख्या जिल्ह्यात कमी पाऊस असूनही तेथील जमिनीमध्ये निचऱ्याचा प्रश्न निर्माण झाला आहे.

निचरा करण्याच्या पद्धती

शेतजमिनीचा निचरा करण्याच्या दोन पद्धती आहेत. १) भुपृष्ठावरील निचरा, २) भूमिगत निचरा.

भुपृष्ठावरील निचरा - या पद्धतीचा उपयोग जमिनीच्या पृष्ठभागावर साचलेले पाणी काही ठराविक मुदतीच्या आत-बाहेर काढण्यासाठी होतो. शेताच्या खोलगट भागात बाजूच्या उंच भागावरील पाणी एकत्र येऊन ते कित्येक तास डबक्याप्रमाणे भरून राहते. असे पाणी शेतात ठेवणे योग्य नाही. त्यासाठी नाला काढतात आणि शेवटी सांडवाटेने ते पाणी शेताच्या बाहेर काढतात. ज्या ठिकाणी नाला काढणे शक्य नसते त्या ठिकाणी पाइपाने डबक्याचे पाणी बाहेर काढतात.

शेकडा १.५ ढाळ असलेल्या सखल जमिनीतील पाण्याचा निचरा करण्यासाठी जमिनीचा भाग सखल करून किंवा शेतात चर खोदून उपाय योजतात.

भूमिगत निचरा - भूमिगत निचरा म्हणजे जमिनीच्या पोटातील अनावश्यक पाणी बाहेर काढणे. या पाण्याचा निचरा करण्यासाठी जमिनीत कृत्रिम नाल्या तयार कराव्या लागतात. जमिनीतील जास्तीचे पाणी गुरुत्वाकर्षणाने खाली वाहते. मग ते कृत्रिम नालीतून बाहेरच्या सांडवाटेने वाहून जाते. भूमिगत निचरा केल्यामुळे शेतावरील जमीन चरासाठी किंवा पाईपासाठी व्यापली जात नाही; त्यामुळे सर्वच जमीन लागवडीखाली आणली जाते. तसेच जमिनीच्या पोटात नाल्या असल्यामुळे शेतावर नाल्याच्या आजूबाजूला अनावश्यक तण व कचरा राहू शकत नाही.

भूमिगत निचरा होण्यासाठी १) बंद खोल चर, २) कौलाच्या नाल्याची पद्धत आणि ३) मोलड्रेन पद्धत वापरतात. या पद्धतीत ५० ते १२० सें.मी. खोल चर खणतात. जमिनीचा प्रकार, उतार व पाऊसमान यावरून दोन चरांतील अंतर १५ ते ४५ सें.मी. ठेवतात. हे चर वाळू, वेडेवाकडे लहान-मोठे दगड आणि मातीने एका विशिष्ट पद्धतीने भरतात. कौलाच्या नाल्याच्या पद्धतीत कौलाच्या नळ्या वापरतात.

ही काळजी घ्या

अनेक शेतकऱ्यांना जमिनीचा निचरा करण्याची आवश्यकता पटली आहे; परंतु प्रत्यक्षात त्या दृष्टीने कृती होत नाही. निचरा करण्याच्या दृष्टीने चर, नाल्या कशा काढाव्यात यासंबंधीचे तांत्रिक मार्गदर्शन शासनाच्या मृद्संधारण विभागाकडून मिळू शकते. ज्या शेतकऱ्यांच्या शेतात व्यवस्थित निचरा होत नसेल त्यांनी उघडे किंवा जमिनीतून आवश्यकतेनुसार चर खणून अनावश्यक पाणी बाहेर काढावे. तसेच एकदा चर खोदल्यानंतर ते बुजणार नाहीत आणि चांगल्या स्थितीत राहतील याची काळजी घ्यावी. असे केले तरच जमिनीतील जास्तीचे पाणी बाहेर घालविता येईल आणि जमीन क्षारयुक्त होण्याचा धोका टळेल. तिचा पोत बिघडणार नाही. जमिनीचे आंतरिक गुणधर्मसुद्धा टिकून राहतील. अशा जमिनीतील पिकापासून जास्तीतजास्त उत्पादन मिळू शकेल.

ज्याप्रमाणे आपण साचलेले पाणी बाहेर काढतो त्याचप्रमाणे पाणी अधिक साठणार नाही याची आपण काळजी घ्यावी. पिकांना पाणी देताना बेतानेच द्यावे. पाणी फुकट मिळते म्हणून जरुरीपेक्षा अधिक पाणी देऊ नये; त्यामुळे फायद्यापेक्षा तोटाच अधिक होतो.

आपण जमीन वाढवू शकत नाही. आपली लोकसंख्या मात्र झपाट्याने वाढते आहे. म्हणून आहे त्या जमिनीतून जास्तीतजास्त उत्पादन मिळण्यासाठी पाण्याचा निचरा व्यवस्थित झाला पाहिजे. सुधारलेले बियाणे, रासायनिक खते, पीकसंरक्षक औषधे यांवर केलेला खर्च पूर्ण उपयोगात येण्यासाठी जमिनीतील पाण्याचा योग्य निचरा होणे आवश्यक आहे हे विसरून चालणार नाही. म्हणूनच 'पाण्याचा करा निचरा; खंडीने धान्य भरा' असे म्हणतात. शेते मोकळी झाल्यावर चांगला निचरा होण्यासाठी शेतात चर, नाल्या खोदण्याचे काम ताबडतोब सुरू करावे.

◆

मुहूर्त चुकायला नको

उन्हाळी पिकांचे उत्पादन खरीप पिकापेक्षा दीडपट किंवा दुपटीने येते; पण केव्हा? त्याची योग्य काळजी घेतली तर. उन्हाळ्यात शेतात भात, भुईमूग, सूर्यफूल, सोयाबीन आणि वैशाखी मूग ही पिके असतात. म्हणून या पिकांची योग्य ती काळजी घेऊन उत्पादन वाढविणे आवश्यक आहे.

उन्हाळी भात

रत्नागिरी, सिंधुदुर्ग या जिल्ह्यांत अनेक ठिकाणी उन्हाळी भाताचे पीक घेतात. कारण भातपिकाची उत्तम वाढ होण्यासाठी आणि भरघोस उत्पादन मिळण्यासाठी उष्ण व दमट हवामान लागते. अशा प्रकारचे अनुकूल हवामान खरीप व उन्हाळी अशा दोन्हीही हंगामात कोकण विभागात असते. तसेच हे पीक तांबडवट किंवा मध्यम ते भारी परंतु पाण्याचा उत्तम निचरा होणाऱ्या जमिनीत चांगले येते. कोकणात ही परिस्थिती असल्याने उन्हाळी भात चांगले येते.

उन्हाळी भाताचे अधिक उत्पादन मिळण्यासाठी ओंबी बाहेर पडण्याच्या काळात किंवा भातपिकाच्या प्रसवन काळात पाण्याची पातळी दहा सेंटिमीटर ठेवावी; त्यामुळे पळींजाचे प्रमाण कमी होऊन अधिक उत्पादन मिळते.

काही ठिकाणी उन्हाळी भाताचे पीक पोटरीत आले असेल तर त्याला नत्र खताचा तिसरा हप्ता हेक्टरी २० किलो द्यावा. मात्र, पिकाला हा तिसरा हप्ता देण्यापूर्वी खाचरात पाणी बांधावे. त्याचप्रमाणे खत सर्व ठिकाणी सारखे पडेल याची

काळजी घ्यावी.

उन्हाळी भातपिकांच्या कापणीआधी दहा दिवस शेतातील पाणी काढून टाकावे; त्यामुळे शेतातील भातपीक एकाच वेळी कापणीस तयार होईल. कापणीआधी खोडकिडीग्रस्त भातरोपे उपटून त्यांचा नाश करावा; त्यामुळे पुढील हंगामात खोडकिड्यांचा प्रादुर्भाव कमी होईल. कापणीसाठी सुधारित वैभव विळा वापरावा; त्यामुळे भातकापणी जमिनीलगत होऊन खोडकिड्यास प्रतिबंध होऊ शकतो. भात-कापणीनंतर लगेच जमीन नांगरून घ्यावी, म्हणजे जमिनीतील ओलाव्यामुळे नांगरट सोपी जाते. नांगरटीनंतर धसकटे वेचून जाळावीत; त्यामुळे पुढील हंगामात खोडकिड्याचा प्रादुर्भाव कमी होतो

उन्हाळी भुईमूग

उन्हाळी भुईमुगाचे अधिक उत्पादन मिळण्यासाठी आऱ्या सुटण्याच्या वेळी हेक्टरी ४०० किलो जिप्सम भुकटी शेतात टाकावी; त्यामुळे शेंगांत दाणे चांगले भरतात आणि उत्पादनात वाढ होते.

उन्हाळी भुईमुगास जमिनीच्या मगदुराप्रमाणे ८ ते १० दिवसांच्या अंतराने पाण्याच्या पाळ्या द्याव्यात. पीक फुलोऱ्यात असताना किंवा आऱ्या उतरण्याच्या अवस्थेत पाणी कमी पडू देऊ नये. तसेच पीक फुलोऱ्यावर असताना पिकावरून रिकामा ड्रम आडवा फिरवावा; त्यामुळे आऱ्या जमिनीत जास्त प्रमाणात शिरण्यास मदत होते आणि उत्पादन वाढते.

टिक्का रोगामुळे भुईमूग पिकाचे फार नुकसान होते. त्याच्या नियंत्रणासाठी रोग दिसताच ३०० पोताची गंधक भुकटी २० किलो, वारा शांत असताना धुरळावी. किंवा ८० टक्के गंधक भुकटी २ किलो ५०० लिटर पाण्यात मिसळून फवारावी.

भुईमुगावरील पाने गुंडाळणाऱ्या अळीचा उपद्रवही काही ठिकाणी दिसण्याची शक्यता असते. त्याच्या नियंत्रणासाठी फॉस्फामिडॉन ८५ टक्के, ११८ मि.लि. किंवा मोनोक्रोटोफॉस ३६ टक्के, ७०० मि. लि. हेक्टरी ५०० लिटर पाण्यात मिसळून फवारावे.

उन्हाळी सूर्यफूल

ज्यांच्याकडे भुईमुगाला देण्याइतपत पाणी नसेल त्यांनी सूर्यफूल घेतले असेल. पेरणीपासून १५ ते २० दिवसांनी (रोप अवस्था), ३० ते ३५ दिवसांनी (फुलकळ्या लागण्याची अवस्था) आणि ४५ ते ५० दिवसांनी (पीक फुलावर असताना) व ६० ते ६५ दिवसांनी (दाणे भरण्याची अवस्था) सूर्यफुलास पाणी द्यावे.

सूर्यफुलापासून अधिक उत्पादन मिळण्यासाठी त्याचे हाताने परागीकरण करावे.

त्यासाठी फुले येण्याच्या काळात हाताला पातळ कापड बांधून सकाळी ८ ते ११ या वेळात फुलांच्या उघड्या भागावर हाताने हलकेसे घासावे किंवा दोन फुले एकमेकांवर घासावीत. फुले येण्याच्या काळात ८ ते १० दिवस, दिवसाआड अशा प्रकारे परागीकरण केल्यास सूर्यफुलात अधिक दाणे भरतात.

सूर्यफुलावर पाने कुरतडून खाणाऱ्या केसाळ अळीचा प्रादुर्भाव आढळल्यास एन्डोसल्फान ३५ इसी ७१५ मिलीलिटर किंवा सायपरमेश्रीन २५ इसी दोनशे मिलीलिटर दरहेक्टरी पाचशे लिटर पाण्यातून फवारावे.

उन्हाळी सोयाबीन

दिवसेंदिवस उन्हाळी सोयाबीनचे क्षेत्र वाढते आहे. अनेक शेतकरी या पिकाकडे वळत आहेत, ही समाधानाची गोष्ट आहे; परंतु सोयाबीनच्या लागवडीकडे अधिक काळजीपूर्वक लक्ष दिले पाहिजे. सोयाबीनच्या पिकास फुले येतेवेळी व शेंगांमध्ये दाणे भरतेवेळी पाण्याची अधिक जरुरी असते. या वेळी पाणी कमी पडणार नाही याकडे लक्ष द्यावे.

सोयाबीनच्या पिकावर मूळकुजव्या व केवडा हे रोग येतात. मूळकुजव्या रोग होऊ नये म्हणून बियास थायरम किंवा बाविस्टीनची प्रक्रिया करून पेरणी करावी. तसेच या पिकावर पाने कुरतडणारी, पाने गुंडाळणारी व पानातील रस शोषून घेणारी अळी, पांढरी माशी, तुडतुडे, खोडमाशी इत्यादी किडींचा प्रादुर्भाव होतो. या किडींचा उपद्रव होऊ नये म्हणून किंवा झाल्यास पेरणीनंतर १० दिवसांनी एंडोसल्फान ३५ इसी किंवा फॉस्फामिडॉन ८५ इसी किंवा मोनोक्रोटोफॉस ३६ इसी यांपैकी एक औषध, १ ते २ मि.लि. एक लिटर पाण्यात मिसळून फवारणी करावी. यानंतरच्या फवारण्या १० ते १५ दिवसांच्या अंतराने कराव्यात. त्यासाठी आलटून पालटून औषधे वापरल्यास अधिक उपयोग होतो.

सोयाबीनच्या पानांचा रंग पिवळा होऊन पाने गळल्यानंतर आणि शेंगांचा रंग पिवळसर झाल्यानंतर सोयाबीनची काढणी करावी.

वैशाखी मूग

वर्षातून तीन पिके घेण्याच्या उद्देशाने अनेकांनी वैशाखी मूग पेरावा. या पिकास वेळेवर पाणी देणे फार महत्त्वाचे असते. जमिनीच्या मगदुराप्रमाणे १२ ते १५ दिवसांच्या अंतराने जरुरीप्रमाणे पाण्याच्या ३ ते ४ पाळ्या द्याव्यात.

मुगाचे पीक फुलोऱ्यात असताना आणि त्याच्या शेंगांत दाणे भरताना त्यास पाण्याची फार आवश्यकता असते. या वेळी पाणी दिल्यास उत्पादन निश्चित वाढते. ज्यांच्याकडे पाणी कमी असून ते एकच पाणी देऊ शकत असतील तर ते

पेरणीपासून ३० ते ३५ दिवसांनी घ्यावे.

वैशाखी मुगावर प्रामुख्याने मावा, पाने खाणारी अळी व शेंगा पोखरणारी अळी इत्यादींचा उपद्रव होतो. या किडींच्या नियंत्रणासाठी ३०० टक्के प्रवाही ५०० मि.लि. डायमेथोएट ५०० लिटर पाण्यात मिसळून फवारावे किंवा वारा शांत असताना १० टक्के बीएचसी भुकटी हेक्टरी २० किलो याप्रमाणे धुरळावी. काही वेळा या पिकावर भुरी रोगही आढळतो. त्याच्या नियंत्रणासाठी ३०० पोताची गंधकाची भुकटी हेक्टरी २० किलो धुरळावी किंवा पाण्यात मिसळणारे गंधक हेक्टरी १२५ ग्रॅम ५०० लिटर पाण्यात मिसळून फवारावे. अशी काळजी घेतल्याने निश्चित भरघोस पीक येईल.

इतर कामे

उन्हाळ्यात हिरव्या चाऱ्याची नेहमी टंचाई असते. म्हणून ज्वारी, बाजरी यांसारख्या चाऱ्याच्या पिकांची एप्रिलमध्ये पेरणी करावी. चारा म्हणून पेरलेला मका एक महिन्याचा झाल्यावर नत्राचा उरलेला निम्मा हप्ता हेक्टरी ४० ते ६० किलो देऊन पाण्याची पाळी द्यावी. पिकांना, फळझाडांना उन्हाच्या वेळी पाणी देऊ नये. पाण्याची कमतरता असल्यास ऊसपिकास प्रत्येक पाण्याच्या पाळीस एकआड एक सरीस पाणी द्यावे; त्यामुळे ३५ ते ४० टक्के पाण्याची बचत होते. नवीन लावलेल्या फळझाडांचे उन्हापासून संरक्षण करण्यासाठी झाडावर सावली करावी. पाणीटंचाईवर उपाय म्हणून खोडाभोवती पालापाचोळ्याचे आच्छादन करावे. उन्हाळ्यात अशी अनेक कामे असतात. हा महिना यात्रा आणि लग्नाच्या मुहूर्तांचा असतो; पण त्याचबरोबर उन्हाळी पिकांच्या पाण्याचा व पीकसंरक्षणाचा मुहूर्त चुकायला नको हे चांगले ध्यानात ठेवावे.

◆

उन्हाळ्यात दीडपट पीकउत्पादन

"आम्ही यंदा उन्हाळ्यात एखादं पीक घ्यावं असा विचार करतो आहे; पण उन्हाळ्यात पीक चांगलं येतं का? त्यासाठी काय तयारी केली पाहिजे? उन्हाळ्यात कोणती पिकं घ्यावीत?" असे प्रश्न विचारणारे अनेक शेतकरी मला भेटतात.

साहजिक आहे. आतापर्यंत पाण्याची फार सोय नव्हती; त्यामुळे पावसाळ्यात एखादे पीक घ्यायचे आणि वर्षभर शांत बसायचे असेच बरेच लोक करीत. ज्यांच्याकडे पाणी आहे ते शेतकरी बहुधा ऊस लावीत; परंतु आता उसासारखे वर्ष - दीड वर्ष शेतात राहणारे पीक सर्वच शेतांत घेण्यापेक्षा ऊस कापल्यानंतर त्यात उन्हाळ्यात एखादे पीक सहज घेता येते हे अनेकांच्या लक्षात येऊ लागले आहे.

दीडपट उत्पादन का येते?

उन्हाळ्यात पिकाचे उत्पादन चांगले येते की नाही अशी शंका काहींच्या मनात येणे साहजिक आहे; परंतु उन्हाळी पिकांचे उत्पादन खरीप पिकांच्या उत्पादनापेक्षा दीडपट येते हे प्रयोगाने सिद्ध झाले आहे; त्यामुळे शंका येण्याचे कारण नाही. उन्हाळ्यात उत्पादन का अधिक येते? उन्हाळ्यात भरपूर सूर्यप्रकाश असतो. तसेच हवा उष्ण आणि कोरडी असते. हे हवामान पीकवाढीस फार पोषक असते. अशा हवामानात किडींचा व रोगांचा प्रादुर्भाव कमी होतो; त्यामुळे उत्पादन वाढते. म्हणूनच उन्हाळी हंगामात पाण्याची सोय कमी असली तरी उपलब्ध पाण्याचा व्यवस्थित वापर केल्यास उन्हाळ्यातील पिकांचे उत्पादन खरिपातील पिकापेक्षा दीडपटीने येते.

यासाठी आपण जास्तीतजास्त क्षेत्रावर उन्हाळी पिके घेतली पाहिजेत.

आपणाकडे काही वेळा पाऊस समाधानकारक होतो; त्यामुळे खरिपातील पिकेही चांगली येतात. आपल्या विहिरींचे, नद्यांचे पाणी वाढते. धरणांतही चांगले पाणी साठते. या पाण्याचा उपयोग आपणास उन्हाळी हंगामातील पिकांसाठी करता येईल. मात्र, त्यासाठी व्यवस्थित नियोजन केले पाहिजे. आतापासून तयारी केली पाहिजे. ही पूर्वतयारी कोणती?

पूर्वमशागतीने ५० टक्के अधिक उत्पादन

उन्हाळी हंगामाच्या पूर्वतयारीत जमिनीची मशागत फार महत्त्वाची आहे. आपण उन्हाळ्यात कोणती पिके घेणार आणि त्यासाठी कोणती लागवडपद्धत अमलात आणणार याचा विचार करून पिकांच्या गरजेप्रमाणे पूर्वमशागत करणे फार जरुरीचे असते, असे या बाबतीत केलेल्या अनेक प्रयोगांवरून सिद्ध झाले आहे.

पिकांच्या उत्पादनावर पूर्वमशागतीचा किती परिणाम होतो यासंबंधीचे प्रयोग गेली ५० वर्षे सर्व भारतात (महाराष्ट्रातही) घेण्यात आले होते. या बाबतीतल्या महाराष्ट्रातील प्रयोगांत असे आढळून आले की, पूर्वमशागत केलेल्या शेतीचे उत्पादन पूर्वमशागत न केलेल्या शेतीपेक्षा ५० टक्के अधिक येते. यावरून पूर्वमशागत करणे किती आवश्यक आहे हे ध्यानात येईल.

उन्हाळी हंगामातील अन्नधान्य पिकांची पेरणी फेब्रुवारीच्या पहिल्या किंवा दुसऱ्या आठवड्यात केल्यास उत्पादन चांगले येते असेही अनेक प्रयोगांत आढळून आले आहे. तसेच सूर्यफूल, सोयाबीन यांसारखी पिके थंडी कमी झाल्यानंतर म्हणजे जानेवारी १५ ते फेब्रुवारी १५ या काळात पेरल्यास अधिक उत्पादन मिळते असा अनुभव आहे; म्हणून वेळेवर पेरणी करणे फार महत्त्वाचे आहे.

उन्हाळ्यात भाजीपाला केल्यास त्यापासून चांगले पैसे मिळतात; परंतु भाजीपाला ज्या ठिकाणी विकावयाचा त्या बाजारात कोणत्या भाजीपाल्याला कधी अधिक दर असतो याचा विचार करून भाजीपालावर्गीय पिकांची लागवड करावी. तसेच चारापिकांची लागवड आपली गरज व त्यास बाजारातील मागणी लक्षात घेऊन पेरणी करावी.

पूर्वीची पिके निघताच जानेवारी महिन्यात जमिनीची नांगरट करावी. जानेवारी महिन्यात नांगरट केल्याने पूर्वीच्या पिकांचा पालापाचोळा जमिनीत गाडला जातो. शिवाय या वेळी जमिनीत थोडी ओल असते; त्यामुळे बैलाने किंवा ट्रॅक्टरने नांगरट करणे कमी कष्टाचे होते.

नांगरट कशासाठी?

जमिनीची नांगरट कशासाठी करावयाची? असा प्रश्न काहींच्या मनात येणे

साहजिक असते. जमीन नांगरली की, ती भुसभुशीत होते; त्यामुळे अधिक ओल धरून ठेवण्याची जमिनीची क्षमता वाढते. जमीन भुसभुशीत झाल्याने पिकांच्या मुळ्या खोल व आजूबाजूला पसरतात. जमिनीत हवा खेळती राहते. पालापाचोळा गाडला जातो. जमिनीतील उपयुक्त जीव-जिवाणूंची वाढ होण्यास मदत होते. नांगरटीमुळे सेंद्रिय पदार्थ लवकर कुजतात.

नांगरटीमुळे जमिनीच्या विविध थरांची उलथापालथ होऊन अन्नद्रव्यांचा पुरवठा वाढतो. तणांचा नाश झाल्याने जमिनीतील ओल आणि अन्नद्रव्ये यांचा अपव्यय थांबतो. सेंद्रिय पदार्थ जमिनीत गाडले व मिसळले गेल्याने जमिनीची सुपीकता वाढण्यास मदत होते. तणे आणि तणांचे अवशेष गाडले जातात; त्यामुळे तणांचा उपद्रव कमी होतो. तसेच जमिनीच्या कणांची रचना सुधारते. म्हणून नांगरट करणे खूप महत्त्वाचे आहे.

नांगरट कशी करावी?

नांगरट व इतर मशागतीची कामे उताराला काटकोन साधून करावीत; त्यामुळे पाणी थबकत-थबकत खाली येते. मग जमिनीत अधिक पाणी मुरायला पुरेसा वेळ मिळतो. उथळ मुळ्यांच्या पिकांना अधिक खोल नांगरटीची आवश्यकता नसते, तर ऊस, हळद यांसारख्या पिकांसाठी जमीन खोल नांगरावी.

नांगरटीचे काम पूर्ण होताच तव्याच्या कुळवाने किंवा नॉर्विजिअन कुळवाने ढेकळे फोडून घ्यावीत. या दोन्ही प्रकारच्या कुळवांनी ढेकळे चांगली फुटतात; त्यामुळे ढेकळामधील माती मोकळी होऊन मातीचे लहान-लहान कण तयार होण्यास मदत होते. त्याचा उपयोग उन्हाळी पावसाचे पाणी आणि पाटाने दिलेले पाणी जमिनीत साठवण्यास होतो. ढेकळे फोडून होताच उतारास आडव्या दिशेने बांधबंदिस्ती करावी.

मग कुळवाची एक पाळी द्यावी. जमिनीतील काडीकचरा आणि पूर्वीच्या पिकाची धसकटे वेचावीत. शक्य असल्यास चांगले कुजलेले शेणखत शेतात टाकावे. त्यानंतर कुळवाची दुसरी पाळी देऊन ते जमिनीत चांगले मिसळावे.

बियाणे

उन्हाळी पिकासाठी लागणाऱ्या बियाण्याची वेळेवर व्यवस्था करून ठेवावी. खतांना चांगला प्रतिसाद देणाऱ्या, कमीतकमी दिवसांत, कमी पाण्यावर येणाऱ्या अधिक उत्पादन देणाऱ्या सुधारित जातींची निवड करावी. त्यासाठी प्रमाणित बियाणे निवडावे. प्रमाणित बियाण्यांची उगवणशक्ती ८० टक्क्यांच्या वर असते. त्यात काडीकचरा आणि तणांचे बी नसते. म्हणून योग्य ठिकाणाहून असे चांगले बियाणे मिळवावे.

निरनिराळ्या पिकांच्या सुधारलेल्या जातींची माहिती करून घ्यावी. त्यांची थोडक्यात माहिती पुढीलप्रमाणे आहे.

उन्हाळी सूर्यफूल - सुधारित वाण - १) मॉडर्न, २) इसी ६८४१४, ३) एसएस ५६ संकरित वाण, ४) एलडीएमआर एसएच, ५) एलडीएमआर - एसएच ६) एमएसएफएच - १, ७) एमएसएफएच - ८, ८) एमएसएफएच - १७,

उन्हाळी मूग - १) पुसा वैशाखी, २) एस- ८, ३) पीएस - १६, ४) के -४५१, ५) फुले एम- २

उन्हाळी भुईभूग - १) आयसीजीएस-११, २) एसबी ११, ३) कोपरगाव नं. ३, ४) फक्त कोकणासाठी फुले प्रगती.

उन्हाळी सोयाबीन - एमएसीएस-५७.

उन्हाळी भात - रत्ना, रत्नागिरी ७३, रत्नागिरी २४, कर्जत १८४, कर्जत ३५-३, रत्नागिरी ७११.

चारा पिके - मका - १) आफ्रिकन टॉल, २) मांजरी कंपोसीट, ३) गंगासफेद-२, ४) डेक्कन डबल हायब्रीड.

चवळी - १) इसी ४२१६, २) सी १५२, ३) रशियन जायंट, ४) श्वेता.

जीवाणू संवर्धक - सध्या रासायनिक खतांच्या किमती वाढल्या आहेत; पण आपणास भरघोस उत्पादन मिळण्यासाठी योग्य ती रासायनिक खते योग्य प्रमाणात योग्य वेळी दिली पाहिजेत. म्हणून अशी रासायनिक खतेही आणून ठेवावीत. दुसरे महत्त्वाचे म्हणजे उन्हाळी पिकांना योग्य ती जीवाणू संवर्धके अवश्य लावावीत. भुईमूग, मूग, सोयाबीन यांसारख्या द्विदलवर्गीय पिकांना रायझोबियम जीवाणू लावावे तर एकदल पिकास ॲझोटोबॅक्टर जीवाणू लावावे. ही दोन्ही जीवाणू संवर्धके पिकांनुसार आणून ठेवावीत.

शक्य असेल तेथे कमी पाणी लागावे म्हणून गव्हाचे भुस्कट वापरावे. तेही मिळवून ठेवावे. प्रमुख उन्हाळी पिकांची सविस्तर माहिती पुढे दिली आहे; पण आताच ही पूर्वतयारी केल्यास अधिक सोयीचे व फायद्याचे होईल.

◆

उन्हाळी भुईमूग

"पाऊस झाला. आता काही प्रमाणात त्यामुळे नुकसान झाले हे खरे आहे; परंतु त्यामुळेच आमच्या विहिरींचे पाणी वाढले. अशा परिस्थितीत आम्ही आता उन्हाळ्यात कोणते पीक घेणे फायद्याचे होईल?" एक शेतकरी मला विचारत होते.

भरपूर पावसामुळे जमिनीतील ओल वाढते, विहिरींचे पाणी वाढते. या परिस्थितीचा जास्तीतजास्त फायदा घेण्याच्या दृष्टीने आपण उन्हाळ्यात चांगला पैसा देणारी पिके घेतली पाहिजेत. अशा उन्हाळी पिकांत उन्हाळी भुईमुगाचा क्रमांक फार वरचा आहे. त्याची अनेक कारणे आहेत.

खरीप भुईमुगाच्या पिकापासून दर हेक्टरी सुमारे ७.५० क्विंटल उत्पादन मिळते. परंतु पाण्याची सोय असलेल्या ठिकाणी उन्हाळी भुईमुगाचे हेक्टरी २० ते २२ क्विंटल उत्पादन मिळते. म्हणजेच खरिपातील भुईमुगापेक्षा तिप्पट उत्पादन उन्हाळी भुईमुगापासून मिळते. उन्हाळ्यातील सूर्यप्रकाश, रोग-किडींचे कमी प्रमाण, पाण्याचा खात्रीचा पुरवठा इत्यादी कारणांमुळे एवढ्या मोठ्या प्रमाणात उत्पादन मिळते. सध्याचे शेंगदाणे व शेंगदाणा तेल यांचे दर विचारात घेतले असता उन्हाळी भुईमुगापासून किती पैसे मिळतात याचा आपणच हिशेब करा. शिवाय भुईमुगाचा बेवड फार चांगला असतो.

उन्हाळी भुईमुगाच्या पिकासाठी चांगली निचऱ्याची, मऊ, भुसभुशीत, वाळूमिश्रित, चुना व सेंद्रिय पदार्थ असलेली मध्यम ते हलकी जमीन चांगली असते. मात्र, अशा जमिनीत खरिपात भुईमुगाच्या पिकाशिवाय इतर कोणतेही पीक घेतलेले असावे.

भुईमुगाची चांगली उगवण होण्याच्या दृष्टीने अशा जमिनीची चांगली मशागत करावी. एखादी नांगरट व दोन-तीन कुळवाच्या पाळ्या देऊन जमीन भुसभुशीत करावी. सर्व ढेकळे फोडून घ्यावीत. धसकटे वेचून जमीन स्वच्छ करावी. भातपिकानंतरही उन्हाळी भुईमूग घेता येईल.

उन्हाळी भुईमुगाच्या लागवडीतील महत्त्वाची बाब म्हणजे सुधारलेल्या जातीचा वापर करणे. महाराष्ट्रासाठी प्रामुख्याने पुढील जाती चांगल्या आहेत.

१) एस बी ११ - ही सर्वांच्या परिचयाची जात असून ही उपटी जात आहे. १०५ ते ११० दिवसांत ही जात उन्हाळ्यात तयार होते. यापासून हेक्टरी १८ ते २० क्विंटल उत्पादन मिळते.

२) आय सी जी एस - उन्हाळी हंगामात सर्वांत अधिक उत्पादन देणारी ही जात आहे. ही जात १२५ ते १३० दिवसांत तयार होते. या जातीचे हेक्टरी ३५ ते ४० क्विंटल उत्पादन मिळते. ही निमपसरी जात आहे.

३) यू एफ - ७० - १०३ - ही निमपसरी जात असून ती १३५ ते १४० दिवसांत तयार होते. या जातीचे हेक्टरी ३० ते ३५ क्विंटल उत्पादन मिळते.

४) टी जी - १७ - ही उपटी जात असून तिचे हेक्टरी २० ते २५ क्विंटल उत्पादन मिळते. ती १२० ते १२५ दिवसांत तयार होते.

५) कराड - ४ - ११ - खरीप व उन्हाळी या दोन्ही हंगामास योग्य असणारी ही पसरी जात आहे. तिला तयार होण्यास १४० ते १५० दिवस लागतात. तिचे हेक्टरी २० ते २५ क्विंटल उत्पादन येते.

यांपैकी आपण कोणतीही एक जात निवडा. मात्र, खरीप हंगामात भरपूर उत्पादन देणाऱ्या फुले प्रगती जातीची उन्हाळ्यात लागवड करू नका.

उन्हाळी भुईमुगाची लागवड वेळेवर होणे फार महत्त्वाचे आहे. थंडी कमी झाल्यानंतर आणि खरिपातील पिकासाठी जमीन तयार करण्यास वेळ मिळावा या दृष्टीने उन्हाळी भुईमुगाच्या लागवडीसाठी २० जानेवारी ते १० फेब्रुवारी हा कालावधी चांगला असतो. शक्यतो लवकर तयार होणाऱ्या उपट्या किंवा निमपसऱ्या जातीची लागवड करावी.

भुईमुगाचे भरघोस उत्पादन मिळण्यासाठी शेतात हेक्टरी झाडांची संख्या योग्य असणे फार महत्त्वाचे असते. उपट्या जातीच्या झाडांची हेक्टरी संख्या ४ लाख ४४ हजार असावी. या जातीची लागवड ३० X ७.५ सें.मी. अंतरावर करावी. निरनिराळ्या जातीच्या दाण्यांचा आकार वेगळा असतो. त्यानुसार उपट्या जातीचे हेक्टरी १०० ते १२० किलो व पसऱ्या जातीचे हेक्टरी ८० ते १०० किलो बियाणे वापरावे. पसरी जात ४५ X १५ सें.मी. अंतरावर लावावी.

सपाट जमिनीत पाण्याचा चांगला निचरा होत नाही. म्हणून अशा जमिनीसाठी रुंद सरी वरंबा पद्धत म्हणजेच इक्रिसॅट पद्धत चांगली असते. या पद्धतीत १.२ मीटर रुंद आणि १५ सें.मी. उंचीचे व आवश्यकतेप्रमाणे लांबीचे वरंबे ठेवून दोन्ही बाजूला ३० सें. मी. रुंद असलेल्या सऱ्या करून गादी वाफे करतात. प्रत्येक गादी वाफ्यावर ३० सें.मी. अंतरावर भुईमुगाच्या ४ ओळी बसतात. यासाठी शक्यतो उपटी किंवा निमउपटी जात वापरावी. सरीतून किंवा तुषार सिंचन पद्धतीने पाणी द्यावे. पेरणी करावयाची झाल्यास जमीन ओलावून पेरणी करावी.

आपल्या शेतात भुईमुगाची रोपे ठरावीक प्रमाणात राहण्यासाठी बियाण्यावर प्रक्रिया करणे फार महत्त्वाचे आहे. ९०टक्के उगवण असलेले बियाणे लागवडीसाठी वापरावे. पेरणीपूर्वी १ किलो बियाण्यास ५ ग्रॅम थायरम किंवा ३ ग्रॅम डायथेन एम-४५ लावावे; त्यामुळे खोडकुजव्या आणि बियाण्यापासून येणाऱ्या इतर रोगांचे नियंत्रण होते.

पेरणीपूर्वी भुईमुग बियाण्यास रायझोबियम अवश्य लावावे. १० किलो बियाण्यास २५० ग्रॅम रायझोबियमचे एक पाकीट वापरावे. बियाण्यास बुरशीनाशक औषध लावल्यानंतर रायझोबियम लावून, ते सावलीत वाळवून मग पेरावे.

भरघोस उत्पादनासाठी खते पाहिजेत. सर्वसाधारणपणे हेक्टरी २० ते ३० किलो नत्र, ५० ते ६० किलो स्फुरद आणि ४० ते ४५ किलो पालाश द्यावे. नत्र, युरियाऐवजी अमोनियम सल्फेटमधून द्यावे. कारण त्यामधून नत्राबरोबर गंधकही मिळते. तसेच स्फुरद सिंगल सुपर फॉस्फेटमधून द्यावे. पीक फुलोऱ्यात असताना दर हेक्टरी ४०० ते ५०० किलो जिप्सम दिल्यास उत्पादनात बरीच वाढ होते.

तण वेळेवर काढले नाही तर भुईमुगाच्या उत्पादनात २५ ते ५० टक्के घट होते. म्हणून पेरणीनंतर ४५ दिवसांपर्यंत दोन कोळपण्या आणि दोन खुरपण्या कराव्यात. त्यानंतर आऱ्या जमिनीत जातात. म्हणून कसलीही आंतरमशागत करू नये. ज्यांना शक्य असेल त्यांनी तणनाशकाचा वापर करावा. पीक ४० दिवसांचे झाल्यावर २०० लिटरचे मोकळे ड्रम उपट्या आणि निमपसऱ्या जातीवरून दोन वेळा फिरवावेत. पुन्हा १० ते १५ दिवसांनी असे ड्रम फिरवावेत; त्यामुळे पिकाच्या आऱ्या जमिनीत शिरून उत्पादन वाढते.

उन्हाळी भुईमुगास वेळेवर पाणी देणे फार महत्त्वाचे आहे. पेरणीपूर्वी जमिनीस पाणी देऊन वापसा येताच पेरणी करावी. पेरणीनंतर लगेच ३ -४ दिवसांनी हलके पाणी द्यावे. नंतर ८ ते १० दिवसांच्या अंतराने १० ते १२ पाण्याच्या पाळ्या द्याव्यात. जमिनीच्या प्रतीनुसार त्यात बदल होतो. पीक फुलावर येण्याच्या वेळी, आऱ्या सुटण्याच्या वेळी आणि शेंगा भरतेवेळी या पिकास पाणी देणे अत्यंत आवश्यक असते.

उन्हाळ्यात फार कमी रोग-किडी येतात. त्यांचा वेळेवर बंदोबस्त करावा. अशा प्रकारे काळजी घेतल्यास जातीनुसार उन्हाळी भुईमुगाच्या शेंगांचे हेक्टरी २० ते २५ क्विंटल उत्पादन मिळेल. सरी वरंबा पद्धत वापरून, तुषारसिंचनाने पाणी दिल्यास हेच उत्पादन हेक्टरी ३० ते ४० क्विंटलपर्यंत वाढेल; म्हणून उन्हाळी भुईमूग लावा आणि भरपूर फायदा मिळवा.

◆

अधिक फायद्याची उन्हाळी कोथिंबीर!

"आता एप्रिल महिन्यातच कोथिंबिरीच्या लहानशा गड्डीला तीन रुपये द्यावे लागतात. पुढील महिन्यात तर कोथिंबीर किती महाग होईल कोणास ठाऊक? तुम्ही शेतकऱ्यांना जास्त प्रमाणात कोथिंबीर लावायला का सांगत नाही?" माझ्या शेजारी राहणारे गृहस्थ मला विचारत होते.

"हा उन्हाळा आम्हा शेतकऱ्यांना फारच रखरखीत जातो. सूर्याचे ऊन तर असतेच; पण त्याशिवाय लग्नसराई, जत्रांचा हंगाम यामुळे खर्च फार वाढतो. उत्पादनाचं तर नाव नाही. म्हणून या उन्हाळ्यात पैसे मिळतील असं एखादं चांगलं पीक आम्हाला सांगा." असं म्हणणारे अनेक शेतकरी मला भेटतात.

उन्हाळ्यात अधिक दर

आता कोथिंबिरीचे दर वाढू लागले आहेत. अजूनही ते वाढणार, कारण आता उन्हाळा आहे ना! पण या उन्हाळ्याचा फायदा घेऊन उन्हाळ्यात कोथिंबीर लावून थोड्या दिवसांत चांगले पैसे मिळवता येतात हे अनेकांच्या लक्षातच येत नाही.

आपल्या जेवणात दररोज कोथिंबीर हवी असते. मग ते शाकाहारी जेवण असो की मांसाहारी! एवढेच नाही तर उपवासाच्या साबुदाण्याच्या खिचडीतही कोथिंबीर घालतात. मग शेतकरी कोथिंबीर का लावत नाहीत? कोथिंबिरीला चांगला दर मिळत नाही म्हणून आम्ही या पिकाचा विचार करत नाही असे काही शेतकरी सांगतात. त्यांचे म्हणणे बरोबर आहे, कारण बाजारात सर्वसाधारणपणे जुलै-

ऑगस्ट महिन्यात आणि काही वेळा सप्टेंबरमध्येही कोथिंबीर स्वस्त असते. तेव्हा ती इतकी स्वस्त असते की, अनेकदा तिच्या काढणीचा आणि वाहतुकीचा खर्चही निघत नाही. ऑक्टोबरनंतर मात्र कोथिंबिरीला चांगला दर मिळतो. तो जानेवारीपर्यंत टिकतो. फेब्रुवारीपासून कोथिंबिरीचे दर वाढतात. मार्च ते जूनपर्यंत तर दर अधिकच असतात; परंतु उन्हाळ्यात कोथिंबिरीची लागवड केल्यास त्यापासून कमी उत्पादन मिळते असेही काही शेतकऱ्यांनी मला सांगितले.

गिऱ्हाइकांना उन्हाळ्यात कोथिंबीर महाग मिळते; परंतु उन्हाळ्यात शेतकऱ्यास कोथिंबिरीचे उत्पादन कमी मिळते. अर्थात दर जास्त असल्याने शेतकऱ्यांचे फार नुकसान होत नसावे; परंतु यासंबंधी निश्चित काय घडते याबद्दल मला उत्सुकता होती. पुणे येथील कृषी महाविद्यालयात १९७४ ते १९८३ या काळात उन्हाळी कोथिंबिरीवर बरेच प्रयोग घेतले गेले होते; याची मला माहिती होती. म्हणून या प्रयोगातील निष्कर्षविषयी मी संबंधित शेतीतज्ज्ञांना भेटून अधिक माहिती घेतली.

अधिक बी पेरा

आपल्या संशोधनाबद्दल सांगताना त्या शेतीतज्ज्ञांनी सांगितले की, उन्हाळ्यात शेतकऱ्यांच्या कोथिंबिरीचे उत्पादन कमी येते हे खरे आहे; परंतु त्याची काही कारणे आहेत. पहिले महत्त्वाचे कारण म्हणजे लागवडीसाठी शेतकरी फार कमी बी वापरतात. वाफेही लहान करतात. त्यांना योग्य खते देत नाहीत. बी किती वापरावे याबद्दल बरेच प्रयोग झाले असून त्यांत हेक्टरी १०० किलो बी वापरल्यास हेक्टरी १०० क्विंटल ओल्या कोथिंबिरीचे उत्पादन मिळाले; परंतु या कोथिंबिरीचे दांडे मोठे झाले. त्याला २५ टक्केच माल मिळाला. म्हणून मग आणखी प्रयोग करून हेक्टरी २०० किलो बी वापरल्यास कोवळी, लुसलुशीत व बारीक दांड्याची कोथिंबीर मिळाली. त्याचे हेक्टरी उत्पादनही १०० क्विंटल मिळाले.

वाफ्याचा हिशेब

हेक्टर, दोन हेक्टर एवढ्या मोठ्या प्रमाणात कोणी कोथिंबीर करीत नाही. म्हणून लहान शेतकऱ्यांच्या व बंगल्यातील बागेच्या लोकांच्या दृष्टीने वाफ्यांचा हिशेब केला पाहिजे. उन्हाळी कोथिंबिरीच्या व्यापारी लागवडीसाठी दोन मीटर रुंद आणि तीन मीटर लांबीचे सपाट वाफे तयार करावेत. यापेक्षा लहान वाफे केल्यास जागा वाया जाते. मात्र, वाफा तयार करताना त्यातील सर्व ढेकळे बारीक फुटून त्यातील माती भुसभुशीत होईल याकडे लक्ष द्यावे. या वाफ्यात किमान ७ ते १० किलो म्हणजे मध्यम आकाराचे एक ते दीड घमेले चांगले कुजलेले शेणखत टाकून ते मातीत चांगले मिसळावे. तसेच पेरणीच्या अगोदर प्रत्येक वाफ्यास १२५ ग्रॅम

म्हणजे जेवणातील मध्यम आकाराची अर्धी वाटी सुफला १५:१५:१५ टाकून जमिनीत चांगले मिसळावे.

पेरणी अशी करा

बियांसाठी चांगल्या प्रतीच्या धन्याची निवड करणेही महत्त्वाचे असते. कोथिंबिरीच्या काही खास सुधारलेल्या जाती नाहीत; परंतु काश्मिरी धने नावाने ओळखले जाणारे हिरवट रंगाचे लहान आकाराचे धने मिळतात. ते बियांसाठी वापरावेत, कारण या धन्याच्या कोथिंबिरीस चांगला वास असतो. दुसरी महत्त्वाची गोष्ट म्हणजे हे धने एक वर्षपिक्षा कमी दिवसांचे आहेत याची खात्री करावी. कारण धने एक वर्षपिक्षा अधिक जुने असतील तर त्यांची उगवण चांगली होत नाही. धने पेरण्यापूर्वी ते फोडावेत. त्यांची उगवण होण्यास सुमारे १० दिवस लागतात. हा कालावधी कमी करण्यासाठी धने १२ तास पाण्यात भिजत ठेवावेत. रात्री धने भिजायला ठेवावेत आणि दुसऱ्या दिवशी सकाळी पेरणीसाठी वापरावेत; त्यामुळे धन्याची उगवण आठ दिवसांत आणि चांगली होते.

उन्हाळ्यात धने पेरण्यापूर्वी वाफ्यांना भरपूर पाणी द्यावे. वाफसा आल्यानंतर धने पेरावेत; परंतु अनेकदा शेतकरी धने वाफ्यात फेकून टाकतात; त्यामुळे त्यांची उगवण ओळीत होत नाही. मग त्यातील तण काढणे अवघड जाते. तसेच त्यांना खत देणेही जमत नाही. म्हणून वाफ्यात दर १५ सें.मी. अंतरावर खुरप्याने उथळ ओळी पाडाव्यात. उन्हाळ्यात कमी वाढ होते म्हणून अंतर कमी असावे. या ओळीत वर सांगितल्याप्रमाणे तयार केलेले धने पेरावेत.

२ मीटर **X** ३ मीटर आकाराच्या एका वाफ्यासाठी १२० ग्रॅम धने वापरावेत. बियांचे हे प्रमाण फार आहे असे काहींना वाटेल; कारण काही शेतकरी फार कमी बी वापरतात. वाफ्यास १२० ग्रॅम धने याप्रमाणे हेक्टरी २४० किलो बी लागते. एवढी दाट पेरणी केल्याने चांगली, कोवळी व लुसलुशीत, वापरण्यास योग्य अशी बारीक दांड्याची कोथिंबीर मिळते. यापेक्षा कमी बी वापरल्यास कोथिंबिरीच्या रोपांचे दांडे जाड होतात. पेराची लांबी वाढते आणि कमी पाने मिळतात. दांडे जाड असल्याने फेकून द्यावे लागतात, असे प्रयोगात दिसून आले.

ओळीत पेरलेल्या धन्यावर किंचित माती बसेल अशा पद्धतीने ते झाकून घ्यावेत. मग हलकेसे पाणी द्यावे. पेरलेल्या धन्यास पाणी देताना फार काळजी घ्यावी. कारण जोरात पाणी दिल्यास काही ठिकाणचे आणि विशेषतः वाफ्याच्या तोंडाजवळचे धने दुसरीकडे वाहून जातात. तेथील मातीही इतर ठिकाणी जाऊन पडल्याने त्या ठिकाणचे धने उगवत नाहीत. त्यासाठी पाणी देताना वाफ्याच्या तोंडावर गवत टाकावे. ३-४ वाफ्यांना एकाच वेळी पाणी सोडावे म्हणजे पाण्याचा

वेग कमी होतो.

पेरणीनंतर सुमारे १५ दिवसांनी दोन ओळींतील तसेच प्रत्येक ओळीतील तण काढावे. मग दोन ओळींच्या मध्यभागी खुरप्याने ओळी घ्याव्यात. या ओळीतून प्रत्येक वाफ्यास १३० ग्रॅम युरिया द्यावा. नंतर ओळी बुजवाव्यात आणि वाफ्यांना भरपूर पाणी द्यावे. तसेच बी पेरल्यापासून सुमारे २० ते २५ दिवसांनी पाव टक्का युरियाचे मिश्रण पिकावर दोन वेळा फवारावे. (हे मिश्रण करण्यासाठी १० लिटर पाण्यात २५ ग्रॅम युरिया मिसळावा.) या फवारणीमुळे कोथिंबीर लवकर तयार होते आणि त्याचे अधिक उत्पादन मिळते.

नेहमीच्या पद्धतीने कोथिंबिरीची लागवड केल्यास ती ४५ ते ६० दिवसांत तयार होते; परंतु या नवीन पद्धतीने लागवड केलेली कोथिंबीर फक्त ३० ते ३५ दिवसांत तयार होते. या पद्धतीचा हा एक फार मोठा फायदा आहे.

उन्हाळी हंगामात २ मीटर रुंद व ३ मीटर लांबीच्या वाफ्यांतून या पद्धतीने ३ ते ६ किलो म्हणजे हेक्टरी ५० ते १०० क्विंटल कोथिंबीर मिळते. पावसाळ्यात आणि हिवाळ्यात मात्र दर हंगामात या नवीन पद्धतीने दर वाफ्यातून ९ ते १२ किलो म्हणजे १५० ते २०० क्विंटल कोथिंबीर मिळते. शेतकऱ्यांच्या नेहमीच्या पद्धतीपेक्षा या पद्धतीने सुमारे दीडपट ते दुप्पट उत्पादन मिळते.

ज्यांच्याकडे फक्त अर्धा एकर जमिनीस उन्हाळ्यात पाणी देणे शक्य आहे अशा लहान शेतकऱ्यासही कोथिंबिरीचे अनेक वेळा १० वाफे सहज घेता येतील. त्यातून महिनाभरात उन्हाळ्यातील चांगल्या दरामुळे भरपूर पैसे मिळतील. सर्व वाफ्यांत एकदम लागवड न करता टप्प्याटप्प्याने लागवड करावी. शहराप्रमाणेच ग्रामीण भागातही कोथिंबिरीला मागणी असते.

कोबी, फ्लॉवर, वांगी, मिरची, दुधीभोपळा, कारली, दोडका इत्यादी भाजीपाल्यांत, नवीन फळबागांत तसेच जानेवारी, फेब्रुवारी महिन्यात लावलेल्या उसात उन्हाळी कोथिंबीर आंतरपीक म्हणून घेता येईल. परसबागेत, बंगल्याच्या बागेतही वरील पद्धतीने कोथिंबीर घ्यावी. कोथिंबीर औषधी असून दृष्टी सुधारण्यासाठी कच्ची कोथिंबीर फायद्याची असते. या सर्वांचा विचार केल्यास कमी पाण्यात, कमी खर्चात, कमी दिवसांत चांगले पैसे मिळवून देणारी उन्हाळी कोथिंबीर घेऊन भरपूर फायदा मिळवा आणि भरउन्हाळ्यात जीवनात गारवा निर्माण करा.

◆

उन्हाळी मुगाची लागवड करा!

आमचा ऊस अजून सहकारी साखर कारखान्यानं नेला नाही. या महिनाअखेर तो कारखान्यास जाईल; म्हणून मार्चमध्ये पेरणी करून मेमध्ये काढणीस येणारं एखादं चांगलं पीक आम्हाला सुचवा. कारण उन्हाळी भुईमुगास ९० ते १०० दिवस लागत असल्याने मार्चमध्ये त्याची पेरणी करणं योग्य ठरणार नाही. एका चोखंदळ शेतकरी वाचकाने मला पत्र पाठवून अशी सूचना केली.

शेतकऱ्यांच्या शेतांतील अशा प्रत्यक्ष अडचणी फार महत्त्वाच्या असतात. मला पत्र आलेल्या शेतकऱ्याचे म्हणणे योग्य आहे. केवळ लवकर येणारे पीक उसाच्या कापणीनंतर लावून चालणार नाही, तर ज्या पिकामुळे जमिनीचा पोत वाढेल असे पीक घेणे महत्त्वाचे आहे. कारण ज्यांच्याकडे बारमाही पाण्याची सोय आहे असे महाराष्ट्रातील बहुतेक शेतकरी ऊसाचे पीक घेतात; परंतु एकसारखे उसाचे पीक घेतल्याने जमिनी निकस होऊ लागल्या आहेत. जमिनीतील क्षार वाढत आहेत; त्यामुळे उसाचे दर हेक्टरी उत्पादन कमी होत आहे. अशा परिस्थितीत काय करावे याचा विचार केला पाहिजे.

या सर्व अडचणींवर मात करणारे, फेब्रुवारीनंतर तोडणी झालेल्या उसानंतरच नव्हे तर गहू, रब्बी ज्वारी इत्यादी पिकानंतर घेता येणारे आणि फक्त ६५ ते ७० दिवसांत तयार होणारे पीक म्हणजे उन्हाळी मुगाचे आहे. आपल्या राज्यात तूर आणि हरभरा या कडधान्यानंतर मुगाचा क्रमांक लागतो; परंतु आपण अद्याप या पिकाकडे फारसे लक्ष दिलेले नाही.

योग्य पीक

उन्हाळी मुगाचे पीक फक्त ६५ ते ७० दिवसांत तयार होते. ते कडधान्य असल्यामुळे जमिनीचा पोत सुधारतो. उन्हाळी हंगामात या पिकावर रोग व किडींचा प्रादुर्भाव कमी असल्याने भरघोस उत्पादन मिळते. फक्त उन्हाळ्यात पाण्याची सोय करायला हवी. अर्थात उन्हाळी भुईमुगाइतके पाणी मुगास लागत नाही. उसाच्या भारी काळ्या जमिनीतही मुगाचे पीक चांगले येते. जातीनुसार उन्हाळी मुगाचे दर हेक्टरी ९ ते १२ क्विंटल उत्पादन येते. सध्याचा मुगाचा दर पाहता ६५ ते ७० दिवसांत उन्हाळी मुगापासून दर हेक्टरी १०००० रुपये मिळतात; शिवाय जमिनीचा पोतही सुधारतो. या पिकास फारसा खर्च येत नाही.

लागवड अशी करा

रब्बी हंगामातील पीक काढल्यानंतर नांगरून आणि कुळवाच्या पाळ्या देऊन जमीन भुसभुशीत करावी. मागील पिकाची धसकटे, काडीकचरा वेचून शेत स्वच्छ करावे. त्या जमिनीतील खरीप किंवा रब्बी पिकास शेणखत दिले असल्यास पुन्हा शेणखत देऊ नये; परंतु या पिकास दर हेक्टरी २० किलो नत्र आणि ४० किलो स्फुरद द्यावे. यासाठी मूग पेरणीअगोदर किंवा पेरणीबरोबर दर हेक्टरी ८० किलो डायअमोनियम फॉस्फेट जमिनीत पेरावे.

उन्हाळी मुगासाठी योग्य जात निवडणे फार महत्त्वाचे आहे. त्यासाठी पुढील जाती चांगल्या आहेत

१) पुसा वैशाखी - ही जात ६० ते ६५ दिवसांत तयार होते. तिचे दाणे गोल, मध्यम आकाराचे आणि हिरव्या रंगाचे असतात. या जातीचे हेक्टरी ९ ते १० क्विंटल उत्पादन मिळते.

२) एम - ८ - बारीक, चमकदार हिरव्या दाण्याची ही जात ६० ते ६५ दिवसांत तयार होऊन हेक्टरी ९ ते १० क्विंटल उत्पादन देते.

३) फुले एम - २ - या जातीचे दाणे मोठे, चमकदार आणि हिरवे असून ती ६३ ते ६५ दिवसांत तयार होते. या जातीचे हेक्टरी १० ते १२ क्विंटल उत्पादन मिळते.

४) के - ८५१ - ही जातही ६० ते ६५ दिवसांत तयार होऊन तिचे हेक्टरी १० ते १२ क्विंटल उत्पादन मिळते. या जातीचे दाणे हिरवे व मोठे असतात.

५) कोपरगाव - हिरव्या चमकदार आणि टपोऱ्या दाण्याची ही जात असून ती ६० ते ६५ दिवसांत तयार होते. या जातीपासून हेक्टरी ८ ते १० क्विंटल उत्पादन मिळते.

या जातींशिवाय बी-एम-४, पीएस-७, पीएस-१६, टीएपी-७ या जातीही उन्हाळ्यात चांगले उत्पादन देतात.

बियाण्यास औषध लावा

पेरणीपूर्वी उन्हाळी मुगाच्या एक किलो बियाण्यास २.५ ग्रॅम कॅप्टन किंवा थायरम चोळावे; त्यामुळे उगवण चांगली होते. शिवाय जमिनीतील रोगापासून पिकाचे संरक्षण होते. औषधाप्रगाणेच उन्हाळी मुगाच्या बियाण्यास रायझोबियम जीवाणूसंवर्धन लावावे; त्यामुळे पिकाचे उत्पादन वाढते.

पेरणी

उन्हाळी मुगाची पेरणी योग्य वेळी म्हणजे १५ फेब्रुवारी ते १५ मार्च या कालावधीत करावी; त्यामुळे अधिक उत्पादन मिळते. पेरणीसाठी हेक्टरी १५ ते २० किलो बियाणे वापरावे. तसेच पेरणीपूर्वी जमिनीस पाणी द्यावे. वापसा आल्यानंतर दोन ओळींतील अंतर ३० सें.मी. आणि दोन रोपांतील अंतर १० सें.मी. ठेवून दुचाडी पाभरीने पेरणी करावी.

पाणी हवे

कोणत्याही उन्हाळी पिकास वेळेवर योग्य प्रमाणात पाणी देणे महत्त्वाचे असते. या पिकासाठी एकूण ५० सें.मी. पाणी लागते. जमीन ओलावण्यासाठी पेरणीपूर्वी एक पाणी द्यावे तसेच काळ्या जमिनीत पेरणीनंतर आंबवणीचे एक पाणी अवश्य द्यावे. याशिवाय दहा दिवसांच्या अंतराने पाण्याच्या आणखी पाच पाळ्या द्याव्यात.

पेरणीनंतर ३० ते ३५ दिवसांनी उन्हाळी मुगाचे पीक फुलोऱ्यात येते. तसेच पेरणीनंतर ५० ते ५५ दिवसांनी शेंगात दाणे भरतात. या वेळी या पिकास पाण्याची फार आवश्यकता असते. म्हणून या महत्त्वाच्या दोन्ही वेळा पाणी दिले जाईल याकडे लक्ष द्यावे.

आंतरमशागत करा

उन्हाळी मुगास आंतरमशागतीची जरुरी असते. पेरणीनंतर अनेकदा पिकात नांगे पडतात किंवा पीक दाट होते. नांगे पडले असतील तेथे पेरणीनंतर एक आठवड्यात बी टोकून नांगे भरावीत. त्यानंतर एक-दोन आठवड्यांनी विरळणी करून ८ ते १० सें.मी. अंतरावर एकच निरोगी व जोमदार रोप ठेवावे. पिकात तण असल्यास एखादी खुरपणी करावी. तसेच पीक एक महिन्याचे होण्याच्या आत एक कोळपणी करावी.

पीकसंरक्षण महत्त्वाचे

उन्हाळ्यात या पिकावर फारशा रोग-किडी येत नसल्या तरी काही वेळा फुलकिडे, मावा, तुडतुडे, पाने खाणारी अळी आणि शेंग पोखरणारी अळी यांचा उपद्रव होतो. या किडींचा उपद्रव दिसून येताच एन्डोसल्फान भुकटी हेक्टरी २० किलो या प्रमाणात वारा शांत असताना धुरळावी किंवा डायमेथोएट ३० इसी ५०० मि.लि. ५०० लिटर पाण्यात मिसळून एक हेक्टर क्षेत्रावर फवारावे.

काही भागांत या पिकावर पिवळा मोझॅक हा रोग आढळतो; त्यामुळे पानावर लहानलहान पिवळे ठिपके दिसतात. काही दिवसांनंतर पानांचा बराचसा भाग पिवळा दिसतो. अशी लक्षणे असलेली रोगग्रस्त झाडे दिसताच ती ताबडतोब उपटावीत म्हणजे या रोगाचा फैलाव होणार नाही.

काढणी - मळणी

पिकाच्या ७५ टक्के टक्के शेंगा तयार झाल्यानंतर पहिली तोडणी करावी. त्यानंतर एक आठवड्याने तयार झालेल्या सर्व शेंगा तोडाव्यात. सर्व शेंगा तोडल्यानंतर झाडे उपटू नयेत, तर तशीच नांगरणी करावी; त्यामुळे झाडांची मुळे, खोड, फांद्या, पाने इत्यादी जमिनीत गाडली जाऊन कुजतात; त्यामुळे जमिनीचा पोत सुधारतो. तोडलेल्या शेंगा उन्हात चांगल्या वाळवून काठीने झोडपाव्यात किंवा बैलांनी अगर ट्रॅक्टरने मळणी करावी. इतर कडधान्यप्रमाणेच मुगाच्याही साठवणीत किडींचा त्रास होतो; म्हणून धान्य उन्हात चांगले वाळवून मगच साठवावे.

अशा प्रकारे उन्हाळी मुगाची लागवड केल्यास फक्त ६० ते ७० दिवसांत या पिकापासून हेक्टरी १० ते १२ क्विंटल मूग मिळतात. आजच्या बाजारभावाप्रमाणे त्याची किंमत १० ते १२ हजार रुपये होते. म्हणूनच आपण या हंगामात उन्हाळी मूग करून फक्त ६० ते ७० दिवसांत हेक्टरी दहा हजार रुपये मिळवणार ना?

◆

उन्हाळी मिरची

"आता कोठे उन्हाळ्याला सुरुवात झाली आहे; परंतु बाजारात हिरव्या मिरचीचा उन्हाळा चांगलाच जाणवू लागला आहे. आताच १० किलो हिरव्या मिरचीला ५० ते ६० रुपये द्यावे लागतात; किरकोळीने तर १० रुपये किलोच्या खाली मिरची मिळत नाही. ऐन उन्हाळ्यात काय होणार हे समजत नाही. गरिबाला हिरवी मिरची खायला तर परवडली पाहिजे." माझे पुण्यातील एक मित्र मला सांगत होते.

मिरचीला बाजारात नेहमीच मागणी असते. मग ती ओली असो अगर वाळलेली असो. वाळलेल्या मिरचीचा दर क्विंटलला ३१०० ते ४००० रुपयांपर्यंत असतो. उन्हाळा वाढेल तसा ओल्या आणि वाळलेल्या मिरचीचा दर वाढतच असतो. आपण शेतकऱ्यांनी बाजारातील या परिस्थितीचा फायदा घेतला पाहिजे. उन्हाळ्यात मिरची लावून चांगले पैसे मिळवले पाहिजेत.

उन्हाळ्यात अधिक उत्पादन

आपल्या आहारात मिरचीला महत्त्वाचे स्थान आहे. दररोजच्या जेवणात ओली, वाळलेली मिरची पाहिजेच. म्हणून बाजारात हिरव्या मिरचीला वर्षभर मागणी असते. यासाठी आपण मिरचीचे अधिक प्रमाणात उत्पादन घेतले पाहिजे. आपणाकडे पावसाचा अनिश्चितपणा असतो; त्यामुळे खरिपातील मिरचीचे उत्पादन खात्रीचे नसते. याउलट उन्हाळ्यातील मिरचीचे उत्पादन खात्रीने येते. कारण हमखास पाणीपुरवठा असतो. शिवाय उन्हाळ्यात कीड व रोगांचा प्रादुर्भाव कमी असतो.

मिरचीचा बेवड चांगला असल्याने त्यानंतर कोणतेही पीक घेतल्यास त्याचे उत्पादन अधिक येते. उन्हाळ्यात निरनिराळ्या जातीनुसार हिरव्या मिरचीचे हेक्टरी ८ ते १० टन उत्पादन मिळते. उन्हाळ्यात हिरव्या मिरचीला मिळणारा दर लक्षात घेता किती पैसे मिळतात याचा आपणच विचार करा; परंतु एवढे उत्पादन मिळण्यासाठी उन्हाळी मिरचीची शास्त्रोक्त लागवड करणे आवश्यक आहे. ती कशी करावी?

जमिनीची मशागत करा

मिरचीच्या यशस्वी लागवडीसाठी चांगला निचरा होणारी जमीन निवडावी. जमिनीत थोडे दिवस जरी पाणी साचून राहिले तरी त्याचा पिकावर वाईट परिणाम होतो. चुनखडी असलेल्या व सेंद्रिय पदार्थ भरपूर प्रमाणात उपलब्ध असलेल्या जमिनीत मिरचीचे पीक चांगले येते.

मिरचीचे पीक घेण्यापूर्वी जमीन चांगली नांगरावी. मग ढेकळे फोडून जमीन आडवी-उभी कुळवावी. जमीन चांगली भुसभुशीत करावी. धसकटे व काडीकचरा वेचून शेत स्वच्छ करावे.

खते द्या

चांगले पीक येण्यासाठी मिरचीच्या पिकास सेंद्रिय व रासायनिक खते द्या. चांगले कुजलेले शेणखत अगर कंपोस्ट खत हेक्टरी २५ ते ३० बैलगाड्या शेतात घालावे. कुळवाने ते जमिनीत चांगले मिसळावे. या खतांच्या जोडीला रासायनिक खतांचा वापर केला तरच अधिक उत्पादन मिळते असे आढळले आहे. म्हणून मिरचीच्या पिकास लागवडीपूर्वी हेक्टरी ५० किलो नत्र, ६० किलो स्फुरद आणि ६० किलो पालाश असा तर नत्राचा दुसरा हप्ता लागवडीनंतर एक महिन्याने दर हेक्टरी ५० किलो याप्रमाणे द्यावा. उरलेला नत्राचा हेक्टरी ५० किलोचा हप्ता मिरचीची झाडे फुलावर आल्यानंतर द्यावा. अशा प्रकारे मिरचीच्या पिकास दरहेक्टरी १५० किलो नत्र, ६० किलो स्फुरद आणि ६० किलो पालाश द्यावे.

लागवड केव्हा व कशी करावी?

आपणाकडे मिरचीची लागवड वर्षभर करता येते. उन्हाळी मिरचीची लागवड मार्च-एप्रिल महिन्यात करावी. मिरचीची लागवड करताना एक महत्त्वाची गोष्ट ध्यानात ठेवावी. ती म्हणजे ज्या जमिनीत अगोदर वांगी, टोमॅटो, बटाटा व तंबाखू ही पिके घेतली असतील तर त्या जमिनीत मिरची घेऊ नये. कारण ही सर्व पिके एकाच वर्गातील असल्यामुळे त्यांचे रोग-किडी सारखे असतात. म्हणून पूर्वीच्या पिकावरील रोग-किडीचा उपद्रव मिरचीच्या पिकावर होण्याची शक्यता असते.

मिरचीची जात, जमिनीचा मगदूर आणि पिकाच्या हंगामानुसार मिरचीच्या लागवडीचे अंतर ठरवावे. लागवड ४५ X ४५ सें.मी. अंतरावर सऱ्यावर करावी. रोपे तयार करून मिरचीची लागवड करतात म्हणून चांगल्या प्रतीची रोपे तयार करणे फार महत्त्वाचे असते. एक हेक्टरला पुरेशी रोपे करण्यासाठी १ ते १.५ किलो बी लागते.

चांगल्या जाती लावा

चांगल्या उत्पादन देणाऱ्या मिरचीच्या काही जाती पुढीलप्रमाणे आहेत.

ज्वाला : - या जातीची झाडे बुटकी आणि भरपूर फांद्या असलेली असतात. याची पाने गर्द हिरवी असतात. फळ सुमारे १०-१२ सें.मी. लांब असून त्यावर सुरकुत्या असतात. कच्च्या फळांचा रंग हिरवट पिवळा असतो. फळ वजनदार आणि तिखट असते. हिरव्या मिरच्यांसाठी ही फार चांगली जात आहे. या जातीचे चांगले उत्पादन मिळते.

एनपी ४६ ए - या जातीची झाडे मध्यम उंचीची व उभट वाढतात. त्याची पाने गर्द हिरव्या रंगाची असतात. मिरच्या ९ ते १२ सें. मी. इतक्या लांब असून त्यांची साल पातळ असते. त्यांचा रंग गर्द हिरवा असून त्यावर फिकट व जांभळ्या छटा असतात. पिकलेल्या मिरच्या लालभडक असतात. हिरव्या मिरच्यांसाठी ही जात चांगली आहे. या जातीचे हिरव्या व वाळलेल्या मिरच्यांचे चांगले उत्पादन मिळते. ही जात बोकड्या रोगास काही प्रमाणात प्रतिकारक आहे.

पंत- सी - १ - या जातीच्या मिरच्या ८ ते १० सें.मी. लांबीच्या असतात. मात्र, त्या झाडास उलट्या लागतात. वाळलेल्या मिरच्यांचा रंग गर्द लाल असल्याने त्यांना चांगला दर मिळतो. या जातीचे झाड काहीसे उभट वाढणारे व मध्यम उंचीचे असते. ही जात उत्पादनाला चांगली असून बोकड्या रोगास बळी न पडणारी आहे.

संकेश्वरी - ३२ - ही जात महाराष्ट्रात विकसित केली असून कोल्हापूर जिल्ह्यात फारच शेतकरीप्रिय आहे. या जातीचे झाड उंच असून मिरची बरीच लांब म्हणजे २० ते २५ सें. मी. लांब असते. मिरची पातळ सालीची आणि त्यावर सुरकुत्या असलेली असते. या मिरचीत बिया कमी असतात. पिकल्यानंतर मिरची गडद तांबडी होते. मिरची फार तिखट असल्याने तिखट करण्यासाठी अधिक योग्य आहे. ही जातही भरपूर उत्पादन देते.

दोंडाईचा - या जातीचे झाड उभट व जोमदारपणे वाढणारे असून त्याचा विस्तार इतर जातींपेक्षा अधिक असतो. या जातीच्या मिरच्या लांब, रुंद आणि वजनदार असतात. या मिरचीची साल जाड असून पिकलेल्या मिरच्या गडद लाल रंगाच्या असतात. मिरचीची लांबी ८ ते १० सें.मी. असते हिरव्या आणि वाळलेल्या मिरच्यांसाठी ही जात चांगली असून ती अधिक उत्पादन देणारी आहे.

वरील जातींशिवाय जी- २, जी-३, जी-४, जी-५ या जातीही अधिक उत्पादन देणाऱ्या आहेत.

चांगली रोपे लावा

मिरचीपासून भरघोस उत्पादन मिळण्यासाठी चांगली जोमदार, निरोगी रोपे आवश्यक असतात. त्यासाठी भरपूर शेणखत वापरून एक मीटर रुंदीच्या, ३ मीटर लांबीच्या आणि २५ सें.मी. उंचीच्या गादीवाफ्यावर रोपे तयार करावीत. त्यांची इतर काळजीही घ्यावी. ते शक्य नसल्यास खात्रीच्या ठिकाणाहून आपणास हव्या त्या अधिक उत्पादन देणाऱ्या जातीच्या मिरचीची रोपे आणावीत. बी पेरल्यानंतर ३० ते ४० दिवसांनी रोपे लागवडीसाठी तयार होतात.

लागवड करण्यापूर्वी एक दिवस अगोदर रोपांच्या वाफ्यांना पाटाचे पाणी द्यावे. रोपांची लागवड उन्हाळ्यात दुपारी ४ वाजल्यानंतर ऊन कमी झाल्यावर करावी. वाफ्यातून रोपे काढताना, वाफ्यात खाली हात घालून भरपूर मुळांसह रोपे काढावीत. लागवडीपूर्वी मिरचीच्या रोपांची मुळे एक टक्का युरियाच्या द्रावणात बुडवावीत; त्यामुळे कमी रोपे मरतात. तसेच झाडांची सुरुवातीची वाढ अधिक जोमदार होते. त्याचप्रमाणे रोपांच्या मुळांचा वरील भाग लागवडीपूर्वी कीडनाशकाच्या द्रावणातून बुडवून घ्यावा; त्यामुळे सुरुवातीपासूनच किडीचा प्रादुर्भाव कमी होऊन रोपे निरोगी राहतात.

उन्हाळ्यात लागवड करताना सऱ्यात आधी पाणी सोडून सऱ्यांच्या बगलेत प्रत्येक ठिकाणी दोन निरोगी रोपे लावावीत. लागवडीनंतर ताबडतोब आंबवणीचे पाणी द्यावे.

आंतरमशागत व पाणी हवे

लागवडीनंतर २० ते २५ दिवसांनी पहिली खुरपणी करावी. त्यानंर जरुरीप्रमाणे खुरपण्या करून तण काढावे. उन्हाळ्यात पाण्याची फार आवश्यकता असते. या पिकास जमिनीच्या मगदुराप्रमाणे आणि दुपारी उन्हाच्या वेळी झाडे कोमेजल्यासारखी दिसू लागली की पाणी द्यावे. अर्थात प्रमाणापेक्षा अधिक पाणी देऊ नये. झाडे फुलावर असताना पाण्याचा ताण पडल्यास फुले व फळे अधिक गळतात. म्हणून या वेळी पिकास पाण्याचा ताण पडणार नाही याची काळजी घ्यावी.

मिरचीच्या पिकात मोठ्या प्रमाणावर फुलांची गळ होते; त्यामुळे उत्पादनावर वाईट परिणाम होतो. म्हणून फुलांची गळ कमी करून उत्पादन वाढविण्यासाठी एन.ए.ए. हे संजीवक पीक फुलावर आल्याबरोबर ५० पी.पी.एम. या प्रमाणात मिरचीच्या झाडावर फवारावे. त्यानंतर १० दिवसांनी अशीच दुसरी फवारणी करावी. त्यामुळे फूलगळ कमी होऊन उत्पादन वाढेल.

काढणी केव्हा करावी

हिरव्या आणि तांबड्या मिरच्यांसाठी मिरच्यांची काढणी करतात. लागवडीनंतर सुमारे २.५ महिन्यानंतर हिरव्या मिरच्यांची काढणी सुरू होते. पूर्ण वाढलेल्या आणि सालीवर विशिष्ट चमक असलेल्या मिरच्यांची देठासहित काढणी करावी. १० ते १५ दिवसांच्या अंतराने हिरव्या मिरच्यांची तोडणी करावी. काढणीनंतर ताबडतोब हिरव्या मिरच्या पोत्यांत भरून बाजारात पाठवाव्यात.

हिरव्या मिरच्यांची काढणी सुरू झाल्यानंतर साधारणपणे तीन महिने काढणी चालू राहते. या काळात मिरचीचे ८ ते १० तोडे होतात. तांबड्या मिरचीची काढणी फक्त पावसाळी हंगामातील मिरची पिकापासून घेतात. कारण अशी तांबडी मिरची वाळविण्यासाठी उन्हाची जरुरी असते. उन्हाळी मिरचीची लागवड फक्त हिरव्या मिरच्यांसाठी करतात. या पिकापासून तांबडी मिरची मिळते; परंतु ती वाळविता येत नाही; कारण तिची काढणी पावसाळ्याच्या सुरुवातीस येते. काही भागांतील शेतकरी केवळ वाळलेल्या तांबड्या मिरचीच्या विक्रीसाठी मिरचीची लागवड करतात. अशा वेळीही सुरुवातीचे एक-दोन तोडे हिरव्या मिरचीचे करावेत; त्यामुळे पुढे अधिक मिरच्या लागतात.

किती उत्पादन?

अशा प्रकारे उन्हाळी मिरचीची लागवड केल्यास निरनिराळ्या जातीनुसार हिरव्या मिरच्यांचे हेक्टरी आठ ते दहा हजार किलो इतके उत्पादन येते.

किडी-रोगांचे नियंत्रण

उन्हाळी मिरचीवर कमी रोग-किडी येतात; परंतु त्यांचे वेळीच नियंत्रण करणे महत्त्वाचे आहे. प्रमुख रोग-किडी पुढीलप्रमाणे आहेत.

बोकड्या - बोकड्या रोगामुळे मिरची पिकांचे फार नुकसान होते; याचा उपद्रव फुलकिडे आणि माइटस या किडीमुळे होतो. म्हणून मिरचीची लागवड केल्यानंतर दर आठवड्यास मोनोक्रोटोफॉस (०.०५ टक्के) अगर एन्डोसल्फान (०.०५ टक्के) फवारावे.

खोड कुरतडणारी अळी

लागवडीनंतर २० ते २५ दिवसांनी ही अळी अनेक रोपे जमिनीजवळ कुरतडते; त्यामुळे फार नुकसान होते. तिच्या नियंत्रणासाठी लागवडीनंतर १५ दिवसांनी रोपाभोवती आळे करून त्यात ५ टक्के दाणेदार कार्बारिल किंवा ५ टक्के मॅलेथिऑन भुकटी हेक्टरी २५ किलो या प्रमाणात टाकावी.

करपा : हा रोग बुरशीमुळे होतो. या रोगामुळे प्रथम कच्च्या फळावर करड्या रंगाचे ठिपके दिसतात. नंतर हे ठिपके काळपट होऊन त्या ठिकाणी फळे नासतात. हा रोग होऊ नये म्हणून वाफ्यात बी पेरणीपूर्वी त्यास पारायुक्त औषध लावावे. तसेच लागवडीनंतर १५ दिवसांनी बोर्डो मिश्रण किंवा इतर बुरशीनाशक फवारावे.

मिरच्या कुजणे : फळे तयार झाल्यानंतर हा रोगही बुरशीमुळे होतो. या रोगाचा प्रादुर्भाव झाल्यानंतर प्रथम लाल मिरचीवर लहान काळसर ठिपका दिसतो. तो हळूहळू मिरचीच्या लांबीत पसरून त्यावर काळे डाग पडतात. पुढे बुरशीची वाढ बियांवरही होते. हा रोग होऊ नये म्हणून वाफ्यावर पेरणी करण्यापूर्वी बियास पारायुक्त औषध लावावे. मिरच्या पिकण्यास सुरुवात झाल्यावर २:२:५० प्रमाणाचे बोर्डोमिश्रण अगर बुरशीनाशक फवारावे.

पानावर काळे ठिपके पडणे : या रोगाने पानावर अनेक काळसर ठिपके दिसतात. काही पाने पिवळसर होऊन गळून पडतात. रोगामुळे देठावर, फांद्यावर काळसर खडबडीत ठिपके आढळतात. त्यांच्या नियंत्रणासाठी लागवडीनंतर दर पंधरा दिवसांनी बुरशीनाशक फवारावे.

शेंडे वाळणे : हा रोगही बुरशीमुळेच होतो. झाडाला फुले येण्यापासून या रोगाची सुरुवात होते. प्रथम काही फुले सुकून वाळतात. नंतर मोठ्या प्रमाणावर रोगग्रस्त फूट गळते. मग बुरशी फांद्यांवर वाढते; त्यामुळे अनेक फांद्या शेंड्यांपासून वाळतात. काही वेळा संपूर्ण शेंडाच वाळतो. फार पाऊस पडला किंवा फार दव पडल्यास हा रोग येतो; त्यामुळे काही वेळा संपूर्ण झाडे मरतात. रोगट झाडांना फारच थोड्या व कमी प्रतीच्या मिरच्या लागतात. त्यासाठी प्रथम रोगट फांद्या किंवा झाडे नष्ट करावीत. नंतर ताबडतोब दर पंधरा दिवसांनी २:२:५० प्रमाणाचे बोर्डोमिश्रण किंवा प्रभावी बुरशीनाशक फवारावे.

वेगळी पिके घ्या

''नेहमी तीच ती पिके घेण्याऐवजी ज्या पिकांचे थोडे अधिक पैसे मिळतील अशी काही पिके आम्हाला सुचवा,'' अशी विचारणा अनेक शेतकरी नेहमी करतात. शेतकऱ्यांचे हे चांगले लक्षण आहे. कारण शेतीतून थोडे अधिक पैसे मिळवावेत या उद्देशाने आपण एखादे नवीन पीक घ्यावे अशी त्यांची इच्छा असते.

आपल्या शेतात ज्वारी, बाजरीसारखी कोरडवाहू पिके घेण्याऐवजी दुसरी कोणती तरी चांगले पैसे देणारी पिके घ्यावीत किंवा उसासारखे बागायती पीक किंवा तेवढ्याच पाण्यात येणारे परंतु अधिक उत्पादन देणारे दुसरे एखादे पीक घ्यावे अशी काही शेतकऱ्यांची इच्छा असते. अर्थात कोणत्या पिकापासून किती पैसे मिळतात म्हणजेच कोणते पीक घेणे अधिक फायदेशीर होईल हे अनेक शेतकऱ्यांना माहीत नसते. म्हणून योग्य त्या पिकांची निवड करणे त्यांना शक्य होत नाही.

उसात बटाटा

अशा नवीन पिकांची निवड करण्यासाठी अनेक पर्याय सुचविता येतील. ज्यांच्याकडे पाणीपुरवठा आहे असे बहुतेक सर्व शेतकरी उसाचे पीक घेतात. अर्थात त्याला कारणेही अनेक आहेत; परंतु या ऊस - पिकातही काही शेतकरी मक्यासारखी पिके घेतात; त्यामुळे फायदा होण्याऐवजी पुष्कळदा तोटाच होतो. कारण मक्याच्या पिकामुळे उसाचे उत्पादन कमी होते; परंतु त्याऐवजी उसात दुसरे एखादे चांगले पीक घेतले तर अधिक फायदा होऊ शकेल.

याबाबत केलेल्या प्रयोगात असे आढळून आले की, पूर्वहंगामी उसात बटाटा घेतल्यास बटाट्याचे दरहेक्टरी ११२ क्विंटल उत्पादन मिळाले. तर त्या उसाचे दर हेक्टरी १२० टन उत्पादन मिळाले. त्याच्या शेजारीच घेतलेल्या त्याचप्रमाणे मशागत केलेल्या, खते दिलेल्या फक्त उसाच्या पिकाचे उत्पादन दरहेक्टरी ११९ टन मिळाले. म्हणजेच बटाट्याच्या आंतरपिकामुळे उसाच्या उत्पादनात काहीही घट झाली नाही. त्याशिवाय बटाट्याचे दरहेक्टरी ११२ क्विंटल उत्पादन मिळाले. बटाट्याचा भाव दर क्विंटलला २०० रुपये असा धरला तरी हेक्टरी २२४०० रुपयांचे जादा उत्पादन मिळाले. बटाट्याच्या या लागवडीसाठी हेक्टरी दहा हजार रुपये खर्च धरला तरी दरहेक्टरी १२,४०० रुपयांचे जादा उत्पन्न मिळाले.

पूर्वहंगामी उसाप्रमाणेच आडसाली उसातही बटाटा घेता येऊ शकेल. म्हणूनच ज्यांना आपले उसाचे पीक कमी करावयाचे नाही; परंतु या पिकापासून अधिक पैसे मिळवायची इच्छा आहे त्यांनी उसाच्या पिकात बटाट्याचे पीक अवश्य घ्यावे.

वर्षात तीन पिके

काहीतरी नवीन करून अधिक पैसे मिळवू इच्छिणाऱ्या शेतकऱ्यांनी वर्षातून फक्त एकच पीक घेऊन चालणार नाही; तर वर्षातून दोन किंवा तीन पिके घेतली पाहिजेत. काही शेतकरी खरीप आणि रब्बी अशा दोन्ही हंगामांत एक एक पीक घेतात; परंतु उन्हाळी हंगामात मात्र तिसरे पीक ते घेत नाहीत. हे योग्य नाही.

अगदी थोड्या म्हणजे ६० ते ६५ दिवसांत उन्हाळी मुगाचे पीक घेता येते. हे पीक कडधान्याचे असल्यामुळे जमिनीची सुपीकता वाढते; तसेच पुढील खरीप हंगामात आपण जे पीक घेऊ त्यास कमी सेंद्रिय खते दिली तर त्यापासून अधिक उत्पादन मिळू शकते. कारण त्या शेतात मुगाचा बेवड केलेला असतो. कडधान्याचे दर सध्या फार वाढलेले आहेत. उन्हाळी मुगाची पुसावैशाखी ही जात पेरल्यास ती ६० ते ६५ दिवसांत तयार होते. तसेच या जातीचे २ ते ३ तोडे मिळतात. या जातीपासून अनेक शेतकऱ्यांनी हेक्टरी १० ते १२ क्विंटल उत्पादन काढले आहे. सध्या मुगाचा दर किती आहे आणि उन्हाळ्यात फक्त दोन महिन्यांत या पिकापासून किती पैसे मिळू शकतात याचा हिशेब शेतकऱ्यांनी करावा.

ज्यांच्याकडे पाण्याची सोय आहे अशा शेतकऱ्यांना आणखी एक चांगले पीक उन्हाळ्यात घेता येऊ शकते. ते म्हणजे उन्हाळी भुईमूग. उन्हाळी भुईमुगाचे पीक खरीप भुईमुगापेक्षा निश्चितच अधिक चांगले येते. भुईमुगाच्या पिकामुळे जमिनीची सुपीकता वाढते. उन्हाळी भुईमुगाचे दरहेक्टरी ३० ते ४० क्विंटल उत्पादन मिळू शकते. हल्ली शेंगदाण्याचा दर क्विंटलला २१०० ते २३०० रुपये इतका आहे; त्यामुळे या पिकापासून कितीतरी चांगले पैसे मिळतात हे स्पष्ट होते. याशिवाय या

पिकाचा बेवड चांगला असल्यामुळे जमिनीची सुपीकता वाढते.

तोंडली लावा

ज्यांच्याकडे पाण्याची चांगली सोय आहे आणि भाजीपाल्याच्या पिकास चांगली बाजारपेठ आहे अशा शेतकऱ्यांनी भाजीपाल्याचे पीक अवश्य घ्यावे; त्यामुळे त्यांना दररोज चांगले पैसे मिळतात. काही शेतकऱ्यांना वरचेवर भाजीपाल्याची लागवड करणे त्रासाचे वाटते. अशा शेतकऱ्यांनी तोंडल्याची लागवड करावी. कारण तोंडल्याच्या पिकापासून एकदा लागवड केल्यानंतर ३-४ वर्षापर्यंत उत्पादन मिळते. तसेच तोंडल्याची फळे वर्षातील सर्व हंगामांत येतात; त्यामुळे बाजारात नियमित पुरवठा करून सतत पैसे मिळविता येतात.

पहिल्या वर्षी तोंडली पिकाचे उत्पादन कमी येते; परंतु दुसऱ्या आणि तिसऱ्या वर्षात हे पीक भरपूर उत्पादन देते. या पिकापासून दरवर्षी दरहेक्टरी सरासरी १५ ते २० हजार किलो उत्पादन मिळू शकते. तीन वर्षांनंतरही चांगले उत्पादन येत असल्यास आणखीही १-२ वर्षे तोंडल्याचे पीक घेता येते. तोंडल्याला नेहमीच चांगला दर मिळतो. ५ ते ६ रुपये किलो दर सहज मिळतो. यावरून तोंडल्याच्या पिकापासून किती पैसे मिळतात याची कल्पना येईल. या पिकाचे आणखी एक वैशिष्ट्य म्हणजे पीक लावल्यानंतर फक्त तीन महिन्यांतच यापासून उत्पन्न मिळण्यास सुरुवात होते. तेही भरपूर मिळते. ते वर्षातील सर्व हंगामांत मिळते; त्यामुळे तोंडल्याच्या पिकापासून चांगले पैसे मिळतात. तरीही अजून फारच थोडे शेतकरी तोंडल्याचे पीक घेतात.

शेवगा लावा

तोंडल्याप्रमाणेच शेवग्याच्या झाडापासूनही भरघोस उत्पादन मिळते. शेवग्याची फांदी लावल्यास सहा महिन्यांतच त्यांना शेंगा येऊन उत्पन्न सुरू होते. कमी पाण्यावर आणि हलक्या जमिनीतही शेवग्याची चांगली लागवड होते. कुठेतरी बांधाला १-२ शेवग्याची झाडे लावण्याऐवजी १-२ एकरांमध्ये शेवगा केल्यास तो अधिक किफायतशीर ठरतो असा अनेकांचा अनुभव आहे. शेवग्याच्या शेंगांना मागणी नेहमी असते. या पिकापासून कमी खर्चात दरहेक्टरी १० हजार रुपयांपर्यंत उत्पन्न मिळते, असा काही शेतकऱ्यांचा अनुभव आहे. म्हणून या पिकाकडेही शेतकऱ्यांनी अवश्य वळावे.

आले घ्या

उसाच्या पिकाला कंटाळलेले अनेक शेतकरी मला नेहमी विचारतात की,

उसाला पर्याय ठरणारे एखादे पीक आम्हाला सांगा. अशा शेतकऱ्यांनी आल्याच्या पिकाकडे वळावे. कारण आल्याचे पीक कमी पावसाच्या भागात किंवा कोल्हापूरसारख्या हमखास पावसाच्या भागातही येऊ शकते. ज्या ठिकाणी पाण्याची खात्रीची सोय आहे, अशा भागात तर आले फार चांगले येते. आल्याच्या पिकापासून चांगले पैसे मिळतात असे शेतकरी ऐकून आहेत; परंतु प्रत्यक्षात आले लागवडीपासून किती फायदा होतो याची माहिती अनेकांना नसते. आल्याची शास्त्रोक्त पद्धतीने लागवड केल्यास दरहेक्टरी ओल्या आल्याचे १५ ते २० हजार किलोपर्यंत उत्पादन मिळते. याचा दर किलोस ६ ते ७ रुपये जरी असला तरी यापासून दरहेक्टरी किती पैसे मिळू शकतात याची कल्पना येते.

आले लागवडीसाठी थोडा अधिक खर्च येतो हे खरे आहे. विशेषतः बियाण्यासाठी जादा खर्च करावा लागतो; परंतु उसासारख्या नेहमीच्या पिकाऐवजी आल्याचे पीक घेतल्यास भरपूर फायदा मिळतो. बाजारात आल्यास दर नसल्यास आल्याची काढणी थोडा वेळ लांबविता येते; त्यामुळे दर कमी झाला तरी फारसे नुकसान होत नाही. म्हणून आल्याचे पीक म्हणजे 'शेतीत तिजोरीत ठेवलेला पैसा' असतो असे काही शेतकरी म्हणतात.

फुलशेती

फुलांची शेती केल्यामुळेही चांगले पैसे मिळतात. आपणास गुलछडी, ऑस्टर, शेवंती, डेलिया इत्यादी अनेक प्रकारची फुलझाडे लावणे शक्य आहे. मोठ्या शहराजवळ आपले गाव असल्यास फुलशेतीपासून अधिक पैसे मिळतात. उसापेक्षा फुलशेतीतून अधिक पैसा मिळविणारे अनेक शेतकरी महाराष्ट्रात आहेत.

नवीन किंवा वेगळी पिके म्हणून अशा अनेक पिकांची यादी लांबविता येईल. खरीप हंगामात तीळ आणि रब्बी हंगामात करडई घेऊन उसापेक्षा जास्त पैसे मिळविणारे शेतकरी मला माहीत आहेत. म्हणून आपणही थोडा विचार करा. इतर ठिकाणी काय चालले आहे ते पाहा. आपली जमीन, हवामान, पाणीपुरवठा आणि पैसा यांचा विचार करून असे वेगळे पीक घ्या आणि जादा पैसे मिळवा.

योग्य प्रकारे धान्य साठवा

"आता या दिवसांत गहू वाळवायला लागतात?" गव्हाच्या वाळवणाशेजारी बसलेल्या माझ्या ओळखीच्या शेतकऱ्यांना मी विचारले.

"काय करायचं? गव्हात लई किडं झाल्यात. गव्हाचा त्यांनी अगदी बुक्का करून टाकलाय. कुठनं हे किडं येत्यात हे काही समजत नाही. हे किडं आमच्या पोराबाळांच्या तोंडचा घास काढून घेत्यात." त्या शेतकऱ्यांनी मला सांगितले.

खरे आहे या शेतकऱ्यांचे. धान्यातील या किडी त्यांच्या मुलाबाळांच्या तोंडचा घास काढून घेतात. कारण असे हे किडलेले धान्य खाण्याच्या योग्यतेचे नसते. भरपूर कष्ट करून आणि निसर्गाच्या अनेक संकटांना तोंड देऊन आपण धान्य पिकवितो; परंतु धान्य घरात आणल्यानंतरही त्याच्यावर हल्ला करणारे अनेक शत्रू असतात हे अनेकांच्या लक्षात येत नाही; त्यामुळे आपण अधिक काळजीपूर्वक धान्याची साठवण केली पाहिजे याकडे अनेकांचे लक्ष नसते.

कोट्यवधींचे नुकसान

शेतातून घरात धान्य आणल्यानंतर निरनिराळ्या किडी, घुशी, उंदीर इत्यादींमुळे धान्याचे नुकसान होते हे शेतकऱ्यांना माहीत आहे; परंतु या लहान किडी आपले कितीसे धान्य खाणार? असे अनेकांना वाटते. हे चुकीचे आहे. कारण हे कीटक लहान असले आणि ते थोडेसेच धान्य खात असले तरी त्यांची एकूण संख्या लक्षात घेता फार मोठ्या प्रमाणात ते धान्याचे नुकसान करतात.

धान्यावरील निरनिराळ्या किडी, पक्षी, उंदीर आणि अयोग्य प्रकारे धान्याची साठवण करणे या कारणांमुळे भारतात दरवर्षी सुमारे दहा टक्के धान्य वाया जाते, असे तज्ज्ञांचे मत आहे. अशा प्रकारे वाया जाणाऱ्या या दहा टक्के धान्याची किंमत सुमारे आठशे कोटी रुपये होते. अशा प्रकारे नाश होणाऱ्या धान्यावर भारतातील आठ कोटी लोक जगू शकतात. म्हणूनच भारतासारख्या गरीब व अन्नधान्याची कमतरता असलेल्या देशात अशा प्रकारे धान्याचे नुकसान होऊ देणे मुळीच योग्य नाही. कारण आपले शेतीउत्पादन वाढविण्यासाठी आपण अनेक मार्गांनी प्रयत्न करीत असताना अशा प्रकारे धान्याची नासाडी करणे योग्य नाही.

कीड कोठून येते?

साठवलेल्या धान्यावर कीड कशी आणि कोठून येत असावी, असा प्रश्न अनेकांच्या मनात येणे साहजिक आहे. कारण ज्या वेळी पिकांची खळ्यात मळणी सुरू असते आणि धान्य तयार होते त्या वेळी बहुधा त्यात कीड नसते; परंतु ते धान्य काही दिवस कणगीत अगर पोत्यात भरून ठेवले म्हणजे त्यात अनेक प्रकारचे किडे दिसतात. साठवलेल्या धान्यावर सुमारे १०० किडी उपजीविका करतात. त्यांपैकी १५ किडी आणि उंदीर फार नुकसान करतात. त्यांत तांदळातील सोंडे अगर टोका, कोठारातील सोंडा, धान्य पोखरणारा भुंगेरा, खापरा किडा, पिठातील तांबडा आणि लांबट भुंगेरा, करवती कडा असलेला भुंगेरा, धान्यातील चपटा भुंगेरा, कडधान्यातील भुंगेरा, धान्यातील सुरसा अगर पतंग, तांदळातील सुरसा, गव्हातील सुरसा इत्यादी प्रमुख आहेत.

धान्यातील किड्यांचा आकार इतका लहान असतो की, ते कोठूनही साठवलेल्या धान्यात शिरू शकतात. एकदा त्यांचा तेथे प्रवेश झाला म्हणजे ते आपल्या प्रचंड प्रजनन शक्तीच्या जोरावर आपली प्रजा वाढवितात. कारण धान्यातील किड्यांची एक मादी दोनशे ते आठशे अंडी घालते; पण त्यापेक्षाही महत्त्वाचे म्हणजे एका अंड्यापासून एका वर्षात एक कोटीवर किड्यांची उत्पत्ती होते. यावरून किती प्रचंड प्रमाणात किड्यांची वाढ होते हे स्पष्ट होते. तसेच साठवलेल्या धान्यात किड्यांना पोटभर अन्न व निवारा मिळतो; त्यामुळे त्यांची झपाट्याने वाढ होते.

साठवलेल्या धान्यात सुरुवातीला थोडीशीच कीड दिसते. या किडीमुळे कितीसे नुकसान होणार? अशा चुकीच्या कल्पनेमुळे आपण त्याकडे दुर्लक्ष करतो; परंतु प्रत्यक्षात वेगळेच घडते. कारण किडी धान्यात शिरून प्रथम धान्याचा सर्वात चांगला भाग खातात. तसेच धान्याच्या आत पोकळी करून त्यात आपली अंडी ठेवतात. त्यातून अळ्या निर्माण होऊन सर्व धान्य आतून पोखरतात; त्यामुळे उरलेला कोंड्याचा भाग खाण्यास अयोग्य असतो.

तसेच किडींची विष्ठा, अंगावरील कात आणि मेलेल्या किड्यांचे अवशेष धान्यात पडतात; त्यामुळे अशा प्रकारचे धान्य खाल्ल्यास माणसाच्या पचनक्रियेत बिघाड होऊन त्यास अपचन, जुलाब इत्यादी विकार सुरू होतात. अशा प्रकारे थोडीशी कीडही सर्व धान्याची नासाडी करते. म्हणून या कीड होऊच नये यासाठी अधिक प्रयत्न करणे जरुरीचे आहे.

प्रतिबंधक उपाय

धान्यात दिसणाऱ्या थोड्याशा किडीमुळे आपले प्रचंड नुकसान होते हे समजण्यास बराच वेळ जातो; परंतु ही गोष्ट ज्यांच्या लक्षात आली आहे त्यांनी तरी पहिल्यापासूनच फार काळजी घ्यावी. धान्यात एकदा कीड झाली म्हणजे तिचे नियंत्रण करणे अवघड होते. त्यासाठी कीड होऊच नये यासाठी खबरदारीचे उपाय योजणे आवश्यक असते. अनेकदा आपल्या निष्काळजीपणामुळे किडीचे आगमन होते. काही शेतकरी धान्य चांगल्या प्रकारे न वाळवताच साठवतात; हे योग्य नाही. कारण धान्यात आठ टक्क्यांपेक्षा कमी आर्द्रता असल्यास किडीचा फारसा प्रादुर्भाव होत नाही. म्हणून धान्य चांगले वाळले की नाही हे नीट पाहावे.

धान्य साठवताना त्यात कोणत्याही प्रकारची कीड नाही याची खात्री करावी. साठवणीतील काही कीटक धान्य शेतात अगर खळ्यावर असतानाच त्यात अंडी घालतात म्हणून ही काळजी घ्यावी. किडीचा थोडासाही प्रादुर्भाव दिसला तर साठवण्यापूर्वी धान्यास विषारी धुरी द्यावी. तसेच ज्या पोत्यात धान्य ठेवायचे ती पोतीही कीडविरहित करावीत. त्यासाठी जुनी पोती उकळत्या पाण्यात बुडवावीत किंवा सर्व जुन्या पोत्यांना विषारी धुरी द्यावी. तीच गोष्ट जुन्या कणग्यांची; त्याही उकळत्या पाण्याने धुऊन मगच त्यात धान्य साठवावे.

ज्या ठिकाणी धान्याची पोती ठेवायची त्या जागेतही पूर्वीची काही कीड नाही ना याची काळजी घ्यावी. कारण धान्यातील पूर्णावस्थेतील किडी पुष्कळ दिवस अन्नाशिवाय जगू शकतात. खापरा किडीच्या अळ्यासुद्धा बरेच दिवस अन्नाशिवाय राहू शकतात. म्हणून ज्या ठिकाणी धान्य साठवावयाचे ती जागा, कोठार कीडविरहित करून घ्यावे. त्यासाठी मॅलेथिऑन ५० टक्के प्रवाही १ भाग, १०० भाग पाण्यात मिसळून त्या जागेवर किंवा रिकाम्या कोठारात फवारावे. तसेच धान्याच्या पोत्याची थप्पी जमिनीवर रचू नये. त्याखाली लाकडाची फळी, प्लॅस्टिक ठेवावे.

धान्य तयार झाल्यानंतर ते नीट वाळवून हवाबंद स्थितीत ठेवावे; त्यामुळे चुकून कीड शिरलीच तर तिला प्राणवायू न मिळाल्यामुळे ती मरून जाईल. माती, बांबू इत्यादींच्या कणग्या हवाबंद होऊ शकत नाहीत; तरी अनेक शेतकरी त्यांचा वापर करतात; त्यामुळे त्यांचे नुकसान होते. म्हणून धान्य साठवण्यासाठी लोखंडी पत्र्याची

खास तयार केलेली अगर प्लॅस्टिकची कणगी वापरावी. सध्या अशा कणग्या सगळीकडे मिळतात.

काळजी घेऊनही जर कीड झाली तर काय करावे, असा प्रश्न काहींच्या मनात निर्माण होईल. त्यासाठी योग्य ती उपाययोजना करावी लागते. धान्यात कीड झाली म्हणजे बहुतेक शेतकरी ते धान्य चाळतात अगर पुन्हा ते उन्हात वाळवतात, कारण त्यामुळे धान्यातील सर्व कीड मरून जाईल, अशी त्यांची कल्पना असते; परंतु तसे होत नाही, कारण अशा पद्धतीने किड्यांची सर्व अंडी व अळ्या मरत नाहीत तर किड्यांची संख्या काही प्रमाणात कमी होते; परंतु त्यामुळे उरलेल्या किड्यांची वाढ होण्यास आणि त्यांना नुकसान करण्यास अधिक वाव मिळतो. म्हणून कीड झाल्यानंतर धान्य वाळवून फायदा होत नाही.

धान्यास धुरी द्या

धान्यात कीड होऊ नये अगर झालेली कीड त्वरित मरून जावी यासाठी खात्रीचा उपाय म्हणजे त्या धान्याला औषधांची धुरी द्यावी. धान्याला धुरी देण्यासाठी इडीबी नावाचे औषध लहान अॅम्प्युलमध्ये कीटकनाशके विकणाऱ्या दुकानात मिळते. ते औषध स्वस्त आहे. घरगुती वापरासाठी चांगले आहे. याशिवाय इडीसीटी, मिथाइल ब्रोमाइड ही औषधेही मिळतात. मात्र, ती काळजीपूर्वक वापरावीत. त्यासाठी धान्य हवाबंद कणगीत ठेवावे. त्यात धान्याच्या वरच्या बाजूला औषध टाकून झाकण घट्ट लावावे. अशा प्रकारे धान्यास धुरी दिल्यास त्यात कीड होण्याची भीती नसते.

निंबोळीचा उपयोग

कडधान्यास कीड फार लवकर लागते. त्याला निंबोळीचे तेल लावून ठेवल्यास बरेच दिवस कीड लागत नाही. तसेच १०० किलो धान्यात २ किलो निंबोळी बियांतील मगजाची भुकटी मिसळल्यास कीड होत नाही. सर्वसाधारण शेतकऱ्यास परवडणारे हे उपाय आहेत. त्यांचा वापर करावा.

उंदरांचा उपद्रव

धान्यातील किडीप्रमाणेच उंदीर, घुशीमुळेही धान्याचे फार नुकसान होते. उंदरांची वाढ फार झपाट्याने होते. उंदरांच्या एका जोडीपासून एका वर्षात सुमारे बाराशे उंदीर निर्माण होतात; त्यामुळे भारतात दरवर्षी लाखो टन धान्य उंदीर खातात. त्यांचा बंदोबस्त करण्यासाठी विषारी औषधे वापरावीत. बुरशीमुळेही धान्याचे फार नुकसान होते. धान्य व्यवस्थित वाळवून साठवल्यास बुरशीचा उपद्रव होत नाही.

अशा तऱ्हेने धान्य योग्य प्रकारे वाळवून योग्य प्रकारच्या कणग्यांत भरून

त्यावर धुरीजन्य औषधांचा वापर करून धुरी दिली तर आपल्या कोट्यवधी रुपये किमतीच्या धान्याचे नुकसान वाचून आपण किडीसाठी धान्य पिकविता काय, असे म्हणण्याची वेळ येणार नाही.

◆

अधिक ऊस उत्पादनासाठी पीक फेरपालट महत्त्वाची

''दरवर्षी आमच्या उसाचं एकरी उत्पादन कमी होतंय. तुम्ही सांगता त्याप्रमाणं आम्ही उसाला खतं देतो; तरीही असं का होतं?'' असा प्रश्न ऊस पिकविणाऱ्या प्रमुख जिल्ह्यांतील अनेक शेतकरी विचारतात.

त्यांचे खरे आहे. गेल्या काही वर्षांत आपले उसाचे क्षेत्र वाढले असले तरी आपले दर हेक्टरी उसाचे उत्पादन कमी होते आहे ही सत्य परिस्थिती आहे. उसाच्या कमी उत्पादनाची अनेक कारणे असली तरी उसानंतर आपण फेरपालटीचे म्हणून कोणते पीक घेतो यावरही ऊसउत्पादन अवलंबून असते. कारण ऊसशेतीत खते, पाणी व इतर बाबींबरोबरच जमिनीच्या सुपीकतेलाही महत्त्वाचे स्थान आहे. ही सुपीकता टिकविण्यासाठी सेंद्रिय खतांच्या वापराबरोबरच पीक फेरपालटीला बरेच महत्त्व आहे; परंतु त्याकडे अनेक शेतकरी फारसे लक्ष देत नाहीत.

उसाचे पीक शेतात १२ ते १८ महिने उभे असते. मुख्य ऊसपिकानंतर बहुतेक शेतकरी त्याचा खोडवा ठेवतात; त्यामुळे जमिनी सतत ३० ते ३२ महिने पाण्याखाली राहातात.

वरचेवर उसाचे पीक घेतल्याने जमिनी क्षारयुक्त आणि दलदलीच्या होतात; त्यामुळे जमिनीची सुपीकता कमी होऊन उत्पादन कमी होते. अशा बिघडलेल्या जमिनी पुन्हा लागवडयोग्य करणे खर्चाचे आणि कठीण होते. हे टाळण्यासाठी पिकाच्या फेरपालटीच्या तंत्राचा अवलंब करणे महत्त्वाचे आहे.

पीक फेरपालट कशासाठी?

पीक फेरपालट कशासाठी हे पाहण्याअगोदर फेरपालट म्हणजे काय याचा विचार केला पाहिजे. जमिनाची सुपीकता टिकविण्यासाठी किंबहुना वाढविण्यासाठी एकाच जमिनीत निरनिराळी पिके ठरावीक क्रमाने घेऊन पहिल्या पिकाचा पुढील पिकास फायदा होईल या दृष्टीने केलेल्या पीकलागवडीच्या पद्धतीला पिकाची फेरपालट असे म्हणतात. पिकांचा हा क्रम दोन, तीन किंवा अधिक वर्षांसाठी ठरविता येतो.

पीक फेरपालटीमुळे जमिनीतील निरनिराळ्या थरांतील अन्नद्रव्यांचा वापर होऊन जमिनीची सुपीकता वाढते. पिकाची प्रत सुधारते. तसेच हराळी, लव्हाळा यांसारख्या फार उपद्रवी तणांचा व टारफुलांसारख्या ऊसपिकाच्या मुळांतून अन्न शोधून घेणाऱ्या परोपजीवी तणांचेही नियंत्रण करता येते. केवडा, मूळकुजव्या यांसारखे रोग किंवा खवले किडीसारख्या किडी यांच्या नियंत्रणासाठी फेरपालट आवश्यक असते. फेरपालटीत पिकांची योग्य निवड केली जाते; त्यामुळे जमिनीची धूप थांबते. जमिनीतील अन्नांशाचे संतुलन राखण्यास मदत होते. फेरपालटीत कडधान्ये किंवा द्विदल पिके घेतल्यास हवेतील नत्राचे जमिनीत स्थिरीकरण होऊन त्या नत्राचा पुढील पिकास चांगला उपयोग होतो. जमिनीचा पोत सुधारतो. फेरपालटीत हिरवळीची पिके घेतल्याने नत्र, स्फुरद, पालाश आणि काही सूक्ष्म अन्नद्रव्ये जमिनीला पुरविली जातात. सेंद्रिय खतांचाही पुरवठा होतो आणि जमिनीचा पोत सुधारून तिची उत्पादनक्षमता वाढते.

फेरपालटीत कोणती पिके घ्यावीत?

आपली जमीन, हवामान, हंगाम आणि त्या पिकास असणारी बाजारातील मागणी या गोष्टी ध्यानात घेऊन पिकांची निवड करावी. निरनिराळ्या पिकांच्या वाढीच्या सवयी व अन्नांशाची गरज वेगवेगळी असते. त्याचा आणि एका पिकाचा त्याच्या नंतर घेतल्या जाणाऱ्या पिकावरील परिणाम ध्यानात घेऊन पिके निवडावीत. उथळ मुळ्यांचे तृणधान्य, खोल मुळ्यांची पैसा देणारी पिके आणि जमिनीचा कस सुधारणारे पीक यांचा फेरपालटीत समावेश करावा; त्यामुळे शेतकऱ्याला अन्न, वैरण आणि पैसा मिळेल. तसेच जमिनीची सुपीकता टिकेल. आपल्या किती जमिनीस पाणी देता येईल हे लक्षात घेऊन फेरपालटीत एका शेतातून एकाच वर्षात दोन किंवा अधिक पिके घ्यावीत. मात्र, त्यातही एखादे कोरडवाहू पीक घ्यावे; त्यामुळे जमिनीस सतत पाणी देण्याने होणारे नुकसान टळेल.

पीक फेरपालटीत एखादे कडधान्य, द्विदल पीक आणि ताग, धैंचाचा समावेश

असावा. आपल्या गरजेप्रमाणे आणि त्या त्या पिकाचा बाजारभाव लक्षात घेऊन बाजरी, गहू, भात यांसारख्या पिकांची निवड करावी. जमिनीची उत्पादनक्षमता कमी न होता कमी खर्चात अधिक पैसे मिळतील, या दृष्टीने पिकांची निवड करावी. ज्या शेतकऱ्यांकडे उसाचे कमी क्षेत्र आहे, त्यांना पिकांची फेरपालट करणे शक्य होत नाही. त्यांनी उसात योग्य अशा आंतरपिकांची निवड करावी. त्यासाठी पट्टा पीक-पद्धत वापरता येईल.

पीक फेरपालटीत कोणती पिके का घ्यावीत याचा विचार केल्यानंतर प्रत्यक्ष पिके कशी घ्यावीत याची माहिती करून घेणे योग्य ठरेल.

संशोधन

उसानंतर अगर अगोदर कोणती पिके घेणे फायद्याचे आहे याबद्दल मध्यवर्ती ऊस संशोधन केंद्र, पाडेगाव येथे बरेच संशोधन झाले आहे. त्यात असे आढळले की, तागाच्या पिकानंतर पूर्वहंगामी उसाची लागवड केली किंवा आडसाली उसातच बाजूस तागाची लागवड करून ताग एक ते दीड महिन्याचा झाला असताना गाडला तर उसाचे उत्पादन आणि उतारा समाधानकारक वाढतो. तसेच बाजरीनंतर सुरू ऊस घेण्यापेक्षा तागानंतर सुरू घेतल्यास उसाचे अधिक उत्पादन मिळते असे आढळले. आडसाली उसासाठी रब्बी ज्वारी, बरसीम, हरभरा आणि लसूणघास ही पिके फेरपालटीसाठी चांगली आहेत आणि लसूणघासानंतर उसाचे चांगले उत्पादन मिळते असे आढळून आले.

आपण उसाची लागवड आडसाली, पूर्वहंगामी आणि सुरू अशी करतो. यांपैकी कोणती लागवड फायद्याची असते यासाठी काही प्रयोग करण्यात आले. त्यात असे दिसून आले की, उसाचे आडसाली पीक घेण्याऐवजी खरीप हंगामात बाजरी घ्यावी. त्यानंतर पूर्वहंगामी ऊस-खोडवा-गहू-ताग अशी पिके घ्यावीत. ही पीकपद्धत आर्थिक व जमिनीची प्रत टिकविण्याच्या दृष्टीने चांगली आहे असे दिसून आले.

वेगवेगळी पिके

वरील अनेक बाबींचा विचार करून फेरपालटीत वेगवेगळी पिके घेता येतात. मध्यम, काळ्या जमिनीत उसाचे पीक घ्यावयाचे असल्यास खालील पीक फेरपालटीची शिफारस केलेली आहे.

हंगामाप्रमाणे इतर फेरपालटी

१) **आडसाली ऊस :** ताग (जून-जुलै) - आडसाली ऊस – खोडवा - गहू – मूग.

२) पूर्वहंगामी ऊस : खरीप बाजरी - पूर्वहंगामी ऊस - खोडवा - गहू – मूग.

३) सुरू ऊस - खरीप कांदा - सुरू ऊस - खोडवा - उन्हाळी भाजीपाला किंवा उन्हाळी भुईमूग - सोयाबीन.

अ) आडसाली ऊस (लागवड जुलै, तोडणी - ऑक्टोबर ते डिसेंबर)

अ.नं.	पहिले पीक	दुसरे पीक	तिसरे आणि पुढचे पीक
१)	ऊस	खोडवा	भात, हरभरा
२)	ऊस	खोडवा	गहू, ताग
३)	ऊस	खोडवा	बाजरी, तूर किंवा हरभरा
४)	ऊस	खोडवा	कापूस, गहू
५)	ऊस	खोडवा	चाऱ्याची पिके
६)	ऊस	खोडवा	उन्हाळी भुईमूग

ब) पूर्वहंगामी ऊस (लागवड - ऑक्टोबर - नोव्हेंबर, तोडणी - नोव्हेंबर ते जानेवारी)

अ.नं.	पहिले पीक	दुसरे पीक	तिसरे आणि पुढचे पीक
१)	ऊस	खोडवा	बाजरी
२)	ऊस	खोडवा	रब्बी ज्वारी, ताग
३)	ऊस	खोडवा	गहू, बाजरी किंवा ताग
४)	ऊस	खोडवा	कापूस

क) सुरू ऊस (लागवड - डिसेंबर-जानेवारी, तोडणी - नोव्हेंबर ते जानेवारी)

अ.नं.	पहिले पीक	दुसरे पीक	तिसरे आणि पुढचे पीक
१)	ऊस	रब्बी ज्वारी	ताग
२)	ऊस	तूर	ताग
३)	ऊस	रब्बी ज्वारी	भुईमूग
४)	ऊस	बाजरी	ताग

वरील पीक फेरपालटीत आपल्या सोयीनुसार बदल करता येईल. तसेच त्या त्या हंगामातील योग्य भाजीपाला पिके, कडधान्ये यांचा समावेश करता येईल.

खारवट जमिनी - खारवट जमिनीत जमीन सुधारण्याच्या उपाययोजना कराव्यात; परंतु त्याचबरोबर क्षारांना न जुमानणारी कापूस, गहू, कांदा, टोमॅटो, कोबी ही पिके घ्यावीत. मात्र, हरभरा, मूग, उडीद यांसारखी पिके घेतल्यास क्षार कमी होण्याऐवजी वाढतात. म्हणून ही पिके घेऊ नयेत. चोपण जमीन मोकळी ठेवू नये. अशा जमिनीत धैंचा, ताग, भात, उन्हाळी भाजीपाला अशी पिके घ्यावीत.

अशा प्रकारे आपण जमिनीत योग्य अशी पिके फेरपालटीत घेतल्यास जमिनीची सुपीकता वाढेल. उसाचे दरहेक्टरी उत्पादन वाढेल. मग दरवर्षी आपले उसाचे उत्पादन कमी का येते याची काळजी राहणार नाही. म्हणून उत्पादनाच्या दृष्टीने पीक फेरपालट अत्यावश्यक आहे.

◆

वर्षातून चार पिके घ्या!

''रासायनिक खतांच्या वाढलेल्या किमती, उसाला साखर कारखान्यांकडून मिळणारा कमी दर, शेतात वर्ष-दीड वर्ष राहणारं आणि त्यामुळे जमिनीचं नुकसान करणारं उसाचं पीक या सर्वांचा विचार केला असता उसाइतक्याच पाण्यात येणारी वर्षातून तीन-चार पिके घेतली असता उसाइतका पैसा मिळणार नाही का? तसेच त्यामुळे जमिनीचा पोतही टिकून राहील असं वाटतं. तुम्हाला काय वाटतं?'' असा प्रश्न काही अभ्यासू शेतकरी अनेकदा विचारतात.

दररदिवशी उत्पादन

शेतकऱ्यांचे बरोबर आहे. उसाइतक्याच पाण्यात, तेवढ्याच खर्चात त्या जमिनीत वर्षातून तीन किंवा चार पिके घेतल्यास उसापेक्षा निश्चित जास्त पैसे मिळतात. शिवाय निरनिराळ्या पिकांची फेरपालट झाल्याने जमिनीचा पोत निश्चितच टिकून राहतो. आपणास जमीन तर वाढविता येत नाही. मग आहे त्या जमिनीतून अधिक पिके कशी घ्यायची? त्यासाठी एका वर्षात, एकाच जमिनीत, एकापेक्षा अधिक पिके घेतली पाहिजेत. या पद्धतीला 'बहुविध पीकपद्धती' असे म्हणतात.

या बहुविध पीक-पद्धतीत वर्षात ३ ते ४ पिके घेऊन भरघोस उत्पादन काढता येते. मात्र, त्यासाठी योग्य प्रमाणात खते, पाणी, कमी कालावधीत तयार होणाऱ्या अधिक उत्पादन देणाऱ्या जातींचा वापर आणि रोग व कीडप्रतिबंधक उपाय यांचा वापर करणे जरुरीचे आहे. या पद्धतीमुळेच हेक्टरी किती उत्पादन मिळाले यापेक्षा

दिवसाला किती उत्पादन मिळाले हा शब्दप्रयोग रूढ होत आहे. उदाहरणार्थ, संकरित ज्वारीचे हेक्टरी ७० क्विंटल उत्पादन १०० दिवसांत मिळाले. तर दरदिवशी ७० किलो उत्पादन मिळाले. म्हणूनच आपणास दरदिवशी किती उत्पादन मिळते याचा विचार आपण आता केला पाहिजे कारण, त्यावरच आपला शेतीतील फायदा-तोटा अवलंबून आहे.

महत्त्वाच्या बाबी

एका वर्षात चार पिके घेता येतात, असे पूर्वी कोणास सांगितले असते तर ते पटले नसते; परंतु आता ही गोष्ट फारशी अवघड राहिलेली नाही; अर्थात त्यासाठी काही महत्त्वाच्या बाबींकडे लक्ष दिले पाहिजे. बहुविध पीक-पद्धतीत एकूण उत्पादन खालील बाबींवर आधारित असते. १) हवामान, २) जमीन, ३) ओलिताची सोय, ४) पिकांची निवड, ५) खताचे प्रमाण, ६) शेतीची औजारे आणि ७) रोग व कीडप्रतिबंधक उपाय.

आपल्या भागातील हवामानास आणि जमिनीस अनुकूल अशीच पिके घ्यावीत. कारण त्या हंगामातील पावसाचे प्रमाण व तपमान जर पिकास योग्य असेल तरच त्या पिकांची चांगली वाढ होऊन अधिक उत्पादन मिळते. म्हणून वर्षातील प्रत्येक हंगामात (खरीप, रब्बी व उन्हाळी) योग्य पिकांची निवड करावी. ज्या भागात वार्षिक पाऊस ८५० मि. मी. किंवा त्यापेक्षा अधिक आहे, तसेच ज्या जमिनीत पिकांच्या वाढीसाठी २०० मि.मी. ओल राहू शकते, अशा मध्यम किंवा खोल जमिनीत, (खोली ८० सें.मी.) केवळ पावसाच्या पाण्यावर वर्षात दोन पिके सहज घेता येतात.

वर्षात एकापेक्षा अधिक पिके घेण्यासाठी वर्षभर ओलिताची सोय पाहिजे पाण्याच्या उपलब्धतेवरच किती व कोणती पिके घ्यायची हे ठरवावे लागते. पाणी कमी असल्यास किंवा केवळ पावसाच्याच पाण्यावर पीक घ्यावयाचे झाल्यास दुसरे पीक कमीतकमी पाण्यावर तयार होणारे असले पाहिजे.

पिकांची निवड

बहुविध पीकपद्धत यशस्वी होण्यासाठी कमी दिवसांत तयार होऊन अधिक उत्पादन देणाऱ्या जातींचा विचार केला पाहिजे. स्थानिक जाती वापरणे योग्य नाही. कोणत्या हंगामात कोणते पीक घ्यायचे हे अनुभवाने आणि पिकांना लागणाऱ्या हवामानानुसार ठरवावे. तसेच वर्षाला कोणत्या पिकांची फेरपालट करावी हे जमिनीच्या प्रकारानुसार ठरवावे.

ज्या पिकांचे कीड व रोग सारखेच आहेत अशी पिके एकानंतर दुसरे घेऊ नये. दोन पिकांमध्ये एक डाळीचे पीक असावे; त्यामुळे जमिनीची सुपीकता वाढते.

नत्रयुक्त खते कमी लागतात. एक पीक खोल मुळे असलेले तर त्यानंतरचे पीक उथळ मुळे असलेले असावे. कारण खोल मुळाचे पीक (उदा. कापूस) जमिनीच्या खालील थरातून पाणी व अन्नद्रव्ये शोषून घेते. तर उथळ मुळाचे पीक (उदा. गहू) जमिनीच्या वरील थरातून पाणी व अन्नद्रव्य शोषून घेते. अशा प्रकारे जमिनीच्या सर्व थरांतील अन्नद्रव्यांचा योग्य वापर होतो.

बहुविध पीक-पद्धतीत एकापेक्षा अधिक पिके घेतली जात असल्यामुळे काही दिवसांनी जमिनीचा कस कमी होतो. त्यासाठी पिकांना शिफारस केल्याप्रमाणे खते देणे जरुरीचे असते. तसेच शेणखत किंवा कंपोस्ट खत यांचाही वापर करणे महत्त्वाचे आहे. ते शक्य नसल्यास हिरवळीच्या खताचा वापर करावा.

बहुविध पीक-पद्धतीत एक पीक काढल्यानंतर कमीतकमी वेळात जमीन तयार करून दुसऱ्या पिकाची पेरणी ठरलेल्या वेळी झाली पाहिजे. त्यासाठी सुधारित औजारांचा वापर फायद्याचा ठरतो. उदा. खत व बियाणे एकाच वेळी पेरता येईल. अशी सुधारित पाभर, सारायंत्र, नॉर्वेजियन कुळव इत्यादींना महत्त्व आहे. पिकांना रोग व किडींचा प्रादुर्भाव होणार नाही याची काळजी घ्यावी. तसेच रोग व किडींचा प्रादुर्भाव दिसताच त्यावर औषधफवारणी अगर धुरळणी करणे जरुरीचे आहे. पहिल्या पिकावरील रोग व कीड दुसऱ्या पिकावर येणार नाही याची काळजी घ्यावी. तसेच रोगकिडींचा प्रादुर्भाव दिसताच त्यावर औषधफवारणी अगर धुरळणी करणे जरुरीचे आहे. पहिल्या पिकावरील रोग व कीड दुसऱ्या पिकावर येणार नाही याची काळजी घ्यावी. शक्यतो पिकावर रोग, कीड येणार नाही म्हणून प्रतिबंधक उपाय योजावेत.

कोणती पिके घ्यावीत?

बहुविध पीक-पद्धतीचा सर्वसाधारणपणे विचार केल्यानंतर या पद्धतीत कोणती पिके कधी घ्यावीत हे पाहिले पाहिजे.

वर्षातून दोन पिके

१) भात - ज्वारी किंवा गहू किंवा हरभरा. २) सोयाबीन - गहू किंवा ज्वारी किंवा हरभरा.

वर्षातून तीन पिके

१) संकरित ज्वारी - हरभरा - उन्हाळी भुईमूग. २) मूग-हरभरा - भाजीपाला. ३) मका - गहू -भुईमूग. ४) बाजरी - हरभरा -उन्हाळी भुईमूग. ५) कापूस - गहू - वैशाखी मूग. ६) भुईमूग - गहू - मका चाऱ्यासाठी.

वर्षातून चार पिके

१) मूग -मका -बटाटा –गहू. २) मूग -मका -मोहरी -गहू.

३) मूग -मका -मुळा –गहू. मक्याऐवजी संकरित ज्वारी - बाजरी घेता येते.

वर्षातून दोन, तीन किंवा चार पिकांची ही ढोबळ कल्पना झाली; परंतु या पिकांची पेरणी, काढणी कधी होते; एका वर्षात हे गणित कसे बसवायचे हे खालील तक्ता क्र. १ ते ६ यावरून समजेल.

अशा प्रकारे वेगवेगळ्या पिकांची निवड करून वर्षातून तीन किंवा चार पिके घेता येतात.

तक्ता क्र. १

पीक	पेरणी	काढणी	एकूण दिवस
मूग	जून	ऑगस्ट	९०
संकरित ज्वारी	ऑक्टोबर	१५ जानेवारी	१००
उन्हाळी भुईमूग	फेब्रुवारी	१५ मे	१००

तक्ता क्र. २

पीक	पेरणी	काढणी	एकूण दिवस
मूग	मध्य एप्रिल	जूनअखेर	८०
मका	जुलै पहिला आठवडा	ऑक्टोबर	१००
गहू	मध्य नोव्हेंबर	मध्य मार्च	१२०

तक्ता क्र. ३

पीक	पेरणी	काढणी	एकूण दिवस
मका	मध्य एप्रिल	जुलै	१००
बाजरी	जुलैअखेर	ऑक्टोबर	१००
गहू	मध्य नोव्हेंबर	मध्य मार्च	१२०

तक्ता क्र. ४

पीक	पेरणी	काढणी	एकूण दिवस
मूग	एप्रिल	जुलै	८०
मका किंवा	जुलै	सप्टेंबरअखेर	१००
संकरित ज्वारी	जुलै	किंवा ऑक्टोबर	
मुळा	ऑक्टोबर	नोव्हेंबर	४५
गहू	मध्य नोव्हेंबर	मार्चअखेर	१२०

तक्ता क्र. ५

सं. ज्वारी	जुलै	सप्टेंबर	९०
बटाटा	ऑक्टोबर	डिसेंबर	८९
गहू	मध्य डिसेंबर	मध्य एप्रिल	१२०
मूग	मध्य एप्रिल	जून	६५

तक्ता क्र. ६

भात/सं. ज्वारी	जुलै	ऑक्टोबर	११५
मुळा	ऑक्टोबर	डिसेंबर	७०
फ्लॉवर	ऑक्टोबर	डिसेंबर	७०
गहू	मध्य डिसेंबर	मध्य एप्रिल	१२०
चवळी	मध्य एप्रिल	मध्य जून	६५

तक्ता - अ

हंगाम	पीक	लागलेले दिवस	हेक्टरी उत्पादन (क्विंटल) दाणे
खरीप	मका	१०४	३५.००
रब्बी	गहू	११०	३४.००
उन्हाळी	भुईमूग	११९	२४.००
एकूण		३३३	९३.०० क्विंटल

तक्ता - ब

हंगाम	पीक	लागलेले दिवस	हेक्टरी उत्पादन
खरीप	सं. ज्वारी + तूर	१००	४०.००
रब्बी	तूर	१६०	०८.००
उन्हाळी	भुईमूग	११९	२२.००
एकूण		३७९	७०.००

तक्ता - क

हंगाम	पीक	लागलेले दिवस	हेक्टरी उत्पादन (क्विंटल) दाणे
खरीप	ज्वारी (सं.)	१००	४६.००
रब्बी	गहू	११०	३२.००
उन्हाळी	भुईमूग	११९	१९.००
एकूण		३२९	९७

तक्ता - ड

हंगाम	पीक	लागलेले दिवस	हेक्टरी उत्पादन
खरीप	सं. ज्वारी	१००	५७.००
रब्बी	हरभरा	१२४	२५ .००
उन्हाळी	बाजरी	१०९	
	चाऱ्यासाठी दोन कापण्या		५७५.०
			ओली वैरण

किती उत्पादन

महात्मा फुले कृषी विद्यापीठ, राहुरी येथे बहुविध पीक-पद्धतीने घेतलेल्या पिकांचे जे उत्पादन मिळाले ते तक्ता. क्र 'अ' ते 'ड' मध्ये दिले आहे.

अशा प्रकारे वर्षातून फक्त तीन पिके घेतली तरी किती चांगले उत्पादन मिळू शकते हे वरील चार तक्त्यांवरून लक्षात येईल.

या पीक-पद्धतीला दोन पिकांत फारच कमी वेळ मिळत असल्याने जमिनीची मशागत कमी खर्चात व कमी वेळात करता येते. तणांचा बंदोबस्त होतो. पहिल्या पिकास जरुरीपेक्षा अधिक दिलेल्या खताचा उपयोग दुसऱ्या पिकास होतो; म्हणजेच या पद्धतीने कमी वेळात, कमी खर्चात अधिक उत्पन्न मिळते. म्हणून आपल्या थोड्यातरी जमिनीवर ही बहुविध पीक-पद्धत वापरून भरपूर उत्पादन काढून चांगले पैसे मिळवावेत.

◆

फळझाडांची शास्त्रोक्त पद्धतीने लागवड

''नेहमीच्या ज्वारी, बाजरी यांसारख्या पिकांपेक्षा फळबागांत अधिक उत्पादन मिळतं असं तुम्ही अनेकदा सांगता. त्याप्रमाणे आम्ही यंदा फळबाग करायची असं ठरवलं आहे; पण ही फळबाग करण्यापूर्वी ती शास्त्रोक्त पद्धतीने कशी करावी, त्यात कोणत्या महत्त्वाच्या गोष्टींकडे लक्ष दिलं पाहिजे हे जर आम्हाला समजलं तर फार चांगलं होईल.'' तालुक्याच्या ठिकाणी कॉलेजमध्ये प्राध्यापकाचे काम करणाऱ्या आणि घरची शेती फायद्याची कशी करावी याबद्दल नेहमी चर्चा करणाऱ्या माझ्या ओळखीच्या गृहस्थांचे परवा मला पत्र आले.

मे महिन्यात सूर्यनारायण दोन्ही हातांनी भरपूर ऊन देतो. शाळा-कॉलेजसाठी सुट्टीचा महिना असला तरी शेतकऱ्याला या महिन्यात अनेक कामे पूर्ण करावयाची असतात. विशेषतः जून महिन्यामध्ये पाऊस सुरू झाला तर ताबडतोब पेरणी करण्याच्या दृष्टीने शेतीची पूर्वमशागत पूर्ण करावयाची असते. फळझाडे लावायची असतील तर त्यासाठी जमिनीची आखणी करून ताबडतोब खड्डे काढले पाहिजेत. तसेच ते या कडक उन्हात चांगले तापले पाहिजेत. फळझाडे लावण्यापूर्वी इतर महत्त्वाच्या बाबींकडेही लक्ष दिले पाहिजे. त्या गोष्टी विचारात घेऊनच फळबाग लागवडीचा विचार केला पाहिजे.

जमीन महत्त्वाची

फळझाडांच्या लागवडीमध्ये महत्त्वाची गोष्ट म्हणजे जमीन आहे. आपण ज्या

जमिनीत फळझाडे लावणार आहोत ती जमीन कशी आहे हे पाहिले पाहिजे. ज्या जमिनीत फळझाडे लावायची ती जमीन चांगली निचऱ्याची पाहिजे हे ध्यानात ठेवावे. ही जमीन शक्यतो मध्यम, काळी व सकस, पोयट्याची असावी. अशा जमिनीत एक मीटर खाली मुरूम असल्यास अधिक चांगले असते. कारण अशा जमिनीतून पाण्याचा निचरा चांगला होतो. मात्र, ज्या जमिनीतून पाण्याचा निचरा चांगला होत नाही म्हणजेच ज्या जमिनीत एक मीटर खाली पक्का खडक आहे किंवा ज्या जमिनी पाण्यामुळे उमलतात अशा ठिकाणी फळबाग लावू नये.

निरनिराळ्या फळझाडांसाठी विविध प्रकारच्या जमिनी चालत असल्या तरी बहुतेक सर्व प्रकारची झाडे हलक्या जमिनीतही येऊ शकतात. मात्र, अशा हलक्या जमिनीत भरपूर सेंद्रिय खते (शेणखत, कंपोस्ट खत इ.) घालावी लागतात आणि खतांचाही योग्य तो वापर करावा लागतो. अर्थात फळानुसार जमिनीचे प्रकारही बदलावे लागतात. संत्री, मोसंबी अशा फळझाडांसाठी मध्यम काळ्या, वाळूमय जमिनी चांगल्या असतात. तर मोसंबी, अंजीर, द्राक्षे यांसारखी फळझाडे हलक्या जमिनीतही चांगली येतात. केळाला मात्र भारी, कसदार, गाळाची आणि भरपूर सेंद्रिय पदार्थ असलेली जमीन अधिक चांगली असते. काजूचे पीक अगदी हलक्या, मुरमाड जमिनीत येते. द्राक्षांना मध्यम काळी, उत्तम निचरा होणारी जमीन चांगली असते. अगदी हलक्या, मुरमाड जमिनीतही द्राक्षाचे चांगले पीक घेणारे अनेक शेतकरी आहेत. अर्थात अशा जमिनीस खतांचा भरपूर पुरवठा करावा लागतो. अशा प्रकारे आपण कोणत्या फळझाडांची लागवड करणार आहोत त्यानुसार जमिनीची निवड करावी.

हवामान

कोणत्याही पिकाची वाढ जमिनीप्रमाणेच हवामानावर अवलंबून असते. काही ठिकाणी जमिनीपेक्षा हवामान महत्त्वाचे असते. महाराष्ट्रातील हवामान उष्ण व समशीतोष्ण प्रकारचे आहे. समुद्रकिनाऱ्याशेजारच्या अधिक पावसाच्या उष्ण व दमट हवामानात आंबा, नारळ, सुपारी, चिक्कू, केळी यांसारखी फळझाडे चांगली येतात. ज्या भागात सरासरी ६२५ ते १२५० मिलीमीटर पाऊस पडतो आणि तपमान ४० अंश सेंटिग्रेडपर्यंत आहे अशा ठिकाणी संत्री, लिंबू, डाळिंब, बोर, पपई, आंबा ही फळझाडे चांगली येतात. म्हणून आपल्या भागात कशा प्रकारचे हवामान आहे याचा विचार करून फळझाडांची निवड करावी.

पाणी पाहिजे

फळबाग लावायची म्हणजे पाणी हवेच. काही फळझाडांना नियमित पाणी हवे

असते तर काही फळझाडांना फार थोडे पाणी असले तरी चालते. किंबहुना अनेकदा फळझाडे जगली की, त्यांना पाण्याची फारशी जरुरी भासत नाही. त्यांना कोरडवाहू फळझाडे असे म्हणतात. काजू, फणस, सीताफळ, कवठ, आवळा अशा फळझाडांना पाण्याची फारशी जरुरी नसते; परंतु याउलट केळी, द्राक्षे, चिक्कू, पपई, नारळ, सुपारी यांसारख्या फळझाडांना नियमित पाण्याची आवश्यकता असते. केळीसारख्या पिकास तर वरचेवर भरपूर पाणी द्यावे लागते. तीच गोष्ट द्राक्षे, पपई, चिक्कू या फळझाडांच्या बाबतीत आहे. उन्हाळ्यात पाणी कमी असेल तर डाळिंब, पेरू यांसारखी फळझाडे लावावीत. ठिबक सिंचन पद्धतीचा वापर करून कमी पाण्यात फळझाडे वाढविणे शक्य असते.

जी जमीन फळझाडांसाठी निवडली असेल त्या जमिनीत हरळी, कुंदा, लव्हाळा यांसारखी कायमस्वरूपाची तणे असतील तर ती व्यवस्थितपणे काढावीत. तसेच उन्हाळ्यात जमीन उभी-आडवी आणि खोल नांगरून घ्यावी. नंतर कुळवाची पाळी देऊन ढेकळे फोडावीत. त्यावर लाकडी फळी फिरवून जमीन सपाट करावी. जमिनीची पूर्वमशागत चांगली झाल्यास फळझाडांच्या मुळांची चांगली वाढ होते.

बागेची आखणी करा

फळबाग लागवडीबाबत आणखी एक महत्त्वाची गोष्ट म्हणजे बागेची आखणी ही आहे. जमिनीत झाडे लावण्यापूर्वी सर्व दृष्टीने विचार करून बागेचा नकाशा काढावा; त्यामुळे बागेला सुंदर आणि व्यवस्थित स्वरूप येते. बागेतील दोन झाडांत योग्य अंतर असावे. झाडे दाट लावल्यास झाडांची वाढ चांगली होत नाही. तसेच झाडांच्या फांद्या बाजूला न वाढता उंच वाढतात. उंच झाडांना सोसाट्याच्या वाऱ्यापासून फार भीती असते. शिवाय अशा उंच झाडावरील फांद्या तोडणे अवघड जाते. याशिवाय अशा झाडांची छाटणी करणे आणि त्यावर कीटकनाशके फवारणे हेही अधिक खर्चाचे होते.

अशा बागेत जमिनीची मशागत चांगल्या प्रकारे करणे शक्य होत नाही. म्हणून जमिनीची आखणी करण्यापूर्वी झाडे लावण्याची पद्धत ठरविणे फार महत्त्वाचे असते. फळझाडे नेहमी सरळ रेषेत लावावीत. ती जमिनीत बरेच दिवस राहतात. म्हणून जमिनीचा मगदूर, लागवड करावयाची फळझाडे, त्यांची जात लक्षात घेऊन दोन झाडांतील अंतर ठेवावे. फळझाडे लावण्याच्या प्रमुख पाच पद्धती आहेत. त्यांत चौरस पद्धत, षटकोन पद्धत, त्रिकोणी पद्धत, आयताकृती पद्धत आणि उतार समपातळी पद्धत यांचा समावेश होतो.

चौरसाकृती पद्धत

बहुतेक फळझाडांची लागवड चौरसाकृती पद्धतीने करतात. कारण ही पद्धत आखण्यास सोपी असते. उभ्या-आडव्या मशागतीस ही पद्धत अधिक योग्य आहे. या पद्धतीत झाडांच्या रांगा एकमेकांस काटकोन करून असतात. दोन झाडांतील आणि दोन ओळींतील अंतर चौरस पद्धतीत सारखेच असते. त्यामुळे झाडे सर्व दिशेने पाहिल्यास सारख्या अंतरावर दिसतात. झाडांच्या मध्ये जागा राहते. आंबा, पेरू, चिक्कू, संत्री, मोसंबी इत्यादी फळझाडांसाठी ही पद्धत वापरावी. या पद्धतीने झाडांची रचना करणे फार सोपे असून ते काम कोणीही करू शकते. या पद्धतीत दोन झाडांतील व दोन ओळींतील अंतर सारखे ठेवून चौरसाच्या प्रत्येक कोपऱ्यावर एक झाड लावावे. झाड लावण्याच्या जागेवर खूण करावी किंवा खुंटी मारावी. लागवडीची ही पद्धत सोपी असून दोन ओळींत दोन्ही बाजूने मशागत करण्यास आणि आंतरपिके घेण्यास सोयीचे असते.

षटकोनी पद्धत

षटकोनी पद्धतीने लावलेली झाडे सर्व दिशेने पाहिल्यास सारख्या अंतरावर आणि सरळ रांगेत दिसतात. या पद्धतीने लागवड केल्यास चौरसाच्या पद्धतीपेक्षा तेवढ्याच जागेत हेक्टरी १५ टक्के झाडे अधिक बसतात.

त्रिकोणी पद्धत

त्रिकोणी पद्धत चौरस पद्धतीसारखीच असते. फरक एवढाच की, चौरसाच्या मोकळ्या जागेत पाचवे झाड लावलेले असते. या पद्धतीत हेक्टरी चौरस पद्धतीच्या दुप्पट झाडे असतात.

द्राक्षाची लागवड आयताकृती पद्धतीने करतात. या पद्धतीत झाडाच्या रांगा काटकोन करून असतात. दोन झाडांतील अंतर व दोन ओळींतील अंतर सारखे नसते. डोंगर उतारावर किंवा जास्त उताराच्या ठिकाणी उतार समपातळी किंवा कंटूर पद्धत वापरता येते.

खड्डा घेणे, भरणे

फळबाग लागवडीत खड्डा खोदणे व भरणे महत्त्वाचे असते. त्यासाठी आपणास ज्या पद्धतीने फळबाग लावायची आहे त्या दृष्टीने आखणी करून घ्यावी. सर्वसाधारणपणे आंबा, चिक्कू, नारळ, मोसंबी, संत्री या फळझाडांची कलमे किंवा रोपे लावणीसाठी १X१X१ मीटर आकाराचे खड्डे घ्यावेत. कागदी लिंबू, पेरू, डाळिंब इत्यादी लागवडीसाठी ६० सें. मी. X ६० सें. मी. X ६० सें. मी. आकाराचे खड्डे घ्यावेत.

खड्डे घेताना वरच्या थराची चांगली माती एका बाजूस ठेवावी. मुरूम लागल्यास तो दुसऱ्या बाजूस ठेवावा. ३ ते ४ आठवडे खड्डे चांगले तापू द्यावेत. नंतर मे महिन्याच्या शेवटच्या आठवड्यात किंवा जूनच्या पहिल्या आठवड्यात खड्डे भरावेत. खड्डे भरताना त्यांच्या तळाशी १५ ते २० सें. मी. पर्यंत पालापाचोळ्याचा थर द्यावा. त्यावर १ ते २ किलो सुपरफॉस्फेट पसरून टाकावे. चांगले कुजलेले शेणखत अगर कंपोस्ट खत आणि ५ टक्के मॅलेथिऑन भुकटी १०० ग्रॅम मातीत मिसळून खड्डे भरून घ्यावेत. खड्डे जमिनीबरोबर किंवा जगिनीच्या वर ५ ते १० सें. मी.पर्यंत असावेत.

कलमांची लागवड

पावसाळ्यात एक-दोन चांगले पाऊस झाल्यानंतर फळझाडांच्या उत्कृष्ट प्रतीच्या कलमांची किंवा रोपांची तयार केलेल्या खड्ड्यात लागवड करावी. कलम किंवा रोप प्लॅस्टिकच्या पिशवीत किंवा मातीच्या पेल्यात असेल तर त्यांच्या मुळांना अजिबात इजा होणार नाही अशा बेताने ते मातीसह बाहेर काढावे. मग खड्ड्याच्या मधल्या भागातील थोडी माती बाजूला सारून त्यात हे कलम लावावे. ते जमिनीच्या पातळीत बरोबर उभे करावे. त्याची मुळे जमिनीच्या वर उघडी राहू नयेत अगर खोड जमिनीखाली मातीत पुरले जाऊ नये. कलम केलेला भाग मातीत दबणार नाही किंवा जमिनीवर टेकला जाणार नाही याची काळजी घ्यावी. रोपाभोवतालची माती घट्ट दाबावी. पाऊस नसल्यास रोप लावल्याबरोबर पाणी द्यावे. त्यास काठीचा आधार द्यावा. ज्या रोपांची पानगळ होते अशा लिंबू, डाळिंब, पेरू इत्यादींची थोडी पाने काढून मग ती लावावीत. नारळाचे रोप लावताना शेंड्यात माती जाणार नाही याची काळजी घ्यावी.

अशा प्रकारे फळझाडे लागवडीची सर्व तयारी करून झाडे लावल्यास ती चांगली जगतात, जोमाने वाढतात आणि भरपूर फळे देतात.

◆

नारळाची चांगली रोपे कशी करावीत?

''कोकणाप्रमाणेच इतर ठिकाणीही नारळाची लागवड यशस्वी होते. म्हणून आम्ही आमच्या भागात मोठ्या प्रमाणात नारळ लागवड करीत आहोत; परंतु आम्हास पाहिजे त्या जातीची, चांगल्या प्रकारची नारळाची रोपे मिळत नाहीत.'' एक शेतकरी मला सांगत होते.

सध्या अनेक शेतकरी नारळाची लागवड करू लागले आहेत ही समाधानाची गोष्ट आहे. त्याचप्रमाणे मला भेटलेल्या शेतकऱ्याच्या म्हणण्याप्रमाणे योग्य जातीची व चांगल्या प्रतीची नारळाची रोपे अनेकदा मिळत नाहीत, हेही खरे आहे. म्हणूनच इतरांकडून नारळाची रोपे मिळवून आणून लावण्यापेक्षा अनेक शेतकऱ्यांना स्वतःच नारळाची रोपे करणे फारसे अवघड नाही.

दुर्दैवाने फळझाडे चांगल्या जातीची निघाली नाहीत तर ४-५ वर्षांचे श्रम आणि पैसे फुकट जातात. शेतकऱ्यांना ती फळबाग मोडावी लागते. त्यांचे फार नुकसान होते. मग ते निराश होतात. म्हणून फळझाडाच्या रोपाबद्दल शेतकऱ्यांनी फार काळजी घेणे जरूर आहे.

शेतकऱ्यांच्या दृष्टीने नारळाच्या दोन जाती आहेत. उंच जातीत बाणावली (वेस्ट कोस्ट टॉल) ही जात चांगली आहे; तर टी x डी ही संकरित ठेंगू जात उत्कृष्ट आहे.

नारळासाठी झाडाची निवड

'जसा बाप तसा बेटा' असे आपण म्हणतो. आई-बापांप्रमाणे मुले जन्मतात.

पण हे फक्त मानवालाच लागू होते असे नाही तर झाडांच्या बाबतीतही हे खरे आहे. म्हणूनच ज्या झाडांच्या फळांपासून अगर कलमापासून आपणास रोप तयार करावयाचे आहे त्याची निवड फार काळजीपूर्वक केली पाहिजे. नारळही त्याला अपवाद नाही. नारळाच्या झाडाचे आयुष्यमान ८० वर्षांपर्यंत असल्याने आणि त्याला दरवर्षी फळे लागत असल्याने त्या बाबतीत अधिक काळजी घेणे जरुरीचे आहे. कारण रोप जर चांगल्या झाडाच्या फळांचे नसेल तर अनेक वर्षे परिश्रम करूनही नुकसान सोसावे लागेल. म्हणून ज्या झाडावरील नारळ रोपासाठी निवडायचे असतील त्या झाडाची निवड पुढील कसोट्या लावून करावी.

१. ज्या बागा चांगल्या निरोगी आणि भरपूर उत्पादन देणाऱ्या आहेत अशा बागेतील झाडाची निवड करावी.

२. ज्या झाडाची निवड करावयाची असेल त्या झाडास भरपूर म्हणजे दरवर्षी किमान १०० फळे लागत असावीत. झाडावर लागलेले लहान-मोठे नारळ मोजले असता त्यावर किती नारळ आहेत हे समजून येते.

३. निवडलेल्या झाडास प्रत्येक वर्षी नारळ लागत असावेत. वर्षआड फळे लागणारे झाड निवडू नये.

४. झाड चांगले निरोगी आणि भरपूर वाढीचे आणि मध्यम वयाचे असावे.

५. मध्यम स्वरूपाचे आणि गोल आकाराचे नारळ लागणारे झाड चांगले असते.

६. ज्या झाडांचे नारळ पूर्ण वाढ होण्यापूर्वीच गळतात किंवा ज्यांच्या नारळात पाणी अगर खोबरे फार कमी असते असे झाड निवडू नये.

७. घर, गोठा अगर कंपोस्ट खड्डा इत्यादीजवळचे झाड निवडू नये. कारण त्यास अधिक खत, पाणी मिळाल्याने ते चांगले वाढल्याची शक्यता असते.

कोणती फळे घ्यावीत?

वरीलप्रमाणे चांगल्या झाडाची निवड केल्यानंतर त्यावरील उत्तम नारळाची निवड करणे महत्त्वाचे असते. त्यासाठी पुढील गोष्टी लक्षात ठेवाव्यात.

१. फेब्रुवारी ते मे या महिन्यात जे नारळ तयार होतात ते रोपासाठी ठेवावेत. कारण असे नारळ मोठे असतात. त्यात खोबऱ्याचे प्रमाण अधिक असते. अशा फळांचा रुजवा ९५ टक्क्यांपर्यंत होतो.

२. फळे चांगली पक्व झाल्यानंतरच काढावीत. अर्थात ती झाडावर फार वाळू देऊ नयेत. फूल लागल्यापासून ११ ते १२ महिन्यांत नारळ चांगला तयार होतो. त्यांच्या रंगावरून आणि त्यांना बोटाने टिचकी मारली असता त्यांच्या पक्वतेची कल्पना येते.

३. लहान आकाराचे किंवा फुटलेले नारळ रोपासाठी वापरू नयेत.

४. ज्या नारळात फार कमी पाणी आहे आणि साठवणीत ते सर्व आटून जाईल असे आणि हलवल्यानंतर गुडगुड असा आवाज येतो असे नारळ घेऊ नयेत.

मध्यम वयाच्या आणि चांगल्या वाढलेल्या झाडावरून रोपासाठी उन्हाळ्यात नारळ काढावे लागतात. त्या वेळी बागेतील जमीन कठीण असण्याची शक्यता आहे. म्हणून असे निवडलेले नारळ तोडून झाडावरून खाली टाकू नयेत तर दोराच्या साहाय्याने ते उतरवून घ्यावेत. ज्या ठिकाणी भुसभुशीत व नरम जमीन आहे त्या ठिकाणी नेहमीप्रमाणे पाडण केल्यास हरकत नाही. नारळ काढल्यानंतर त्यावरील केसर सुकण्यासाठी एक महिनाभर ठेवावेत. मात्र, असे रोपाचे नारळ एकत्र बांधून झाडाला अगर घरात अडकवून ठेवू नयेत किंवा ते उन्हातही टाकू नयेत तर त्यांना सावलीत तीन इंच रेतीच्या थरात ठेवावे; त्यावरही रेती टाकावी. लावणीचा प्रत्येक नारळ हलवून त्यात पाणी आहे का हे पाहावे.

रोपमळ्याची तयारी

रोपासाठी निवडक झाडांचे नारळ निवडले. आता त्यासाठी जमीन तयार केली पाहिजे. ज्या जमिनीत फळे रुजत घालून रोपे तयार करावयाची आहेत ती जमीन वाळूमिश्रित असल्यास अधिक चांगले ठरते. अशी जमीन उपलब्ध नसल्यास आवश्यक तेवढे क्षेत्र ३० ते ४५ सें. मी. खोल खोदून आतील माती बाहेर काढावी. मग ती जागा रेतीने भरावी; त्यामुळे पाण्याचा निचरा चांगला होतो व वाळवीचा त्रास रोपांना होत नाही. ज्या ठिकाणी पाणी उथळ आहे अशा ठिकाणची जमीन निवडावी.

ज्या वाफ्यात रोप तयार करावयाचे त्याची रुंदी शक्यतो १०० ते १२५ सें.मी. पेक्षा अधिक नसावी. त्याची लांबी कितीही असली तरी चालते. दोन वाफ्यांत चालण्यासाठी व पाण्याचा निचरा होण्यासाठी नाल्या खोदाव्यात. फळे उभी रुजत घालू नयेत, कारण फळे आडवी रुतवून घातल्यामुळे रुजवा अधिक होतो; म्हणून रोपमळ्यात फळे आडवीच रुजत घालावीत. नारळाला असलेल्या तीन कोपऱ्यांपैकी सर्वात रुंद असलेला कोपरा वरील बाजूस ठेवावा. फळांच्या दोन ओळींत ४५ सें.मी. अंतर ठेवावे तर एका ओळीतील दोन फळांमध्ये ३० सें.मी. अंतर ठेवावे.

फळे जमिनीत लावताना त्यांची पुन्हा चांगली पाहणी करावी. जे नारळ साठवणीत वाळले किंवा सडले असतील ते रुजत घालू नयेत. जून-जुलैमध्ये पावसाला सुरुवात झाल्यानंतर नारळ रुजत घातल्यास ताबडतोब पाणी देण्याचा त्रास वाचतो. तथापि, जमीन लवकर कोरडी पडत असल्यास आवश्यकतेनुसार पाणी द्यावे. रोपमळ्यातील वाढलेले गवत अगर इतर तण वरचेवर काढावे. कीड-रोगाच्या प्रतिबंधासाठी कीटकनाशक औषध फवारावे. रोपांना खताची जरुरी नसते. विशेषतः

रोपांना शेणखत अगर कंपोस्ट खत मुळीच घालू नये, कारण त्यामुळे वाळवीचा त्रास वाढण्याची शक्यता असते. कोरड्या हवामानात वाळलेल्या पानांनी किंवा इतर वस्तूंनी जमीन झाकावी. उन्हाळ्यात रोपावर सावली करावी.

उंच जातीच्या झाडांची फळे सर्वसाधारणपणे लावणीपासून तिसऱ्या महिन्यात रुजू लागतात. यापुढे आणखी दोन महिने रुजण्याची क्रिया सुरू असते. वरील प्रकारे सर्व काळजी घेतल्यास सुमारे ९० टक्के फळे रुजतात. जे नारळ सहा महिन्यांत रुजले जात नाहीत ते रोपमळ्यातून काढावेत.

रोपांची निवड अशी करा

रोपमळ्यातील ९० टक्के रोपे रुजली तरी सर्वच रोपे लावण्यायोग्य असतात असे नाही, हे लक्षात ठेवावे. म्हणून लागवडीसाठी चांगली रोपे काळजीपूर्वक निवडावीत. रोपांच्या भिन्न भिन्न वाढीची वैशिष्ट्ये ९ ते १२ महिन्यांनंतर दिसू लागतात. म्हणून ९ महिन्यांपेक्षा कमी वयाची रोपे कधीही लावू नयेत. रोपांच्या निवडीच्या वेळी पुढील गोष्टी लक्षात ठेवाव्यात.

१. रोपे निरोगी व जोमदार दिसणारी असावीत. त्यांना भरपूर पाने फुटलेली असावीत. अशी रोपे चांगली जोमाने वाढतात.

२. ज्या नारळांना लवकर कोंब फुटले असतील आणि रोपे तयार झाली असतील ती प्रथम निवडावी. कारण अशा रोपांना फळेही लवकर लागतात.

३. पानांचे देठ आखूड आणि जाड असावेत. रोपांचा बुंधा जाड असावा.

४. कसेतरी कोंब फुटून वर आलेली, कमी पानांची आणि इतरांपेक्षा लहान वाटणारी रोपे लावू नयेत.

५. वरीलप्रमाणे रोपांची निवड केल्यास २५ ते ४० टक्के रोपे चांगली आढळतात. म्हणून सुरुवातीस अधिक नारळ रुजत घालावेत. मात्र, रोपे कमी पडतात म्हणून कसलीतरी रोपे लावून नुकसान करू नये.

अशा प्रकारे सर्व काळजी घेऊन, नारळाची रोपे तयार करून लावल्यास त्यापासून भरपूर उत्पादन मिळाल्याशिवाय राहणार नाही. त्या दृष्टीने आपल्या शेतकऱ्यांनी विचार करून नारळाचे रोपमळे तयार केले पाहिजेत.

◆

नारळ लवकर का लागत नाहीत?

''आमच्या बंगल्यातील बागेत आम्ही नारळाचे झाड लावले आहे. ते झाड लावून दहा वर्षे झाली; परंतु अद्याप त्याला नारळ लागत नाहीत. त्याचे काय कारण असावे?'' एक गृहस्थ मला विचारत होते.

तुमचे नारळाचे झाड प्रत्यक्ष पाहिल्याशिवाय नारळ न लागण्याचे कारण सांगता येणार नाही असे मी त्यांना म्हटल्यावर 'आताच चला आणि प्रत्यक्षच पाहा' असा त्यांनी आग्रह धरला. त्यांच्या बागेतील नारळाचे झाड मी पाहिले. त्यांचे नारळाचे झाड कंपाउंडशेजारीच होते. त्यांच्या कंपाउंडला कोयनेल लावले होते; ते भरपूर वाढले होते. त्यांच्या कंपाउंडच्या पलीकडच्या मोकळ्या जागेत आंबा, पेरू, नारळ अशी अनेक झाडे होती. त्या झाडांत आणि त्यांच्या झाडात जास्तीतजास्त तीन-चार मीटर अंतर होते. शेजारच्या झाडांची सावली या नारळाच्या झाडावर पडत होती.

भरपूर सूर्यप्रकाश हवा

अनेक ठिकाणी अशी परिस्थिती आढळते. कंपाउंडच्या शेजारी नारळ लावल्याने त्याला फक्त एकाच बाजूने अन्नपाणी मिळत होते. कंपाउंडच्या बाजूची नारळाची मुळे तहानलेली व उपाशी होती. तसेच कोयनेलसारख्या कंपाउंडच्या वनस्पती या नारळाच्या झाडाचे बरेच पाणी व अन्न खात होत्या. याशिवाय शेजारच्या झाडांची सावली या झाडावर पडत असल्याने नारळाच्या झाडास भरपूर सूर्यप्रकाश मिळत नव्हता; त्यामुळे नारळाच्या झाडाच्या अन्न पक्व करण्याच्या प्रक्रियेत अडथळा

निर्माण होत होता.

कारण झाडाच्या मुळांनी शोषून घेतलेले अन्न पानाकडे येते. मग तेथे ते सूर्यप्रकाशामुळे तयार होते; परंतु या झाडाबाबत तसे होत नव्हते. अशा प्रकारे कंपाउंडशेजारच्या नारळाच्या झाडाला गरजेइतके अन्नपाणी मिळत नव्हते. जे काही मिळत होते ते अपुऱ्या प्रकाशामुळे पक्व होत नव्हते. अशा परिस्थितीत त्या नारळाच्या झाडाला लवकर नारळ कसे लागणार? म्हणून आपल्या नारळाच्या झाडांना भरपूर सूर्यप्रकाश मिळतो की नाही हे पाहावे.

प्रमाणात पाणी हवे

या झाडाला तुम्ही पाणी कधी देता? असे विचारल्यावर त्यांनी सांगितले की, नारळाच्या झाडाला भरपूर पाणी लागते, म्हणून आम्ही त्याला दररोज पाणी देतो; परंतु हेही योग्य नाही. कारण अशा तऱ्हेने सतत फार पाणी दिल्याने झाडाचे नुकसान होते. जरुरीपेक्षा अधिक पाणी दिल्याने जमिनीतील हवा बाहेर जाऊन त्या ठिकाणी पाणी साचते; त्यामुळे झाडाच्या मुळांना हवा मिळत नाही. मग मुळांची वाढ चांगली होत नाही. मुळे जमिनीतील अन्न चांगल्या प्रकारे शोषून घेऊ शकत नाहीत.

दुसरी गोष्ट म्हणजे जमिनीत योग्य प्रमाणात हवा उपलब्ध होत नसल्यामुळे हवेतील नत्र शोषून घेणाऱ्या जीवाणूंची वाढ कमी होते. तसेच भरपूर पाण्यामुळे नत्रयुक्त खतातील नत्र हा अन्नघटक पाण्याबरोबर वेगाने निचरा होऊन जातो. या तिन्ही कारणांमुळे झाडाला उशिरा नारळ लागतात, कमी लागतात किंवा काही वेळा लागतही नाहीत म्हणून या तिन्ही गोष्टींकडे लक्ष देणे आवश्यक आहे.

मिठाची जरुरी नाही

नारळाच्या झाडाला देत असलेल्या खताबद्दल सांगताना ते म्हणाले की, "पावसाळ्याच्या सुरुवातीला आम्ही थोडे सुफला देतो. मात्र, या झाडाला आम्ही भरपूर मीठ देतो. कारण मिठामुळे भरपूर नारळ लागतात, असे आम्हाला एकाने सांगितले. ते खरे आहे ना?" त्या सुशिक्षित गृहस्थांनी मला विचारले.

या गृहस्थांप्रमाणेच अनेकांची अशी कल्पना असते की, कोकणात नारळ चांगले वाढतात, त्यांना भरपूर फळे येतात. याचे कारण म्हणजे तिकडे समुद्राकाठची खारी जमीन असते. समुद्रावरील खारा वारा असतो; परंतु देशावर तसे नसते. त्याची भरपाई करण्यासाठी नारळाच्या झाडाला दरवर्षी भरपूर मीठ घालतात. काही शेतकरीही असे मीठ घालतात; पण हे योग्य नाही. नारळाच्या झाडाला मीठ घातल्यामुळे फायद्याऐवजी नुकसान होण्याचीच अधिक शक्यता असते. कारण अधिक मीठ घातल्यामुळे झाडांची मुळे जमिनीतील अन्न व पाणी शोधून घेऊ शकत नाहीत. अशा

झाडांची पाने तांबूस - पिवळसर होतात. मग काही दिवसांनी ती करपतात. झाड लहान असेल तर अशा वेळी ते मरते किंवा खुरटलेले राहते. म्हणून कोणत्याही वयाच्या नारळाच्या झाडाला कधीही मीठ घालू नये.

योग्य खते पाहिजेत

नारळाला लवकर फळे लागत नाहीत, तसेच फार कमी नारळ लागतात अशी तक्रार अनेक शेतकरी करतात. त्यांना तुम्ही किती खते देता? असे विचारल्यावर प्रत्येक वर्षी शेणखत, राख, मीठ झाडाला घालतो असे सांगतात. मिठाचे काय वाईट परिणाम होतात ते वर सांगितलेच आहे; परंतु फक्त राख आणि थोडे शेणखत घालून चालत नाही. तर त्याबरोबरच काही रासायनिक खते दिली पाहिजेत. नारळाच्या झाडाच्या वयानुसार प्रत्येक झाडाला पुढील खते द्यावीत किंवा भरपूर शेणखत, मासळी खत, हाडांचे खत द्यावे.

पहिल्या वर्षी २०० ग्रॅम नत्र, १०० ग्रॅम स्फुरद आणि २०० ग्रॅम पालाश द्यावे. पूर्ण वाढलेल्या प्रत्येक झाडाला दरवर्षी १ किलो नत्र, ०.५ किलो स्फुरद व १ किलो पालाश द्यावे. काही शेतकरी ही रासायनिक खते एकाच हप्त्यात देतात. हे योग्य नाही. कारण आंबा, पेरू, लिंबू इत्यादी फळझाडांना ठरावीक हंगामात नवी पालवी येते; पण नारळाच्या झाडाचे तसे नाही. या झाडास प्रत्येक महिन्यात एक पान वर्षभर येते. म्हणून नारळाच्या झाडास वर्षभर सतत अन्नपुरवठा होणे आवश्यक आहे. एकाच हप्त्यात घातलेली रासायनिक खते वर्षभर जमिनीत राहात नाहीत तसेच वर्षभर लागणारे अन्न, झाड एकाच वेळी शोषून घेऊ शकत नाही. शिवाय रासायनिक खतातील काही अंश पाण्याबरोबर निचरा होऊन जातो. म्हणून ही खते सम प्रमाणात विभागून जून, सप्टेंबर व फेब्रुवारी अशी तीन वेळा द्यावीत. शेणखत व स्फुरद जूनमध्ये एकाच हप्त्यात द्यावे.

नारळाच्या झाडाला खते घालताना आणखी एका महत्त्वाच्या गोष्टीकडे लक्ष द्यावे. अनेक शेतकरी नारळाच्या खोडापासून ५० ते ९० सें. मी. अंतरावर खते घालतात; परंतु अन्न शोषून घेणारी नारळाची बरीच मुळे खोडापासून दीड ते दोन मीटर अंतरापर्यंत खोडासभोवती पसरलेली असतात. म्हणून खते सर्व भागांत घालणे आवश्यक असते; तरच झाडांची मुळे खते घेऊ शकतात. अशा प्रकारे नारळाच्या झाडांना योग्य प्रमाणात, योग्य वेळी व योग्य ठिकाणी खते घातली पाहिजेत; परंतु त्याकडे अनेकजण दुर्लक्ष करतात; त्यामुळे झाडांची उपासमार होते आणि नारळ उशिरा लागतात किंवा कमी लागतात.

पाण्याच्या पाटाच्या कडेला नारळ नको

मला भेटलेल्या गृहस्थांप्रमाणे मला एकदा एका शेतकऱ्याकडे अनुभव आला. त्यांच्या शेतात गेलो असता त्यांनी आपल्या पाण्याच्या पाटाच्या कडेने लावलेली नारळाची झाडे दाखविली. ही झाडे वाढत नाहीत, जी वाढली आहेत त्यांना फळे येत नाहीत; त्यासाठी काय करावे? असे त्यांनी विचारले. पाटाच्या कडेला नारळ लावल्याने त्या झाडांना जरुरीपेक्षा अधिक पाणी मिळत होते. अशा अति पाण्याचा काय परिणाम होतो ते वर दिले आहे. शिवाय या झाडांना ते कधीच खते घालत नव्हते. कारण पाटाच्या कडेला कशी खते घालायची ही त्यांची अडचण होती. अशा परिस्थितीत त्यांच्या नारळाच्या झाडाला फळे कशी लागणार?

तेथे मला आणखी एक गोष्ट दिसली. ती म्हणजे त्या नारळाच्या रोपांची अनेक पाने देठात मोडलेली होती. अशी पाने मोडल्यामुळे किंवा चिरडल्यामुळे पानामार्फत अन्न पक्व होण्याची प्रक्रिया होत नाही. मग त्या झाडांची वाढ होत नाही. त्यांना लवकर फळे लागत नाहीत. पाटाच्या कडेवरील नारळाप्रमाणेच शेतातील बांधावर लावलेल्या नारळांची परिस्थिती असते. म्हणून त्यांना वेळेवर योग्य खते, पाणी मिळेल याकडे लक्ष द्यावे.

योग्य अंतर हवे

भरपूर उत्पादन मिळण्यासाठी दोन झाडांत योग्य अंतर हवे. काही दिवसांपूर्वी एका शेतकऱ्याची नारळाची बाग पाहिली. त्यांनी पाच मीटर अंतरावर नारळाची लागवड केली होती; त्यामुळे एका झाडाची सावली दुसऱ्या झाडावर पडत होती. अन्न तयार करण्यासाठी आवश्यक असणारा सूर्यप्रकाश झाडांना मिळत नव्हता. अशा वेळी सूर्यप्रकाश मिळविण्यासाठी ही झाडे उंच वाढतात. मग त्यांचे खोड बारीक होते. पानांची संख्या आणि आकार कमी होतो. नारळाच्या अशा झाडापासून फार उशिरा उत्पन्न मिळते; म्हणून नारळाच्या दोन झाडांतील अंतर योग्य म्हणजे सात मीटर हवे.

नारळाच्या रोपांची आपण कशी काळजी घेतो यावर त्यांना फळे कधी लागतील हे अवलंबून असते. नारळाच्या रोपांची लागवड केल्यानंतर पहिल्या दोन उन्हाळ्यांत रोपावर सावली करावी. त्यांना वेळेवर पाणी द्यावे. रोग - किडींचा वेळीच बंदोबस्त करावा. नारळाच्या रोपांची पाने मोडणार नाहीत किंवा तोडली जाणार नाहीत याची काळजी घ्यावी. कारण तसे झाल्यास अन्न पक्व होण्याची क्रिया थांबून झाडाच्या वाढीवर त्याचा अनिष्ट परिणाम होतो. योग्य प्रकारच्या जमिनीत नारळाची लागवड करावी. नारळ उशिरा लागण्याची अशी अनेक कारणे आहेत. त्याशिवाय ज्या

झाडाला उशिरा आणि कमी नारळ लागतात अशा झाडावरील नारळ रोप तयार करण्यासाठी वापरले असल्यास त्या रोपातही उशिरा नारळ लागण्याचा गुणधर्म असतो. त्यावर उपाय नाही. म्हणून खात्रीच्या रोपमळ्यांतून रोपे आणावीत.

बाणावली (उंच) जातीच्या नारळाची झाडे ५ ते ६ वर्षांत फुलोऱ्यात येतात. तर टी x डी सारख्या ठेंगू झाडास तीन ते साडेतीन वर्षांत फुले लागणे आवश्यक आहे. त्यासाठी नारळाच्या झाडाची फार काळजी घेतली पाहिजे. आपल्या नारळाच्या झाडांना नारळ लवकर लागत नसतील किंवा कमी लागत असतील तर त्यात आपले काय चुकते आहे याचा शोध घेऊन त्याप्रमाणे उपाय योजणे आवश्यक आहे.

◆

कलम पद्धतीने फणस लावा

"अनेकांना फणस इतका आवडतो की, हंगामात एकदा तरी फणस खाल्ल्याशिवाय त्यांचे मन शांत होत नाही. फणस अनेकांच्या आवडीचा असूनही तुम्ही त्याची लागवड का करीत नाही? फणसाची बाग का करीत नाही?'' कोकणातून घरचा फणस घेऊन माझ्याकडे आलेल्या शेतकरी मित्राला मी विचारले.

माझे बोलणे ऐकून ते हसायलाच लागले. हसत हसतच ते म्हणाले, ''वाऽरे! शेतीतज्ज्ञ. अहो, फणसाची कधी लागवड करतात का? तो काय आंबा आहे का त्याची बाग करायला? कुठे तरी बांधावर, जंगलात झाडे उगवतात. आपण फक्त त्याचे फणस खायचे!''

कोकणातील माझ्या शेतकरी मित्राप्रमाणे अनेकांची कल्पना असते की, फणस लावण्याची जरुरी नाही. ते आपोआपच येऊ घायचे असतात. फणस खाल्ल्यानंतर कोठेतरी बिया पडतात, त्या रुजतात आणि आपोआप झाड वाढते. ज्या वेळी फणसाला फार किंमत नव्हती, गिऱ्हाईक नव्हते; त्या वेळी हे म्हणणे ठीक होते. आता तशी परिस्थिती राहिलेली नाही. आता फणसाला चांगले पैसे मिळतात. गिऱ्हाईकही भरपूर आहे. म्हणूनच इतर राज्यांतील फणस मुंबई-पुणे शहरांत विक्रीस येतात; मग आपण फणसाचे उत्पन्न व लागवड वाढवू शकणार नाही का?

महत्त्वाचे झाड

फणसाचे झाड फार महत्त्वाचे असून त्याचे लाकूड फार टणक व मजबूत

असते; त्यामुळे या लाकडापासून चांगले फर्निचर, खेळणी, वाद्ये इत्यादी तयार करतात. इमारतीसाठी तर फणसाचे लाकूड फार चांगले असते. कारण त्याला वाळवीचा उपद्रव होत नाही. 'फणस हे गरिबांचे फळ' असे कोकणात समजतात. फणस हे एक पौष्टिक फळ आहे. त्यातील महत्त्वाचा खाद्यभाग म्हणजे गरे. फळात ७० टक्के पाणी असते; उरलेल्या भागात कार्बोहायड्रेट्स, प्रोटिन्स, चुना, लोह, पालाश, स्फुरद वगैरे असतात. गऱ्याच्या बिया सोडून इतर भागांत भरपूर अ आणि क जीवनसत्त्वे असतात. बियांत भरपूर पिष्टमय पदार्थ असतात. शिवाय त्यातून बी १ आणि बी २ जीवनसत्त्वांचा भरपूर पुरवठा होतो. अशा प्रकारे बीसुद्धा पौष्टिक असते. कच्च्या फणसाची भाजी करतात. फणसाच्या झाडाची पाने शेळ्या आवडीने खातात. गरे आणि बी काढलेला फळांचा भाग जनावरांना उपयुक्त आहे. फणसापासून फणसपोळी, पापड, जॅम, जेली, सरबत, लोणचे इत्यादी टिकाऊ पदार्थ तयार करतात. असे फणसाचे किती उपयोग सांगावेत?

जमीन-हवामान

फणसाचे झाड इतके उपयुक्त व महत्त्वाचे असूनही आपण त्याच्या लागवडीकडे फारसे लक्ष देत नाही. कोकणातील माणसाप्रमाणेच या झाडाच्या आवडीनिवडी फार बेताच्या आहेत. फणस अनेक प्रकारच्या जमिनीत येत असला तरी त्यास हलक्या प्रतीची, डोंगरउतारावरील, पाण्याचा निचरा होणारी जमीन अधिक मानवते. म्हणूनच उष्ण व दमट हवामानाप्रमाणेच कोकणातील जमीनसुद्धा फणसाला उपयुक्त आहे. कोकणातील डोंगरउतारावरील, लहान लहान टेकड्यांवरील व इतर पडीक आणि वरकस जमिनीत फणसाची लागवड यशस्वी होऊ शकते. कोकणातील चार जिल्ह्यांत अशा प्रकारची सुमारे सहा लाख हेक्टर जमीन पडीक आहे. म्हणूनच कोकणात फणसलागवडीला भरपूर वाव आहे.

कलमाची नवी पद्धत

सध्या कोकणात आणि कोल्हापूर जिल्ह्यातील अधिक पाऊस पडणाऱ्या भागात डोंगरउतारावर व इतर ठिकाणी फणसाची झाडे आपोआप वाढलेली दिसतात. मुद्दाम लावलेली फार थोडी झाडे असतील. ही झाडे बहुतेक बियांपासून तयार झालेली आहेत. यांत दोन जातीचे फणस आढळतात. एक कापा आणि दुसरा बरका. कापा फणसाचे गरे गोड, घट्ट, जाडसर, कोरडे व खुसखुशीत असतात. ते खाण्यास छान लागतात. मात्र, पिकलेल्या बरका फणसाचे गरे फार मऊ, आंबटसर आणि लिबलिबित असतात. हे गरे प्रामुख्याने फणसपोळीसाठी तर कापा फणसाचे गरे खाण्यासाठी वापरतात.

आपला फणस कापाच असावा. बरका फणस लावण्याची फारशी कोणाची इच्छा दिसत नाही; परंतु अनेक झाडे बरका जातीची असतात. असे का होते? गेल्या वर्षी एक शेतकरी माझ्याकडे येऊन सांगत होते की, आमच्या घरच्या कापा फणसाच्या बियांपासून आम्ही रोपे तयार केली; माझ्या वडिलांनी ती लावली. यंदा त्याला फणस आले; पण ते बरका जातीचे निघाले. असे का झाले असावे? याचे प्रमुख कारण म्हणजे आपण फणसाची लागवड बियांपासून करतो. अशा पद्धतीने कापा फणसाचे बी असले तरी ती झाडे बरका जातीच्या फणसाची होऊ शकतात. म्हणून फणसाची लागवड बियांपासून करणे योग्य नाही. शिवाय अशा पद्धतीने लागवड केल्यास त्या झाडांना फळे येण्यास १२ ते १५ वर्षांचा कालावधी लागतो. या कारणामुळेच फणसांपासून अधिक उत्पन्न व फायदा मिळत असूनही फणसाची लागवड मोठ्या प्रमाणात होऊ शकली नाही.

या महत्त्वाच्या अडचणीवर आणि फणसलागवडीतील प्रमुख अडसरावर कोकण कृषी विद्यापीठाच्या शास्त्रज्ञांनी उपाय शोधला आहे. त्यांनी फणसांची 'अंकुर कलम' नावाची अतिशय सोपी आणि खात्रीची रोपे तयार करण्याची पद्धत शोधून काढली आहे. ही पद्धत आंबा कोय कलमासारखीच असून या पद्धतीने बांधलेली कलमे मोठ्या प्रमाणावर जगतात. ती जोरदार वाढतात. या पद्धतीने लागवड केलेल्या झाडांना ७ ते ८ वर्षांनी फळे लागतात. या पद्धतीने फळे लागण्याचा कालावधी निम्मा झाला आहे.

सोपी पद्धत

या पद्धतीची अधिक माहिती सांगताना कोकण कृषी विद्यापीठातील तज्ज्ञांनी सांगितले की, या कलमासाठी चांगल्या फणसाच्या मोठ्या आकाराच्या बिया घ्याव्यात. त्यासाठी कापा किंवा बरका यांपैकी कोणत्याही जातीच्या बिया चालतात. ही रोपे करण्यासाठी १५ X २० सें.मी. आकाराच्या प्लॉस्टिक पिशव्या घ्याव्यात. या पिशव्या चांगली माती व शेणखत (३:१ प्रमाण) यांच्या मिश्रणाने भराव्यात. अशा भरलेल्या पिशवीत फणसाचे बी सुमारे १ सें. मी. खोल पुरावे. मग या पिशव्यांना नियमितपणे पाणी द्यावे. या बिया सर्वसाधारणपणे १५ ते २० दिवसांच्या आत रुजून त्यावर पिवळसर हिरव्या रंगाचे अंकुर वर येतात. बिया रुजल्यावर ८ ते १५ दिवसांच्या आत त्यावर कलम करावे. कलम करण्यासाठी जोमदार वाढणारे आणि जाडसर असलेले पिवळसर हिरवट रंगाचे रोप निवडावे. हे कलम अंकुरावर करावयाचे असल्याने त्यास 'अंकुर कलम' असे म्हणतात.

अंकुर कलमाचे यश प्रामुख्याने कलम करण्यासाठी निवडलेल्या काडीच्या दर्जावर अवलंबून असते असे त्या तज्ज्ञांनी सांगितले. कलम करण्यासाठी निवडक

अशा कापा फणसाच्या झाडाच्या काड्या घ्याव्यात. काडी फांदीच्या टोकाकडील जून झालेली परंतु गर्द हिरव्या रंगाची असावी. काडी रोपाच्या जाडीची व १० ते १५ सें. मी. लांबीची असावी.

कलम करण्यासाठी अंकुर (रोप) तयार ठेवले. योग्य काडीही निवडली. आता अंकुर कलम कसे बांधावे याचा विचार करावा लागेल. निवडलेल्या रोपाचा अंकुर बियांपासून ६ ते ८ सें.मी. अंतरावर छाटावा. अंकुराचा राहिलेला भाग धारदार चाकूने बरोबर मध्यावर ५ ते ६ सें.मी. पर्यंत छेदावा. नंतर निवडलेल्या काडीच्या खालील भागावर ५ ते ६ सें. मी. लांबीचा तिरका काप घ्यावा. काडीच्या दुसऱ्या बाजूलाही असाच तिरका काप घेऊन काडीच्या खालच्या भागास पाचरीचा आकार द्यावा. नंतर पाचरासारखी तयार केलेली काडी रोपाच्या छेदलेल्या भागात खोचून कलमाचा जोड प्लॅस्टिकच्या पट्टीने घट्ट बांधावा.

कलम बांधतेवेळी काडीचा व रोपाचा कापलेला भाग एकमेकांवर बरोबर बसेल अशी काळजी घ्यावी. अशा प्रकारे बांधलेले कलम सावलीत ठेवावे. त्याला नियमित पाणी द्यावे. या बाबतीत आणखी एका महत्त्वाच्या गोष्टीकडे लक्ष द्यावे. आंब्याचे कोय कलम करताना आपण कोयीसह उपटलेल्या रोपावर कलम करतो; परंतु फणसाच्या अंकुर कलमात पिशवीत रुजलेल्या रोपावरच कलम करावे लागते. फणसाचे रोप उपटून त्यावर कलम करावयाचे नसते हे लक्षात ठेवावे.

अंकुर कलम बांधल्यापासून सुमारे तीन आठवड्यांत काडी फुटते. या कालावधीत कलमाच्या जोडाच्या खालच्या रोपाच्या बुंध्यातून फुटवे येतात. हे फुटवे वरचेवर काढून टाकावेत. तसे न केल्यास कलम मरण्याची शक्यता असते. हे कलम फुटल्यानंतर जोरदार वाढते. अशा प्रकारे कलमे करण्याची ही फार सोपी पद्धत आहे. आपणास हव्या असलेल्या फणसाच्या जातीची पाहिजे तेवढ्या मोठ्या प्रमाणात अशी खात्रीची रोपे तयार करता येतात.

फणसाची ही अंकुर कलमे कधी बांधावीत याबद्दल त्या तज्ज्ञांनी सांगितले की, कोकणात फणसाची अंकुर कलमे करण्यासाठी एप्रिल ते मे हा कालावधी सर्वांत चांगला आहे, असे प्रयोगात दिसून आले आहे. आंब्याची कोय कलमे पावसाळ्यात म्हणजे जून ते ऑगस्ट या काळात करतात; परंतु फणसाची अंकुर कलमे पावसाळ्यात जगत नाहीत असे आढळले. एप्रिल ते मे या महिन्यांत त्या ५० ते ८० टक्के कलमे जगतात. ही कलमे एका वर्षात ६० ते ९० सें.मी. वाढतात. त्या वेळी ती शेतात लावण्यास योग्य असतात.

आपल्याकडे एखादा चांगला फणस असेल तर त्याच्या काडीचा वापर करून तशाच गुणधर्मांची अनेक कलमे या सोप्या पद्धतीने करणे शक्य आहे. म्हणूनच अशी जातिवंत कलमे करून फणसाची लागवड वाढविता येईल. आंब्याप्रमाणे

फणसाच्याही बागा तयार करता येतील, कारण सध्या फणस लागवडीपासूनही चांगले पैसे मिळतात. कष्टाच्या व खर्चाच्या मानाने फणसलागवड निश्चितच फायद्याची आहे, कारण पूर्ण वाढलेल्या एका झाडापासून १०० ते २०० फळे मिळतात. या फळांचे वजन सरासरी ५ ते 20 किलोपर्यंत असते.

फणसाचे उत्पन्न वाढविण्याचा आणखी एक मार्ग म्हणजे त्यांना खते देणे. हल्ली फणसाच्या झाडाला खते क्वचितच देतात; पण हे योग्य नाही. पाच वर्षांनंतर प्रत्येक झाडास ४ ते ५ घमेली कुजलेले शेणखत, १ किलो युरिया (५०० ग्रॅम नत्र), दीड किलो सुपर फॉस्फेट (२५० ग्रॅम स्फुरद) आणि १ किलो म्युरेट ऑफ पोटॅश (२५० ग्रॅम पालाश) किंवा त्या प्रमाणात मिश्रखते द्यावीत. ऑगस्ट महिन्यात बांगडी पद्धतीने फांद्याच्या पसाऱ्याखाली ही खते मातीत चांगली मिसळून द्यावीत. या खतांमुळे निश्चितच अधिक फळे लागतात. अशा प्रकारे सध्या असलेल्या फणसाच्या झाडांना खते देऊन उत्पन्न वाढवावे आणि कलम पद्धतीने लागवड करून भरपूर फायदा मिळवावा.

◆

सीताफळाची बाग करा

"तुम्ही सीताफळं विकत घेत आहात काय? अहो, तुमच्यासारख्यांनी सफरचंदं खायची; त्याऐवजी सीताफळं कसली घेताय? आपण तर सीताफळ खात नाही. मुलांनाही खायला देत नाही. अहो, आपल्यासारख्या सुखवस्तू लोकांनी सीताफळासारखी साधी फळं खायची नसतात. ती खालच्या लोकांसाठी आहेत. शिवाय सीताफळं खाल्ल्यानं सर्दी, पडसं, खोकला होतो असं म्हणतात.'' मी बाजारात सीताफळं विकत घेत होतो, त्या वेळी मला भेटलेले माझे मित्र सीताफळाबद्दलचे आपले मत मला सांगत होते

चुकीची कल्पना

माझ्या या मित्राप्रमाणेच सीताफळाबद्दल काहींच्या चुकीच्या कल्पना असतात. आपण आतापर्यंत कधीही सीताफळ खाल्लेले नाही असे अभिमानाने सांगणारे काही लोक असतात. कारण सीताफळ म्हणजे एक साधे आणि गरिबांचे फळ आहे अशी त्यांची कल्पना असते; पण ही त्यांची कल्पना चुकीची असते. कारण सीताफळ हे एक अत्यंत मधुर असे फळ आहे.

आपल्या पूर्वजांनी सीताफळाबद्दल काय म्हटले आहे माहीत आहे? निघंटुकाराने सीताफळाचे वर्णन पुढीलप्रमाणे केले आहे -

तपर्ण रक्तकृत्स्वादु शीतलं हृद्यमेव च ।
बलदं मांस कृद्दाह रक्त पित्तमरुत्प्रणुत ॥

म्हणजेच सीताफळ तृप्तीजनक, रक्त वाढविणारे, स्वादिष्ट, शीतल, हृदयाला फायदेशीर, बलवर्धक, मांसवर्धक आहे. तसेच रक्तपित्त आणि वाताचा नाश करणारे आहे. दुसऱ्या एका ठिकाणी सीताफळाचे असेच वर्णन केले आहे.

सीताफलं नु मधुरं, शीलंहृद्य बलप्रदम् ।
वातलं कफकृत्स्वादु पुष्टि कृत्पित्त नाशनम् ॥

म्हणजेच सीताफळ हे मधुर, शीतल, हृदयाला फायदेशीर, बलवर्धक, वातनाशक, कफनाशक, स्वादिष्ट, पौष्टिक आणि पित्तनाशक आहे.

आपल्या पूर्वजांनी सीताफळाचे किती चांगले गुण सांगितले आहेत; परंतु आपण त्याकडे फारसे लक्ष देत नाही, ही खेदाची गोष्ट आहे. इंग्रजीत सीताफळाला 'कस्टर्ड ॲपल' म्हणतात. म्हणजे इंग्रजांनाही सीताफळात सफरचंदाचे गुण आढळले; परंतु आपण मात्र त्याकडे दुर्लक्ष करतो.

आरोग्याच्या दृष्टीने महत्त्वाचे

अन्नाच्या दृष्टीने सीताफळात महत्त्वाचे घटक आहेत. ते पुढीलप्रमाणे : पाणी ७३.३ टक्के, प्रथिने १.६ टक्के, खनिजे ०.७ टक्के, पिष्टमय पदार्थ २३.५ टक्के, चुना ०.२ टक्के, स्फुरद ०.४७ टक्के, लोह १.०० टक्के. निरनिराळ्या जातीनुसार सीताफळात खाण्याच्या गराचे प्रमाण २८ ते ५५ टक्के असते. साखरेचे प्रमाण १२.४ ते १८.१५ टक्के असते.

आयुर्वेदात सीताफळास महत्त्वाचे स्थान आहे. सीताफळापासून तयार केलेली औषधे शक्तिवर्धक, बलवर्धक समजतात. तसेच ही औषधे, रस, रक्त निर्माण करतात. शरीराचे पोषण करून आयुष्य वाढवितात. या औषधांच्या सेवनाने स्मरणशक्ती, स्वर, आरोग्य, वर्ण सुधारतो आणि शरीरातील सर्व इंद्रियांना शक्ती मिळते असे आयुर्वेदशास्त्र म्हणते; परंतु अशा या महत्त्वाच्या फळाचा जास्तीतजास्त उपयोग करण्याच्या दृष्टीने आधुनिक वैद्यकशास्त्राने फारसे प्रयत्न केले नाहीत.

सीताफळाच्या सेवनाने हृदय अधिक बलवान होते. चांगल्या आहारात मानवाच्या पोषणाचे सर्व गुणधर्म असतात, त्याप्रमाणे सीताफळाच्या सेवनाने आपल्या शरीरास पोषक अशी सर्व द्रव्ये मिळतात, असेही आयुर्वेदात म्हटले आहे. यावरून सीताफळ खाणे आरोग्याच्या दृष्टीने किती महत्त्वाचे आहे हे लक्षात येईल.

क्षयरोग बरा होतो

सीताफळाच्या हंगामात नियमितपणे सीताफळ खाल्ल्यास क्षयरोगही बरा होतो, असे या शास्त्रातील जाणकारांचे मत आहे. त्याबाबतीत काही वैद्यांनी प्रयोग केले आहेत. केवळ सीताफळाच्या नियमित सेवनाने क्षयरोगी बरे झाले आहेत, असे

त्यांनी म्हटले आहे. ज्या व्यक्तीस क्षयरोग झाला आहे, अशा व्यक्तीने पहिल्या दिवशी सकाळी एक चांगले पिकलेले सीताफळ खावे. मग दररोज एक एक सीताफळ वाढवून खावे. असे सुमारे १५ दिवस सीताफळे खावीत. शेवटी रोग्याने अन्न खाण्याची इच्छा दाखविल्यास मुगाच्या डाळीचे वरण, दूध आणि गव्हाच्या पिठाचा फुलका द्यावा. भोजनानंतर सीताफळासव किंवा सीताफळ खाण्यास द्यावे. मात्र, सीताफळ खाल्ल्यानंतर दोन तास रोग्याने पाणी पिण्याचे टाळावे. दोन तासांनंतर चांगले स्वच्छ, ताजे पाणी प्यावे.

सुमारे दीड ते दोन महिन्यांत या उपायांनी क्षयरोगी बरा होतो, असा जाणकारांचा अनुभव आहे. सीताफळे वर्षभर मिळत नाहीत; म्हणून हंगामात त्यापासून सीताफळासव करण्याची कृतीही काही वैद्यांनी विकसित केली आहे. क्षयरोग्यास सीताफळासव देऊनही बरे करता येते असा काहींचा दावा आहे. यावरून सीताफळ किती औषधी आणि आरोग्यदायी आहे हे स्पष्ट होते.

इतर उपयोग

सीताफळ औषधी आहे. शिवाय त्याच्या पानातही औषधी गुणधर्म आहेत. त्याच्या बियांपासून तेल काढतात. साबण तयार करण्यासाठी या तेलाचा उपयोग होतो. त्यापासून निघालेल्या पेंडीचा खत म्हणून वापर करतात. याच्या बियांतील पांढरा मगज काढून त्याची भुकटी करतात. केसातील उवा, लिखा मारण्यासाठी त्याचा उपयोग होतो. या बियांपासून निघणारे तेल जंतुनाशक असल्याने जखमेवर लावण्यासाठी वापरतात. केसाला लावण्यासाठीही वापरतात. जेवणानंतर काही लोकांना जळजळते. अशांनी जेवणानंतर सीताफळ खाल्ल्यास जळजळ थांबते. सीताफळाचा गर मधुर, शीतल आणि स्निग्ध असतो. तो दुधात मिसळून त्याचे सरबत करतात. तसेच सीताफळाच्या गराचा वापर करून बनविलेले आइस्क्रीम एक चांगले व महाग आइस्क्रीम असते.

साधे वाटणारे सीताफळ इतके गुणकारी आहे. आम्हाला फळे खाणे आवडते; परंतु आम्हाला फळे विकत घेणे परवडत नाही असे अनेकजण सांगतात; परंतु सिगारेट, तंबाखू खायला पैसे असतात मग सीताफळासारखी स्वस्त व गुणांनी मस्त फळे खाण्यात काय अडचण आहे? साधे फळ किंवा ते विकणारे साधे लोक म्हणून या बहुगुणी फळाकडे दुर्लक्ष करणे योग्य नाही. सीताफळाच्या हंगामात आपण दररोज एक सीताफळ खायचेच असा निश्चय करून आजच सीताफळे विकत आणा किंवा तुम्हीच सीताफळाची बाग करा.

सोपी लागवड

अगदी हलक्या जमिनीत कमीतकमी पाण्यावर सीताफळाचे झाड येते. म्हणून ज्यांना फळबाग करायची इच्छा आहे; परंतु पाणी नाही, जमीन हलकी आहे त्यांनी सीताफळाची बाग अवश्य करावी. थोड्या खर्चात चांगले उत्पन्न मिळू शकते. त्यासाठी सीताफळाचे ताजे बी तीन दिवस पाण्यात भिजत घालून खत-मातीने भरलेल्या पॉलिथिन पिशवीत लावावे. रोप वर्षभर पिशवीत वाढवावे. असे रोप रू. ४५ x ४५ x ४५ सें.मी. आकाराच्या खत-मातीने भरलेल्या खड्ड्यात जुलै महिन्यात लावावे. जमिनीच्या प्रतीनुसार औरसचौरस तीन-साडेतीन मीटर अंतरावर झाडे लावावीत. आपल्या बागेतही सीताफळाचे झाड लावता येईल.

दुसऱ्या वर्षी झाडाला पावसाळ्यापूर्वी २ ते ३ घमेली शेणखत आणि २०० ग्रॅम १५:१५:१५ सुफला द्यावे. दोन वर्षांनंतर झाडास दरवर्षी ४ ते ५ घमेली शेणखत आणि ३०० ग्रॅम मिश्रखत द्यावे; त्यामुळे झाडाची जोमदार वाढ होते. शक्य झाल्यास पहिली तीन वर्षे उन्हाळ्यात झाडांना पाणी द्यावे. त्यानंतर सप्टेंबर-ऑक्टोबरमध्ये पाणी द्यावे. झाड लावल्यापासून सुमारे ५ ते ६ वर्षांनी फळे मिळतात. झाडाची चांगली काळजी घेतल्यास फळे मोठी होऊन त्यांना चांगला दर मिळतो. खर्चाच्या मानाने सीताफळापासून चांगले पैसे मिळतात.

◆

पेरूची फळे पावसाळ्यात का गळून पडतात?

''आमच्या बागेतील पेरूच्या झाडाची फळे मोठ्या प्रमाणात गळून पडत आहेत. फळे चांगली मोठी झाली आहेत. ती फळे पिकू लागली आहेत असं वाटत होतं, तोपर्यंतच प्रचंड प्रमाणात फळे गळायला लागल्यामुळे आमचं फार नुकसान होतंय.'' एका शेतकऱ्याच्या सांगण्यावरून त्यांची पेरूची बाग बघायला गेलो असता ते शेतकरी मला सांगत होते.

खाली पडलेल्या अनेक पेरूंपैकी एक-दोन पेरू हातात घेऊन मी फोडले तर ते आतून किडले होते. आत अळीसारखे दिसत होते. त्या पेरूत फारसा गर राहिला नव्हता. फक्त सालच वरून दिसत होती. हे सर्व त्यांना प्रत्यक्ष दाखवून मी विचारले,

''असा फळे गळण्याचा त्रास नेहमीच होतो की फक्त पावसाळ्यातच होतो?''

''यंदाच असं झालं आहे. आमची पेरूची फळं नेहमी नोव्हेंबरपासून तयार होतात; पण त्या हंगामात आम्हाला कधी असा त्रास झाला नाही. आताच हा त्रास का व्हावा? आणि त्यावर काय उपाय आहे?'' मला त्या शेतकऱ्याने विचारले.

फळमाशीचा त्रास

ज्यांच्या पेरूच्या झाडाला पावसाळ्यात फळे लागतात त्यांच्या झाडांना बहुतेक असा फळे गळण्याचा त्रास होतो. आपल्या घराशेजारी पेरूचे एखादे झाड असेल तर त्याचेही पेरू पावसाळ्यात चांगले येत नाहीत, असेच किडलेले असतात याचा अनुभव अनेकांनी घेतला असेल. या सर्वांचे कारण म्हणजे पेरूवरील फळमाशी आहे.

या किडीची माशी ५ मि.मि. लांबीची असते. किडीची पूर्ण वाढ झालेली मादी अंडनलिकेच्या सहाय्याने सालीत भोक पाडून सालीखाली पुंजक्याने २ ते १५ अंडी घालते. एक मादी सरासरी ५० अंडी घालते. दोन ते दहा दिवसांत अंडी उबून अळ्या बाहेर पडतात. त्या फळांत शिरून आतील गाभा खातात; त्यामुळे फळे सडतात आणि गळून खाली पडतात. अळ्या ६ ते २९ दिवसांनंतर जमिनीत कोषावस्थेत जातात. त्यापासून पुन्हा ८ ते १० दिवसांनी माशा बाहेर पडतात.

उपाय

पेरूवरील फळमाशीचा जीवनक्रम पेरूच्या फळातच पुरा होतो; त्यामुळे एकदा या फळमाशीचा उपद्रव सुरू झाल्यास तिचा बंदोबस्त करणे अवघड असते. या किडीचा उपद्रव होऊ नये यासाठी आपली पेरूची बाग नेहमी स्वच्छ ठेवावी. या किडीचा जास्तीतजास्त त्रास पावसाळ्यात होतो. त्यांचा उपद्रव नाहीसा करण्याचा खात्रीचा मार्ग म्हणजे पावसाळ्यात तयार होणारी फळे झाडावरून काढून टाकावीत. पावसाळ्यात फळमाशीचा उपद्रव होतो म्हणून पेरूचा 'आंबेबहार' घेऊ नये. या बहारात जानेवारीत झाडावर फुले येतात आणि पावसाळ्यात फळे येतात. त्यासाठी आपल्या हवामानात पेरूचा 'मृगबहार' धरणे फायद्याचे असते.

फळमाशीच्या उपद्रवाने झाडाखाली पडलेली फुले व फळे गोळा करून खोल पुरून टाकावीत किंवा जाळावीत; त्यामुळे त्यांतील अळ्यांचा, अंड्यांचा नाश होईल. पेरूच्या झाडांना फुले व फळे येण्याच्या हंगामात ०.०३ टक्के फॉस्फामिडॉन १५० मि.ली. ५०० लिटर पाण्यात मिसळून एक हेक्टर क्षेत्रावर फवारावे. १५ दिवसांच्या अंतराने २ ते ३ वेळा अशा फवारण्या कराव्यात. या औषधाऐवजी ५० टक्के कार्बारिल २ किलो ५०० लिटर पाण्यात मिसळून एक हेक्टर क्षेत्रावर फवारता येईल. याशिवाय बागेत ठिकठिकाणी विषारी आमिष ठेवावे. त्यासाठी ३० ग्रॅम टार्टर इमिटिक + ६७५ ग्रॅम गूळ १० लिटर पाण्यात मिसळून बागेत ठिकठिकाणी ठेवावे; त्यामुळे फळमाशीचे नियंत्रण होते.

मृगबहार कसा धरावा?

मी ही सर्व माहिती त्या शेतकऱ्याला सांगितली. त्यावर ते म्हणाले की, ''पेरूच्या फळमाशीचे नियंत्रण करण्याचा खात्रीचा उपाय म्हणजे त्यांचा 'आंबेबहार' न धरता 'मृगबहार' धरावा असे तुमच्या सांगण्यावरून दिसते; पण मृगबहार म्हणजे काय आणि तो कसा धरावा? हे समजल्यास निदान पुढच्या वर्षी तरी आम्ही त्याप्रमाणे झाडावर फळे घेऊ.''

इतर अनेक फळझाडांप्रमाणे पेरूच्या झाडाला आपल्याकडील हवामानात जून,

ऑक्टोबर व जानेवारी असा तीन वेळा फुलांचा बहार येतो. जूनमधील फुलांना मृगबहार, ऑक्टोबरमधील हस्तबहार आणि जानेवारीमधील आंबेबहार असे म्हणतात. आपली पेरूची फळे कोणत्या हंगामात स्थानिक बाजारात अधिक खपतात याचा विचार करून बहार धरावा.

तथापि, आपल्याकडे मृगबहार धरणे फायद्याचे ठरते. कारण हा बहार घेण्यासाठी बागेस फेब्रुवारी ते मे महिन्यात पाणी देण्याची जरुरी नसते. या बहाराची फळे हिवाळ्यात तयार होतात; त्यामुळे फळे चांगल्या प्रतीची असतात. त्यांना फळमाशीचा उपद्रव कमी होतो.

मृगबहार धरण्यासाठी झाडांना फेब्रुवारी महिन्यापासून विश्रांती मिळाली पाहिजे. त्यासाठी फेब्रुवारीपासून झाडांचे पाणी तोडावे. भारी जमिनीस ४० ते ६० दिवस पाणी देऊ नये, तर हलक्या जमिनीचे पाणी ३० ते ५० दिवस तोडावे. यालाच ताण देणे असे म्हणतात. अशा प्रकारे पाणी तोडल्यामुळे झाडांची वाढ थांबते आणि पाने गळतात; त्यामुळे झाडांना पूर्ण विश्रांती मिळून झाडांत अन्नद्रव्याची साठवण होते. साठवणुकीतील हे अन्न पुढे झाडांना पाणी दिल्यानंतर भरपूर फुलोरा येण्यास मदत करते.

अर्धवट पानगळ झाल्यानंतर बागेत हलकीशी खणणी किंवा नांगरणी करावी. बागेतील सर्व तण काढून जमीन चांगली भुसभुशीत करावी. प्रमाणाबाहेर ताण दिल्यास झाडांची फार पानगळ होते; त्यामुळे काही वेळा फुले धरणाऱ्या काड्यांची मर होऊन नुकसान होते. म्हणून ताण काळजीपूर्वक द्यावा. उन्हाळ्यात जमीन तापू द्यावी. मे महिन्याच्या शेवटी ४ ते ५ वर्षे वयाच्या प्रत्येक झाडाला २५ ते ३० किलो शेणखत किंवा कंपोस्ट खत आणि अर्धा किलो युरिया द्यावा. ही खते झाडाच्या खोडाभोवती व फांद्याच्या पसाऱ्याखाली देऊन मातीत चांगली मिसळावीत. मग झाडांना हलकेसे पाणी द्यावे. अशा प्रकारे झाडांना खत व पाणी मिळाल्यानंतर त्यास जुलै महिन्यात नवीन फूट व फुलोरा येईल. मग त्यावर फलधारणेस सुरुवात होईल. ही आलेली फळे टिकून राहण्यासाठी जुलैच्या अखेरीस प्रत्येक झाडास अर्धा ते पाऊण किलो युरिया द्यावा. पाणी द्यावे.

मृगबहाराची फळे नोव्हेंबरपासून तयार होतात. जानेवारीअखेर फळांचा हंगाम चालू राहतो. फळे परगावी पाठवायची असल्यास पूर्ण पिकण्याच्या अगोदरच ती काढावीत. फळे पिकण्यास सुरुवात झाली म्हणजे फळाचा गडद हिरवा रंग बदलून तो पिवळट होतो, तसेच फळ हातास नरम लागते.

अशा प्रकारे पेरूचा मृगबहार घेऊन फळमाशीपासून नुकसान कमी करावे.

◆

मोहोर वाचवा, भरपूर आंबे पिकवा!

"आमच्या आंब्याच्या झाडाला भरपूर मोहोर येतो; त्यामुळे भरपूर आंबे लागतील असं वाटतं; पण काय होतं कुणास ठाऊक! आमच्या झाडावरील मोहोर काळा पडतो आणि फार थोडे आंबे लागतात. असं का होतं?'' हा प्रश्न विचारणारे अनेक शेतकरी भेटतात.

आता काही आंब्याच्या झाडांना मोहोर येण्यास सुरुवात झाली आहे. काही झाडांना लवकरच मोहोर येईल. हा मोहोर टिकला तर त्याला भरपूर आंबे लागतात. आंबा आपणा सर्वांना आवडतो. त्यास 'फळांचा राजा' म्हणतात. त्यापासून आता चांगले परकीय चलनही मिळू लागले आहे. म्हणूनच आंब्याच्या झाडाची फार काळजी घेतली पाहिजे. आंब्याच्या झाडापासून हमखास व भरपूर आंबे मिळण्यासाठी आपण मोहोराची काळजी घेऊन तो टिकविला पाहिजे. तो कसा टिकवायचा?

तुडतुडे आणि भुरीमुळे फार नुकसान

आंब्याच्या मोहोराला बऱ्याच किडी व रोगांचा उपद्रव होतो; परंतु तुडतुडे या किडीचा आणि भुरी रोगाचा उपद्रव मोहोराला अधिक होतो; त्यामुळे मोहोराचे २५ ते ६० टक्के नुकसान होते असे आढळून आले आहे.

जातीनुसार आंब्याच्या झाडांना नोव्हेंबर ते फेब्रुवारी या काळात प्रामुख्याने मोहोर येतो. झाडाला मोहोर येण्याच्या काळात ढगाळ व दमट हवामान असल्यास मोहोरावर भुरी रोगाचा व तुडतुड्यांचा उपद्रव फार होतो. एकदा यांचा त्रास सुरू

झाला म्हणजे उपाय योजणे त्रासाचे असते. म्हणून मोहोर लागण्याच्या अवस्थेपासूनच पीकसंरक्षक उपाय योजणे आवश्यक आहे.

आंब्याच्या मोहोराला उपद्रव देणाऱ्या किडीत 'तुडतुडे' ही सर्वांत महत्त्वाची कीड आहे. या किडीचा उपद्रव महाराष्ट्राच्या सर्वच भागांत कमी-अधिक प्रमाणात आढळतो. आंब्याच्या खोडावर व फांद्यांवर तुडतुडे वर्षभर असतात; परंतु त्यांचा खरा उपद्रव मात्र मोहोरालाच होतो. कारण तुडतुडे व त्यांची पिले मोहोरातील रस शोषून घेतात; त्यामुळे मोहोर तसेच लागलेली फळे गळून पडतात. तुडतुड्यांनी रस शोषल्यामुळे नवीन फुटवे यावयाचे डोळेही सुकतात; त्यामुळे मोहोर बाहेर पडत नाही. तसेच हे तुडतुडे शरीरातून मधासारखा चिकट पदार्थ विष्ठेच्या रूपात बाहेर टाकतात. हा पदार्थ मोहोरावर, पानांवर व जमिनीवर पडतो. या गोड पदार्थमुळे पानावर व मोहोरावर काळसर बुरशी वाढते. तुडतुड्यांचा फार प्रादुर्भाव असल्यास आंब्याचे संपूर्ण झाड काळे पडल्यासारखे दिसते. या काळ्या बुरशीच्या आच्छादनामुळे पानातील अन्ननिर्मितीच्या कामात अडथळा येतो.

'तुडतुडे' कसे ओळखावेत?

पूर्ण वाढलेल्या तुडतुड्यांची लांबी सुमारे ४ मि.मी. असून त्यांचा रंग करडा असतो. आंब्यावरील तुडतुडे तीन प्रकारचे असतात. पहिल्या प्रकारातील तुडतुड्यांच्या छातीवर तपकिरी रंगाचे दोन ठिपके असतात. त्यांचा रंग फिकट असून ते थोडे मोठे असतात. दुसऱ्या प्रकारच्या तुडतुड्यांच्या पंखावर पांढरा पट्टा असतो. त्यांच्या छातीवर तीन ठिपके असतात. तर तिसऱ्या प्रकारच्या तुडतुड्यांच्या छातीवर दोन ठिपके असतात. त्यांच्या डोक्यावरही ठिपके असतात. लहान असताना तुडतुड्यांना पंख नसतात; त्यामुळे ते उडत नाहीत; परंतु तुरुतुरु पळतात. त्यांची चाल तिरकस असते. तुडतुड्यांचा आकार पाचरीसारखा असतो.

सर्वसाधारणपणे थंडी सुरू झाल्यावर सालीआड राहणारी तुडतुड्यांची मादी पाने, नवीन पालवी आणि मोहोरातील पेशीत एक-एक अंडे घालते. मार्च महिन्यापर्यंत मादी अशी अंडी घालते. एक मादी सुमारे २०० पर्यंत अंडी घालते. ही अंडी ४ ते ६ दिवसांत उबून त्यांतून पिले बाहेर पडतात. ही पिले १० ते १३ दिवसांत पूर्ण वाढतात. अशा प्रकारे एक पिढी १५-२० दिवसांत पूर्ण होते. ही पिले पाने आणि मोहोर यांतील रस शोषून घेतात.

भुरी

भुरी रोग बुरशीमुळे होतो. या रोगाचा प्रादुर्भाव मोहोरावर, देठावर, कोवळी पाने तसेच लहान फळे यांच्यावर होतो. मोहोर व त्याच्या देठावर सुरुवातीस पांढऱ्या

भुकटीसारखी बुरशीची वाढ होते. काही दिवसांनी मोहोर आणि देठ काळे पडतात. नंतर मोहोर व लहान फळे गळतात. तुडतुडे व भुरी रोगामुळे झाडावरील संपूर्ण मोहोर जळून जाण्याची शक्यता असते. मोहोरावर तुडतुडे व भुरी रोगाचा एकाच वेळी प्रादुर्भाव होतो. या भुरीत असंख्य प्रमाणात रोगकारक बुरशीचे रेणू असतात. वाऱ्यामुळे ते सगळीकडे पसरतात आणि रोगाचा प्रसार होतो.

हा उपाय योजा

आंब्यावरील तुडतुडे व भुरी या शत्रूंच्या नियंत्रणासाठी एकत्र उपाय योजणे सोयीचे व फायद्याचे आहे. त्यांच्या नियंत्रणासाठी औषधाच्या तीन फवारण्या किंवा धुरळण्या कराव्यात. पहिली फवारणी किंवा धुरळणी झाडाला मोहोर येण्याच्या आधी म्हणजेच ज्या वेळी झाडांच्या शेंड्यांच्या डिया फुगतात त्या वेळी आणि दुसऱ्या दोन मोहोर आल्यानंतर १५ दिवसांच्या अंतराने कराव्यात.

या फवारणीसाठी २० ग्रॅम पाण्यात मिसळणारी ५० टक्के कार्बारिल भुकटी किंवा १० मिलीलिटर डायमिथोएट ३० टक्के प्रवाही किंवा ५ मिलीलिटर फॉस्फामिडॉन ५ टक्के प्रवाही किंवा १० मिलीलिटर मोनोक्रोटोफॉस ३६ टक्के प्रवाही अधिक २० ग्रॅम पाण्यात मिसळणारे ८० टक्के गंधक १० लिटर पाण्यात मिसळावे. अशा प्रकारे फवारणी करणे शक्य नसल्यास धुरळणी करावी. धुरळणीसाठी कार्बारिल १० टक्के भुकटी अधिक ३०० पोताच्या गंधकाची भुकटी एकास एक (१:१) प्रमाणात मिसळून वापरावी.

शेंडा पोखरणारी अळी

तुडतुडे व भुरी याप्रमाणेच शेंडा पोखरणाऱ्या अळीचा उपद्रवही अलीकडे अनेक ठिकाणी दिसू लागला आहे. ही अळी प्रामुख्याने आंब्याचे कोवळे शेंडे पोखरते. पोखरलेला शेंडा सुकतो. ही कीड मोहोरावरही आढळते. मोहोर बाहेर येण्याच्या सुमारासच ही अळी तो पोखरते; त्यामुळे मोहोराची वाढ होत नाही व तो सुकतो. कोवळ्या पानावर किंवा कोंबाजवळ या किडीचा मादीपतंग अंडी घालतो. अंड्यातून पिवळसर रंगाची अळी बाहेर पडून २-३ दिवस कोवळ्या पानावर उपजीविका करते आणि नंतर पानाचे देठ पोखरून देठातून शेंड्यात जाऊन शेंडा पोखरते. अळी कोषावस्थेत जाण्यासाठी शेंड्यातून बाहेर पडून जमिनीत जाते आणि तेथे कोष करते. या किडीचा प्रादुर्भाव मोहोरावर साधारणतः जानेवारी महिन्यात अधिक आढळतो.

या किडीच्या नियंत्रणासाठी कीडग्रस्त शेंडे अळीसह काढून जाळावेत. नवीन पालवी आल्याबरोबर १६ मिलि डायमिथोएट ३० टक्के प्रवाही किंवा ६ मिलि फॉस्फामिडॉन ८५ टक्के प्रवाही १० लिटर पाण्यात मिसळून फवारावे.

करपा

हा रोग बुरशीमुळे होतो. या रोगाचा प्रादुर्भाव पाने, फांद्या, मोहोर व फळांवर होतो. आंब्याच्या पानांचे कोवळे अंकुर, पाने, मोहोर यांवर तपकिरी काळसर ठिपके दिसू लागले म्हणजे हा रोग आला आहे असे समजावे. या रोगामुळे पानावर गोलाकार किंवा अनियमित आकारांचे ठिपके वाढत जाऊन करपलेले मोठे ठिपके दिसतात; त्यामुळे पाने संपूर्णपणे वाळून गळतात. प्रादुर्भाव झालेला मोहोर गळतो. फळांवरसुद्धा काळे ठिपके दिसतात. अशा फळांना भेगा पडून ती पिकताना सडतात.

या रोगाच्या नियंत्रणासाठी रोगट शेंडे, पाने, गळून पडलेली पाने गोळा करून त्यांचा नाश करावा. बागेत स्वच्छता राखावी. तसेच रोग आढळताच कॉपर ऑक्झिक्लोराइड हे बुरशीनाशक ३० ग्रॅम १० लिटर पाण्यात मिसळून फवारावे.

अशा प्रकारे आंब्याच्या मोहोराचे वेळीच संरक्षण करणे फार अवघड नाही. वर नमूद केल्याप्रमाणे वेळेवर औषधे फवारल्यास मोहोर चांगला राहून भरपूर आंबे मिळतील. मग फळांच्या राजाची खरी चव चाखता येईल.

◆

आंबा फळांना भरपूर दर कसा मिळवावा?

"माझ्या शेजारच्या शेतकऱ्यांकडे आंब्याची झाडे कमी आहेत. त्यांना फळेही फार लागतात असं नाही; परंतु प्रत्येक वर्षी त्यांच्या आंब्याला माझ्या आंब्यापेक्षा चांगला दर मिळतो. असं का होतं?"

"त्यांच्या आंब्याला अधिक दर मिळण्याची अनेक कारणे असतील; परंतु मुख्य म्हणजे तुमच्या शेजारचे शेतकरी आंबे काढताना आणि ते विक्रीला पाठविताना बरीच काळजी घेत असतील." मी सांगितले.

"आंबे काढताना, बाजारात पाठविताना काही वेगळी काळजी घ्यावी लागते काय?" त्यांनी मला विचारले.

मला भेटलेल्या या शेतकऱ्याप्रमाणेच अनेक शेतकऱ्यांची परिस्थिती असते. आंबे काढताना, ते बाजारात विक्रीसाठी पाठविताना बरेच शेतकरी फारशी काळजी घेत नाहीत; त्यामुळे त्यांच्या आंब्यांना योग्य दर मिळत नाही. सध्या फक्त महाराष्ट्रातच आंब्यांची विक्री होते असे नाही तर कोकणातला हापूस आंबा आता परदेशातही जात आहे. म्हणूनच आंबा काढणी आणि तो विक्रीसाठी पाठविणे याबाबतीत कोणती काळजी घेतली पाहिजे हे माहीत हवे.

महाराष्ट्र शासनाच्या नवीन धोरणानुसार सध्या आपल्या राज्यात आंबा लागवडीखालील क्षेत्र वाढते आहे. अजूनही त्यात भर पडेल. अशा वेळी आपल्या फळांना जास्तीतजास्त दर कसा मिळेल याची आपण काळजी घेतली पाहिजे. सध्याच्या स्पर्धेच्या युगात तर या गोष्टीला फार महत्त्व आहे. आंबे तोडणीपासूनच

सतर्क राहावे लागते.

आंबे काढण्यापूर्वी

कोकणचा हापूस आंबा म्हणजे अवीट चव असते; परंतु कोकणात दमट हवामान असते. शिवाय आंब्याच्या वाढीच्या शेवटच्या काळात हवेतील उष्णता वाढलेली असते; त्यामुळे त्यावर अनेक प्रकारच्या बुरशीजन्य रोगांचा उपद्रव होण्याची शक्यता असते. या रोगांच्या जंतूमुळे फळावर काळे डाग पडण्याची शक्यता असते. अशा प्रकारचे आंबे काढल्यानंतर त्यावरचे डाग अधिक प्रमाणात वाढतात. काही वेळा आंबे पिकताना कुजतात. अशा रोगांचा उपद्रव होऊ नये म्हणून आंबे काढण्याच्या १५ दिवस अगोदर झाडावर ०.१ टक्का कार्बेन्डॉझिम हे औषध फवारावे.

आंब्यांची तोडणी कशी करावी?

आंबे तोडताना बरीच काळजी घ्यावी लागते. आपल्याकडे आंब्याच्या झाडांना एकदम मोहोर येत नाही तर दीड-दोन महिने झाडांना मोहोर येत राहतो; त्यामुळे एका झाडावरील सर्वच आंबे एकदम काढता येत नाहीत. कारण वेगवेगळ्या वेळी मोहोर आल्याने फळेही निरनिराळ्या वेळी तयार होतात. म्हणून झाडावरील आंबे जसजसे तयार होतील तसतसे तीन-चार वेळा तोडावेत. आपल्या आंब्यास चांगला दर हवा असेल तर किंवा आंबे परदेशी पाठवावयाचे असतील तर आंबे १०० टक्के तयार होईपर्यंत थांबू नये. अशा वेळी ८५ ते ८८ टक्के तयार आंबेच काढावेत. ७५ टक्के तयार आंबे काढल्यास त्यात योग्य ती चव, स्वाद तयार होत नाही. १०० टक्के तयार आंबे काढल्यास त्यात साक्याचे प्रमाण फार वाढते. शिवाय असे आंबे फार दिवस टिकत नाहीत.

८५ ते ८८ टक्के तयार आंबे कसे ओळखावेत? अनुभवासारखा गुरू नाही. योग त्या तयारीचे आंबे तोडण्यासाठी अनुभवी लोक लावावेत. याशिवाय फळांना पाड लागणे, फळांची विशिष्ट घनता, फळांतील पिष्टमय पदार्थांचे प्रमाण, फळांचा आकार, रंग इत्यादी गोष्टी विचारात घेऊन फळे तोडणीसाठी आंबे तयार झाले किंवा कसे हे पाहून आंबातोडणी करावी. आंबे ८५ ते ८८ टक्के तयार झाल्यावर त्यांच्या देठाच्या दोन्ही बाजू फुगून समपातळीत येतात. तसेच फळांना ठरावीक फिकट हिरवा रंग येतो. अनुभवी लोक असे आंबे ताबडतोब ओळखतात.

देठासह आंबे तोडा

झाडावरून आंबे तोडताना आणखी एका महत्त्वाच्या गोष्टीकडे लक्ष दिले पाहिजे. आंबे तोडताना ते देठाशिवाय तोडल्यास देठाच्या जागेतून चीक बाहेर येऊन

तो फळावर पसरतो. फळ पिकल्यानंतर या चिकामुळे फळावर करपे डाग पडतात; त्यामुळे फळ दिसायला खराब दिसते. फळांची प्रत कमी होते. याशिवाय देठ तोडल्यामुळे फळाला जी जखम होते त्या जखमेतून रोगांचा प्रादुर्भाव होऊन फळे पिकताना देठाकडील बाजूस काळी पडतात. काही वेळा ती कुजतात. देठासहित आंबे काढल्यास हे तोटे होत नाहीत. तसेच देठासहित काढलेले आंबे दोन-तीन दिवस अधिक टिकतात. म्हणून आंबे झाडावरून काढताना ते देठासहित काढणे आवश्यक असते. आंबे देठासह काढण्यासाठी झेल्याचा वापर करावा. कोकण कृषी विद्यापीठ, दापोली, जि. रत्नागिरी यांनी विकसित केलेला 'नूतन' झेला देठासह आंबे काढण्यासाठी फार चांगला आहे. आंबे काढल्यानंतर सुसारे पाच सें.मी. देठ ठेवून बाकीचा देठ कापावा.

या गोष्टीही ध्यानात ठेवा

आंबे काढताना देठासह काढण्याबरोबरच प्रत्येक आंबा झाडावरून स्वतंत्र काढावा. तो काढताना अगर टोपलीत ठेवताना अगदी काळजीपूर्वक हळुवार हाताळावा; कारण आंबे कसेतरी हाताळल्यास फळावर ओरखडे पडतात. फळ पिकतेवेळी हे ओरखडे मोठे होऊन फळांवर डाग पडतात. अनेकदा अशा ओरखड्यांतून रोगजंतूंचा प्रादुर्भाव होऊन पिकताना फळे कुजतात. म्हणून हळुवार हाताळणी फार महत्त्वाची असते. अनेकदा काही शेतकरी झाडावरून काढलेली फळे ओबडधोबड पृष्ठभाग असलेल्या टोपल्यांत ठेवतात; त्यामुळेही फळावर ओरखडे पडतात. म्हणून फळे अशा टोपल्यांत न ठेवता सारवलेल्या किंवा किलतानाचे अस्तर लावलेल्या टोपल्यांत ठेवावीत. आता प्लॅस्टिकची चांगली खोकी मिळतात. काढलेले आंबे त्यात ठेवावेत.

उन्हात ठेवू नका

आंबे चांगले राहण्यासाठी आणखी एका महत्त्वाच्या गोष्टीकडे लक्ष द्यावे. ती म्हणजे आंबे झाडावरून काढल्यानंतर पॅकिंग करेपर्यंत थोडा वेळसुद्धा उन्हात अगर गरम फरशी किंवा गरम मातीवर ठेवू नयेत. आंबे काढल्यानंतर अशा प्रकारे थोडा वेळ जरी आंबे ठेवले तरी ते पिकल्यानंतर त्यात बराच साका होतो.

कोवळे आंबे कसे ओळखावेत?

फक्त ८५ ते ८८ टक्के (१४ आणे) तयार झालेले आंबेच आपण अनुभवी माणसाकडून काढले तरी ते सर्वच आंबे अशा प्रकारे तयार झाले असतील याची खात्री देता येत नाही. चुकून काही कोवळे आंबे त्यात जाण्याची शक्यता असते. असे झाले तर कोवळे आंबे नासतात आणि ते इतर चांगल्या आंब्यांनाही नासवतात. मग

असे चुकून काढलेले कोवळे आंबे कसे ओळखायचे? त्यासाठी एक साधा मार्ग आहे. काढलेले सर्व बिनडागी आंबे साध्या पाण्यात टाकावेत. जे आंबे पाण्यात वर तरंगतील ते कोवळे असतील. ते विक्रीसाठी पाठवू नयेत. ते बाजूला काढावेत. आपणास आंबे निर्यातीसाठी पाठवायचे असतील तर आणखी एक गोष्ट करावी. अशा प्रकारे पाण्यात बुडालेले आंबे काढून ते २.५ टक्के मिठाच्या पाण्यात टाकावेत. या द्रावणात जे आंबे तरंगतील तेच निर्यातीसाठी वापरावेत. जे मिठाच्या द्रावणात बुडतील ते फार जून झालेले असतात; त्यामुळे पिकल्यावर त्यात अधिक साका निघण्याची शक्यता असते. म्हणून तेही निर्यातीसाठी पाठवू नयेत.

आंबे कुजू नयेत म्हणून

आंबे काढताना कितीही काळजी घेतली तरी फळांवर काही गुप्त रोगजंतू असतात; त्यामुळे आंबे कुजण्याची शक्यता असते. विशेषतः आंब्याच्या हंगामात अगर हंगामाच्या शेवटी एखादा पाऊस पडल्यावर काढलेले आंबे हमखास कुजतात असा अनुभव आहे; त्यामुळे फार नुकसान होते.

अशा प्रकारे आंबे कुजू नयेत म्हणून पॅकिंग करण्यापूर्वी फळे ५५० सें.ग्रे. तपमानाच्या पाण्यात पाच मिनिटे बुडवावीत. अशा १ लिटर पाण्यात अर्धा ग्रॅम कार्बेन्डॉझिम टाकल्यास अधिक चांगला परिणाम होतो. ज्यांना पाणी गरम करणे शक्य नसेल त्यांनी साध्या १ लिटर पाण्यात अर्धा ग्रॅम कॉर्बेन्डॉझिम टाकून त्यात आंबे पाच मिनिटे बुडवून काढले तरी आंबे कुजण्याचे प्रमाण कमी होते. अशा प्रकारे पाण्यात बुडवून काढलेल्या फळावरील पाणी हवेत सुकल्यानंतरच त्यांचे पॅकिंग करावे. फळ गरम पाण्यात बुडवल्यास त्याचा आकर्षकपणा कमी न होता वाढतो.

प्रतवारी महत्त्वाची

आपण शेतमाल विक्रीसाठी पाठविताना त्याची प्रतवारी करून मगच पाठविला पाहिजे. आंब्यांच्या बाबतीत तर ही बाब फार महत्त्वाची आहे. म्हणून विक्रीसाठी निवडलेल्या आंब्यांची पुन्हा वजनानुसार प्रतवारी करावी. २०० ते २५०, २५० ते ३००, ३०० ते ३५० ग्रॅम अशा ग्रेडमध्ये काटेकोरपणे आंब्यांचे ग्रेडिंग करावे. त्यानुसार त्यांचे पॅकिंग करावे. गिऱ्हाइकास हव्या त्या आकाराचे, वजनाचे आंबे मिळण्यावर चांगला दर मिळतो. अनुभवाने आपणास हातानेसुद्धा अशी आकारप्रमाणे आंब्यांची प्रतवारी करता येते. आंबे निर्यात करावयाचे असतील तर प्रतवारी करणे अत्यावश्यक असते.

पॅकिंगही महत्त्वाचे

सध्या ग्राहक फार चोखंदळ झाला आहे. पॅकिंग कसे आहे हे पाहून तो माल घेतो. म्हणून आपणास अधिक दर मिळण्यासाठी त्याच्या पॅकिंगकडेही लक्ष दिले पाहिजे. प्रतवारी केलेले आंबे देशातच विक्रीसाठी पाठवायचे असतील तर ते लाकडी खोक्यात गवत किंवा भाताचा पेंढा आणि वर्तमानपत्राचा कागद घालून भरावेत किंवा हल्ली गिऱ्हाइकांमध्ये लहान पॅकिंगची आवड निर्माण झाल्याने १, २, ३ किंवा ४ डझन क्षमतेच्या आकर्षक अशा पुठ्ठयाच्या खोक्यात पॅक करावेत. अशा खोक्याला हवा खेळण्यासाठी आवश्यक ती छिद्रे पाडलेली असावीत. खोक्यातील आंबे हलू नयेत म्हणून मध्ये पुठ्ठयाचे छिद्रे असलेले विभाजक घालावेत. अशा पुठ्ठयाच्या खोक्यांत गवत, भाताचा पेंढा किंवा इतर कोणतेही पॅकिंग साहित्य वापरू नये.

व्यवस्थितपणे भरलेली खोकी टेपने बंद करावीत. आंबा जातीचे नाव, फळांची संख्या, वजन, भरण्याची तारीख, खोके उघडण्याची तारीख इत्यादी माहिती खोक्यावर लिहावी. खोक्याची बाहेरील बाजू आकर्षक असावी. आंबा भरलेली खोकी उन्हात राहणार नाहीत याची काळजी घ्यावी; कारण ती बराच वेळ उन्हात राहिल्यास आतील आंबे पिकल्यावर साका होण्याची भीती असते.

आपणास आंबे फार लांब पाठवावयाचे असल्यास त्याप्रमाणे काळजी घेऊन, कच्ची फळे पाठविणे सोईचे असते. फार लवकर तयार होणारी फळे दूरच्या बाजारात विक्रीसाठी पाठवू नयेत.

अशा प्रकारे आंबे योग्य प्रकारे झाडावरून काढून, त्यावर योग्य प्रकारची प्रक्रिया करून, त्यांची प्रतवारी करून, आकर्षक खोक्यात पॅक केल्यास निश्चितपणे चांगला दर मिळतो. आपल्या मालाची प्रत, चव चांगली असल्यास पुढच्या हंगामातही आपलेच आंबे द्या असे सांगणारीही अनेक गिऱ्हाइके असतात. म्हणून आता लवकरच सुरू होणाऱ्या आंब्याच्या हंगामात या सर्व गोष्टींचा अवलंब करा आणि आंब्याला भरपूर दर मिळवा.

◆

फळझाडांचा बहार का, केव्हा आणि कसा धरावा?

''आमच्या घराशेजारच्या बागेतील कागदी लिंबाचं झाड चांगलं वाढलं आहे. ते नेहमी हिरवंगार असतं; परंतु त्याला फळं लागत नाहीत,'' अशी तक्रार करणारे अनेक लोक मला वारंवार भेटतात.

आमच्या मोसंबीच्या बागेतील झाडांना भरपूर प्रमाणात फळं लागत नाहीत. वर्षभर झाडावर थोडी थोडी फळं येतात, असे सांगणारेही काही शेतकरी भेटतात.

या सर्वांचा प्रश्न एकच असतो. फळझाडांच्या बाबतीत तुम्ही योग्य बहार धरत नसावा; त्यामुळे कमी फळे लागतात, असेही आपण नेहमी ऐकतो; परंतु बहार धरायचा म्हणजे काय करायचे? तो कशासाठी व कसा धरायचा? केव्हा धरायचा? असे काही प्रश्न आपल्या मनात येणे साहजिक आहे.

बहार धरणे म्हणजे काय?

बहार धरायचा म्हणजे नेमके काय करायचे असते हे आपण पाहिले पाहिजे. बहार धरणे म्हणजे थोडक्यात झाडाला विश्रांती देणे असे म्हणणे योग्य होईल. झाडाला विश्रांती देण्यासाठी, त्याच्या वाढीसाठी आवश्यक असणाऱ्या आंतरक्रियेवर बंधने घालावी लागतात. या आंतरक्रिया तात्पुरत्या थांबविल्यास झाडाला नवीन फूट येत नाही. त्याची वाढ होण्याची क्रिया थांबते; त्यामुळे झाडाच्या वाढीस आवश्यक असलेली अन्नद्रव्ये झाडात तात्पुरती साचतात. काही दिवसांनी याच अन्नद्रव्यांचा उपयोग फुले येणे, फळधारणा होणे, फळांची वाढ होणे यासाठी होतो.

झाडांची आंतरक्रिया कशी थांबवायची? त्यासाठी त्यांचे पाणी बंद करून त्यांना विश्रांती द्यावी. विश्रांतीचा हा काळ सर्वसाधारणपणे हलक्या जमिनीत ३५-४० दिवस, मध्यम भारीच्या जमिनीत ४५ ते ५५ दिवस आणि फार भारी जमिनीत ६० ते ७० दिवस असतो. जमीन भारी असेल आणि ती चांगल्या निचऱ्याची नसेल तर अशा फळबागेत नांगरटसुद्धा करावी लागते. नांगरटीमुळे मुळांची थोडी छाटणी होऊन झाडांना पाणीपुरवठा कमी होतो; त्यामुळे झाडांची वाढ थांबते.

बहार कशासाठी धरायचा?

फळझाडांना बहार का धरावा? असा प्रश्न काहींच्या मनात येईल. आंबा, चिक्कू, नारळ, सुपारी इत्यादी नेहमी हिरव्यागार असणाऱ्या झाडांना वर्षात विशिष्ट हवामान असले आणि झाडातील अन्नद्रव्यांचा पुरवठा पुरेसा व संतुलित असला तर झाडावर हंगामात मोहोर येतो. या मोहोरावर एकूण किती फळे राहतील हे झाडातील एकूण अन्नद्रव्याच्या साठ्यावर अवलंबून असते; परंतु पेरू, संत्रा, मोसंबी, डाळिंब, लिंबू इत्यादी झाडांची वर्षभर वाढ होत राहते. त्यांना अधूनमधून फुलेही येतात; पण ती वर्षभर येत असल्याने फळांची एकूण संख्या कमी असते. झाडाला दिलेल्या खताचा जास्त भाग झाडावरील पाने व हिरव्या वाढीसाठी खर्च होतो. शिवाय जमिनीची मशागत करण्यास पुरेसा वेळ मिळत नाही. वर्षभर झाडावर येणाऱ्या रोग-किडींचे नियंत्रण करण्याचा त्रास व खर्च वाढतो.

हे सर्व टाळण्यासाठी आणि झाडावर एकाच हंगामात भरपूर फळे येण्यासाठी वर्षातून काही दिवस वर सांगितल्याप्रमाणे झाडांचा पाणीपुरवठा बंद करतात; त्यामुळे झाडावरील वाढ काही काळ थांबते. नंतर जमिनीची मशागत करून खत व पाणी देतात; त्यामुळे थांबलेली हरितवाढ पुन्हा सुरू होते. नवीन पालवी फुटून झाडावर फुलेही धरतात. अशा वेळी झाडावरील फळांची संख्या वाढते. एकाच वेळी झाडावर पुष्कळ फळे असल्यामुळे त्यावर औषध फवारण्याचा, त्यांना सांभाळण्याचा, काढणीचा वगैरे खर्च कमी होतो; त्यामुळे फळबागेपासून अधिक फायदा होतो. म्हणून बहार धरणे फार महत्त्वाचे असते.

तीन बहार

संत्रा, मोसंबी, डाळिंब, पेरू, लिंबू इत्यादी फळझाडांना आपल्या हवामानात तीन बहार येतात. त्यांपैकी पावसाळ्यात येणाऱ्या (जून-जुलै) बहारास 'मृगबहार', पावसाळा संपल्यानंतर (ऑक्टोबरमध्ये) येणाऱ्या बहारास 'हस्तबहार' आणि थंडी संपतेवेळी (जानेवारी-फेब्रुवारी) म्हणजे ज्या वेळी आंब्याला मोहोर येतो त्यास 'आंबेबहार' असे म्हणतात. हे सर्व बहार घेण्यापेक्षा एकच कोणता तरी बहार घेणे

फायद्याचे असते. सर्वसाधारणपणे शेतकरी आंबेबहार किंवा मृगबहार घेतात.

झाडांची एकूण वाढ, पाणीपुरवठा, बाजारात फळांना असणारी मागणी आणि मिळणारा भाव, कीड-रोगापासून संरक्षण आणि फळांची प्रत इत्यादी गोष्टींचा विचार करून कोणता बहार घ्यावा हे ठरवावे. मात्र, एकच बहार घ्यावा. सर्वसाधारणपणे शेतकरी आंबेबहार किंवा मृगबहार घेतात.

मृगबहार घेण्यासाठी असे करा

मृगबहार घेण्यासाठी अगोदरच्या बहाराची फळे झाडावरून काढावीत. नंतर झाडावरील वाळलेल्या फांद्या कापून त्या ठिकाणी बोडोपेस्ट लावावी.

झाडांना पूर्ण विश्रांती मिळण्यासाठी फेब्रुवारी महिन्यापासून जमिनीच्या मगदुराप्रमाणे पाणी तोडावे; त्यामुळे झाडात पिष्टमय व प्रथिनयुक्त पदार्थ जमा होतात. हे पदार्थ पुढे पाणी दिल्यानंतर फुलोरा निर्माण करण्यासाठी उपयोगी पडतात. पाणी तोडताना ते हळूहळू तोडावे. प्रथम निम्मे, मग दोन-तृतीयांश आणि नंतर संपूर्ण पाणी बंद करावे. झाडाला ताण बसल्यानंतर त्यावरील पाने पिवळी पडून सुकायला लागतात. मग गळतात. झाडांना अधिक ताण दिल्यास फार पानगळ होते आणि फुले धरणाऱ्या काड्यांची मर होते; म्हणून ताण काळजीपूर्वक द्यावा.

जमिनीची मशागत करण्यासाठी हलकीशी नांगरट करावी. बागेतील सर्व तण काढून जमीन चांगली भुसभुशीत करावी. झाडाभोवती एक ते दीड मीटरपर्यंतची मशागत हाताने करावी.

झाडांचा ताण संपल्यानंतर जूनच्या पहिल्या पंधरवड्यात खोडापासून १.५ ते २ मीटर अंतरावर झाडाभोवती पाणी देण्यासाठी आळे किंवा सऱ्या कराव्यात. पाऊस वेळेवर न पडल्यास दोन ते तीन वेळा, तीन ते चार दिवसांच्या अंतराने हलके पाणी द्यावे. पहिल्या पाण्याच्या अगोदर निम्मी नत्रयुक्त खते द्यावीत. झाडांची विश्रांती संपून त्यांना पाणी व खतांचा पुरवठा होताच जुलै महिन्यात नवीन फूट व फुलोरा येतो आणि फलधारणा होते. त्यानंतर जुलैच्या शेवटी फलधारणा टिकविण्यासाठी नत्राचा उरलेला हप्ता द्यावा. पावसाळी हवामानात नवीन फुटीवर व फळावर रोग व कीड यांचा प्रादुर्भाव होऊ नये म्हणून वेळेवर पीकसंरक्षक औषधे फवारावीत.

आंबेबहार घेण्यासाठी झाडांना पाण्याचा ताण देण्यास १५ नोव्हेंबरपासून सुरुवात करावी. मृगबहार घेण्यासाठी करावयाच्या उपाययोजना ताण देण्याच्या काळात कराव्यात. ताण संपल्यानंतर जानेवारीच्या पहिल्या पंधरवड्यात जमिनीची मशागत करावी. खोडापासून १.५ ते २ मीटर अंतरावर पाणी देण्यासाठी झाडाभोवती आळे किंवा सऱ्या पाडाव्यात. प्रत्येक झाडास शेणखत, स्फुरद, पालाश व नत्राची निम्मी मात्रा द्यावी. बागेस हलके पाणी द्यावे. झाडाच्या मुख्य खोडांना पाणी लागणार

नाही याची काळजी घ्यावी. त्यासाठी खोडाभोवती लहानसा मातीचा गोलाकार उंचवटा करावा.

यानंतर फेब्रुवारी महिन्यात झाडावर नवीन फूट व फुलोरा येतो आणि फलधारणा होते. ही फलधारणा टिकून राहण्यासाठी मार्च महिन्यात नत्राचा उरलेला निम्मा हप्ता द्यावा. हलक्या व मुरमाड जमिनीत नत्रयुक्त खताचे तीन सारखे भाग करून दिल्यास चालेल. पाण्याच्या दोन पाळ्यांतील अंतर जरुरीप्रमाणे ८ ते १० दिवस ठेवावे. आंबेबहार घेण्यासाठी उन्हाळ्यात भरपूर पाण्याची सोय हवी. या बहाराच्या फळांची काढणी नोव्हेंबर महिन्यापर्यंत संपवावी. जास्त काळ फळे झाडावर राहिल्यास फळांची प्रत खराब होते. शिवाय नवीन बहार चांगला फुटत नाही.

आंबेबहार संत्रा, मोसंबी व लिंबू या फळझाडांत घ्यावा तर पेरू व डाळिंब या फळझाडांत मृगबहार फायद्याचा असतो.

अशा प्रकारे संत्रा, मोसंबी, लिंबू, पेरू, डाळिंब या फळझाडांचा बहार केव्हा आणि कसा घ्यावा हे लक्षात ठेवून झाडांना पाण्याचा ताण दिल्यास कमी खर्चात चांगल्या प्रतीची भरपूर फळे मिळतात; साहजिकच अधिक फायदा होतो.

◆

नारळाचे लावलेले रोप का मरते?

''गेल्या वर्षी आम्ही आमच्या शेतात निरनिराळ्या ठिकाणी नारळाची बरीच रोपे लावली होती; परंतु ती बहुतेक सर्व मेली. ही रोपे कशाने मेली असावीत? आता पुन्हा रोपे लावावी की नको असा प्रश्न आम्हाला पडला आहे.'' माझ्याकडे आलेले शेतकरी मला सांगत होते. तोच आमच्या हाउसिंग सोसायटीतील माझ्याकडे बसलेले गृहस्थ म्हणाले, ''अहो, माझंही असंच झालं. मी आमच्या घराशेजारी नारळाचं रोप लावलं; पण ते मेलं. असं का होतं? ते रोपच चांगलं नव्हतं का?''

असे प्रश्न अनेकांच्या मनात येतात. काहीजण ते मनातच ठेवतात; पण नारळाची लावलेली रोपे अनेकदा मरतात याबद्दल मात्र अनेकांचे एकमत असते. असे का घडत असावे? याबाबतीत मी माझ्या फळबागतज्ज्ञ मित्राशी सविस्तर चर्चा केली. त्यांनी सांगितले की, नारळरोपे मरण्याची अनेक कारणे असतात. त्यांपैकी काही महत्त्वाची कारणे पुढीलप्रमाणे आहेत -

रोपाची अयोग्य लागवड

नारळाची रोपे मरण्यात नारळरोपाची अयोग्य पद्धतीने लागवड हे एक प्रमुख कारण आहे. त्यासाठी नारळरोप कसे लावावे हे माहीत करून घ्या. लागवडीसाठी खात्रीच्या ठिकाणाहून एक ते दीड वर्षे वयाची रोपे आणावीत. मोठ्या रोपापेक्षा या वयाची रोपे अधिक लवकर मुळ्या धरतात. निवडलेले रोप खड्ड्याच्या मध्यभागी अशा रीतीनें लावावे की, रोपाचा नारळ जमिनीच्या पृष्ठभागाच्या ३० ते ४५ सें. मी. खोल राहील. रोप लावताना त्याचा कोंब मातीत गाडला जाणार नाही याची काळजी

 घ्यावी. नारळ फळावरील खोडाचा काही भाग मातीत पुरला गेल्यास पाण्याबरोबर मातीचे सूक्ष्म कण पानाच्या बगलेतून सुईपर्यंत पोहोचतात. मग वाऱ्यामुळे पाने हलली की, मातीचे कण सुईवर घासले जाऊन त्यास सूक्ष्म जखमा होतात. नंतर त्यात बुरशीचा शिरकाव होऊन सुई कुजते. कुजण्याची क्रिया आतपर्यंत गेल्यास सुई कुजते; त्यामुळे काही दिवसांनी रोप मरते. म्हणून रोप काळजीपूर्वक लावा.

वाळवीचा त्रास

वाळवीच्या उपद्रवामुळेही बरीच रोपे मरतात. म्हणून जमिनीत रोप लावल्यापासून दोन वर्षापर्यंत त्याला वाळवीपासून फार जपावे. रोपाच्या सुईसह सर्व पाने निस्तेज दिसल्यास वाळवीने मुळांना इजा केली आहे, असे समजावे. त्यावर ताबडतोब उपाय न केल्यास वाळवी सर्व मुळे खाते; त्यामुळे रोप मरते. रोपाची फक्त सुई निस्तेज झालेली दिसल्यास वाळवीने खोडाला भोक पाडून नारळफळात प्रवेश केलेला असतो. असे रोप वाचविणे अवघड असते. ते रोप मरते. वाळवीने रोपावर हल्ला करेपर्यंत थांबू नये; तर महिना-दोन महिन्यांतून नारळाच्या आळ्यात १०० ग्रॅम ५ टक्के मॅलेथिऑन भुकटी पसरून टाकून खुरप्याने माती हलवावी.

मुळांना इजा होते

नारळाची रोपे नर्सरीत साधारणपणे १२-१३ महिने असतात. त्या काळात रोपाची काही मुळे नारळाच्या काथ्याच्या आवरणातून बाहेर येऊन जमिनीत जातात. असे रोप नर्सरीतून काढताना काही वेळा त्याची मुळे दुखावतात. कधीकधी खोडही पिरगाळले जाते. त्या वेळी सुईच्या उगमस्थानास सुरुवात झाली असेल तर लागवडीनंतर लवकरच ती कुजून रोप मरते. म्हणून नर्सरीतून रोप काढताना रोपांना इजा होणार नाही याची काळजी घ्यावी.

आळ्यात पाणी साठू देऊ नये

अनेकदा नारळाची खोल लागवड करतात. अशा वेळी खड्ड्याभोवती आवश्यक तेवढे उंच वरंबे करावेत; त्यामुळे आळ्याबाहेरचे पाणी व माती आळ्यात जाणार नाही. कारण आळ्यात नेहमी पाणी साचून राहिल्यास मुळे किंवा सुई कुजते आणि रोप मरते. तसेच रोपांच्या खोडाभोवती साचलेली माती वरचेवर काढावी.

अशा प्रकारे आपले नारळाचे रोप मरण्यास यापैकी एक किंवा अनेक कारणे असू शकतील. त्याचा शोध घ्यावा. एकदा नारळरोप मेले म्हणून पुन्हा नारळरोप लावायचे नाही, हे योग्य नाही. आता आपल्या शेतात अगर बागेत नारळरोपे अवश्य लावा. पावसाळी हवामानात रोपे लावल्यास ती चांगली वाढतात.

उन्हाळ्यातही भरपूर फळे मिळतील

"फळझाडापासून चांगले पैसे मिळतात म्हणून आम्ही फळबाग केली; परंतु यंदा आमच्या विहिरीचं पाणी फार कमी झालंय. नुकताच पाडवा झाला; आताच ही परिस्थिती तर मृगापर्यंत ही झाडं कशी जगवायची, हा फार मोठा प्रश्न आमच्यापुढं आहे." असे अनेक शेतकरी अनेकदा म्हणतात. पावसाळ्यात महाराष्ट्रात सगळीकडे चांगला पाऊस होतो; परंतु त्यानंतर पाऊस होत नाही; त्यामुळे अनेकांच्या विहिरीचे पाणी कमी होते. काहींचे आटते. काही गावांतील लोकांवर पिण्याच्या पाण्यासाठीही दाही दिशा फिरण्याची वेळ येते. अनेक गावांत पिण्यासाठी टॅंकरने पाणी पुरवावे लागते. माणसांना प्यायला पाणी नाही तर झाडांना, पिकांना कोठून द्यायचे? असा प्रश्न अनेकांच्या मनात येणे साहजिक आहे.

पाणी देण्याच्या सदोष पद्धती

आपणाकडे पाणी मापाने मोजून त्यानुसार पैसे घेतले जात नाहीत; त्यामुळे आपणास पाण्याची किंमत समजत नाही. झाडांना किंवा पिकांना किती पाणी लागते याचा विचार न करता पाणी असले म्हणजे भरपूर द्यायचे आणि पाणी संपले म्हणजे त्यांना तहानलेले ठेवून कमजोर करायचे असे अनेकांच्या अंगवळणी पडलेले असते; त्यामुळे फार नुकसान होते. आपल्याकडे असलेले पाणी काटकसरीने वापरल्यास झाडांची वाढ चांगली होते आणि पुष्कळ दिवस पाणी देणे शक्य होते.

फळझाडांना पाणी देण्याच्या पद्धतीत आळे पद्धत, बांगडी पद्धत, मोकार

पद्धत, तुषार आणि ठिबक सिंचन पद्धत या प्रमुख आहेत.

केळी, पपई इत्यादी फळझाडांसाठी आळे पद्धत वापरतात. तसेच आंबा, पेरू, डाळिंब, लिंबूवर्गीय फळे आणि इतर फळझाडे जेव्हा लहान असतात तेव्हा आळे पद्धतीने पाणी देतात. या पद्धतीत पाणी जास्त लागते. तसेच पाण्याचा झाडाच्या खोडाशी संपर्क आल्याने खोडांचे रोग वाढतात. उदा. लिंबूवर्गीय फळझाडांत डिंक्यारोग होतो.

बांगडी पद्धत फळझाडासाठी चांगली आहे; कारण या पद्धतीत पाणी झाडाच्या मुळाजवळ मिळाल्याने पाण्याचा अपव्यय टळतो. तसेच पाण्याचा संपर्क झाडांच्या खोडाशी येत नसल्यामुळे खोडांचे रोग होत नाहीत; परंतु ही पद्धत वापरणारे फार शेतकरी नाहीत. कारण या पद्धतीस अधिक मजूर लागतात.

सर्वसाधारणपणे शेतकरी मोकार पद्धतीने पाणी नेहमी देतात. आपल्याकडे पाणी कमी असो अगर अधिक असो त्याचा विचार न करता पाटाने शेतात पाणी देऊन झाडे अगर पिके भिजविण्याकडे अनेकांचा कल असतो. कारण या पद्धतीत कमी मजूर लागतात; परंतु या पद्धतीत तोटे फार आहेत. उदा. पाणी जास्त लागते, रोगांचा प्रादुर्भाव वाढतो.

महाग पद्धती

तुषार सिंचन पद्धतीत पाण्याची ३० ते ४० टक्के बचत होते. या पद्धतीमुळे पाण्यातून खते व कीटकनाशके देता येतात. केळीसारख्या काही फळझाडांना कमी उंचीचे तुषार वापरून ही पद्धत अवलंबता येते; परंतु फळझाडांचा आकार मोठा झाल्यास काही पद्धती वापरणे शक्य नसते. तसेच ज्या भागात हवा कोरडी असून वारा जोरात वाहतो अशा भागात ही पद्धत योग्य नाही. या पद्धतीचा खर्च सर्वसामान्य शेतकऱ्यांना परवडत नाही.

फळझाडांना हवे तेवढे पाणी पुरविणारी आणि पाण्याची खूप बचत करणारी पद्धत म्हणजे ठिबक सिंचन (ड्रिप) पद्धत आहे. ही पद्धत फळझाडांसाठी फार चांगली आहे. या पद्धतीने झाडांना पाणी दिल्यास उत्पादन वाढते, रोग-किडींचा प्रादुर्भाव कमी होतो. पाण्यातून खते, कीटकनाशके देता येतात; परंतु हा संचही फार महाग असल्याने तो सर्वांना घेणे शक्य होत नाही.

वरील दोन्ही पद्धतींना शासनाने अनुदान दिले आहे; त्यामुळे अनेक शेतकऱ्यांना तुषार किंवा ठिबक सिंचन संच बसविता येणे शक्य आहे. सध्याच्या पाण्याच्या कमतरतेच्या परिस्थितीत तर ठिबक संच उत्तम आहे; परंतु तो घेणे सर्वांना शक्य होते असे नाही. अशा परिस्थितीत काय करायचे?

पाटपध्दत सुधारा

अद्याप अनेक शेतकरी पाटानेच पाणी देतात; परंतु त्या पध्दतीतही सुधारणा करणे शक्य आहे. विहिरीपासून पाणी वाहून नेणारा पाट पलानीवर किंवा तालीवर असतो; त्यामुळे त्यास आवश्यक तो उतार किंवा ढाळ नसतो; त्यामुळे बऱ्याच वेळा विहिरीकडील बाजूस पाणी फुगते. मोटार बंद केल्यावरही पाटातील पाणी तसेच तुंबून राहते व दररोज पाटात झिरपून वाया जाते. म्हणून पाटाची लांबी १०० मीटर असेल तर खोली ३० सें.मी. असावी. म्हणजेच पाटाचा उतार ०.३ टक्के असावा.

बहुतेक पाट बांधाप्रमाणे वेडेवाकडे असतात. अनेक वळणे असतात; त्यामुळे पाणी भरभर जात नाही. म्हणून पाट शक्यतो सरळ करावा. अनेकदा पाटात खड्डे पडलेले असतात; त्यामुळे त्यात पाणी साठून राहते. ते वाया जाते म्हणून असे लहान-मोठे खड्डे भारी चिकण मातीने बुजवून घ्यावेत. अनेकदा पाटात गवत उगवते किंवा पालापाचोळा साठून राहतो; त्यामुळे पाण्याचा वेग कमी होतो. पाणी फुगून खोल जमिनीत झिरपते. म्हणून हे अडथळे काढावेत. अशी काळजी घेऊनही पाटातून काही प्रमाणात पाणी झिरपते. म्हणून त्यासाठी पाटास अस्तर करावे. अस्तर वेगवेगळ्या प्रकारचे असतात; परंतु चिकण मातीचे अस्तर कमी खर्चात होते. म्हणून पाटाच्या आतील बाजूस चिकण मातीचे अस्तर द्यावे; त्यामुळे पाणी मुरणार नाही. मग पाण्यात बरीच बचत होईल.

पाणी असे वाया जाते

पाटाने पाणी देताना त्याचा अपव्यय होऊ नये म्हणून वरील उपाय करावेत; परंतु सध्याच्या पध्दतीने फळझाडांना पाणी दिल्यास बरेच पाणी वाया जाते. उदा. सध्याच्या पध्दतीने आपण झाडांना १०० लिटर पाणी दिले तर त्यांपैकी ७० ते ७५ लिटर पाणी पाटात झिरपून व बाष्पीभवन होऊन जाते. वीस ते पंचवीस लिटर पाणी पानातून हवेत जाते. म्हणजेच झाडाची वाढ व उत्पादनासाठी फारच कमी पाणी उपयोगी पडते. हे वाया जाणारे पाणी वाचविण्यासाठी शास्त्रज्ञांनी काही उपाय विकसित केले आहेत; त्यांचा वापर सध्याच्या पाणीटंचाईच्या वेळी अवश्य करावा.

लहान आळ्यात रबरी नळाने पाणी सोडणे - झाडाच्या बुंध्याभोवती पाटाऐवजी रबरी पाइपने पाणी द्यावे; त्यामुळे पाटात झिरपून वाया जाणारे पाणी वाचेल. तसेच मेणकापडामुळे बाष्पीभवन कमी होऊन पाण्याची बचत होईल. सावलीत असल्यामुळे पाणी टिकून राहते. पूर्ण वाढलेल्या मोसंबीच्या झाडाला सध्याच्या पध्दतीने आठवड्याला २००० लिटर पाणी द्यावे लागते; परंतु वरील पध्दतीने एका झाडास आठवड्याला ८० लिटर पाणी दिले तरी झाड जगते.

माठाने पाणी - झाडाच्या भोवताली मातीचा माठ पुरवा. माठाच्या बुडाशी एक छिद्र करून त्या छिद्रात कापडाचा काकडा बसवावा; त्यामुळे मडक्यातील पाणी काकड्याद्वारे जमिनीत जाऊन झाडाला संथ गतीने पाणी मिळेल. या पद्धतीत पाण्याचे बाष्पीभवन होत नाही. तसेच ठिबक पद्धतीने झाडास पाणी मिळून पाण्याची बचत होते. तीस लिटर पाणी मावणारे दोन माठ झाडाच्या दोन्ही बाजूंस पुरले तर उन्हाळ्यातदेखील ते पाणी आठवडाभर पुरते.

बुंध्याभोवती लहान खड्डे घ्या - ज्यांना माठांचा खर्च परवडणार नाही त्यांनी झाडाच्या दोन्ही बाजूंस ६० X ६० सें. मी. आकाराचे गोल खड्डे घ्यावेत. खड्ड्याच्या आतील सर्व बाजू शेणमातीने किंवा चिकणमातीने लिंपून घ्याव्यात; त्यामुळे पाणी लवकर झिरपणार नाही. उन्हामुळे खड्ड्यातील पाणी उडून जाऊ नये म्हणून ते मेणकापडाने झाकावेत. हे खड्डे पाण्याने वरचेवर भरावेत. त्यांतून थोडेसेच पाणी झाडाच्या मुळांना सावकाश मिळते.

पानाद्वारे होणारे बाष्पीभवन कमी करणे - झाडाच्या पानांतून २५ टक्के पाणी हवेत निघून जाते. हे कमी करण्यासाठी केबोलिन ६ टक्के किंवा पीएमओ ०.१ टक्के किंवा सायकोसील ०.४२ टक्के यांची फवारणी करावी; त्यामुळे पाण्याची बचत होते. या फवारणीसाठी फार खर्च येत नाही.

ज्यांना झाडाच्या बुंध्यापाशी मेणकापड टाकणे शक्य होणार नाही त्यांनी गव्हाचे, कपाशीचे काड टाकले तरी पाण्याचे बाष्पीभवन कमी होते. पाणी व सूर्यप्रकाश यांचा प्रत्यक्ष संपर्क येणार नाही याची काळजी घ्यावी.

आपल्या बागेत कोणत्या प्रकारची, किती वयाची झाडे आहेत हे ध्यानात घेऊन त्यांना पाणी घ्यावे. झाडांच्या गरजेप्रमाणे पाणी देणे महत्त्वाचे आहे. केळीची मुळे ६० सें.मी. खोल जातात. त्यापेक्षा अधिक खोलीवर जाणारे पाणी वाया जाते. म्हणून योग्य त्या खोलीवरच झाडांना पाणी घ्यावे.

मातीच्या खोलीवर पाण्याची धारणशक्ती अवलंबून असते. मातीची खोली एक मीटर असेल तर तिची धारणशक्ती सुमारे २५० ते ३०० मिलीमीटर असते. काळी माती जास्त काळ पाणी धरून हळूहळू निचरा करते. पाणी देताना या सर्व गोष्टी ध्यानात घ्याव्यात.

पाणी कमी आहे. उन्हाचे प्रमाण वाढते आहे. अशा परिस्थितीत आमची फळबाग कशी टिकणार? अशा विवंचनेने हा प्रश्न सुटणार नाही. तर त्यासाठी कमी असणारे पाणी कसे, केव्हा आणि किती घ्यावे याचा नीट विचार करून पाणी दिल्यास फळझाडांची बाग फक्त वाचेलच असे नाही तर अशा बागेपासून उन्हाळ्यातही भरपूर फळे मिळतील.

'फळे' काढणीस योग्य झालीत हे ओळखण्याची कला

"बरं झालं, तुम्ही आलात."

"का? काय झालं?"

"अहो, आमच्या मळ्यातल्या चिक्कूच्या झाडाला यंदा चांगली फळं लागली. आम्ही ती तोडून पिकत घातली. त्याला १५ दिवस झाले; पण अजून ती पिकतच नाहीत. त्याचं काय कारण असावं?"

"पिकत घातलेल्या चिक्कूपैकी काही फळं आणून दाखवा मला."

"हे बघा ते चिक्कू."

"अहो, तुम्ही हे चिक्कू तयार होण्याच्या अगोदरच काढलेत; त्यामुळे ते कसे पिकणार?"

"असं कसं झालं? चिक्कूची फळं तयार झाली हे कसं ओळखायचं?"

मी एका मित्राच्या घरी गेलो असताना मला हा अनुभव आला. अनेकदा असे घडते. फळे योग्य वेळी काढली नाहीत तर ती पिकत नाहीत. एवढेच नाही तर फळांच्या योग्य काढणीवरच त्यांची विक्री, प्रत व पर्यायाने त्यास मिळणारी किंमत अवलंबून असते. म्हणून फळांच्या योग्य वेळी काढणीस आर्थिकदृष्ट्या फार महत्त्व आहे. फळांची जात, हंगाम, त्याची पिकण्याची पद्धत, त्यास उपलब्ध असलेली बाजारपेठ या सर्व बाबींचा विचार करून फळांची काढणी करावी.

फळे कशी पिकतात?

फळ पिकणे ही एक नैसर्गिक क्रिया असून ती फळामधील विशिष्ट क्रमाने घडणाऱ्या भौतिक व जैव-रासायनिक बदलामुळे घडून येते.

आपण सर्वसाधारणपणे ज्यांना फळे म्हणतो ती म्हणजे गर असलेली फळे असतात. उदा. केळी, सफरचंद, संत्री, आंबा इ. फळे सामान्यपणे पिकल्यानंतरच खातात. इतर सर्व वनस्पतीप्रमाणे फळ हे पूर्णावस्थेत येण्यापूर्वी पेशींच्या चार निरनिराळ्या अवस्थेतून जाते. निर्मिती, संख्यावाढ, दीर्घकाळ आणि परिपक्वता या त्या चार अवस्था होत.

बहुतेक सर्व फळे झाडावर पिकू शकतात; परंतु ॲव्हाकेडोसारखी काही फळे मात्र झाडावरून काढळ्यानंतरच पिकतात. फळे पिकल्यानंतर सर्व फळांत पुढील बदल दिसून येतात - फळ नरम होणे, फळामध्ये एक प्रकारचा गोड वास निर्माण होणे, रंगामध्ये आकर्षक बदल होणे, आंबटपणा व तुरटपणा कमी होणे आणि गोडवा वाढणे. याशिवाय फळे पिकताना त्यामध्ये डोळ्यांना न दिसणारे असे काही बदल घडतात.

फळ पिकण्याच्या सुमारास काही गरयुक्त फळांत त्यांची श्वसनक्रिया जलद होते. उदा. केळी, सफरचंद, आंबा इ. याउलट संत्री, मोसंबी, लिंबू, अंजीर यांसारख्या फळांत श्वसनक्रियेतील हा बदल दिसून येत नाही. शास्त्रज्ञांच्या मते फलपरिपक्वता ही एक प्रकारे ‘शेवटासाठी होणारी सुरुवात’ असते. फळ पिकण्यासाठी लागणाऱ्या उष्णतेची गरज भागविण्यासाठी फळांची श्वसनक्रिया जलद घडते असे समजतात.

तयार फळ कसे ओळखावे?

फळे पिकण्याची शास्त्रोक्त कारणे काहीही असली तरी फळांची तयार अवस्था त्यांचा आकार, जातीप्रमाणे त्यांच्या रंगातील बदल, वजन, वास, चव, फळांचा भरीव किंवा पोकळपणा, फळावरील चकाकी इत्यादी बाबींवरून ओळखता येते. तथापि, कोणती फळे काढण्यास योग्य झाली आहेत हे आपल्या अनुभवावरूनच ठरविता येते.

काही महत्त्वाची फळे तयार झाली हे ओळखण्याची त्यांची लक्षणे कोणती याची माहिती पुढे दिली आहे.

चिक्कू - फळधारणेपासून चिक्कूचे फळ तयार होण्यास १५० ते १६० दिवस लागतात. पूर्ण पोसलेल्या फळावर फिकट तपकिरी रंगाची चमक दिसते. त्यावरील खडबडीत साल गळलेली असते. तयार फळाच्या सालीवर नखांनी

ओरखडल्यास पिवळ्या रंगाची रेषा उमटते. मात्र, फळ तयार नसेल तर ही रेषा हिरवट दिसते आणि त्यातून पांढऱ्या रंगाचा चीक बाहेर येतो. फळाच्या शेंड्याकडील काटेरी टोक मोडल्यास आतील साल पिवळसर दिसते. देठाजवळचा फुलाचा राहिलेला भाग वाळून पडतो.

तयार फळे तोडून सावलीत चटईवर थोडा वेळ पसरून ठेवावीत; त्यामुळे तोडल्यानंतर देठाजवळचा चीक वाळून गेल्याने फळे चीक लागून खराब दिसत नाहीत. चिक्कूची फळे उबदार जागी ठेवून किंवा पोत्यात भरून पिकवितात. तोडणीनंतर ७-८ दिवसांत फळे पिकतात.

आंबा - फळधारणेपासून फळ तयार होण्यास सुमारे १२० ते १४० दिवस लागतात. फळांना पाड लागतो म्हणजे एक-दोन तयार आंबे निसर्गत: खाली पडतात. तयार झालेला आंबा गोल व भरदार दिसतो. त्याचा हिरवट रंग जाऊन त्यावर पिवळी झाक येऊ लागते. हापूस व पायरी आंब्यात फळांच्या बगला फुगून खांदे देठाच्या बाजूला वर वाढून आल्यावर फळांचा गडद हिरवा रंग बदलून फिकट हिरवा रंग होतो. काही जातींतील फळांच्या सालीवर तैलग्रंथी स्पष्ट दिसतात.

झाडावरील फळे शक्य तो झेल्याच्या साहाय्याने काढावीत. आंबा जमिनीवर पडला म्हणजे त्याची साल खरचटून तो नासतो. आंबे झाडावरून उतरवल्यानंतर १-२ दिवस उघड्यावर पसरून ठेवावेत आणि मग त्यांची आढी घालावी.

केळी - फळधारणेपासून घड काढणीस योग्य होण्यास जातीप्रमाणे सुमारे १२० ते १५० दिवस लागतात. घड तयार होत असताना घडाचा गर्द, हिरवा रंग फिकट होतो. फळावरील शिरा (धारा) जाऊन गोलाई येते. फळावर टिचकी मारल्यानंतर त्यातून धातूवर टिचकी मारली असता जसा खणखण आवाज येतो तसा आवाज आल्यास घड काढणीस योग्य समजावा. काही वेळ फणीतील एखादे केळ पिकलेले आढळते. फळांच्या खालील बाजूस असलेला फुलाचा भाग पूर्ण वाळतो आणि हलक्या टिचकीनेही पडतो. घड तयार होण्याच्या सुमारास शेवटचे पान पिवळे पडून वाळू लागते.

कच्ची केळी काढून परगावी विक्रीसाठी पाठवितात. तेथे भट्टी लावून ती पिकवितात. बसराई केळी २० सें. ग्रे. तपमानात तीन आठवडे ठेवली असता हळूहळू व एकसारखी पिकून त्यांना आकर्षक पिवळा रंग येतो.

कागदी लिंबू - फळधारणेपासून फळ तयार होण्यास सुमारे १२० ते १५० दिवस लागतात. तयार फळाचा हिरवा रंग फिकट होऊन पिवळसर होतो. फळांचा कडकपणा जाऊन नरमपणा येतो. सालीवर चकाकी येऊन तैलग्रंथी स्पष्ट दिसतात. तोडणी थोडी अगोदर किंवा उशिरा चालू शकते.

मोसंबी - फळधारणेपासून फळ तयार होण्यास हंगामप्रमाणे सुमारे २१० ते २४० दिवस लागतात. फळांचा गर्द हिरवा रंग जाऊन फिकट हिरवा किंवा फिकट पिवळा रंग येतो. फळांचा कडकपणा कमी होऊन फळ बोटाने दाबले जाऊ शकते. सालीवर चकाकी येते. फळांची काढणी थोडी लांबली तरी चालेल.

फळे देठापासून तोडावीत. ओढून काढू नयेत. मोसंबीची हिरवी फळे ०.२ टक्के इथ्रेलच्या द्रावणात एक मिनिट बुडवून काढल्यास फळे आकर्षक पिवळ्या रंगाची होतात.

संत्री - फळधारणेपासून फळे तयार होण्यास हंगामानुसार सुमारे २१० ते २४० दिवस लागतात. फळांचा गर्द हिरवा रंग जाऊन फिकट हिरवा किंवा फिकट नारिंगी रंग येतो. फळांचा कडकपणा कमी होऊन फळ बोटाने दाबले जाते. घट्ट साल थोडी ढिली होते. सालीवर चकाकी येते. फळांची काढणी वेळेवर करावी. उशीर करू नये. ती फार लांब पाठवायची असल्यास थोडी कमी पिवळी असताना तोडावीत.

पेरू - फळ तयार होण्यास १४० ते १६० दिवस लागतात. सालीचा गर्द हिरवा रंग जाऊन फिकट हिरवा किंवा पिवळसर रंग येतो. फळ हाताने दबले जाते. देठाजवळचा भाग खोलगट होतो. शेंड्याजवळचा फुलाचा राहिलेला भाग वाळतो.

डाळिंब - फळे तयार होण्यास सुमारे १५० ते १७० दिवस लागतात. फळांची साल पिवळसर करड्या रंगाची दिसू लागते. काही जातींस लालसर झाक येते. फळांचा गोलसरपणा कमी होऊन फळांच्या बाजूवर चपटेपणा येतो. फळ दाबल्यास सालीचा विशिष्ट असा 'करकर' आवाज येतो. साल नखाने टोकरता येते.

पपई - फळधारणेपासून १२५ ते १४० दिवसांत फळ तयार होते. फळाचा गर्द हिरवा रंग जाऊन फिकट हिरवा अगर पिवळसर रंग येतो. फळावर डोळा पडतो म्हणजे प्रकाशाकडील बाजूवरील फळावर गर्द पिवळा ठिपका दिसतो. फळास इजा केली असता त्यातून चीक येत नाही.

नारळ - फळ तयार होण्यास सुमारे ३५० ते ३७५ दिवस लागतात. तयार नारळावर टिचकी मारल्यास विशिष्ट प्रकारचा खणखणीत आवाज येतो. फळाचा हिरवा रंग जाऊन पिवळसर, तपकिरी रंग येतो. सर्व फळे बहुतेक एकाच वेळी तयार होतात. घडातील फळ काढून टाकल्यास तयार फळ उशी घेऊन वर येते तर अपक्व जड फळ जोरात खाली पडते.

द्राक्षे - फळ तयार होण्यास सुमारे १२० ते १३५ दिवस लागतात. जातीनुसार फळांचा हिरवा रंग जाऊन पिवळा, सोनेरी, काळा, गर्द गुलाबी इत्यादी रंग येतो. द्राक्षे वेलीवर असतानाच पिकतात. म्हणून वेलीवर पिकलेले घड काढावेत.

काजू - फळे तयार होण्यास १५० ते १८० दिवस लागतात. गरावरील बोंड पिकून लालसर अगर पिवळे होते. काजूगराचा रंग हिरवट राखी होतो.

बोर - फळे तयार होण्यास सुमारे १२५ ते १५० दिवस लागतात. फळाचा गर्द हिरवा रंग जाऊन फिकट हिरवा किंवा जातीप्रमाणे विशिष्ट रंग येतो. देठाजवळ पिवळसर झाक दिसते. तयार फळाचा मधुर वास येतो.

अशा प्रकारे तयार झालेली फळे ओळखता येतात. सुरुवातीला त्यांची लक्षणे लक्षात ठेवून फळे काढल्यास अनुभवाने तयार फळ ओळखता येते. तयार फळे काढल्यास अधिक फायदा होतो.

◆

भाजीपाला पिकवा – पैसे मिळवा

आपल्या दररोजच्या जेवणात भाजीपाल्याचे किती महत्त्व आहे हे सांगण्याची जरुरी नाही. कारण आता बहुतेक सर्व लोक थोड्या प्रमाणात तरी भाजी खातात. जेवणातील चवीसाठी भाजीपाला खायचा नसून शरीरप्रकृती चांगली राहण्याच्या दृष्टीने आपल्या अन्नात भाजीपाल्याचा उपयोग केला पाहिजे, हेही आता अनेकांना समजले आहे.

आहारात कमी प्रमाण

आपण भारतीय प्रामुख्याने शाकाहारी आहोत; त्यामुळे आपल्या आहारात अधिक भाजीपाला असणे आवश्यक आहे; परंतु आपल्या आहारात फक्त ८ ते १० टक्के भाजीपाला असतो. तर जपानमध्ये हेच प्रमाण ४० ते ४५ टक्क्यांपर्यंत असते. अमेरिकेसारख्या प्रामुख्याने मांसाहारी असलेल्या देशातही आपल्या पाचपट अधिक भाज्या खातात; त्यामुळे आपला आहार फार असंतुलित झाला आहे. आपल्या शरीरावर त्याचे अनेक वाईट परिणाम होतात. भाजीपाल्यांतून आपणास फार कमी किमतीत आरोग्यास आवश्यक अशी जीवनसत्त्वे आणि क्षार मिळतात. त्याचबरोबर भाज्यांतून कार्बोहायड्रेट्स, प्रथिने आणि सारक द्रव्येही भरपूर मिळतात.

आहारातील महत्त्व

भाज्यांतील 'अ' जीवनसत्त्वामुळे शरीराची वाढ, डोळ्यांचे व त्वचेचे आरोग्य

चांगले राखले जाते. 'अ' जीवनसत्त्व कमी असले तर रातांधळेपणा, डोळ्यांचे इतर विकार उद्भवतात तसेच त्याच्या कमतरतेमुळे लहान मुलांना त्वचेचे रोग होतात. त्यांच्या वाढीवर अनिष्ट परिणाम होतो. इतके महत्त्वाचे 'अ' जीवनसत्त्व कशातून मिळते माहीत आहे? गाजर, पालक, कोबी, कोथिंबीर, मेथी, माठ, राजगिरा, तांबडा भोपळा अशा साध्या आणि स्वस्त भाज्यांतून 'अ' जीवनसत्त्व मिळते. 'क' जीवनसत्त्वाचेही आहारात फार महत्त्व आहे. पालक, मेथी, टोमॅटो, कांदा, कारली, हिरवी मिरची या भाज्यांतून 'क' जीवनसत्त्व मिळते. याशिवाय चुना, लोह आणि फॉस्फरस ही खनिज द्रव्ये आपणास भाज्यांतून मिळतात. शरीराच्या वाढीसाठी आणि चांगल्या आरोग्यासाठी त्यांचा फार उपयोग होतो.

आपल्या आहारात भाजीपाल्यास महत्त्वाचे स्थान आहे; त्याचप्रमाणे शेतकऱ्यांच्या जीवनात त्याला आर्थिक महत्त्व आहे. कारण कमी वेळात, कमी जागेत आणि कमी भांडवलात भाजीपाल्यापासून चांगले पैसे मिळतात. आता परदेशातही भाजीपाल्यास मागणी आहे; त्यामुळे त्याची निर्यात करणे शक्य आहे; परंतु इतर उद्योगधंद्याप्रमाणे या कमी भांडवलाच्या व सर्वांच्या गरजेच्या शेती उद्योगाकडे हव्या त्या प्रमाणात आपले लक्ष नाही असे म्हणावे लागेल. भाजीपाल्याच्या लागवडीमुळे अधिकाधिक लोकांना रोजगार मिळतो. जमीन, पाणी व इतर उपलब्ध साधनांचा जास्तीतजास्त उपयोग होऊन आर्थिकदृष्ट्या फायदेशीर असा भाजीपाल्याचा उद्योग आहे. म्हणूनच 'भाजीपाल्याचा मळा, खिसा वाजे खुळखुळा' असे आपण म्हणतो.

सध्या भारतीयांच्या आहारात दरदिवशी फक्त १४२ ग्रॅम भाजीपाला असतो असे एका पाहणीत आढळले आहे. हे प्रमाण दरदिवशी, दरडोई किमान २६२ ग्रॅम असावे असे आहारतज्ज्ञांचे मत आहे. सध्याच्या दरडोई खपाप्रमाणे आपणास एकविसाव्या शतकाच्या सुरुवातीस १०४० लक्ष टन भाजीपाल्याची आवश्यकता असेल. कारण त्या वेळी आपली लोकसंख्या सुमारे १०० कोटीपर्यंत पोहोचेल. म्हणून एवढ्या प्रचंड लोकसंख्येला पुरेल एवढ्या मोठ्या प्रमाणात भाजीपाल्याचे उत्पादन वाढविले पाहिजे. आहार व आर्थिकदृष्ट्या भाजीपाला इतका महत्त्वाचा असला तरी आपण आपल्या जमिनीपैकी फक्त दोन टक्के जमिनीमध्ये भाजीपाल्याचे पीक घेतो.

कमी उत्पादन

भारतातील ४० लक्ष हेक्टर जमिनीत सुमारे ४५० लक्ष टन भाजीपाला पिकविला जातो. हे उत्पादन जगातील भाजीपाल्याच्या १२ टक्के आहे. भाजीपाल्याच्या जागतिक उत्पादनात चीनचा प्रथम क्रमांक लागतो तर भारत दुसऱ्या क्रमांकावर आहे; परंतु भाजीपाल्याचे आपले दर हेक्टरी उत्पादन फार कमी आहे हे पुढील काही

आकड्यांवरून स्पष्ट होईल. कोबीचे आपले दर हेक्टरी उत्पादन ६०२६ किलो आहे तर जगामध्ये ते २१३३९ किलो आहे. कॉली फ्लॉवरचे आपले ७२२२ किलो/ हेक्टर तर जागतिक १३२२२ किलो/हेक्टर, टोमॅटोचे आपले ९३७५ किलो/ हेक्टर तर जगात २०८१० किलो/हेक्टर, कांद्याचे आपले ७५०० किलो/हेक्टर तर जगामध्ये १२३२७ किलो/हेक्टर आहे. तसेच निरनिराळ्या प्रकारचे घेवडे, वाल यांचे आपले २१०० किलो/हेक्टर तर जगात ६३७१ किलो/हेक्टर आहे.

इतर अनेक भाज्यांचेही असे उत्पादन देता येईल; पण ही यादी वाढविण्याची आवश्यकता नाही. यावरून आपण भाजीपाल्याच्या दर हेक्टरी उत्पादनात किती मागे आहोत हे स्पष्ट होते.

लागवडीतील महत्त्वाच्या बाबी

भाजीपाल्याचे उत्पादन वाढविण्यासाठी, ही लागवड फायद्याची ठरण्यासाठी काही महत्त्वाच्या गोष्टींकडे लक्ष द्यावे लागते.

भाजीपाला लागवडीसाठी योग्य जमिनीची निवड करणे फार महत्त्वाचे असते, कारण भाजीपाल्याची लागवड वर्षभर केली जाते; त्यामुळे जमीन वर्षभर पिकाखाली असते. त्यासाठी जमीन उत्तम निचऱ्याची आणि कसदार हवी. ज्या जमिनीत पाणी साचून राहते अशा जमिनी भाजीपाला लागवडीसाठी निवडू नयेत.

जमिनीप्रमाणेच हवामानाचा विचार केला पाहिजे. आपल्या भागात कशा प्रकारचे हवामान आहे, पाऊसमान किती आहे याचाही विचार होणे अत्यावश्यक आहे. तसेच खरीप, रब्बी, उन्हाळी या निरनिराळ्या हंगामांमध्ये वेगवेगळ्या तरी योग्य अशा भाजीपाल्याची निवड करणे महत्त्वाचे असते. त्याशिवाय हव्या त्या प्रमाणात उत्पादन येणे अवघड आहे.

आपण ज्या ठिकाणी भाजीपाला घेतो त्या ठिकाणी किंवा जवळपास त्या भाजीला बाजारपेठ असणे जरुरीचे आहे. तसेच बाजारात ज्या भाजीस अधिक मागणी असते अशा भाजीपाल्याची निवड करणे आर्थिकदृष्ट्या फायद्याचे ठरते. बाजारात ताबडतोब भाजीपाला नेण्याची सोय हवी.

भाजीपाल्याच्या पिकासाठी पाण्याची सोय असणे अत्यावश्यक आहे. काहीजण हमखास पाऊस पडणाऱ्या भागात भाज्या घेता येतात. परंतु वर्षभर भाजी घेण्यासाठी पाणी हवे. पाण्याचा थोडा जरी ताण पडला तरी भाजीपाल्याचे उत्पादन घटते. म्हणून ही बाब फार महत्त्वाची आहे.

अधिक उत्पादनासाठी सुधारलेल्या व संकरित जातीच्या भाजीपाल्याची लागवड करणे फार महत्त्वाचे आहे. सध्या अशा अनेक जाती निघाल्या आहेत, निघत आहेत. त्यांचे खात्रीचे बियाणे आणून, बी टोकून किंवा रोपे तयार करून लागवड करावी.

नवे संशोधन

भाजीपाल्याच्या लागवडीत खताला फार महत्त्वाचे स्थान आहे. तसेच एकूण लागवडीत खतासाठी बराच खर्च करावा लागतो. अर्थात प्रमाणापेक्षा अधिक खते वापरल्यास भाजीपाल्याचे पीक चांगले येत नाही; जमिनीवरही अनिष्ट परिणाम होतो. म्हणूनच भाजीपाल्याचे चांगले उत्पादन येण्यासाठी किती खते वापरली पाहिजेत आणि कोणत्या मशागत पद्धतीचा अवलंब केला पाहिजे याचे संशोधन बंगलोर येथील 'भारतीय उद्यान अनुसंधान' संस्थेने केले आहे. त्यांपैकी काही महत्त्वाच्या गोष्टी खालीलप्रमाणे आहेत.

किती खते हवीत?

भाजीपाला उत्पादनात खते महत्त्वाची असल्याने या संस्थेने निरनिराळ्या ठिकाणी वेगवेगळी खते देऊन प्रयोग केले. त्या प्रयोगांतून त्यांनी जास्तीतजास्त उत्पादन मिळण्यासाठी तक्ता क्र. १ प्रमाणे खतांच्या शिफारशी केल्या आहेत.

तक्ता क्र. १ : खतांचे प्रमाण

पीक	वाण	नत्र (कि/हे)	स्फुरद (कि/हे)	पालाश (कि/हे)	हंगाम	उत्पादन (कि/हे)
१) कोबी	गोल्डन एकर	१५०	८०	५०	रब्बी	२२७००
२) ढोबळी मिरची	कॅलिफोर्निया	१२०	-	५०	रब्बी	११०००
३) मिरची	जी- २	९०	-	५०	खरीप	८०००
४) वांगी	पुसा पर्पल लाँग	१२०	६०	५०	रब्बी	३०००
५) फ्रेंच बीन	स्ट्रिंग लेस	९०	१५०	५०	खरीप	१२६००
६) खरबूज	१) अर्का जीत	१०६	१२२	५०	उन्हाळी	९९००
	२) अर्का राजहंस	१०६	९४	५०	उन्हाळी	२४१००
७) भेंडी	पुसा सावनी	११९	३९	५०	उन्हाळी	१११००
८) टोमॅटो	पुसा रुबी	१२८	१०५	५०	रब्बी	३५००
९) भोपळा	अर्का सूर्यमुखी	१२०	१२०	५०	उन्हाळी	३३८००
	अर्का सूर्यमुखी	८०	१२०	५०	खरीप	१३९००

खतांची फवारणी

वरील खते जमिनीतून घ्यावयाची; पण जमिनीतील खतांबरोबरच युरिया व सुपरफॉस्फेट पाण्यात मिसळून टोमॅटोच्या पिकावर फवारल्यास उत्पादनात बरीच वाढ होते असे संशोधनात आढळले. अर्थात खतांची केवळ फवारणी करून चालत नाही तर जमिनीतूनही खते दिली पाहिजेत. वर दिलेल्या खतांच्या हप्त्यातील ७५ टक्के खते जमिनीतून आणि २५ टक्के खते फवारणीतून दिल्यास ११ टक्क्यांपर्यंत अधिक उत्पादन मिळते असे दिसले. भेंडीच्या पिकावरही अशा खत फवारणीने बराच फायदा होतो असे आढळले.

जस्ताचा वापर

कोबीच्या पिकावर ०.३ टक्के झिंक सल्फेट फवारल्यास सुमारे २१ टक्के उत्पादन वाढते असे प्रयोगात आढळले. तसेच दर हेक्टरी ५ किलो झिंक जमिनीतून दिल्यास घेवड्याच्या हिरव्या शेंगांत २२ टक्के वाढ झाल्याचे दिसले. जमिनीतून व फवारणीने मिरचीच्या पिकाला झिंक दिल्यास त्याच्या उत्पादनात १४ टक्के वाढ होते असा संशोधनाचा निष्कर्ष आहे.

वेळेवर पेरणी, काढणी

भाजीपाल्याची पेरणी व काढणी वेळेवर करणे यावरही त्यांचे उत्पादन अवलंबून असते हे काहींना माहीत नसेल; परंतु या बाबी महत्त्वाच्या आहेत.

अशा प्रकारे या संशोधनाचा वापर करून आपण भाजीपाल्याचे उत्पादन वाढविले पाहिजे.

भरपूर पैसे देणारी तोंडली

''भाजीपाल्याच्या पिकापासून चांगले पैसे मिळतात हे खरे आहे; पण हे पीक लवकर निघते. मग पुन्हा दुसरे पीक लावा. ते निघाल्यावर पुन्हा तिसरे पीक लावा. काही भाजीपाल्यांची रोपे करा. हा सगळा व्याप वरचेवर करण्यापेक्षा एकदा लागवड केल्यानंतर त्यापासून तीन-चार वर्षे तरी चांगले उत्पन्न मिळेल अशा काही भाज्या आम्हाला सांगा.'' अशी विचारणा शेतकऱ्यांकडून अनेकदा होते. कारण सध्या शेतमजूर वेळेवर मिळत नाहीत. त्यांची मजुरीही परवडत नाही. म्हणून थोड्या श्रमांत येणारी, दोन-तीन वर्षे पैसे मिळवून देणारी भाजी अनेक शेतकऱ्यांना हवी असते.

भाजीपाल्याची एकदा लागवड केल्यानंतर त्यापासून तीन-चार वर्षांपर्यंत चांगले उत्पन्न मिळू शकेल, अशा काही भाज्या आहेत. त्यांत तोंडल्याचा क्रमांक बराच वरचा आहे. कारण तोंडल्याची लागवड केल्यानंतर त्या पिकापासून तीन ते पाच वर्षांपर्यंत चांगले उत्पन्न मिळते. इतर भाज्यांच्या मानाने या पिकास कमी श्रम लागतात. तोंडल्याची फळे वर्षातील सर्व हंगामात येतात; त्यामुळे बाजारात या भाजीचा सतत माल पाठवून चांगले पैसे मिळविता येतात.

तोंडली ही वेलभाजी असून ती काकडी वर्गात मोडते. आहाराच्या दृष्टीनेही तोंडल्याची भाजी महत्त्वाची आहे, कारण या भाजीत बरीच जीवनसत्त्वे असून इतरही पोषकद्रव्ये आहेत. या भाजीचे अनेक औषधी गुणधर्म आयुर्वेदात सांगितले आहेत; त्यामुळे तोंडल्याची भाजी आवडीने खाणारे अनेक लोक आहेत.

हवामान-जमीन

तोंडली पिकास दमट व उष्ण हवामान चांगले मानवते. कमी अगर अधिक पाऊस पडणाऱ्या भागात हे पीक घेता येत असले तरी अधिक पावसाच्या भागात हे पीक अधिक चांगले येते. समुद्राकाठची खारी हवाही या पिकाला मानवते; त्यामुळे कोकणातही तोंडल्याचे पीक चांगल्या प्रकारे घेता येते. अलिबागची तोंडली प्रसिद्ध आहेत.

मध्यम किंवा हलक्या प्रतीची, परंतु चांगला निचरा होणारी जमीन या पिकास हवी. वरकस जमिनीत आणि भातखाचरातही तोंडल्याची लागवड करता येते. पोयट्याच्या, लालसर व मध्यम काळ्या जमिनीतही या पिकाची चांगली वाढ होते. बंगल्याच्या किंवा घराच्या आवारातही तोंडल्याचे थोडे वेल लावल्यास त्यापासून भाजीसाठी सतत तोंडली मिळतात.

पूर्व मशागत महत्त्वाची

तोंडल्याचे पीक शेतात तीन ते पाच वर्षे राहते; त्यामुळे जमिनीची पूर्वमशागत चांगल्या प्रकारे करावी. एक-दोन वेळा जमीन चांगली नांगरून दोन ते तीन कुळवाच्या पाळ्या द्याव्यात. जमिनीतील ढेकळे फोडून जमीन सारखी करून घ्यावी. हरळी, लव्हाळा, कुंदा अशा तणांचा पिकाला त्रास होऊ नये म्हणून नांगरटीनंतर जमिनीतील तणांच्या गाठी, मुळ्या वेचून काढाव्यात. मग लागवडीसाठी आळी तयार करावीत.

लागवडीच्या ठिकाणी अर्धा मीटर लांब, अर्धा मीटर रुंद व अर्धा मीटर खोल आकाराची आळी तयार करावीत. ती बारीक माती व शेणखताने भरावीत. आळ्याच्या आतील बाजूस चांगली माती लावावी. आळ्याच्या मध्यभागी बेणे लावायचे असल्याने तो भाग थोडासा उंच करावा. या सर्व गोष्टी साध्या दिसतात; परंतु अशा साध्या साध्या गोष्टींकडे लक्ष दिल्यामुळे बराच फायदा होतो. प्रत्येक आळ्यात सुमारे एक टोपली चांगले कुजलेले शेणखत किंवा कंपोस्ट टाकून ते मातीत चांगले मिसळावे. आळ्यात खालच्या बाजूस थोडी १० टक्के बीएचसी भुकटी टाकावी.

दोन आळ्यांतील अंतर किती ठेवावे याचे गणित ठरलेले आहे. जमिनीच्या मगदुराप्रमाणे दोन आळ्यांतील अंतर दोन ते तीन मीटर ठेवावे. हलक्या जमिनीत हे अंतर २ x २ चौरस मीटर असावे, तर भारी जमिनीत हेच अंतर ३ x ३ चौरस मीटरपर्यंत वाढवावे. अशा प्रकारे अंतर ठेवल्यास एक हेक्टर जमिनीत ११०० ते २५०० आळी बसतात. दोन आळ्यांतील अंतर जास्त असल्यास मिश्रपीकही घेता येते.

बेणे काळजीपूर्वक निवडा

तोंडल्याच्या लागवडीत बेण्याला फार महत्त्व आहे. कंदमुळापासून किंवा छाटणी केलेल्या तुकड्यापासून तोंडल्याची लागवड करतात; परंतु वेलीचे तुकडे लागवडीच्या दृष्टीने चांगले असतात. लागवडीसाठी मागील छाटणी केलेल्या वेलीचे तुकडे काढून ते बेणे म्हणून वापरावे. हे बेणे सुमारे १ ते २ सें. मी. जाडीचे आणि २० ते ३० सें.मी. लांबीचे असावे. अशा बेण्यावर ३ ते ४ चांगले डोळे असावेत. प्रत्येक आळ्यातील मधल्या मातीच्या उंचवट्यावर २० ते २५ सें. मी. अंतरावर एक याप्रमाणे प्रत्येक आळ्यात तीन बेणे लावावेत. बेणे लावताना त्याचे दोन डोळे जमिनीच्या वर राहतील हे पाहावे.

तोंडल्यात नरफुले व मादीफुले येणारे असे वेगवेगळे वेल असतात. म्हणून लागवडीसाठी मादी-फुले येणाऱ्या फुलाचेच कटिंग घ्यावे. परागसिंचनासाठी काही टक्के नरफुले वेल अध्येमध्ये लावावेत. लावणीनंतर १० ते १५ दिवसांत बेण्यास अंकुर फुटून महिनाभरात वेल वाढू लागतो. रोग व कीड नसलेले बेणे निवडावे.

तोंडल्याची लागवड कधी करावी असा प्रश्नही काहींच्या मनात येईल. एप्रिल महिन्यात किंवा मे महिन्याच्या सुरुवातीस तोंडल्याची लागवड करावी; त्यामुळे पावसाळा सुरू होण्यापूर्वी वेलीची चांगली वाढ होते आणि पिकास रोग-किडीचा फारसा त्रास होत नाही. जून-जुलैमध्येही तोंडल्याची लागवड करता येते; परंतु उशिरा लागवड केल्यास रोग-किडीचा बराच त्रास होतो. लावणीनंतर तीन महिन्यांनी फळधारणा होते. लावणीनंतर दोन आठवड्यांनी प्रत्येक आळ्यातील दोन जोमदार रोपे ठेवून तिसरे रोप काढून टाकावे.

खते पाहिजेत

तोंडल्याच्या पिकास शेणखताशिवाय रासायनिक खतेही द्यावी लागतात. या पिकास दरवर्षी दर हेक्टरी ५० किलो नत्र, ५० किलो स्फुरद व ५० किलो पालाश द्यावे. यांपैकी निम्मे नत्र आणि सर्व स्फुरद व पालाश लावणीच्या वेळी प्रत्येक आळ्यात सारख्या प्रमाणात द्यावे. तसेच हे खत रोपाभोवती ८ ते १० सें. मी. पसरून देऊन ताबडतोब पाणी द्यावे. खताच्या पहिल्या हप्त्यानंतर उरलेले निम्मे नत्र दोन महिन्यांनंतर म्हणजे पावसाळ्याच्या सुरुवातीस द्यावे. तोंडल्याच्या वेलाची वर्षातून दोन वेळा छाटणी करावी. छाटणीनंतर तीन आठवड्यांनी ही खते द्यावीत.

छाटणी-पाणी

तोंडल्याच्या वेलाचा चांगला विस्तार होण्यासाठी मांडव हवा. त्यासाठी वेल सुमारे ६५ सें. मी. उंचीचे झाल्यानंतर दोन मीटर उंचीचा मांडव करावा; त्यामुळे

मांडवावर वेलाची चांगली वाढ होऊन भरपूर उत्पादन मिळते. तोंडल्याच्या पिकाची वर्षातून दोन वेळा छाटणी करावी. एका बहारानंतर वेलउतरवणी करावी. लावणीनंतर सुमारे पाच-सहा महिन्यांच्या अंतराने वर्षातून दोन वेळा छाटणी करावी. छाटणी करताना वेलीचा डोक्याइतक्या उंचीवरील भाग छाटावा आणि मांडवावरील उतार काढून घ्यावा. याच वेळी जमीन थोडीशी उकरून मुळांची छाटणी करतात. छाटणीनंतर सुमारे ३ आठवडे पाणी देऊ नये. त्यानंतर आळ्यात खत व माती भरावी.

तोंडल्याची मेमध्ये लावण केल्यास आठवड्याच्या अंतराने पाणी द्यावे. पावसाळ्यात पाणी देण्याची जरुरी नसते; परंतु बरेच दिवस पावसाची उघडीप असल्यास अधूनमधून पाणी द्यावे. रासायनिक खते दिल्यानंतर मात्र चांगले पाणी द्यावे. हिवाळ्यात जमिनीच्या मगदुराप्रमाणे १० ते १५ दिवसांच्या अंतराने पाणी द्यावे. तोंडल्याच्या दोन ओळींतील अंतर अधिक असल्यास खरीप हंगामात मूग, उडीद किंवा सोयाबीन यांसारखी कमी उंचीची पिके घ्यावीत तर रब्बीमध्ये हरभरा, वाटाणा, मेथी, कोथिंबीर ही पिके घेता येतात.

लावणीनंतर अडीच ते तीन महिन्यांनी तोंडली तोडणीस येतात. पूर्ण वाढ झालेली फिकट हिरवा रंग असलेली कोवळी फळे दर ३ ते ४ दिवसांनी तोडावीत. फळे फार तयार होऊ देऊ नयेत, कारण त्यामुळे फळे कमी लागतात; जून फळांना चांगला दर मिळत नाही.

तोंडल्याच्या वर्षात सुमारे ७० तोडण्या होतात. पहिल्या वर्षी कमी उत्पादन येते; परंतु दुसऱ्या व तिसऱ्या वर्षी हे पीक भरपूर उत्पादन देते. या पिकापासून दरवर्षी हेक्टरी सुमारे १५ हजार ते २० हजार किलो उत्पादन मिळते. तीन वर्षांनंतरही चांगले उत्पादन मिळत असल्यास तोंडल्याचे पीक आणखी एक-दोन वर्षे ठेवावे.

लावणीनंतर फक्त तीन महिन्यांमध्ये तोंडल्याच्या पिकापासून उत्पादन मिळते. हे उत्पन्न चांगले मिळून ते जवळजवळ वर्षभर मिळते; त्यामुळे या पिकापासून वर्षभर चांगले पैसे मिळतात; परंतु अद्यापही तोंडल्याचे पीक घेणारे फार शेतकरी नाहीत. तोंडल्याचा दर किलोला ५ ते ६ रुपये मिळाला तरी हेक्टरी १ ते १.५ लाख रुपये मिळतात. त्यामानाने खर्च कमी असतो. म्हणूनच थोड्या श्रमांत, थोड्या खर्चात आणि कमी वेळात अधिक पैसे मिळवून देणाऱ्या तोंडल्याच्या लागवडीकडे आपण वळले पाहिजे.

◆

फुलकोबीचे पीक घ्या!

''यंदा फुलकोबी लावायची तयारी केली की नाही?'' फुलकोबी, कोबी या भाज्यांचे भरघोस उत्पादन काढणाऱ्या माझ्या शेतकरी मित्रांना मी विचारले.

''आता हे काय विचारणं झालं? अहो, फुलकोबी आणि कोबी या दोन भाज्यांच्या पैशावर तर आमचा बराच खर्च भागतो. हिवाळ्यात या भाज्या लावल्याच पाहिजेत; पण त्यांची तेवढीच काळजीही घ्यावी लागते.'' त्यांनी उत्तर दिले.

हिवाळा म्हटले की, कोबीवर्गीय भाज्यांचा प्रमुख हंगाम. काही शेतकरी या भाज्या आता वर्षभर घेतात. पूर्वी खेड्यांमध्ये कोबी, फ्लॉवर या भाज्या खाणारे लोक फार थोडे असायचे; पण आता खेड्यांतील लोकही आवडीने या भाज्या खातात. इतर भाजीपाल्याप्रमाणे यापासूनही चांगले पैसे मिळतात आणि 'भाजीपाल्याचा मळा, खिसा वाजे खुळखुळा' हे चांगले पटते. या भाज्यांत शरीराला आवश्यक अशी 'अ' आणि 'क' ही जीवनसत्त्वे भरपूर प्रमाणात असतात; त्यामुळे आहाराच्या दृष्टीनेही या भाज्या महत्त्वाच्या आहेत.

फुलकोबी (फ्लॉवर)

आम्ही फुलकोबी लावली; पण त्याला गड्डाच धरला नाही किंवा फार लहान गड्डा धरला, अशी तक्रार अनेकदा ऐकायला मिळते. चांगले बियाणे मिळाले नाही तर असे घडते; पण दुसरे महत्त्वाचे कारण म्हणजे फुलकोबीची ठराविक तपमानात येणारी जात निवडणे फार आवश्यक असते. कारण लवकर किंवा उष्ण हवामानात

येणाऱ्या जाती लवकर लावल्यास त्यांच्या पानांची भरमसाट वाढ होऊन फारच उशिरा आणि लहान गड्डा तयार होतो. काही वेळा अजिबात गड्डा न धरता नुसती पानांचीच वाढ होते; त्यामुळे फार नुकसान होते. म्हणून लागवडीच्या हंगामानुसार योग्य जातीची निवड करणे फार महत्त्वाचे असते. लागवडीच्या हंगामानुसार फुलकोबीचे खालीलप्रमाणे वर्गीकरण करतात.

अ) हळव्या (लवकर येणाऱ्या) जाती

सप्टेंबर ते नोव्हेंबरच्या सुमारास हे गड्डे तयार होतात. या जातीचा गड्डा बहुतेक लहान, पिवळसर रंगाचा व सैल असतो. या जाती ६० ते ८० दिवसांत तयार होतात. १) पुसा दीपाली, २) पुसा करवी, ३) अर्ली पाटना, ४) कुंआरी या जाती या वर्गात येतात.

ब) मुख्य हंगामात येणाऱ्या (मध्य हंगामी) जाती

या जातीचे गड्डे दुधाळ पांढऱ्या रंगाचे, मोठे व घट्ट असतात. अर्ली स्नोबॉल, जॉयंट स्नोबॉल, जापनीज इम्प्रूव्हड, पुसा पाटना, डी- ९६, पंजाब जायंट - २६, हिस्सार १ इत्यादी जाती या हंगामात लावण्यास योग्य असतात. लागवडीपासून ९० ते १०० दिवसांत गड्डे तयार होतात. नोव्हेंबरच्या मध्यापासून ते डिसेंबर- जानेवारीपर्यंत हे गड्डे तयार होतात.

क) उशिरा येणाऱ्या जाती

या जातीचे गड्डे पांढरेशुभ्र, आकर्षक व घट्ट आणि मध्यम आकाराचे असतात. स्नोबॉल - १६, पुसा स्नोबॉल १, पुसा स्नोबॉल २, दानिया इत्यादी जाती या गटात येतात. लागवडीपासून ११० ते १२० दिवसांत हे गड्डे तयार होतात. जानेवारी ते एप्रिलपर्यंत या जातीचे गड्डे मिळतात. या जातीची लागवड सप्टेंबर ते नोव्हेंबरपर्यंत करावी.

लागवड

फुलकोबीस थंड व आर्द्र हवामान मानवते. म्हणूनच योग्य जातीची योग्य वेळी लागवड केली पाहिजे. कारण गड्डा तयार होताना तपमान अधिक असल्यास गड्डा लहान आणि मधूनच पाने असलेला पिवळसर रंगाचा, सैलसर असतो. तपमान फार कमी झाल्यासही गड्डे फार लहान होतात. म्हणून योग्य जातीची निवड करणे फार महत्त्वाचे आहे. लागवडीस उशीर झाल्यास उशिरा येणाऱ्या जातींचीच लागवड करावी. इतर जातींची लागवड केल्यास नुकसान होण्याची शक्यता असते. फुलकोबीच्या लागवडीसाठी चांगला निचरा होणारी जमीन निवडावी.

फुलकोबीचे बी बारीक असते. म्हणून गादीवाफ्यावर रोपे तयार करून त्याची लागवड करावी. पेरणीपूर्वी बी मर्क्युरिक क्लोराइडच्या द्रावणात अर्धा तास बुडवून वाळवावे. नंतर पेरावे; त्यामुळे फुलकोबीचा लीफ सॉफ्ट हा रोग टाळता येतो. बी खात्रीच्या ठिकाणाहून आणावे. उशिरा येणाऱ्या जातीचे हेक्टरी ३७५ ते ४०० ग्रॅम बी पुरते.

रोपांची लागवड

गादी वाफ्यावर बी पेरल्यानंतर ४ ते ५ आठवड्यांत रोपे लागवडीसाठी तयार होतात. फुलकोबीच्या दोन ओळींत व रोपांत किती अंतर ठेवावे असा प्रश्न अनेकजण विचारतात; परंतु हे अंतर जमिनीची सुपीकता, लागवडीचा हंगाम आणि मालास बाजारातील मागणी या गोष्टी विचारात घेऊन ठरवावे. सध्या कुटुंबातील लोकांची संख्या कमी झाल्याने मध्यम ते लहान गड्ड्यांना अधिक मागणी असते. म्हणून लागवड कमी अंतरावर करून लहान आकाराचे अधिक गड्डे मिळविता येतील सर्वसाधारणपणे उशिरा येणाऱ्या जाती ६० x ६० सें.मी. अंतरावर आणि लवकर येणाऱ्या जाती ४५ x ४५. सें. मी. अंतरावर लावाव्यात. रोपांची लागवड सरी वरंब्यावर करून प्रत्येक ठिकाणी एकच रोप लावावे. रोप लावताना महत्त्वाच्या एका गोष्टीकडे लक्ष द्यावे. ती म्हणजे रोप लावताना शेंडा खुडला जाऊ नये किंवा शेंड्याला कोणत्याही प्रकारे इजा करू नये; कारण फुलकोबीच्या रोपाचा शेंडा दुखावल्यास रोप वाढते; पण अशा रोपावर गड्डा मुळीच धरत नाही.

खते

फुलकोबीचे पीक खताला चांगला प्रतिसाद देते. म्हणून या पिकास हेक्टरी ३० ते ४० टन शेणखत द्यावे. तसेच ५० ते ६० किलो नत्र, ४० ते ४५ किलो स्फुरद आणि ४० किलो पालाश द्यावे; परंतु जमिनीची प्रत, हवामान आणि जाती यांचा विचार करून खतांच्या मात्रा कमी-जास्त कराव्यात. या खतांपैकी संपूर्ण शेणखत जमिनीच्या पूर्वमशागतीच्या वेळी द्यावे. तसेच सर्व स्फुरद व पालाश आणि निम्मे नत्र लागवडीच्या वेळी जमिनीत चांगले मिसळून द्यावे. उरलेले निम्मे नत्र लागवडीनंतर एक महिन्याने बांगडी पद्धतीने देऊन लगेच पाणी द्यावे.

सूक्ष्म अन्नद्रव्ये

फुलकोबीच्या पिकास काही वेळा बोरॉन व मॉलिबडेनम या सूक्ष्म द्रव्यांची अनुक्रमे चोपण व आम्लयुक्त जमिनीत कमतरता भासते; त्यामुळे गड्ड्यावर तपकिरी डाग पडतात तर पानाचे पाते चाबकासारखे अरुंद व खुरटलेले दिसते. अशी लक्षणे दिसल्यास जमिनीत हेक्टरी १० ते १५ किलो बोरॅक्स टाकावे किंवा ०.३ टक्के

बोरॅक्सचे मिश्रण पिकावर फवारावे. आम्लयुक्त जमिनीत मॉलिबडेनमची कमतरता दिसून आल्यास १ ते १.५ किलो अमोनियम मॉलिबडेनम जमिनीत मिसळावे.

आंतरमशागत व पाणी

फुलकोबीची मुळे फार खोल नसतात. म्हणून खोल खांदणी अगर निंदणी करू नये. हलकीशी निंदणी करून तण काढावे. शक्य असल्यास रोपांची लागवड करण्यापूर्वी जमिनीवर टोक ३-२५ हे तणनाशक फवारावे; त्यामुळे तणांचे चांगले नियंत्रण होते. हे तणनाशक ५ ते ७.५ लिटर घेऊन ६०० लिटर पाण्यात मिसळून एक हेक्टर क्षेत्रावर फवारावे. गड्डा धरू लागल्यानंतर रोपांना मातीची भर द्यावी. त्यामुळे गड्डा चांगला पोसतो आणि गड्ड्यांच्या ओझ्याने रोपे कोलमडत नाहीत.

फुलकोबीस वरचेवर पाण्याच्या हलक्या पाळ्या द्याव्यात; कारण त्याची मुळे उथळ असतात. फुलकोबीच्या पिकात अनेकदा मुळा, बीटरूट, नवलकोल किंवा पालेभाज्या ही पिके दुय्यम किंवा मिश्रपिके म्हणून घेतात. अर्थात मुख्य पिकाची वाढ होण्यापूर्वीच ही दुय्यम पिके निघून जातात; त्यामुळे मुख्य पिकाचे उत्पादन कमी न होता मिश्रपिकांचे उत्पन्न मिळते; परंतु अशी मिश्रपिके घेतल्यास खतांचा अधिक वापर करण्यास काहीजण विसरतात; त्यामुळे उत्पादन कमी येते.

फुलकोबीचा गड्डा पांढराशुभ्र व घट्ट असला की, त्याला चांगला दर मिळतो. मालही लवकर विकला जातो. म्हणून असे गड्डे मिळविण्यासाठी गड्डे फुलकोबीच्या बाहेरच्या पानाने चांगले झाकावेत; त्यामुळे गड्ड्यांवर प्रत्यक्ष सूर्यप्रकाश पडत नाही आणि गड्डे पांढरे व आकर्षक रंगांचे राहतात.

काढणी, उत्पादन

फुलकोबीचे पूर्ण वाढलेले पांढरे गड्डे ताबडतोब काढावेत. काढणीस वेळ झाला तर त्यांचा आकर्षकपणा व घट्टपणा नाहीसा होतो. त्यास पिवळसर रंग येतो. तसेच गड्ड्याच्या पृष्ठभागावर तांदूळ पसरल्यासारखा खडबडीतपणा येऊन त्याची प्रत बिघडते; त्यामुळे कमी दर मिळतो. म्हणून गड्ड्याची काढणी वेळेवर करणे फार महत्त्वाचे असते.

गड्डे करंडीतून पाठविल्यास त्यांची प्रत चांगली राहून अधिक दर मिळतो. या साध्या गोष्टीकडेही शेतकऱ्यांनी लक्ष दिल्यास त्यांना निश्चितपणे अधिक पैसे मिळतात.

योग्य ती काळजी घेतल्यास फुलकोबीचे हेक्टरी १०० ते १२५ क्विंटल उत्पादन मिळते. सध्या फुलकोबीस मिळणारा चांगला दर लक्षात घेतल्यास फक्त ३ ते ४ महिन्यांत या पिकापासून चांगले पैसे मिळतात. म्हणून या हंगामात थोड्या तरी क्षेत्रावर फुलकोबीचे पीक घ्या.

◆

उन्हाळी भाजीपाल्याचा मळा, खिसा वाजे खुळखुळा!

"उन्हाळी पिकांचं दीडपट उत्पादन येतं असं तुम्ही नेहमी सांगता. माझ्या मते उन्हाळी भाजीपालाही महत्त्वाचा आहे. त्यापासूनही चांगले पैसे मिळतात, असा माझा अनुभव आहे. म्हणून उन्हाळी भाजीपाल्याची माहितीही तुम्ही आम्हाला सांगितली पाहिजे." माझ्याकडे आलेले शेतकरी मला सांगत होते.

अधिक फायदा

'भाजीपाल्याचा मळा, खिसा वाजे खुळखुळा!' ही म्हण सर्वांना माहीत आहे. परंतु 'उन्हाळी भाजीपाल्याचा मळा, खिसा वाजे खुळखुळा!' असे म्हणणे अधिक योग्य ठरेल. कारण भाजीपाल्यापासून चांगला पैसा मिळतो, हे खरे असले तरी उन्हाळी भाजीपाल्यापासून अधिक फायदा मिळतो, हेही तितकेच खरे आहे. त्याची काही कारणेही आहेत. उन्हाळ्यात सर्वांच्याकडे पाण्याची सोय नसते. म्हणून भाजीपाला करणारे थोडे लोक असतात; त्यामुळे उन्हाळ्यात भाजीपाल्याचा पुरवठा कमी होतो. मग साहजिकच पुरवठा कमी, वाढती मागणी या तत्त्वानुसार या दिवसांत भाजीपाल्याला चांगला दर मिळतो. म्हणून उन्हाळ्यात थोड्या क्षेत्रात तरी भाजीपाला अवश्य घ्यावा. ज्यांना आपला बंगला किंवा गच्चीवरील बागेत भाजीपाला करावयाचा असेल त्यांनी उन्हाळ्यात भरपूर भाजीपाला लावून घरचा ताजा भाजीपाला खाऊन भरपूर पैसे वाचवावेत.

लागवड केव्हा? भाज्या कोणत्या?

उन्हाळी भाजीपाल्यापासून चांगले पैसे मिळण्यासाठी त्यांची योग्य वेळी लागवड करणे महत्त्वाचे असते. उन्हाळी भाजीपाल्याचा हंगाम जानेवारी-फेब्रुवारी ते मेपर्यंत समजतात; परंतु आपल्या गावातील किंवा जवळपासच्या बाजारात कोणत्या भाजीला केव्हा अधिक दर असतो याची माहिती घेऊन आपण उन्हाळी भाजीपाल्याची लागवड करावी.

उन्हाळ्यात टोमॅटो, वांगी, भेंडी, मिरची, खिरे, दुध्या, पडवळ, दोडकी, कारले इत्यादी फळभाज्या घेता येतात. तसेच फरसबी, गवार, चवळी इत्यादी शेंगभाज्या आणि मेथी, चाकवत, पोकळा, चुका, कोथिंबीर, मुळा इत्यादी पालेभाज्या चांगल्या येतात.

योग्य जमीन निवडा

उन्हाळी भाजीपाल्यासाठी योग्य जमिनीची निवड करणे फार महत्त्वाचे असते. या भाज्यांसाठी अधिक काळ ओलावा साठवून ठेवणारी जमीन असावी; त्यामुळे कमी पाण्यात अधिक पिके घेता येतील. म्हणून सकस, खोल, मध्यम काळी जमीन निवडावी. काळ्या जमिनीस उन्हाळ्यात तडे पडतात; म्हणून फार काळी जमीन चांगली नसते. जमिनीत सेंद्रिय पदार्थ अधिक प्रमाणात असावेत; त्यामुळे जमिनीचा कस वाढून पाणी धरून ठेवण्याची क्षमता वाढते. जमिनीस पुरेशा प्रमाणात शेणखत, कंपोस्ट खत देणे शक्य नसल्यास ज्या ठिकाणी रोपे किंवा बी लावायचे त्या ठिकाणीच हे खत टाकून थोड्या खतात चांगले पीक घेता येते.

सपाट वाफ्याऐवजी वरंबे

खरीप व रब्बी हंगामातील लागवडीत आणि उन्हाळी भाजीपाल्याच्या लागवडीतील तत्त्वात तसा फारसा फरक नाही. मात्र, लागवडीच्या पद्धतीत फरक करावा लागतो. कारण उन्हाळ्यात पिकांची वाढ संथपणे होते. तसेच वाफ झाल्यामुळे आणि बाष्पीभवनामुळे दिलेले पाणी लवकर संपते; त्यामुळे कमी अंतराने अधिक पाणी द्यावे लागते. सपाट वाफा पद्धतीत असे घडते. म्हणून उन्हाळ्यात सपाट वाफ्याऐवजी वरंबे पद्धत अधिक योग्य ठरते.

उन्हाळी लागवडीतील दुसरा फरक रोपांचे स्थलांतर करताना करावा लागतो. खरीप किंवा रब्बी हंगामात रोपांचे स्थलांतर वरंब्याच्या बगलेत निम्म्यावर करतात; परंतु उन्हाळ्यात वरंब्याच्या पायथ्याशी स्थलांतर करणे चांगले असते. तसेच उन्हाळी लागवडीत दोन रोपांतील व दोन ओळींतील अंतर कमी ठेवावे.

रोपे तयार करा

बऱ्याच भाज्यांची लागवड शेतात बी पेरून करता येत असली तरी मिरची, वांगी, टोमॅटो इत्यादींची रोपे तयार करावीत. ही रोपे १ मीटर x ४ मीटर आकाराच्या गादीवाफ्यावर करावीत. एका हेक्टरसाठी असे १५ ते २० वाफे लागतात. गादीवाफा तयार करताना मातीत दोन टोपल्या शेणखत घालावे आणि वाफ्याच्या वरचा थर मऊ आणि भुसभुशीत करावा. गादीवाफ्यावर बी हळुवार टोकून किंवा १० सें.मी. अंतरावर खुरप्याने अगर बारीक काडीने ओळ काढून पातळ पेरावे. नंतर बी मातीने झाकून थोडेसे दाबावे. फार घट्ट पेरणी करू नये; त्यामुळे रोपे कमजोर होतात. बी पेरल्यानंतर झारीने दररोज हळुवारपणे पाणी द्यावे. रुजवा दिसू लागताच सरीतून बाजूने पाणी द्यावे.

या वेलभाज्या लावा

भोपळा, दुधी, कारले, पडवळ, खिरे, कोहळा इत्यादी वेलभाज्या उन्हाळ्यात चांगल्या येतात. या भाज्यांची लागवड आळ्यात करावी. भोपळा, दुध्यासाठी दोन आळ्यांत ३ मीटर अंतर ठेवावे. घोसाळी, दोडकी यांसाठी २ ते ३ मीटर अंतर ठेवावे. पडवळ, कारले व काकडीसाठी २ मीटर अंतर चांगले असते.

भोपळा, दुधी भोपळा जमिनीवर पसरून दिले तरी चालतात. इतर पिकांचे वेल मांडव करून त्यावर चढवावेत. यांच्या सुधारित जाती पुढीलप्रमाणे आहेत -

तांबडा भोपळा : १) अरका सूर्यमुखी, २) अरका चंदन, ३) आयएचआर ४) सीओ - १

दुधी भोपळा : १) पुसा, समर प्रोलिफिक, २) पुसा समर प्रोलिफिक राउंड, ३) पुसा मेघदूत, ४) पुसा मांजरी.

कारले : १) पुसा दो मोसमी, २) कोईमतूर लाँग, ३) अरका हरित.

पालेभाज्या

उन्हाळ्यात मेथी, चाकवत, राजगिरा, अंबाडी, पालक, शेपू, कोथिंबीर इत्यादी अनेक पालेभाज्या स्वतंत्रपणे अगर मिश्रपिके म्हणून घेता येतात. या पालेभाज्या लवकर तयार होतात. त्या वाफ्यातून एकामागून एक अशा घेता येतात. खातावलेली आणि चांगला निचरा झालेली जमीन या भाज्यांना चांगली असते.

यांची पेरणी ३ मीटर x २ मीटर आकाराच्या सपाट वाफ्यात अगर गादीवाफ्यातही करता येते. या भाज्यांचे बी बारीक असते. ते सारखे पेरले जावे यासाठी माती, राख किंवा शेणखत यांत मिसळून पेरावे. वाफ्यास काळजीपूर्वक पाणी द्यावे. पालेभाज्या लवकर तयार होत असल्याने त्यांना सुरुवातीसच वरखते द्यावीत.

भेंडी

उन्हाळी भेंडीपासून फार चांगले पैसे मिळतात. भेंडीसाठी जमीन निवडताना त्यात भेंडी, अंबाडी, कापूस अशी पिके त्याआधी घेतलेली नसावीत. तसे असल्यास रोग-किडींचा प्रादुर्भाव वाढतो. भेंडी लागवडीसाठी जमिनीत हेक्टरी ५० ते ६० गाड्या शेणखत मिसळून पाऊण मीटर अंतरावर सऱ्या पाडाव्यात. पेरणीपूर्वी पाणी देऊन जमीन ओलावून घ्यावी. सरीच्या एका बाजूस ३० सें.मी. अंतरावर प्रत्येक ठिकाणी २ ते ३ बिया टाकाव्यात. नंतर प्रत्येक ठिकाणी एकच जोमदार रोप ठेवून पिकाची विरळणी करावी.

सुधारलेल्या जाती : १) पुसा सावनी, २) पुसा मखमली, ३) सिलेक्शन २-२, ४) सिलेक्शन ६-२, ५) सीओ १-४ आय-एच.आर - २०-३१.

वांगी

सुधारलेल्या जाती : १) मांजरी गोटा, २) वैशाली, ३) अर्का कुसुमाकर, ४) अर्काशिल, ०४) पुसा अनमोल.

टोमॅटो

सुधारलेल्या जाती : १) पुसा रुबी, २) अर्लीड्वार्फ, ३) सिलेक्शन १२०, ४) कर्नाटक हायब्रीड, ५) वैशाली के ३.

उन्हाळी हंगामासाठी चांगल्या जातींची निवड करून सरी वरंबा पद्धतीने योग्य वेळी लागवड करावी. लागवडीपूर्वी सेंद्रिय खते व रासायनिक खते द्यावीत. योग्य अंतराने पाणी द्यावे. टोमॅटोसारख्या पिकास काठीचा आधार द्यावा. भेंडी, टोमॅटो, वांगी इत्यादी भाज्या कोवळ्या असतानाच तोडाव्यात.

अशा प्रकारे थोडीशी काळजी घेतल्यास उन्हाळी भाजीपाल्याचे चांगले उत्पादन मिळून भरपूर फायदा होतो.

आपल्या परसात, बागेत वर्षभर भाजीपाला घ्या!

''आमच्या बंगल्याशेजारच्या मोकळ्या जागेतील बागेत आम्ही काही फुलझाडे लावली आहेत. आम्हाला भाजीपाला लावण्याची इच्छा आहे; परंतु कोणता भाजीपाला, कसा लावावा हेच आम्हाला समजत नाही.'' असं सांगणारे अनेक लोक मला वारंवार भेटतात.

साहजिक आहे. आपल्या बागेत फक्त फुलझाडे लावून कोणाचे समाधान होणार? आपल्या बागेत लावलेला भाजीपाला खाण्यात एक वेगळेच समाधान असते; पण त्यासाठी आपण आपल्या बागेची आखणी, मांडणी व्यवस्थित करायला पाहिजे. आपल्या बागेची एकूण जागा किती आहे हे प्रत्यक्ष मोजून घ्यावे. त्या जागेपैकी किती जागेवर भाजीपाला लावायचा, किती जागेवर फळझाडे व फुलझाडे लावायची हे ठरवून त्याप्रमाणे जागा निश्चित कराव्यात. झाडांच्या सावलीत भाजीपाला किंवा सर्व फुलझाडे चांगली वाढतात असे नाही. म्हणून भाजीपाल्यासाठी शक्यतो सावली न येणारी जागा निवडावी.

किती जमीन, कोणत्या भाज्या?

आरोग्य चांगले राहण्यासाठी प्रत्येक व्यक्तीस दररोज सुमारे २८० ग्रॅम भाजी लागते. म्हणजे पाच लोकांच्या कुटुंबासाठी एका वर्षाला सुमारे ५११ किलो भाजीपाला लागेल. एवढा भाजीपाला मिळविण्यासाठी अंदाजे २०५ चौरस मीटर जमीन लागते. त्यात काही जमीन मोकळी ठेवावी लागेल. म्हणजे ५ लोकांच्या

कुटुंबासाठी २५० चौरस मीटर जमिन असेल तर वर्षभर पुरेल एवढा भाजीपाला मिळविता येईल.

आपल्या बागेत कोणत्या भाज्या लावाव्यात असा प्रश्न अनेकांना पडतो; पण त्याचे उत्तर सोपे आहे. आपल्या कुटुंबातील लोकांना ज्या भाज्या अधिक आवडतात त्यांची लागवड करावी हे साधे तत्त्व आहे. मुळा, गाजर, टोमॅटो इत्यादी भाज्या कच्च्या खाता येतात. त्या ताज्या असतील तर अधिक चविष्ट लागतात. म्हणून अशा भाज्या अधिक घ्याव्यात. शिवाय ज्या भाज्या बाजारात कमी येऊन महाग होतात त्या वेळी आपणास त्या भाज्या आपल्या बागेतून मिळतील अशी आखणी आपण करावी. कॉली फ्लॉवर, कोबी, गाजर अशा तोडणी करण्यास सोप्या भाज्या अधिक लावाव्यात. अर्थात आपली आवडही महत्त्वाची!

काही भाज्या लवकर तयार होतात तर काहींना थोडा अधिक वेळ लागतो; तर काही त्यापेक्षा उशिरा तयार होतात म्हणून बागेत या तिन्ही प्रकारच्या भाज्या एकाच वेळी लावाव्यात; त्यामुळे काही भाज्या लवकर तयार होतील. थोड्या भाज्या त्यानंतर आणि उशिरा येणाऱ्या शेवटी तयार होतील; त्यामुळे नियमित भाज्या मिळतील. तसेच गाजर, लेट्यूस, कोथिंबीर, मेथी यांसारख्या भाज्या पंधरा दिवसांच्या अंतराने वरचेवर लावल्यास त्यांचा वर्षभर पुरवठा होतो.

मुख्य भाजीपाल्यात इतर भाज्या आंतरपिके म्हणून घ्याव्यात. मात्र, अशा पिकांची आखणी करताना उंच वाढणाऱ्या भाज्यांची पूर्ण वाढ होण्याअगोदर कमी उंचीच्या भाज्या काढता याव्यात. म्हणजेच उशिरा तयार होणाऱ्या आणि लवकर तयार होणाऱ्या भाज्या एकत्र घ्याव्यात. उदा. वांगी, फ्लॉवर अशा उशिरा तयार होणाऱ्या भाज्यांत कोथिंबीर, मुळा, पालक, मेथी यांसारख्या लवकर तयार होणाऱ्या भाज्या लावाव्यात. एखाद्या भाजीवर रोग आढळल्यास ती भाजी त्याच जमिनीत पुढील वेळी घेऊ नये.

वर्गीकरण

लागवडीच्या हंगामानुसार भाजीपाल्याचे तीन प्रकारांत वर्गीकरण करतात. १) पावसाळी किंवा खरीप हंगाम - जून ते सप्टेंबर, २) हिवाळी किंवा रब्बी हंगाम - ऑक्टोबर ते जानेवारी, ३) उन्हाळी हंगाम - फेब्रुवारी ते मे. त्या त्या हंगामात चांगल्या येणाऱ्या भाज्यांची लागवड करावी.

खाण्यासाठी उपयोगात येणाऱ्या भागावरूनही भाज्यांचे वर्गीकरण करतात. १) पालेभाज्या - मेथी, पालक, शेपू राजगिरा इत्यादी; २) फळभाज्या - टोमॅटो, वांगी, मिरची, भोपळा, काकडी इत्यादी; ३) कंदमुळे भाज्या - गाजर, मुळा, कांदा, लसूण इत्यादी; ४) खोडभाज्या - अळू, शतावरी (ॲस्पॅरॅगस), ५) शेंगभाज्या - घेवडा,

गवार, वाटाणा, चवळी इत्यादी; ६) फुलभाज्या - हातगा, शेवगा इत्यादी.

लागवडीची तत्त्वे

आपण आपल्या बागेत, आपल्या आवडीनुसार, हंगामाप्रमाणे कोणताही भाजीपाला घ्या; पण लागवडीची काही मूलभूत तत्त्वे आहेत; त्यांचा वापर आपण केला पाहिजे.

हवामान व जमीन : कोणत्या भाजीपाल्यास कोणते हवामान मानवते हे आपण ध्यानात ठेवावे. हवामानानुसार तीन हंगामांत वेगवेगळ्या भाज्या घ्याव्यात. त्याचप्रमाणे ज्या जमिनीत आपण भाजीपाला घेतो ती जमीन त्या लागवडीसाठी योग्य आहे की नाही हेही पाहावे. आपण आपल्या बागेत जवळजवळ वर्षभर वेगवेगळा भाजीपाला घेणार. म्हणून बागेतील जमीन उत्तम निचऱ्याची व कसदार असावी. हलकी, मुरमाड जमीन असेल तर त्यामध्ये भरपूर सेंद्रिय खते वापरावीत. बाग करताना आपला मातीच्या वरच्या थराशी अधिक संबंध येतो; म्हणून हा वरचा थर अधिक सुपीक असणे आवश्यक असते.

पूर्वमशागत : लागवडीपूर्वी बागेतील जमिनीची मशागत करावी. त्याला पूर्वमशागत म्हणतात. त्यासाठी कुदळ, फावडे इत्यादी अवजारे वापरून जमीन खोलवर मऊ व भुसभुशीत करावी; त्यामुळे जमिनीत हवा खेळती राहते. पाणी साठवून ठेवण्याची जमिनीची शक्ती वाढते. जमिनीत काही खाचखळगे असतील तर ते बुजवावेत. ती सम पातळीत आणावी किंवा विशिष्ट ढाळ द्यावा. पूर्वीच्या पिकांचे अवशेष काढून टाकावे. लागवडीसाठी वाफा किंवा सरी वरंबे करावेत.

खते : आपणास ज्याप्रमाणे अन्नाची जरुरी असते त्याप्रमाणे वनस्पतींच्या वाढीसाठी त्यांना अन्नद्रव्ये हवी असतात, ती त्यांना खतांतून मिळतात. सेंद्रिय खते आणि रासायनिक खते हे खतांचे प्रमुख दोन प्रकार आहेत. जमिनीची सुपीकता टिकण्यासाठी सेंद्रिय खते हवीत. शेणखत, कंपोस्ट खत, लेंडी खत, पेंड, कोंबडी खत, हिरवळीचे खत इत्यादी सेंद्रिय खते आहेत. पूर्वमशागतीच्या वेळी किंवा लागवडीपूर्वी सेंद्रिय खते मातीत चांगली मिसळावीत. साधारणपणे २ मीटर X ३ मीटर आकाराच्या वाफ्यास ३ ते ४ घमेली शेणखत किंवा कंपोस्ट घालावे. तसेच भाजीपाल्याच्या चांगल्या वाढीसाठी त्यास नत्र, स्फुरद व पालाश ही अन्नद्रव्ये लागतात. त्यासाठी रासायनिक खते द्यावीत. त्यातील द्रव्ये पिकांना ताबडतोब मिळतात. यामधून नत्र, सुपर फॉस्फेटमधून स्फुरद आणि सल्फेट ऑफ पोटॅशमधून पालाश मिळते. तर सुफला १५:१५:१५, संपूर्णा (१९:१९:१९) या मिश्रखतांतून नत्र, स्फुरद व पालाश ही तिन्ही अन्नद्रव्ये मिळतात.

भाजीपाला लागवडीसाठी वाफे किंवा सऱ्या वरंबे तयार करताना त्यात शिफारस केलेले सर्व स्फुरद, पालाश आणि नत्राचा काही भाग टाकून मिसळावा; त्यामुळे

पिकांच्या वाढीची सुरुवात चांगली होईल. त्यानंतर भाजीपाल्याच्या वाढीच्या काळात एक-दोन वेळा नत्र खत द्यावे. उदा वांगीपिकासाठी २ x ३ मीटरच्या वाफ्यास लागवडीपूर्वी सुफला (१५:१५:१५) २०० ग्रॅम द्यावे तर रोप लागवडीनंतर २५ ते ४५ दिवसांनी १०० ग्रॅम युरिया रोपापासून ५ सें.मी. अंतरावर बांगडी (रिंग) पद्धतीने द्यावा. निरनिराळ्या भाज्यांना अशी खते द्यावीत.

रोप करून लागवड

भाजीपाल्याची लागवड प्रामुख्याने बियांपासून होते. काही भाज्यांची (उदा. वांगी, मिरच्या इ.) रोपे गादीवाफ्यावर तयार करून मग ती बागेत लावावीत. तोंडल्यासारखी भाजी वेलीच्या कटिंगपासून लावतात. अधिक उत्पादन देणाऱ्या किंवा संकरित जातीच्या भाजीपाल्याचे बी वापरून भरघोस उत्पादन मिळवावे. त्यासाठी खात्रीच्या ठिकाणाहून बी मिळवावे.

गादी वाफ्यावरील रोपे पुन्हा बागेत लावताना त्यांची सर्व मुळे जमिनीत खाली जातील हे पाहावे. काही वेळा रोपांची मुळे आजूबाजूला किंवा वर राहातात. मग रोपांची वाढ चांगली होत नाही. रोपे वरंब्याच्या बाजूस खालून १/२ उंचीवर लावावीत. रोप लावल्यानंतर रोपाच्या भोवतालची माती हलक्या हाताने दाबावी. रोपे शक्यतो सायंकाळी लावावीत. रोपलावणीनंतर ताबडतोब थोडे पाणी द्यावे.

बियांची टोकण करून अनेक भाज्यांची लागवड करतात. हे बी उगवून आल्यानंतर दाट झालेली रोपे मुळासह उपटावीत तर काही वेळा रोपे उगवत नाहीत. अशा ठिकाणी पुन्हा बी टोकावे किंवा रोप लावावे. कारण बागेत रोपांची योग्य संख्या असल्याशिवाय हवे तेवढे उत्पादन मिळत नाही.

पाणी, आंतरमशागत : भाजीपाल्यास पुरेसे व नेहमी पाणी लागते. विशेषत: बी उगवताना / पिकाची जोमाने वाढ होताना व फळधारणा होऊन फळे पोसताना पाणी कमी पडू देऊ नये. जमिनीवर लहानशा भेगा पडू लागताच पाणी द्यावे.

भाजीपाल्याच्या ओळीतील, वाफ्यातील, आळ्यातील तण वरचेवर काढावे. तसेच खुरप्याने जमिनीचा वरचा पापुद्रा हलवून जमीन भुसभुशीत करावी. टोमॅटोसारख्या पिकाला काठीचा आधार द्यावा. वेलीभाज्या कुंपणावर किंवा मांडवावर चढवाव्यात. चवळी, घेवडा यांसारख्या वेलीभाज्यांना पुष्कळ पाने येऊन त्यात त्यांची फुले झाकली जातात. अशा पानांची दाटी कमी केल्यास हवा अधिक खेळती राहून अधिक फुले व शेंगा लागतात.

भाजीपाल्यांवर रोग-कीड दिसल्यास त्यावर ताबडतोब उपाय योजावेत.

भाज्या कोवळ्या असतानाच सकाळी लवकर किंवा संध्याकाळी त्यांची काढणी करावी कारण त्या वेळी भाज्यांत अधिक रस असल्याने त्या चवीला चांगल्या लागतात.

बागेत वर्षभर भाजीपाला घेण्यासाठी जागेचे चार भाग करावेत. प्रत्येक भागात, प्रत्येक हंगामात वेगवेगळ्या भाज्या घ्याव्यात; त्यामुळे जमिनीची सुपीकता टिकून राहते. भाज्यांची चांगली वाढ होते.

खरीप हंगामात पहिल्या भागात शेंगवर्गीय भाज्या, दुसऱ्या भागात फळभाज्या, तिसऱ्यात पालेभाज्या आणि चौथ्यात कंदभाज्या घेतल्या तर हिवाळी हंगामात पहिल्या भागात कोबीवर्गीय भाज्या लावाव्यात. पालेभाज्या दुसऱ्या भागात तर तिसऱ्या भागात कंदभाज्या आणि चौथ्या भागात वाटाण्यासारख्या शेंगभाज्या घ्याव्यात. उन्हाळी हंगामात पुन्हा क्रम बदलावा.

वर्षभर भाजी मिळण्यासाठी आणखी एक युक्ती करावी लागते. एक भाजी संपत आलेली असतानाच त्या वाफ्यातील भाजीत दुसऱ्या भाजीच्या बिया टोकाव्यात; त्यामुळे पहिल्या भाजीचे पीक संपते तोच त्या वाफ्यातून दुसरी भाजी मिळते.

अशा प्रकारे बागेची काळजीपूर्वक आखणी करून, आपल्या बागेत भाजीपाला घेऊन ही सर्व तत्त्वे प्रत्यक्षात आणली तर वर्षभर आपल्याला घरचा भाजीपाला समाधानाने खाता येईल.

पौष्टिक वैरण – बरसीम

"सध्या गुरांच्या तयार खाद्याचे दर फार वाढले आहेत. माझ्यासारख्या सामान्य शेतकऱ्याला ते जनावरांना देणे परवडत नाही. आता हिवाळा सुरू होईल. या वेळी तर हिरव्या चाऱ्याची फार अडचण होते. म्हणून हिवाळ्यात घेता येणाऱ्या एखाद्या चांगल्या चाऱ्याच्या पिकाची माहिती आम्हाला द्या."

काही दिवसांपूर्वी कोल्हापूरला गेलो असता तेथे भेटलेल्या एका शेतकऱ्याने मला ही सूचना केली. त्यांची ही सूचना मला फार महत्त्वाची वाटली. म्हणून मी मग दुग्धशास्त्र विभागातील एका प्राध्यापकाशी या विषयावर सविस्तर चर्चा केली. त्यांनी सांगितले की, हिवाळ्यात जनावरांना पौष्टिक चारा मिळण्यासाठी बरसीम हे चाऱ्याचे उत्तम पीक आहे.

बरसीम कसे असते?

बरसीम हे द्विदल वर्गातील वर्षायु चाऱ्याचे पीक आहे. ते सुमारे ६० ते ९० सें.मी. उंच वाढते. त्याचे मुख्य खोड फार लुसलुशीत असून त्यावर अनेक फांद्या असतात. या फांद्यांना २ किंवा ३ पाने असतात. पिकाच्या वाढीनुसार मुख्य खोड मजबूत होते. फुले येण्याच्या वेळी ते कडक होते. याची पाने साधारणपणे मेथीच्या पानासारखी परंतु थोडीशी लांबट गोल असतात. पानांच्या वरील पृष्ठभागावर लहान केसाप्रमाणे लव असते. त्याच्या फुलांचा रंग पांढरा व आकार गोल असतो. बी पिवळ्या किंवा विटकरी रंगाचे, लहान आकाराचे असते.

जमीन-हवामान

बरसीमचे पीक बहुतेक सर्व प्रकारच्या जमिनीत येते; परंतु पाण्याचा चांगला निचरा होणारी, मध्यम गाळाची जमीन त्याला अधिक मानवते. ज्या क्षारयुक्त जमिनीत इतर द्विदल चाऱ्याची पिके घेता येत नाहीत त्या ठिकाणी बरसीमचे पीक येऊ शकते. मात्र, त्यासाठी भरपूर पाणी हवे.

या पिकास थंडी मानवते. म्हणून आपल्याकडे ऑक्टोबरमध्ये याची पेरणी केल्यास मार्च-एप्रिलपर्यंत त्याची चांगली वाढ होऊन त्यापासून चांगला चारा मिळतो. नोव्हेंबर ते एप्रिल या काळात या पिकाच्या ४ ते ५ कापण्या होऊन दुभत्या जनावरांची हिरव्या चाऱ्याची गरज भागते. रब्बी हंगामात या पिकापासून हेक्टरी सुमारे ६० ते ७० हजार किलो हिरवा चारा मिळू शकतो. म्हणूनच रब्बी हंगामातील हे महत्त्वाचे असे चाऱ्याचे पीक आहे.

लागवड कशी करावी?

या पिकासाठी जमीन भुसभुशीत व सपाट असणे आवश्यक असते म्हणून खरिपातील पीक काढल्यानंतर आडवी व उभी नांगरट आणि दोनदा कुळवणी करावी. आवश्यकता भासल्यास ढेकळे फोडून जमीन सपाट करावी. पहिल्या कुळवणीनंतर हेक्टरी ४० गाड्या कुजलेले शेणखत किंवा कंपोस्ट खत द्यावे. ते जमिनीत चांगले मिसळण्यासाठी कुळवाची दुसरी पाळी द्यावी. त्याशिवाय वाफे केल्यानंतर दर हेक्टरी ४१५ किलो सुपरफॉस्फेट देऊन ते मातीत चांगले मिसळावे. याप्रमाणे शेणखत देणे शक्य नसल्यास हेक्टरी ४५ किलो नत्र (१०० किलो युरिया) द्यावे.

बरसीमचे पीक बोरॉन व मॉलिबडेनम या सूक्ष्म अन्नद्रव्यांना चांगला प्रतिसाद देते असे आढळून आले आहे. म्हणून या पिकास पेरणीपूर्वी हेक्टरी ६ किलो बोरॅक्स आणि १.५ किलो अमोनियम मॉलिबडेनम द्यावे. जमिनीच्या उताराप्रमाणे २ x ४ किंवा ३ x ५ मीटर मापाचे वाफे करावेत.

पेरणी : बरसीम हे रब्बी हंगामातील पीक असल्याने ऑक्टोबरमध्ये पेरणी करावी. तयार वाफ्यात बरसीमचे बी फेकून पेरावे. दर हेक्टरी २५ ते ३० किलो बी पुरते. बी शेतात टाकण्यापूर्वी १० ते १२ तास पाण्यात बुडवून ठेवल्यास उगवण जलद व चांगली होते. बी फेकल्यानंतर वाफे दंताळ्याने हलवावेत; त्यामुळे बी जमिनीत चांगले मिसळते. पेरणीपूर्वी बियाण्यास रायझोबियम जीवाणूसंवर्धक लावावे.

पाणी : बी पेरल्यानंतर पहिले पाणी लगेच द्यावे. मात्र, हे पाणी सावकाश व कमी प्रमाणात द्यावे, ज्या योगे बी जागचे हलणार नाही. तिसऱ्या दिवशी दुसरे पाणी व नंतर जमिनीच्या मगदुराप्रमाणे ६ ते १० दिवसांच्या अंतराने पाणी द्यावे. ३-४

दिवसांत बी उगवते. आठ दिवसांत उगवण पूर्ण होते. पिकात तण दिसल्यास निंदणी करून तण काढावे. एकूण ५ ते ६ वेळा निंदणी करावी. प्रत्येक कापणीच्या वेळी निंदणी करणे योग्य असते.

कापणी : बरसीम पेरणीनंतर पहिल्यांदा सुमारे ५० ते ६० दिवसांत कापणीस येते. ऑक्टोबरमध्ये पेरलेल्या पिकाची एप्रिलअखेर ५ ते ६ वेळा कापणी होते. पहिल्या कापणीच्या वेळी पिकाची उंची २५ ते ३० सें. मी. इतकी असावी. त्यानंतरची प्रत्येक कापणी २४ ते २८ दिवसांच्या अंतराने करावी. कापणी करताना जमिनीलगतचा २ ते ३ सें.मी. भाग राखून ठेवावा. कारण फार जमिनीलगत कापल्यास आणि विळा धारदार नसल्यास रोपे मुळासह उपटण्याची शक्यता असते. मे महिन्यात पीक बियाण्यासाठी ठेवावे.

एप्रिलअखेरपर्यंत एकूण ५ ते ६ कापण्यांपासून दर हेक्टरी एकूण ६०० ते ७०० क्विंटल हिरवा चारा मिळतो. बियाचे दर हेक्टरी ९० ते १०० किलो उत्पादन मिळते.

पौष्टिक चारा

बरसीमचा चारा हा फार पौष्टिक चारा आहे. त्यात लसूण घासाप्रमाणेच अन्नद्रव्ये असतात. बरसीममध्ये प्रथिनांचे प्रमाण १४ ते १५ टक्के असते. तसेच याशिवाय त्यात खनिजे, चुना व फॉस्फरिक आम्ल असते. या घटकांमुळे बरसीमची गुणवत्ता वाढते.

त्यातील खनिजे, चुना व फॉस्फरिक आम्लामुळे जनावरांची भूक वाढणे, योग्य पचन होणे, हाडांची झीज भरून निघणे हे फायदे होतात. शिवाय हिवाळ्यात दूध वाढण्यास मदत होते. दुभत्या जनावरांप्रमाणेच वासरांना व जड कामाच्या जनावरांनाही हा चारा चांगला आहे. बरसीम हा द्विदल चारा असल्याने नुसता तोच जनावरांना दिल्यास त्याने जनावरांच्या पोटात गुबारा धरण्याची शक्यता असते. म्हणून हा चारा इतर गवताच्या एक किंवा दोन हिश्श्यात मिसळून जनावरांना द्यावा.

बरसीमचा चारा कापणीनंतर उन्हात वाळवून त्याची कमीतकमी पाने गळून पडतील याची काळजी घ्यावी. अशा प्रकारच्या वाळलेल्या वैरणीत ९ टक्के पचनयुक्त प्रथिने व ५० टक्के एकूण पचनयुक्त अन्नद्रव्ये असतात. ही वाळलेली वैरण जेव्हा हिरव्या चाऱ्याची जरुरी भासते अशा वेळी जनावरांना देता येते. या चाऱ्यापासून 'मूरघास' (सायलेज) सुद्धा करता येते.

कीड व रोग

बरसीम गवतावर पाने खाणारी अळी आणि कॉटन वर्म या दोन किडींचा उपद्रव

होतो. त्यांच्या नियंत्रणासाठी कोणतीही विषारी औषधे फवारू नयेत. गवतात कीड दिसल्यास त्या ठिकाणचे गवत कापून टाकून शेत स्वच्छ करावे आणि भरपूर पाणी द्यावे.

स्टेन रॉट आणि रूट रॉट हे दोन रोगही काही वेळा बरसीमवर आढळतात. या रोगांनी विशेष खराब झालेले गड्डे काढून टाकून तेथे नवीन बी टोकावे. याशिवाय बरसीमवर 'डॉडर' नावाची परावलंबी वनस्पती कित्येकदा वाढते. त्यासाठी ज्या ठिकाणी अशी वनस्पती असेल त्या ठिकाणचे संपूर्ण गवत त्या वनस्पतीसह काढून जाळून टाकावे. डॉडर वनस्पती संपूर्णपणे काढली जाईल हे पाहावे. कारण या वनस्पतीचा थोडासा जरी तुकडा शेतात पडला अगर राहिला तर ती वनस्पती पुन्हा जोमाने वाढते.

जाती, बियाणे कोठे मिळेल?

बरसीमच्या जे बी १, मेस्कापी, वरदान या चांगल्या जाती आहेत. निरनिराळ्या पिकांचे, भाजीपाल्यांचे बी विकणाऱ्या विक्रेत्यांकडे किंवा नॅशनल सीड कॉर्पोरेशनच्या बी-विक्रेत्यांकडे हे बी मिळू शकेल. यास लावावयाचे जीवाणू अणुजीवशास्त्रज्ञ, कृषी महाविद्यालय, पुणे ४११००५ त्या यांच्याकडे मिळते.

महाराष्ट्रातील दूध व्यवसाय दिवसेंदिवस वाढतो आहे. अर्थात या धंद्याचे भवितव्य आपण जनावरांना हिरवा चारा किती देऊ शकू यावर अवलंबून आहे. आपल्यापैकी काही शेतकरी लसूण घास घेतात; परंतु या पिकाबरोबरच बरसीमची लागवड केल्यास डिसेंबरपासून एप्रिलपर्यंत दुभत्या जनावरांना पौष्टिक हिरवा चारा मिळेल; त्यामुळे अधिक दूध मिळून आपणास दूधव्यवसाय अधिक फायद्याचा होऊ शकेल. बरसीम हे द्विदल वर्गातील पीक असल्याने त्यामुळे जमिनीचा पोतही सुधारतो; म्हणून अशा बहुगुणी बरसीमची थोडीतरी लागवड करून आपणाबरोबर आपल्या लाडक्या जनावरांनाही आनंदात ठेवू या.

◆

कंपोस्ट कसे करावे?

"आमच्या बागेत आता झाडांची पाने इतकी गळताहेत की, ती दररोज गोळा करून जाळणं किंवा कचराकुंडीत नेऊन टाकणं फार त्रासाचं झालं आहे. यावर काही उपाय आहे का?" आमच्या शेजारच्या घरातील गृहस्थ मला विचारत होते.

"गेल्या महिन्यात तुम्हीच माझ्याकडे आला होता आणि काय करावं - चांगलं शेणखत कुठं मिळत नाही, ते मिळालं तरी घेणं परवडत नाही असं तुम्ही मला सांगत होता ना?" मी त्यांना विचारलं.

"बरोबर आहे तुमचं. मी तुम्हाला शेणखताबद्दल विचारलं होतं; पण एवढं महाग खत बागेला घालणं आपल्याला परवडणार नाही म्हणून मी बागेला शेणखत दिलंच नाही; परंतु या गळणाऱ्या पानांचं काय करावं म्हणून मी तुम्हाला विचारायला आलो तर तुम्ही शेणखताचा विषय का काढलात?" त्यांनी मला विचारलं.

"अहो, शेणखत मिळत नाही तर या गळणाऱ्या पानांपासून तुम्ही तुमच्या बागेतच कंपोस्ट खत तयार करा आणि पानं कुठं टाकायची हा प्रश्न मिटवा." मी त्यांना सांगितलं.

शहरांत बंगल्याभोवती बाग असणाऱ्या अनेकांचे असे होते. त्याप्रमाणे खेड्यांतही आता गावातील जनावरे कमी झाल्याने आम्हाला भरपूर शेणखत मिळत नाही असे बहुतेक शेतकरी सांगतात. खेड्यातही पिकांचे अवशेष, पालापाचोळा असे अनेक पदार्थ आपण टाकून देतो; परंतु त्यांचा उपयोग करून चांगले कंपोस्ट खत तयार केले तर कचऱ्यातून सोने तयार केल्यासारखे होईल.

खड्डा कोठे काढावा?

कंपोस्ट करावे असे काहींना वाटते; पण त्यासाठी खड्डा कोठे काढावा? कंपोस्ट खड्डा शक्यतो उंच जागेवर, भरपूर सूर्यप्रकाश मिळेल अशा ठिकाणी असावा. कारण खोलगट भागात खड्डा असल्यास - विशेषतः पावसाळ्यात - आजूबाजूचे पाणी खड्ड्यात झिरपते. जरुरीपेक्षा पाणी अधिक झाल्यास काडीकचरा कुजत नाही तर सडतो. कुजण्याची क्रिया होण्यास सूक्ष्मजंतूंची आवश्यकता असते. त्यांना जगण्यास व त्यांची झपाट्याने वाढ होण्यास कंपोस्ट खड्ड्यात योग्य प्रमाणात ओलावा व उष्णतामान हवे. म्हणून तो झाडाखाली नसावा.

कंपोस्ट खड्डा विहिरीजवळ असू नये. कारण खड्ड्यातील अन्नांश खाली विहिरीत झिरपून पाणी दूषित होते. खड्ड्याच्या कडा सिमेंट काँक्रीटने बांधू नयेत; कारण त्यामुळे सूक्ष्म जंतूंची वाढ जोरात होत नाही.

खड्ड्याचा आकार

आपल्याकडे किती जागा उपलब्ध आहे त्यानुसार खड्ड्याची लांबी व रुंदी असावी. मात्र, खड्ड्याची खोली १ मीटरच (तीन फूट) असावी. कारण खड्ड्याची खोली एक मीटरपेक्षा अधिक असल्यास खड्ड्यातील उष्णतामान कमी होते; त्यामुळे कचरा कुजविणारे सूक्ष्म जंतू जगू शकत नाहीत. खेड्यांत उकीरडे किंवा शेण, कचरा टाकण्याचे जे खड्डे असतात त्यांची खोली अनेकदा एक मीटरपेक्षा जास्त असते; त्यामुळे अशा खड्ड्यात तयार झालेले खत चांगले कुजलेले नसते तर ते सडलेले असते. त्यास खत म्हणून फार किंमत नसते. म्हणून खताच्या खड्ड्याची खोली एक मीटरपेक्षा अधिक असणार नाही याकडे लक्ष द्यावे.

खड्डा कसा भरावा

खड्ड्यासाठी योग्य जागा बघून १ मीटर खोलीचा व योग्य लांबी-रुंदीचा खड्डा काढला. आता तो कसा भरावा हे महत्त्वाचे आहे.

खड्डा खणून झाल्यावर त्याच्या चारही बाजू फावड्याने ठोकून घ्याव्यात; त्यामुळे खड्ड्यांच्या कडांची माती खड्ड्यात पडणार नाही. खड्ड्याचा पृष्ठभाग ठोकून समपातळीत आणावा. तसेच तो थोडासा टणकही करावा. मग त्यावर थोडे पाणी टाकून ओला करावा. आता खड्डा भरण्यासाठी तयार झाला. सर्वसाधारणपणे सहा महिन्यांत खड्ड्यातील कंपोस्ट खत तयार होते. म्हणून ज्यांना शक्य असेल त्यांनी दोन खड्डे काढावेत किंवा एकाच खड्ड्याचे दोन भाग करावेत. कारण एक खड्डा पूर्ण भरल्यानंतर कचरा टाकण्यासाठी दुसरा खड्डा तयार पाहिजे.

अशा तयार केलेल्या खड्ड्यात बागेत पडणारी झाडाची पाने, पालापाचोळा, काडी-कचरा, जनावरांच्या गोठ्यातील मलमूत्रमिश्रित चारा इत्यादी टाकता येतात. सुकलेला व लवकर कुजण्यासारखा नसलेला काडीकचरा चांगला ठेचून बारीक करावा. मगच खड्ड्यात टाकावा. घर, बागेतील भाजीपाल्याचे टाकाऊ भाग म्हणजेच पाने, कोवळ्या फांद्या इत्यादी पालापाचोळा, भाजीपाल्याचे पीक संपल्यानंतर राहणाऱ्या झाडाच्या कोवळ्या फांद्या इत्यादी पदार्थांचे बारीक तुकडे करून टाकावेत. खताच्या खड्ड्यात टणक काड्या, काचा, पत्रे टाकू नयेत.

खड्ड्याच्या तळाशी पालापाचोळ्याचा सुमारे १५ सें.मी. जाडीचा थर पसरून त्यावर पुरेसे पाणी शिंपडावे. या थरावर बागेतील, शेतातील भाजीपाल्याचे टाकाऊ भाग, कोवळ्या फांद्या, तण इत्यादींचे बारीक तुकडे करून चांगले एकत्र मिसळून वरचेवर टाकावेत. जितके निरनिराळ्या प्रकारचे टाकाऊ पदार्थ खड्ड्यात टाकले जातील तितके चांगले कंपोस्ट खत तयार होते. या सर्व पदार्थांचा थर २० ते २५ सें.मी. जाडीचा झाल्यावर त्यावर ५ ते १० किलो शेणकाला, अर्धा किलो युरिया, १ ते २ किलो सुपर फॉस्फेट इत्यादी पसरून टाकावे. सुपर फॉस्फेट नसल्यास खेड्यांतील घरांत हमखास मिळणारी चुलीतील राख दोन पाट्या शेणकाला शिंपडण्यापूर्वी काडी-कचऱ्याच्या थरावर पसरावी. प्रत्येक थरातील केरकचरा ओला होईल अशा प्रमाणात पाणी शिंपडावे.

त्यानंतर १ ते १॥ सें.मी. ओलसर मातीचा थर द्यावा. कारण मातीत सूक्ष्म जंतू असतात. ते झपाट्याने वाढून खड्ड्यातील कचरा कुजविण्याच्या कामाला लागतात. मातीचा थर दिल्यानंतर आणखी काडी-कचरा पक्का दाबून घ्यावा म्हणजे आतील हवा निघून जाते.

याप्रमाणे २५ ते ३० सें.मी. उंचीचे तीन थर दिल्यानंतर खड्डा जमिनीच्या वरच्या पातळीपर्यंत भरेल. काडी-कचरा टणक वाळलेला व लवकर न कुजणारा असल्यास थराची उंची कमी करावी. जमिनीच्या पृष्ठभागापर्यंत तीनऐवजी चार थर भरावेत. उशिरा कुजणारा काडी-कचरा खालच्या थरात टाकावा. ओला-सुका काडी-कचरा मिसळून टाकावा; त्यामुळे तो लवकर कुजतो.

खड्डा जमिनीच्या वरच्या पातळीपर्यंत भरल्यानंतर त्यावर आणखी २० ते २५ सें. मी. उंचीचे थर देऊन तो चांगला दाबून घ्यावा. वरच्या थरावर ८ ते १० सें.मी. जाड मातीचा थर देऊन घुमटासारखा आकार द्यावा. तो मातीने लिंपावा. बाहेरील हवा आत शिरणार नाही याची काळजी घ्यावी. कारण कुजविण्याची क्रिया घडवून आणणारे सूक्ष्म जंतू हवेशिवाय जगतात.

सुमारे तीन महिन्यांनंतर काडी-कचरा कुजून खड्डा खचलेला व जमिनीच्या पातळीवर आलेला असेल. त्यावर वरीलप्रमाणे लवकर कुजणाऱ्या काडी-कचऱ्याचे

दोन थर देऊन, खड्डा पुन्हा दाबून बंद करावा. पावसाळ्यात खड्ड्यात पाणी जाणार नाही याची काळजी घ्यावी. बंगला बागेत ढिगावर पॉलिथीन टाकून पावसाच्या पाण्यापासून संरक्षण करावे.

अशा प्रकारे भरलेल्या खड्ड्यात सुमारे ५ ते ६ महिन्यांत कंपोस्ट खत तयार होते. कंपोस्ट खताचा खड्डा भरताना प्रत्येक थरावर सुपर फॉस्फेटचा पातळ थर दिल्यास बराच फायदा होतो. सुपर फॉस्फेटमुळे काडी-कचरा कुजण्यास मदत होते. कंपोस्ट खतात फॉस्फरसचे प्रमाण वाढून सुपर फॉस्फेटचा बराचसा भाग द्रवरूपात येतो. अशा प्रकारे सुपर फॉस्फेट टाकून तयार केलेल्या खताला सुपर डायजेस्टेड कंपोस्ट म्हणतात. यात अन्नांशाचे प्रमाण जास्त असते आणि त्याचा पिकांना अधिक फायदा होतो. कंपोस्ट खड्ड्यात सुपर फॉस्फेट टाकल्याने ते वाया जात नाही तर त्याचा दुप्पट फायदा मिळतो. हे खत मोकळे, रवाळ आणि वासरहित असते. त्याचा रंग काळसर तपकिरी असतो. असे कंपोस्ट खत हे पिकांचे नैसर्गिक पूर्ण अन्न आहे. त्या खताला दुसरा पर्याय नाही.

कंपोस्ट जमिनीत चांगले मिसळून टाकावे. शेतात उघड्यावर ते ढीग करून ठेवू नये. निरनिराळ्या पिकांना किती कंपोस्ट घालावे हे आपण किती कंपोस्ट खत करतो यावर अवलंबून असते. सर्वसाधारणपणे १ चौरस मीटर क्षेत्रास १ ते २ घमेले (५ ते १० किलो) कंपोस्ट द्यावे. अधिक दिल्यास उत्तम! आपणाकडे कंपोस्ट खत कमी असल्यास ते चांगले बारीक करून शेतात पेरावे. बंगल्यातील बागेत भाजीपाल्याच्या बियांच्या पेरणीच्या जागी किंवा रोपाच्या पुनर्लावणीच्या जागी लावणीअगोदर लहान खड्डा घेऊन त्यात मूठभर कंपोस्ट खत घालावे; त्यामुळे पेरलेले बी अगर लावलेले रोप लवकर मूळ धरते. उन्हाळ्यात झाडाभोवती कंपोस्ट खत पसरून टाकल्यास झाडांना अन्न मिळते. जमिनीत ओलावाही अधिक काळ राहतो

अशा तऱ्हेने काडी-कचऱ्यातून कंपोस्टचे सोने मिळवून ते पिकांना देऊन, भरघोस पिके घ्या. बंगल्याभोवती सुंदर बाग फुलवा!

◆

गोबर गॅसमधील शेणकाला

सध्या अनेकांनी गोबर गॅस करून घेतले आहेत; परंतु या गोबर गॅसमधून बाहेर पडणारा शेणकाला (स्लरी) खत म्हणून कसा वापरावा याबद्दल शेतकऱ्यांमध्ये वेगवेगळी मते आहेत.

काही दिवसांपूर्वी मी सांगली जिल्ह्यात गेलो असता गोबर गॅस असणाऱ्या काही शेतकऱ्यांना याबद्दल विचारले. त्या वेळी काहींनी सांगितले की, गोबर गॅसमधून बाहेर पडणारा शेणकाला आम्ही एका खड्ड्यात साठवून मग तो शेतात टाकतो. तर काहींनी सांगितले की, आम्ही हा शेणकाला खताच्या खड्ड्यात सोडतो. तर दुसऱ्यांनी सांगितले की, आमचा गोबर गॅस रानात असल्याने आम्ही हा शेणकाला पिकाला द्यावयाच्या पाण्यात मिसळून पिकांना देतो; पण चांगली पद्धत कोणती?

आपल्या महाराष्ट्रातच असे वेगवेगळे प्रकार आहेत असे नाही तर भारतातील बहुतेक सर्व राज्यांत कमी-अधिक प्रमाणात असे प्रकार आहेत. म्हणून लुधियाना येथील पंजाब कृषी विद्यापीठाच्या शास्त्रज्ञांनी याबाबतीत अनेक शेतकऱ्यांना भेटून प्रत्यक्ष पाहणी केली. त्यात असे आढळून आले की, गोबर गॅसमधून बाहेर पडणारा ओला शेणकाला पिकाला दिल्यास अधिक फायद्याचे ठरते. पिकाला द्यावयाच्या पाण्याबरोबर वाळलेला शेणकाला मिसळून देणे तितकेसे फायद्याचे नाही असे आढळून आले आहे.

लाखो गोबर गॅस

सध्या भारतात सुमारे १५ लाख कौटुंबिक गोबर गॅस आणि सुमारे ४०० सामूहिक किंवा संस्थांचे गोबर गॅस आहेत. वैयक्तिक गोबर गॅसमधून बाहेर पडणाऱ्या स्लरीची विल्हेवाट लावणे सोपे असते. कारण ती कमी प्रमाणात असते. काही शेतकरी ती वाळवून मग पिकांना वापरतात किंवा शेतातील इतर काडी-कचऱ्याचे कंपोस्ट करताना त्यात ही स्लरी सोडतात तर काही शेतकरी पिकांना पाणी देताना त्याबरोबर ही स्लरी मिसळून पिकांना देतात. अर्थात संस्थेच्या किंवा सामूहिक गोबर गॅसमधून निघणारी स्लरी उघड्या जागेवर पसरून वाळवितात. काही वेळ काडी-कचऱ्याबरोबर त्याचे कंपोस्टही करतात. अनेकदा ही स्लरी कच्च्या किंवा पक्क्या खड्ड्यात साठवून ठेवतात; परंतु अशा प्रकारे ही स्लरी वाळविणे आणि ती साठवून ठेवणे फार त्रासाचे आणि वेळ खाणारे काम आहे. तसेच हिवाळ्यात अशा प्रकारे स्लरी वाळविण्यास बराच वेळ लागतो. तर वाळलेली स्लरी पावसाळ्यात पुन्हा ओली होण्याची शक्यता असते.

कच्च्या किंवा पक्क्या खड्ड्यात त्यातील पाणी लवकर झिरपून न गेल्याने ती लवकर वाळत नाही. तसेच ही स्लरी वाळत घालण्यासाठी, काढण्यासाठी, खड्ड्यात टाकण्यासाठी, पुन्हा बाहेर काढण्यासाठी बराच वेळ लागतो. अशा प्रकारे गोबर गॅसमधून निघालेली स्लरी वाळविण्यासाठी बरेच श्रम, वेळ, पैसा लागतो. एवढे सगळे करूनही वाळलेली स्लरी कोण विकत घेणार? घेणाऱ्याला ती परवडली पाहिजे. म्हणून जे सामूहिक किंवा संस्थेचे गोबर गॅस आहेत त्यांतील स्लरीचे काय करायचे हा प्रश्न अनेकदा येतो. कारण त्यावर वैयक्तिक मालकी नसते.

ज्या शेतकऱ्यांनी आपल्या शेतात गोबर गॅस बांधले आहेत असे शेतकरी या गोबर गॅसमधून बाहेर येणाऱ्या स्लरीचा कशा प्रकारे उपयोग करतात याची पाहणी करण्यात आली. त्यासाठी लुधियाना जिल्ह्यातील सात शेतकऱ्यांची निवड करण्यात आली. या शेतकऱ्यांनी आपल्या शेतातील उभ्या पिकांना अशा प्रकारची ओली स्लरी देता येईल किंवा कसे याची शक्यता अजमावण्यात आली. गोबर गॅस प्लॅट कशा प्रकारचा आहे, त्याची क्षमता किती आहे, दररोज त्यात किती शेण टाकतात, त्यातून बाहेर येणारी स्लरी वाहून नेणे कितपत शक्य आहे, कोणत्या पिकांना ती वापरण्यात आली, किती दिवसांच्या अंतराने वापरण्यात आली, त्याचा पिकांवर काही वाईट परिणाम झाला किंवा कसे याबद्दलची सविस्तर माहिती त्या शेतकऱ्यांकडून मिळविण्यात आली.

ज्या सात गोबर गॅस प्लॅटची माहिती घेतली त्यांपैकी पाच खादी ग्रामोद्योग पद्धतीचे आणि दोन जनता पद्धतीचे गोबर गॅस प्लॅट होते. हे सर्व गोबर गॅस १५

घनमीटर क्षमतेचे होते. यांपैकी सहा शेतकरी आपल्या प्लॅटमध्ये दररोज शेण टाकत असत; परंतु एकजण चार दिवसांनी शेण टाकत होता. यांपैकी बहुतेक प्लॅटना उन्हाळ्यात दररोज ५० किलो व हिवाळ्यात दररोज ६० किलो शेण लागत असे.

ओल्या स्लरीचा परिणाम

या सात गोबर गॅसचे मालक शेतकरी आपल्या शेतातील उभ्या पिकांना गोबर गॅसची ओली स्लरी पाण्याबरोबर पाटातून देत होते; फक्त एक शेतकरी ट्रॉलीमधून ओली स्लरी शेतात नेऊन पाण्याबरोबर देत होता. या सर्व शेतकऱ्यांच्या मतानुसार अशा प्रकारे ओली स्लरी पिकांना देणे सोपे असते. पाणी देण्याच्या पद्धतीनुसार काही पिकांना ते दररोज स्लरी देत. मात्र, त्याच जमिनीस आठवड्याने स्लरीचे पाणी मिळे. गहू, बरसीम या पिकांना ही स्लरी फार फायद्याची ठरते. त्याचा पिकावर कसलाही वाईट परिणाम होत नाही. तसेच या ओल्या स्लरीमुळे जादा तण शेतात उगवत नाही. वाळलेल्या स्लरीपेक्षा ही ओली स्लरी फार फायद्याची असते, असे त्या सर्वांचे मत पडले. शास्त्रोक्तदृष्ट्याही त्यांचे हे म्हणणे योग्य आहे; कारण ही स्लरी आठवड्यातून एकदा तरी पिकांना मिळते. स्लरी वाळवून मग द्यावयाची असे ठरविल्यास त्यासाठी जादा जागा, जादा श्रम लागतात.

कशाने द्यावयाची?

निरनिराळ्या पिकांना काही ठरावीक दिवसांनंतर स्लरी देण्याची पद्धत सध्या तरी अवलंबिली जात नाही. कारण ज्या प्रमाणात स्लरीची उपलब्धता असेल त्या प्रमाणात ती पिकांना द्यावयाच्या पाण्यात मिसळून देतात; त्यामुळे ठरावीक जमिनीला आठवड्यातून किंवा महिन्याने स्लरीचे पाणी मिळते. म्हणून ज्याप्रमाणे सध्या आपण पिकांना पाणी देण्याचे वेळापत्रक आखतो, त्याचप्रमाणे पिकांना ओली स्लरी देण्याचे प्रमाणपत्र आखले पाहिजे; त्यामुळे सामूहिक गोबर गॅस प्लॅटची स्लरी पिकांना वेळेवर व व्यवस्थित देता येऊ शकेल. निरनिराळ्या व कोणत्या पिकांना किती वेळ ही स्लरी द्यायची हेही आता शेतीशास्त्रज्ञांनी ठरविले आहे. त्यांपैकी भात व गहू या पिकास पुढीलप्रमाणे स्लरी द्यावी.

भात : तीन ते चार दिवसांच्या अंतराने भातपिकास पाण्याबरोबर स्लरी द्यावी. आपणाकडे किती स्लरी उपलब्ध आहे त्यानुसार किती क्षेत्राला स्लरी द्यावी हे ठरवावे.

गहू : गव्हाला द्यावयाच्या ४-५ पाण्यांपैकी ३-४ वेळा स्लरी मिसळून पाणी द्यावे.

किती फायदा होतो?

पिकांना द्यावयाच्या पाण्याबरोबर किती प्रमाणात स्लरी मिसळून देणे योग्य ठरेल, याचा अभ्यास सुरू आहे. पिकांना गोबर गॅसची ओली स्लरी दिल्यामुळे किती फायदा होतो याचीही पाहणी करण्यात आली. त्यात असे आढळले की, गव्हाच्या पिकास शिफारस केलेल्या नत्राच्या ५० टक्के नत्र आणि पाण्यातून स्लरी दिल्यास शिफारसीप्रमाणे १०० टक्के नत्र देऊन जेवढे उत्पादन मिळते तेवढेच उत्पादन निम्म्या नत्राने मिळते. म्हणजेच नत्राची ५० टक्के बचत होते. सध्याच्या वाढलेल्या खताच्या किमती लक्षात घेता हे निश्चितच फायद्याचे आहे.

ज्यांचे गोबर गॅस प्लँट गावातील घरात आहेत किंवा सामूहिक गोबर गॅस प्लँटमधील स्लरी खास तयार केलेल्या टँकरमधून नेता येते अशा टँकरची लांबी ३६७ सें.मी., रुंदी १९१ सें.मी. आणि उंची ९० सें.मी. असून त्यास नेहमीच्या ट्रकची चाके असतात. हा टँकर ट्रॉलीप्रमाणे ट्रॅक्टरला जोडून नेता येतो. किर्लोस्कर पंपाचा वापर करून गोबर गॅसमधील स्लरी टँकरमध्ये भरता येते; त्यामुळे आमचा गोबर गॅस गावात आहे, आम्हाला त्याची स्लरी शेतात कशी नेता येईल? असे म्हणण्याचे कारण नाही.

सध्या खताच्या वाढलेल्या किमतीचा विचार करून गोबर गॅसची ओली स्लरी पिकांना दिल्यास कमी खर्चात अधिक उत्पादन मिळते; त्यामुळे गॅस आणि खत दोहोंचाही चांगला वापर करता येतो. आपण आपल्या गोबर गॅस प्लँटची स्लरी पिकांना देत नसाल तर आता ताबडतोब पाण्याबरोबर ही स्लरी देऊन अधिक उत्पादन घ्या.

◆

बदके पाळा!

"बऱ्याच वर्षांपूर्वी आमच्या गावात काही लोक बदके पाळत. गावातील तळ्यात ती दिवसभर फिरून संध्याकाळी आपोआप घरी परत येत; परंतु गावातील तळे बंद झाले; त्यामुळे आता कोणी बदके पाळत नाहीत; पण मी बदके पाळण्याचा विचार करतोय. तळ्याशिवाय बदके पाळता येतील का?'' एक शेतकरी मला विचारत होते.

काहीतरी नवीन करावे, शेतीला एखादा जोडधंदा देऊन उत्पन्न वाढवावे अशी अपेक्षा बाळगणारे अनेक शेतकरी महाराष्ट्रात आहेत. मला भेटलेले शेतकरी अशापैकी एक होते. त्यांचे म्हणणे खरे होते. पूर्वी खेड्यांत पुष्कळ बदके दिसत असत; परंतु आता लहान मुलांना बदके फक्त चित्रातच दाखवायची वेळ आली आहे, कारण गावातील पाण्याची तळी आटली आणि बदकेही गेली.

''तळ्याशिवाय बदके पाळता येतात का?'' अनेक शेतकऱ्यांनी मला हा प्रश्न विचारला. हरयाना कृषी विद्यापीठ, हिस्सार येथे बदकांसंबंधी बरेच संशोधन झाल्याचे आणि सुरू असल्याचे मी वाचले होते. त्या कृषी विद्यापीठातील या विषयाचे तज्ज्ञ प्रा. बी. एल. यादव यांच्याशी यासंबंधी चर्चा करण्याची संधी नुकतीच मिळाली आणि बदके पाळण्यासंबंधीच्या अनेक प्रश्नांची उकल झाली.

पाण्याचे डबके पुरे

खूप पाणी असलेले तळे असेल तरच बदके पाळता येतात का, याबद्दल विचारले

असता प्रा. यादव म्हणाले की, बदके पाळण्यासाठी खूप खोल पाणी असलेल्या तळ्याची जरुरी नाही. आपण आपल्या घराशेजारी अगर शेतात पाण्याचे असे छोटे तळे अगर डबके करू शकतो. एवढेच नाही तर बदकांची चोच व्यवस्थित बुडेल एवढ्या खोलीचे पिण्याच्या पाण्याचे भांडे ठेवल्यास त्यातही बदके राहू शकतात. अर्थात त्यांना पोहण्याइतपत पाणी असलेले छोटे तळे असल्यास अधिक चांगले!

पाण्याचे हे तळे सुमारे ३०० सें.मी. (१० फूट) व्यासाचे आणि ४० ते ४५ सें.मी. (१५ ते १८ इंच) खोलीचे असले तरी पुरेसे होते. म्हणजेच ते पाण्याचे एक लहान डबकेच असते. या तळ्यात २०० बदके व्यवस्थित राहू शकतात. तळ्याच्या भोवती चिखल होऊ नये म्हणून ८ ते १० सें. मी. खोलीवर मुरूम किंवा खडी पसरावी. तळ्यातील पाणी नेहमी स्वच्छ ठेवावे असे त्यांनी सांगितले.

अनेक फायदे

आपले अनेक शेतकरी कोंबडी पाळतात; परंतु बदकपालनाकडे त्यांचे लक्ष नसते याचा उल्लेख करून प्रा. यादव म्हणाले की, कोंबडीपालनापेक्षा बदकपालन अनेक दृष्टीने फायद्याचे आहे. अंडी व मांस या दोन्हीसाठी बदके पाळता येतात. बदकांची वाढ फार झपाट्याने होते. कोंबडीपेक्षा त्यांना पाळणे कमी खर्चाचे, कमी त्रासाचे व कमी भांडवलाचे असते आणि त्यापासून चांगला फायदा होतो.

काही बदकांच्या जाती वर्षातून ३६५ अंडी देतात. म्हणजेच बदकापासून दररोज अंडे मिळू शकते याचा उल्लेख करून त्यांनी सांगितले की, सर्वसाधारणपणे बदके वर्षातून सरासरी २५० अंडी तरी देतात. त्यांची वाढ फार झपाट्याने होते. मांसासाठी पाळलेल्या १२ आठवड्यांच्या जिवंत बदकाचे वजन २.७५ ते ३ किलोपर्यंत होते. बदक फार काटक असून कोंबड्याप्रमाणे अनेक रोगांना बळी पडत नाही. त्यांच्यासाठी कोंबड्यांप्रमाणे महागडी घरे बांधण्याची जरुरी नसते. रात्री निवाऱ्यासाठी त्यांना अगदी साधी, हवा येणारी घरे बांधल्यास पुरेसे असते.

याशिवाय बदकपालनापासून आणखी अनेक फायदे होतात असे सांगून प्रा. यादव म्हणाले की, बहुतेक सर्व बदके सकाळी ९ वाजेपर्यंत अंडी घालतात; त्यामुळे त्यांची अंडी गोळा करणे सोपे आणि कमी त्रासाचे असते. तसेच दिवसभर बदके घराबाहेर राहात असल्याने त्यांच्या पालनाचा खर्च कमी येतो. कोंबड्यांपेक्षा बदके हुशार असतात. सकाळी तळ्याकडे जाणे आणि संध्याकाळी घरी परत येणे त्यांना शिकविले की, ती आपोआप बाहेर जाऊन संध्याकाळी घरी येतात; त्यामुळे त्यांच्यासाठी माणूस ठेवण्याची जरुरी नसते.

बदकांची अंडी मोठी असतात; त्यामुळे केक, बिस्किटे इत्यादींमध्ये त्यांचा वापर करणे परवडते. तसेच ही अंडी कोंबड्यांच्या अंड्यांप्रमाणे सहजासहजी फुटत

नाहीत, कारण त्यांच्या अंड्यांचे वरील कवच मजबूत असते; त्यामुळे अंडी फुटण्यामुळे होणारे नुकसान कमी होते. बदके काय खात नाहीत? गोगलगायी, माशा, किडे, मासे इत्यादी काहीही बदके खातात. माणसांना व जनावरांना ज्या किड्यांमुळे त्रास होतो असे किडे बदके खात असल्याने रोगनियंत्रणही होते. बदकांची अंडी कोंबडीच्या अंड्यांपेक्षा अधिक शक्ती देणारी असतात. त्यांचे मांसही चविष्ट असून परदेशी लोक ते आवडीने खातात. बदकापासून असे अनेक फायदे आहेत.

कोणत्या जाती

बदके मांसासाठी पाळावयाची की अंड्यासाठी पाळावयाची यावर त्यांच्या कोणत्या जाती ठेवायच्या हे अवलंबून असते. बदकाच्या अंड्याला जास्त मागणी आहे की मांसाला अधिक मागणी आहे यावर आपण कोणत्या जाती ठेवायच्या हे ठरवावे. व्हाइट पेकिन, मुस्कोव्ही, मिनिकोस या बदकाच्या जाती मांसासाठी अधिक चांगल्या आहेत. व्हाइट पेकिन ही जात मांसासाठी जगप्रसिद्ध आहे असे प्रा. यादव म्हणाले. या जातीच्या बदकांची वाढ फार झपाट्याने होते. त्यामानाने त्यांना खाद्य कमी लागते. अंड्यासाठी बदकाच्या इंडियन रनर आणि खाकी कॅंपबेल या जाती चांगल्या आहेत. विशेषतः इंडियन रनर या जातीची कमी खाद्यावर भरपूर वाढ होते. त्यांच्यापासून भरपूर अंडी मिळतात. तसेच त्यांच्यात मृत्यूचे प्रमाणही कमी असते. या जातीच्या काही निवडक बदकांनी वर्षातून ३६५ अंडी दिली. म्हणजे दररोज अंडे दिले. वर्षातून सरासरी २५० पेक्षा अधिक अंडी मिळू शकतात असा अनुभव आहे.

कोंबड्यांप्रमाणेच बदकाचे प्रजनन असते. ६ ते ८ मादी बदकास एक नर बदक पुरेसा असतो. तो चांगला धष्टपुष्ट आणि मादीपेक्षा एक ते दोन महिने अधिक वयाचा असावा. कोंबड्यांप्रमाणेच नर आणि मादी बदक ओळखता येतात. मांसासाठी नर-मादी ओळखण्याची जरुरी नसते.

कमी खर्चाची घरे

बदकासाठी फार खर्चिक घरांची जरुरी नसते. रात्री राहण्यासाठी त्यांना कोणत्याही ठिकाणी ठेवता येते; कारण बदके दिवसभर बाहेरच असतात. मात्र, ही साधी घरे ओल नसलेली आणि हवेशीर असावीत. ३x३ मीटर (१०'x१०') आकाराच्या घरात अंड्याची २५ ते ३० बदके आणि मांसासाठीची ४० ते ५० बदके राहू शकतात. मात्र, त्यांच्यासाठी कृत्रिम उजेडाची सोय करणे आवश्यक असते. विशेषतः अंडी व पिलांसाठी ठेवलेल्या माद्यांच्या बाबतीत ही काळजी घ्यावी लागते. वरीलप्रमाणे पाण्याचे तळे करावे.

योग्य खाद्य

बदके फार खादाड पक्षी आहेत. जे मिळेल त्याचा ते फडशा पाडतात. वेगवेगळ्या प्रकारचे किडे, गोगलगाई इत्यादी ते आवडीने खातात. कोंबड्यांपेक्षा त्यांची वाढ फार झपाट्याने होते. सर्वसाधारणपणे पचनयोग्य कच्च्या स्वरूपातील १७ टक्के प्रोटीन असलेले खाद्य बदकांना अधिक योग्य असते असे प्रा. यादव यांनी सांगितले. मात्र, हे खाद्य ताजे असावे आणि ते कोरड्या जागी साठवावे. खाद्यास अजिबात ओल लागणार नाही याची काळजी घ्यावी. त्यांच्या खाद्यात भुईमुगाची पेंड मिसळावी. तिची प्रत फार चांगली असावी. पहिले दोन आठवडे त्यांना स्टार खाद्य घावे लागते. दोन ते वीस आठवड्यांपर्यंत ग्रोअर खाद्य घावे. त्यानंतर लेअर खाद्य देतात. मांसासाठीच्या बदकांना ८ ते १२ आठवड्यांपर्यंत फॅटनिंग खाद्य देतात. मग त्यांची विक्री करावी. सर्व प्रकारचे खाद्य त्यांच्या खाद्याच्या भांड्यात ठेवावे. त्यांना हव्या त्या प्रमाणात ते खाद्य घेतात.

खाद्याबदल अधिक माहिती देताना त्यांनी सांगितले की, कोणत्या वयाच्या बदकांना खाद्य घावयाचे आहे त्यावर त्यातील निरनिराळ्या पदार्थांचे प्रमाण अवलंबून असते. त्यांच्या खाद्यात प्रामुख्याने मका, भुईमुगाची पेंड, गव्हाचा कोंडा, मळी, बार्ली, बाजरी, तांदूळ, फिश मिल, खनिज मिश्रणे इत्यादींचा समावेश असतो. त्यांच्या वयाप्रमाणे त्यांना खाद्य घावे लागते.

खर्च - उत्पन्न

बदकांसाठी पाण्याचे तळे करणे, त्यांना राहण्यासाठी घर बांधणे, खाद्याची भांडी घेणे इत्यादीसाठी पहिल्या वर्षी भांडवली खर्च होतो. २०० मांसाळ बदकांसाठी सुमारे २० हजार रुपये खर्च येतो. अर्थात स्थानिक साहित्य व मजूर वापरून यात पुष्कळ बचत करता येते. त्याशिवाय त्यांना खाद्य पुरविणे इत्यादीसाठी खर्च करावा लागतो. वर्षातून चार वेळा बदके विकता येतात. पुढील तीन वेळा खर्च कमी असतो. तीच परिस्थिती अंडी देणाऱ्या बदकांची आहे. पहिल्या वर्षी भांडवली खर्च वाढला तरी दुसऱ्या वर्षापासून २०० बदकांपासून ८ ते १० हजार रुपये निव्वळ फायदा मिळतो असे प्रा. यादव यांनी सांगितले.

अशा प्रकारे शेतीसह एखादा नवीन जोडधंदा करू इच्छिणाऱ्यांनी बदकपालनाचा अवश्य विचार करावा. केवळ कोंबडीपालनाचाच विचार करण्याऐवजी निदान हौस म्हणून १००-२०० बदके पाळून एक नवीन व्यवसाय सुरू करण्यास हरकत नाही.

कुंडीतील झाडे जोमाने वाढवा

"कुंडीतील हे आमचं झाड पाहा. जवळजवळ एक वर्ष झालं लावून; पण त्याची चांगली वाढच होत नाही. असे का होतं?" मी माझ्या ज्या मित्राकडे गेलो होतो त्यांनी आपल्या घराबाहेर ठेवलेल्या कुंडीतील झाड दाखवून मला विचारले.

"तुम्ही कुंडीत हे झाड कसं लावलं? त्यासाठी माती, खत कोठून आणलं?" मी त्यांना विचारलं. त्यांची कुंडी होती सिमेंटची.

"याच सिमेंटच्या कुंडीत पूर्वी आम्ही असंच एक फुलझाड लावलं होतं; परंतु ते झाड मेलं. कुंडी तशीच होती. पुन्हा नवीन वेगळं झाड आणलं आणि कुंडीतील माती हलवून त्यात हे झाड लावलं. त्यात काही चुकलं का?" त्यांनी मला विचारलं.

माझ्या मित्राप्रमाणे अनेकांकडून असे घडते. आपणाकडे मातीने भरलेली कुंडी आहे. त्यातील पूर्वीचे झाड मेले आहे तरी नवीन झाड आणून ते त्याच कुंडीत लावतात आणि हे झाड का वाढत नाही असे विचारतात. कारण कुंडीत कोणती झाडे, कशी लावावीत याची अनेकांना माहिती नसते; त्यामुळे कुंडीतील झाड मरणे किंवा न वाढणे हे अनेकांच्या बाबतीत घडते.

अनेक फायदे

कुंडीत झाडे लावण्याची पद्धत फार जुनी आहे. त्यापासून अनेक फायदे होतात. आपणास योग्य वाटेल त्या ठिकाणी कुंडीतील झाड ठेवता येते. पुन्हा त्याची जागा बदलता येते. जमिनीवरील झाडांचे असे करता येत नाही. तसेच त्या झाडास ऊन

हवे की सावली हवी हे पाहून कुंडी त्याप्रमाणे ठेवता येते. काही झाडांना ठरावीक प्रकारचे हवामान मानवते. तशा हवामानात कुंडी ठेवून झाडाची चांगली वाढ करता येते. जी झाडे आपल्या बागेतील जमिनीत चांगली वाढणे शक्य नसते, अशी झाडे कुंडीत लावून त्या कुंड्या बागेत ठेवून बागेची शोभा वाढविता येते. दलदलीच्या किंवा खडकाच्या जमिनीत झाडे लावणे त्रासाचे असते. त्या ठिकाणी कुंडीतील झाडे ठेवून त्या ठिकाणची जागा सुशोभित करता येते. फ्लॅटमध्ये राहणाऱ्यांना तर कुंड्यांशिवाय दुसरा पर्यायच नसतो.

आपल्या दिवाणखान्यात, बैठकीच्या खोलीत, खोलीला साजेल अशी झाडाची कुंडी ठेवल्यास त्या खोलीची शोभा निश्चित वाढते. बाल्कनीत, गच्चीत कुंड्या ठेवता येतात. जिन्यांच्या पायऱ्यांशेजारी कुंड्या ठेवून घर अधिक शोभायमान करता येते. कार्यालयातील मधल्या जागेत कुंड्या ठेवून कार्यालयात जिवंतपणा आणता येतो. काही दिवसांनी या कुंड्यांची अदलाबदल करून नावीन्य निर्माण करता येते. आपल्या इमारतीच्या सिमेंटच्या भिंतीवर कुंडीत लावलेला सुंदर वेल चढवून भिंतीला आगळी शोभा आणता येते.

योग्य कुंड्या निवडा

कुंडीत झाडे लावण्याचे ठरल्यानंतर त्यासाठी योग्य प्रकारच्या कुंड्या निवडणे महत्त्वाचे आहे. कुंड्या चांगल्या सच्छिद्र असाव्यात, कारण त्यामुळे झाडांच्या मुळांना चांगली हवा मिळू शकेल. सिमेंट, प्लॅस्टिक, ॲसबेस्टॉस, फायबर ग्लास इत्यादींच्या कुंड्या दिसायला छान असतात; परंतु अशा कुंड्यांतून झाडांच्या मुळांना हवा मिळत नाही; त्यामुळे चांगल्या रोपवाढीसाठी त्या तितक्याशा चांगल्या नसतात.

चकाकी नसलेल्या मातीच्या कुंड्या सर्वांत चांगल्या असतात. कारण त्या सच्छिद्र असतात; त्यामुळे त्यांतील झाडांच्या मुळांना त्यातून चांगली हवा मिळते. शिवाय या कुंड्या सहजासहजी मिळतात. सिमेंटच्या कुंड्यांप्रमाणे त्या फार जड नसतात; त्यामुळे त्यांची हलवाहलव करणे सोपे असते. त्यांची किंमतही परवडण्यासारखी असते. सिमेंटच्या कुंड्या उन्हाळ्यात फार तापतात आणि हिवाळ्यात फार थंड होतात; त्यामुळे त्यांतील झाडांना हानी पोहोचून त्यांची चांगली वाढ होत नाही. मातीच्या कुंड्या सुंदर दिसण्यासाठी काही लोक त्या ऑइलपेंटने रंगवितात; पण त्यामुळे कुंड्यांची सच्छिद्रता नाहीशी होऊन तोटा होतो. त्याऐवजी मातीच्या कुंड्या काव किंवा गेरूने रंगवाव्यात. पितळ, तांबे, प्लॅस्टिक, फायबर ग्लास इत्यादी कुंड्यांत या मातीच्या कुंड्या ठेवण्यास हरकत नाही.

आकारही महत्त्वाचा

अशा तऱ्हेने मातीच्या कुंड्या घेतल्या पाहिजेत हे निश्चित झाल्यानंतर त्या कोणत्या आकाराच्या असाव्यात याचा विचार केला पाहिजे. त्याचे एक साधे तत्त्व आहे. आपण त्या कुंडीत कशा प्रकारचे झाड लावणार आहोत त्यावर त्या कुंडीचा आकार निवडावा. झाडाची वाढ कशा प्रकारे होते, त्याची उंची किती वाढते, त्या झाडास किती पाणी घ्यावे लागेल इत्यादी गोष्टींचा विचार करून कुंडीचा आकार ठरवावा. नांद, खोबडा, पेला, परडी इत्यादी लहान-मोठ्या आकाराच्या कुंड्या मिळतात. ६० ते ९० सें. मी उंच वाढणाऱ्या झाडासाठी ३० ते ४० सें.मी. उंचीची आणि ३० सें.मी. व्यासाची कुंडी असावी. रोपलागवडीसाठी बांबूच्या टोपल्याही वापरता येतात; परंतु त्या फार काळ टिकत नाहीत.

कुंड्या कशा व कशाने भराव्यात

कुंड्यांची निवड केली; पण त्यात रोप लावण्यापूर्वी त्या व्यवस्थित भरल्या पाहिजेत. जुन्या कुंडीतील रोप मेले म्हणून त्याच कुंडीत तशाच अवस्थेत दुसरे रोप आणून लावले तर ते चांगले वाढत नाही. या कुंड्या कशा व कशाने भराव्यात याची योग्य माहिती आपणास हवी. तसे नसेल तर कुंडीतील झाडे जोमाने वाढत नाहीत. कित्येकदा ही झाडे मरतात. म्हणून याबाबतीत फार काळजी घेतली पाहिजे.

कुंड्यांतून पाण्याचा निचरा होणे आवश्यक असते. कारण पाण्याचा निचरा झाल्याशिवाय झाडे चांगली वाढत नाहीत. कुंडीतील पाण्याचा चांगला निचरा होण्यासाठी तिच्या आकारमानाप्रमाणे तळाशी छिद्र पाहिजे. तळाशी छिद्र नसल्यास ते करून घ्यावे. प्रथम कुंडी स्वच्छ करून घ्यावी. ज्या कुंडीचा तळ १७ सें.मी. व्यासाचा आहे त्या कुंडीत १.२५ सें.मी. आकाराचे छिद्र असावे. कुंडी लहान, मोठी असेल त्याप्रमाणे छिद्राचा आकार लहान-मोठा असावा.

कुंडीच्या तळाचे हे छिद्र विटांच्या किंवा फुटक्या कुंड्यांच्या उलट्या तुकड्याने झाकावे; त्यामुळे छिद्र न बुजता पाण्याचा निचरा होऊ शकेल. मग त्यावर विटांचे लहान तुकडे, लहान दगड, कोळशाचे तुकडे टाकावेत. मोठे तुकडे कुंडीच्या तळाशी टाकून त्यावर लहान तुकडे टाकावेत. १५ सें.मी. किंवा कमी व्यासाचा तळ असलेल्या कुंड्या या साहित्याने १/३ भराव्यात. यापेक्षा मोठ्या कुंड्या या साहित्याने १/४ भराव्यात.

काठापर्यंत भरू नये

कुंडीतील माती खाली जाऊन पाणी जाण्यासाठी ठेवलेले छिद्र काही वेळा बंद होते. म्हणून कुंडीच्या तळाशी टाकलेल्या विटांच्या तुकड्यावर वाळलेली पाने,

गवत, नारळाचे केसर इत्यादींचा १ सें. मी. उंचीचा थर द्यावा. मग त्यावर पोयट्याची माती आणि चांगले कुजलेले शेणखत किंवा कंपोस्ट खत सारख्या प्रमाणात मिसळून टाकावे. खतमातीत चहाचा एक चमचा बोनमिल घातल्यास चांगले असते. कुंडी अगदी काठापर्यंत भरू नये. तर कुंडीचा वरील २ ते ३ सें.मी. भाग पाणी घालण्यासाठी मोकळा ठेवावा.

आता कुंडी रोप लावण्यास योग्य झाली. आपण आणलेले रोप पॉलिथिन पिशवीत किंवा कुंडीत असेल त्याप्रमाणे ते त्याच्याबरोबरच्या मातीसह तसेच काढून ते या कुंडीत मध्यभागी लावावे. हे रोप मूळच्या पिशवीत किंवा कुंडीत जेवढे खोल होते त्यापेक्षा ३-४ बोटे खोल लावावे. नंतर चोहोबाजूंनी माती सारखी करून घट्ट दाबून रोप थोडे वर ओढत जावे. त्याचा उद्देश हाच की, वाकडी झालेली मुळे सरळ व्हावीत आणि पूर्वी त्याची जितकी खोली होती त्या खोलीबरोबर ते यावे. रोपे लावल्यानंतर जी मरतात त्यामध्ये दुमडलेल्या मुळांच्या रोपांचे प्रमाण अधिक असते. म्हणून ही काळजी घ्यावी.

रोप लावल्यानंतर त्यास हळुवारपणे पाणी द्यावे. रोप शक्यतो संध्याकाळी लावावे. ते जगेपर्यंत सावलीत ठेवावे. अशा प्रकारे कुंडी निवडून, ती योग्य तऱ्हेने भरून त्यात काळजीपूर्वक रोपे लावल्यास ती लवकर जगतात; जोमाने वाढतात. अर्थात कुंडीतील अशा झाडांची बरीच काळजी घ्यावी लागते.

◆

कुंडीतील झाडे निवड आणि काळजी

"कुंडी कशी निवडावी, ती कशी भरावी, तिच्यात रोप कसे लावावे, हे तुमच्या लेखावरून समजले; परंतु कुंडीत लावण्यासाठी रोपांची निवड कशी करावी? घरात ठेवायच्या कुंड्या आणि घराबाहेर, गच्चीवर ठेवायच्या कुंड्या यातील रोपांची निवड वेगळी असते काय? कुंडीत रोप लावल्यानंतर त्याची काळजी कशी घ्यावी, त्याला पाणी कधी द्यावे असे अनेक प्रश्न आमच्या मनात आले आहेत." माझा लेख वाचलेले गृहस्थ मला विचारत होते.

अशा प्रकारचे प्रश्न इतर अनेक वाचकांच्या मनात येणे साहजिक आहे; परंतु काही लोक आपल्या मनातील शंका, प्रश्न यांचे निरसन लवकर करून घेतात तर काहीजण आपल्या शंका, प्रश्न मनात तसेच ठेवतात; परंतु हे योग्य नाही, कारण प्रत्येकाला सर्व गोष्टी माहीत नसतात. त्याची माहिती आपण करून घेतली पाहिजे.

रोपाची निवड

आपण योग्य प्रकारची कुंडी निवडून ती योग्य रीतीने भरली. त्यात रोप कसे लावायचे याचीही माहिती झाली; परंतु हे रोप कसे निवडावे? कुंडी भरणे, त्यातील रोपाची वरचेवर काळजी घेणे, पाणी देणे या त्रासाच्या गोष्टी आहेत. म्हणून ज्या रोपापासून अधिक काळ फुले मिळतील अशी रोपे कुंडीत लावावीत. ज्या रोपाची पाने आकर्षक आहेत अशी रोपेही निवडावीत. निरनिराळे फर्न, मरांटा, पाम, व्हिंका, डिफेन बॉकिया, मुसींडा इत्यादी झाडे निवडावीत. फुलांची झाडे व पानांची झाडे अशी

दोन प्रकारची झाडे कुंडीत लावता येतात. हिरव्या पानांची आणि रंगीत पानांची असे उप्पप्रकार पानांच्या झाडांमध्ये आहेत. कुंडी घरात ठेवायची की घराबाहेर ठेवायची यावरूनही रोपांची निवड करावी लागते. कारण घराबाहेर वाढणारी सर्व रोपे घरात चांगली वाढत नाहीत. घरातील कुंडीत कोणती रोपे लावावीत आणि त्यांची काळजी कशी घ्यावी हा एक वेगळा विषय होईल; पण त्यापूर्वी सर्वसाधारण कुंडीतील रोपांची काळजी कशी घ्यावी याबद्दल अधिक माहिती घेऊ.

कुंडी कशी ठेवावी?

आपल्या आवडीचे रोप कुंडीत लावल्यानंतर ती कुंडी घराबाहेर जमिनीवर, गवतावर ठेवू नये, कारण त्यामुळे कुंडीचे पाणी जाण्याचे छिद्र बंद होते. म्हणून कुंडीच्या खाली दगड किंवा विटाचे तुकडे ठेवून त्यावर कुंडी ठेवावी. फरशीवर तशीच कुंडी ठेवण्यास हरकत नाही. कुंडीतील झाड सूर्यप्रकाशाकडे वळते. त्याच भागाची अधिक वाढ होते. म्हणून कुंडी अधूनमधून फिरवावी; त्यामुळे झाडाच्या सर्व बाजूंची चांगली वाढ होईल.

झाड सरळ वाढावे, वाकडेतिकडे होऊ नये म्हणून कुंडीतील झाडास काठीचा आधार द्यावा. मात्र, झाड लावल्याबरोबर ताबडतोब त्याच्या आधारासाठी कुंडीत काठी रोवू नये तर झाड जगल्यानंतर, त्याची मुळे कुंडीत पसरल्याबरोबर असा आधार द्यावा. झाडाच्या वाढीप्रमाणे या आधाराचा आकार व उंची असावी.

पाणी किती, कसे द्यावे?

कुंडीतील झाडांना किती पाणी द्यावे असा प्रश्न अनेकजण विचारतात. कुंडीतील तळापर्यंतची माती भिजेल एवढे पाणी द्यावे; पण सर्व माती भिजली की नाही हे कसे ओळखायचे? कुंडीच्या तळाशी जे छिद्र असते त्यातून थोडे पाणी बाहेर आल्यास तळापर्यंतची माती भिजली असे समजावे. तसेच पाणी असलेल्या हौदात अगर भांड्यात कुंडी ठेवावी म्हणजे खालील छिद्रातून कुंडीत पाणी येऊन सर्व माती भिजेल. या पद्धतीने पाणी दिल्यास रोपाला चांगली जोमदार मुळे फुटतात. नाजूक रोपांच्या बाबतीत ही पद्धत अवलंबावी.

कुंड्यांना पाणी देण्यापूर्वी प्रथम कुंडीवर टिचकी मारा. जर टिचकीचा आवाज खणखण आला तर कुंडीत पाणी नाही असे समजावे. याउलट बदबद आवाज आला तर कुंडीत पाणी आहे असे समजावे. कुंडीतील झाडांना शक्यतो पिंजरी लावलेल्या झारीने पाणी द्यावे. नळीने पाणी द्यावयाचे असल्यास कुंडीच्या कडेला लहान विटेचा, फरशीचा तुकडा ठेवून त्यावर नळीतील पाणी सोडावे. तसे केले नाही तर पाण्याच्या वेगाने तेथील माती बाजूला सारून झाडाची मुळे मोकळी होतात; त्यामुळे झाडाचे

नुकसान होते. पावसाळा सोडून इतर हंगामांत पाण्याने सर्व झाड आठवड्यातून एकदा तरी धुऊन काढावे. थंडीच्या दिवसांत फार गार पाणी झाडांना देऊ नये.

पाणी केव्हा द्यावे? सकाळी लवकर किंवा सायंकाळी झाडाभोवतालची माती थंड असते त्या वेळी पाणी द्यावे. अगदी उन्हात कुंड्यांना पाणी द्यावयाचे असल्यास त्या कुंड्या प्रथम थोडा वेळ सावलीत ठेवाव्यात. मग त्यांना पाणी द्यावे. उन्हाच्या वेळी पाणी देताना ते पाना-फुलावर पडणार नाही हे पाहावे. कारण असे पाणी पडल्यास पाना-फुलांना उन्हाचा चटका बसतो; त्यामुळे त्यावर चट्टा पडतो.

खते द्या

कुंड्यांत वरचेवर पाणी घालावे लागू नये यासाठी कुंडीतील मातीचा वरचा थर नेहमी हलवावा; त्यामुळे पाणी कमी लागते. खालच्या मातीत गारवा राहिल्याने मुळांना हवा मिळते. चाळणी देताना थोडेसे वरखतही द्यावे.

झाडांच्या पोषणास योग्य अशी माती आणि त्याच्या जोडीला योग्य ते हवामान असल्यास कुंडीतील झाडाची चांगली वाढ होते; परंतु कुंडीत फार कमी जागा असल्याने झाडाच्या मुळांना त्यासाठी लांब जाणे शक्य नसते; त्यामुळे झाडाची वाढ खुंटू नये म्हणून कुंडीतील झाडांना त्यांच्या वाढीप्रमाणे महिन्यातून एकदा अगर दोनदा खत द्यावे. दर पंधरा दिवसांनी द्रवरूप शेणखत द्यावे. त्यासाठी चांगले शेण घेऊन त्यात त्याच्या दुप्पट पाणी घालावे. मग ते झाकून ठेवून दोन-तीन दिवस चांगले भिजू द्यावे. शेण असे भिजल्यानंतर त्यात त्याच्या ३० ते ४० पट पाणी घालावे; त्यामुळे चहाच्या रंगाचे मिश्रण तयार होईल. त्यातील शेणाचा भाग खाली बसू द्यावा. मग वरील मिश्रण झाडाभोवती द्यावे.

रासायनिक द्रवरूप खते तयार करण्यासाठी नत्र खताचा एक चमचा, स्फुरद खताचा दीड चमचा आणि पालाश खताचे दोन चमचे प्रत्येकी एक लिटर पाण्यात मिसळावेत. ही खते झाडांना पंधरा दिवसांतून एकदा द्यावीत. मात्र, अगोदर झाडास थोडे पाणी देऊन माती ओलवावी. मग रासायनिक द्रवरूप खत द्यावे. ही खते झाडावर फवारताही येतात.

कुंडीतील झाडे एकाच जागी वाढत असल्याने आणि त्याच मातीत वरचेवर रासायनिक खते टाकल्याने ती माती आंबट होते. म्हणून दर महिन्याने कुंडीतील मातीचा वरचा दोन सें.मी.चा थर काढून त्याच्या जागी नवी पोयट्याची माती घालावी; त्यामुळे झाडाची वाढ जोमाने होते.

इतर काळजी

याशिवाय कुंड्यांतील झाडांची पुढीलप्रमाणे काळजी घ्यावी.

१) झाडावरील वाळलेली पाने, फांद्या काढून झाड स्वच्छ ठेवावे.

२) झाडावर रोग-किडी येऊ नयेत म्हणून प्रतिबंधक उपाय योजावेत. रोग-किडी आल्यास ताबडतोब औषधे फवारावीत.

३) ज्या ठिकाणी जास्त धूळ आहे अशा ठिकाणी कुंड्या ठेवल्यास त्यातील झाडाच्या पानांवर फार धूळ साचते. ती पाण्याच्या फवाऱ्याने धुवावी.

४) कुंड्यांतील झाडांच्या मुळांना मातीच्या वरच्या थरातून किंवा कुंड्यांच्या छिद्रांतून हवा मिळते; परंतु कुंड्यांवर शेवाळ वगैरे उगवल्यास त्यातून मुळांना हवेचा पुरवठा होत नाही. म्हणून महिन्यातून एकदा कुंड्या बाहेरून स्वच्छ करून शेवाळ काढावे.

५) कुंड्यांचे निचरा छिद्र बुजले नाही ना हे पाहावे; त्याची काळजी घ्यावी.

६) कुंड्यांत झाडे बरेच दिवस असतात; त्यामुळे त्यांच्या मुळ्या तळछिद्रांतून खाली जाण्याची शक्यता असते. मुळ्यांना जमिनीत जाता येणार नाही. त्या जमिनीत गेल्या तर तुटतील.

७) कुंड्यांतील झाडांची वाळलेली पाने खाली पडली असल्यास (रोगट नव्हे) गोळा करून त्याच कुंडीतील मातीत दडपून टाकावीत. याशिवाय दरमहा चाळणीच्या वेळी थोडे पाल्याचे खत द्यावे.

कुंडी बदलावी

झाडाचा प्रकार लक्षात घेऊन कुंडीची निवड केलेली असते. तरीही काही वेळा झाडाच्या आकाराच्या मानाने कुंडी लहान पडते किंवा कुंडीतील त्या मातीत ते झाड चांगले वाढत नाही. अशा वेळी कुंडी बदलावी. झाडांना फुले येऊन गेल्यानंतर किंवा त्या हंगामातील झाडाची वाढ संपल्यानंतर कुंडी बदलावी.

झाड बदलण्यापूर्वी कुंडीत थोडे पाणी घालावे. माती जरा कोरडी झाली की, वरचा भाग खुरप्याने हलवून मोकळा करावा. निचरा छिद्रही मोकळे करावे. मग कुंडी उपडी करून झाडाच्या खोडास धरून झाड मुळांच्या गोळ्यासह काढावे. मुळ्यांची जाळी वेगळी करावी. कुजलेल्या व वेड्यावाकड्या मुळ्या कापाव्यात. थोड्या फांद्या, पाने कमी करावीत. झाड बुरशीनाशकात बुडवून नवीन कुंडीत काळजीपूर्वक लावावे.

कुंडीतील झाडांची अशी काळजी घेतल्यास या झाडांची चांगली वाढ होते. मोठी फुले लागतात.

गच्ची (टेरेस) वरही फुलते
भाजीपाला, फुले व फळांची बाग!

"बाग करायला आमच्याकडे जागाच नाही; कारण आम्ही प्लॅटमध्ये राहतो. अर्थात आमच्याकडे गच्ची आहे; त्याचा उपयोग करून आम्हाला बाग फुलविता येईल का?"

"कुंड्यांत झाडे कशी लावावीत? त्या कुंड्या कशा भराव्यात? झाडांची निवड कशी करावी? त्या झाडांची काळजी कशी घ्यावी? याची माहिती आम्हाला समजली; परंतु आमच्या घराला चांगले कुंपण नसल्याने कुंडीत काहीही लावले तरी ते राहात नाही. कोणीतरी तोडून नेते तर काही वेळा कुंड्याच उचलून नेतात. अशा वेळी आम्ही काय करावे? निदान घराला कुंपण होईपर्यंत आम्हाला कुंड्या गच्चीवर ठेवून बाग करता येईल का? त्यासाठी काय केले पाहिजे?"

असे अनेक प्रश्न विचारणारे चोखंदळ वाचक भेटू लागले आहेत. मला भेटलेल्या वाचकांच्या मनातील शंका इतर अनेकांच्या मनात आल्या असतील.

सोपे उत्तर

या सर्वांच्या प्रश्नांना सोपे उत्तर आहे. बाग करण्याची हौस आहे; परंतु जागा नाही. कुंड्यांत झाडे लावण्याचे मनात आहे; परंतु कुंडीतील झाडे किंवा कुंड्याच राहात नाहीत. अशा प्रश्नांचे उत्तर म्हणजे त्यांनी आपल्या गच्चीवर (टेरेस) बाग करावी; त्यामुळे प्लॅटमध्ये राहूनही बागेचा आनंद लुटता येतो. घराभोवती जागा अपुरी असेल तर गच्चीत बाग करून जागेची अडचण दूर करता येते; पण हे कसे

करायचे? फुले, भाजीपाला, फळझाडे गच्चीवर येऊ शकतील का? आपल्या मनात शंका आल्या असतील म्हणून प्रत्यक्ष गच्चीवर बाग करणाऱ्यांचेच अनुभव पाहू या.

सौ. आलेगावकर यांची गच्चीबाग

प्लॉट नं. ११, श्यामसुंदर सोसायटी, म्हात्रे पुलाजवळ, पुणे ४११०३० येथे राहणाऱ्या सौ. विमल हरी आलेगावकर यांना पुण्यातील एका संस्थेने आयोजित केलेल्या पावसाळी बागस्पर्धेत परसबाग आणि गच्चीबाग यांचे प्रथम पारितोषिक मिळाले. त्यांनी १९८० पासून अशा बागस्पर्धेत अनेक संस्थांची प्रथम क्रमांकाची अनेक बक्षिसे मिळविली आहेत. त्यांनी आपल्या गच्चीतील बागेसंबंधी सांगितले की, ''आम्ही जमिनीप्रमाणेच गच्चीवरही सर्व प्रकारचा भाजीपाला, फळभाज्या, मूळभाज्या तसेच फळझाडे (पपई, पेरू, लिंबू) इ. लावली आहेत. त्यासाठी प्लॅस्टिक पिशव्या, लहान कुंड्या, प्लॅस्टिक पोती (जी खतासाठी वापरतो), बारीक लाकडी खोकी, थर्मोकोल कंटेनर्स - पॅकिंग्ज इ. साधनांचा वापर केला आहे. गच्चीवर भरपूर ऊन मिळत असल्याने भाजीपाला फारच चांगला येतो. पावसाळ्यात घोसाळे, दोडके, तोंडली इ. वेलभाज्या लावून त्यांना मांडवावर चढविले होते. त्या वेळापासूनही भरपूर भाज्या मिळाल्या. एक 'काळी साहेबी' द्राक्षवेल नेली आहे. त्याला दरवर्षी २५-३० घड लागतात. त्यास प्रदर्शनात बक्षिसे मिळाली.

''गच्चीवर मोठ्या कुंड्यांतून २५-३० कलमी गुलाब लावले आहेत. गुलकंदासाठी लहान कुंड्यांत ५-६ देशी गुलाब (एडवर्ड) लावले आहेत. पत्र्याच्या ड्रममध्ये देशी पेरू लावला आहे. त्यास चांगली गोड फळे येतात. पपईचे झाड तर फळाने भरले होते. देवपूजेसाठी दुर्वा, बेल, तुळस आणि अनेक फुलझाडे गच्चीवर लावली आहेत. भेंडी, गवार, टोमॅटो, वांगी, मिरची अशा भाज्याही आम्ही आमच्या गच्चीवर जवळजवळ वर्षभर लावतो.''

सुखद श्रमपरिहार

''आमच्या अनुभवाप्रमाणे परस बागेप्रमाणेच नव्हे त्यापेक्षाही काही वेळा चांगला भाजीपाला, फुले गच्चीवर तयार होतात. अर्थात त्यासाठी थोडा त्रास घ्यावा लागतो. पाणी देणे, झाडांची पाहणी करणे, भाज्या तोडणे इत्यादींसाठी अनेक वेळा गच्चीवर जावे लागते; परंतु फुला-फळांनी भरलेली झाडे, वेली पाहिल्या की, थकवा कोठे जातो हे समजत नाही. मी आणि माझे पती दोघेही परसबाग व गच्चीतील बागेसाठी सतत काम करीत असल्याने आमचा वेळ फार चांगला जातो आणि आम्हाला नवनिर्मितीचा आनंद मिळतो. आता आम्ही वयाची साठी ओलांडली असली तरी आम्हा दोघांची प्रकृती फार चांगली आहे. त्याचे प्रमुख कारण म्हणजे आमचे

बागेतील काम. आम्हाला डॉक्टरांकडे क्वचितच जावे लागते.''

दर दिवशी वाढत असलेली हिरवीगार फळझाडे, भाजीपाला, फुलझाडे पाहून आपल्या मनातले इतर अनावश्यक विचार दूर होतात आणि मनःस्वास्थ लाभते. शरीर व मन सुदृढ राहण्याची गुरुकिल्ली म्हणजे या बागा आहेत.

कुंडीतील बाग

अनुभवाचे बोल वाचलेत आपण? आपणासही अरो आरोग्यपूर्ण जीवन जगावे असे वाटणे साहजिक आहे. त्यासाठी आत्ताच तयारीला लागा. मागील तीन लेखांत सांगितल्याप्रमाणे कुंडीत झाडे लावा. परसबागेत झाडे, भाजीपाला लावा. गच्चीतील बाग म्हणजे कुंडीतील बाग आहे. फक्त फुलझाडे किंवा शोभेची झाडेच कुंडीत येतात असे नाही तर सर्व प्रकारच्या भाज्याही कुंडीत येऊ शकतात.

खत पानावर पडू देऊ नये

आपणास गच्चीवर बाग करावयाची असल्यास फक्त कुंड्यांचीच निवड करण्याची जरूर नाही. लहान-मोठ्या प्लॉस्टिकच्या पिशव्या, लाकडी खोकी, रिकामी प्लॉस्टिकची पोती, रिकामे डबे, ड्रम इत्यादी अनेक साधने यासाठी वापरता येतात. त्या कुंड्या किंवा इतर साधने चांगली पोयट्याची माती व कुजलेले शेणखत यांनी भराव्यात. त्यात नेहमीप्रमाणे फुलझाडे लावावीत. त्यांना ३-४ आठवड्यांनी १० ते १५ ग्रॅम युरिया द्यावा. हे खत झाडाभोवती खुरप्याने गोल बांगडी करून त्यात टाकून मातीत चांगले मिसळावे. खत दिल्याबरोबर ताबडतोब पाणी द्यावे. हे खत झाडांच्या पानावर पडू देऊ नये. चुकून पडल्यास पाने ताबडतोब पाण्याने धुवावीत किंवा कुंडीतील, पिशवीतील, खोक्यातील भाजीपाला, फुलझाडे, फळझाडे यांना द्रवरूप रासायनिक खते द्यावीत.

गच्चीतील झाडांना शक्यतो झारीने पाणी द्यावे. पाइपने पाणी द्यावयाचे असल्यास पाइपच्या टोकावर पिंजरी बसवावी; त्यामुळे कुंडीत अगर खोक्यात पाण्यामुळे खड्डा पडून रोपाच्या मुळ्या उघड्या पडणार नाहीत.

आधार द्या

वांगी, टोमॅटो इत्यादी भाज्यांना आधाराची जरुरी असते. त्यासाठी कुंडीतच काठी रोवून त्यांना आधार द्या. कारली, घोसाळी, पडवळ, दुधी भोपळा यांसारख्या भाज्या निरनिराळ्या चार कुंड्यांत लावून त्या कुंड्या एकमेकांपासून थोड्या दूर चौकोनी आकारात ठेवाव्यात. मग त्या चार कुंड्यांत बांबू उभे रोवावेत. त्यांना आडव्या काठ्या बांधून छोटासा मांडव तयार करावा. या मांडवावर हे वेल चढवावेत.

या वेलींना फळे लागल्यानंतर ती या मांडवावर लोंबकळू घ्यावीत. मांडवामुळे अधिक फळे लागतात. एका कुंडीतही वेलाच्या वाढीनुसार ३-४ बांबूच्या काठ्या रोवून छोटासा मांडव करता येतो.

फळझाडे

गच्चीवर फळझाडे लावण्यास मर्यादा आहेत, कारण खोल मुळ्या जाणारी झाडे गच्चीवर लावता येत नाहीत. तसेच जी झाडे फार वाढत नाहीत अशीच झाडे निवडावीत. फळझाडे लावण्यासाठी ४५ सें.मी. व्यास असलेली खोकी, लोखंडी ड्रम किंवा मातीच्या कुंड्या घ्याव्यात. त्या नेहमीप्रमाणे भरून त्यात फळझाडे लावावीत. कागदी लिंबू, डाळिंब, पपई इत्यादी फळझाडे लावता येतील. खोकी, ड्रम विटांच्या आधारावर ठेवावेत.

हिरवळ

गच्चीवर हिरवळ (लॉन) करता येते. मात्र, त्यासाठी गच्चीवर चांगले वॉटरप्रूफिंग हवे. हिरवळीसाठी गच्चीवर जाड पॉलिथिन पसरून त्यावर पोयट्याची खतमिश्रित माती घालून त्यावर हिरवळ लावावी. अशा मातीवर वाफे करून पालेभाज्याही लावता येतील. थोडे खर्चाचे होईल इतकेच; पण करायचे म्हटले की, गच्चीवरही सर्व प्रकारची बाग होते.

गच्चीवर फार ऊन असते. वाराही जोराचा असतो म्हणून झाडांना आवश्यक तेव्हा सावली आणि वाफ्याच्या बंदोबस्तासाठी साधे बांबू ठेवून, बांबूच्या वर तरटे टाकून सावली करता येते. वाफ्याच्या बाजूलाही पट्ट्या लावता येतात. मात्र, सावलीसाठी पत्रा किंवा प्लॅस्टिक वापरू नये. कारण त्यामुळे अधिक गरम होते व त्यातून हवाही खेळत नाही. गच्चीवरील कुंड्यांची, खोक्यांची थोडी कलात्मक मांडणी केल्यास अधिक शोभा येते.

अशा प्रकारे जमिनीप्रमाणे गच्चीवरही सुंदर बाग फुलविता येते. आमच्याकडे जागा नाही म्हणून बाग करता येत नाही असे म्हणण्याची जरुरी नाही. फक्त इच्छा पाहिजे. काम करण्याची तयारी पाहिजे. म्हणून आताच कामाला लागा.

◆

शेतीत प्लॅस्टिकचा उपयोग लाभदायक

गेल्या काही वर्षांत आपल्या घरात प्लॅस्टिकचा वापर मोठ्या प्रमाणात वाढला आहे. बादल्या, बरण्या, बाटल्या इत्यादींसाठी प्लॅस्टिकचा सर्रास वापर होतो आहे. हा वापर सर्वांच्या परिचयाचा आहे; परंतु शेतीत प्लॅस्टिकचा वापर होणे आणि हा वापर कशा प्रकारे वाढविता येईल याबद्दल सतत प्रयोग चाललेले असतात.

गेल्या काही वर्षांत आपले शेतीउत्पादन आणि विशेषतः अन्नधान्याचे उत्पादन वाढले आहे; परंतु शेतीउत्पादन वाढले म्हणजे शेतकऱ्यांचा फायदा झाला असे म्हणता येत नाही. कारण जो शेतीमाल पिकवितो त्याला नेहमी चांगला दर मिळतोच असे नाही. हंगामात शेतमालाचा भरपूर पुरवठा होत असल्याने शेतमालाचे दर कमी असतात. म्हणून शेतमालाला चांगला दर मिळेपर्यंत तो साठवून ठेवण्याची त्याची आर्थिक कुवत असली पाहिजे; परंतु हल्ली ज्या नवीन पद्धती निघत आहेत, त्यांचा वापर करून कमी खर्चात शेतमालाची साठवण करणे शक्य झाले आहे; त्यामुळे बाजारात योग्य दर मिळू लागल्यानंतर त्यांची विक्री करता येऊ शकेल.

बरेच नुकसान

शेतमालाची काढणी केल्यानंतर सर्वसाधारणपणे अन्नधान्यात १० टक्के आणि फळे व भाजीपाल्यात २० ते ४० टक्के माल वाया जातो. अशा प्रकारे काढणीनंतर वाया जाणाऱ्या मालाची दरवर्षाची किंमत सुमारे ७ कोटी रुपये होते. यावरून आपले केवढे मोठे राष्ट्रीय नुकसान होते हे लक्षात येते.

शेतमालाच्या काढणीनंतर त्यातील मालाचे बरेच नुकसान होण्याचे प्रमुख कारण म्हणजे त्यात असणारी आर्द्रता; फळे आणि भाजीपाला यांना लागणारी बुरशी व कीड हे आहे. तसेच उंदीर व पक्ष्यांकडून काही धान्यांचे नुकसान होते. म्हणून या शत्रूंपासून शेतमालाचे संरक्षण केले तर आपले कोट्यवधी रुपयांचे नुकसान टाळणे सहज शक्य आहे. त्यासाठी काय करावे? असा प्रश्न अनेकांच्या मनात येतो. कारण हे सर्व धान्य चांगल्या ठिकाणी साठवणे सर्वांना शक्य नसते. नवीन पद्धतीचा वापर करून काढणीनंतरचा शेतमाल चांगल्या तऱ्हेने कसा साठवता येईल याबद्दल बरेच संशोधन झाले आहे.

प्लॅस्टिकचा वापर

अनेक कामांसाठी सध्या मोठ्या प्रमाणात प्लॅस्टिकचा वापर होतो. म्हणून शेतमाल साठवण्यासाठी प्लॅस्टिकचा वापर किती प्रमाणात करता येईल याबद्दल बरेच प्रयोग करण्यात आले आणि त्यांत यशही आले आहे. आता साधे दुधाचेच उदाहरण घ्या. काही वर्षांपूर्वी गिऱ्हाइकांना बाटलीतून दूध पुरविले जात होते; परंतु आता काचेची बाटली जाऊन प्लॅस्टिकची पिशवी आली; त्यामुळे सर्वांचीच सोय झाली; हीच गोष्ट इतर अनेक बाबतींतही करता येणे शक्य आहे.

शेतातून धान्य काढल्यानंतर आपण ते खळ्यावर किंवा खास तयार केलेल्या जागेत वाळवितो; परंतु अनेकांकडे अशी जागा नसते. म्हणून शेतकरी शक्य असेल तेथे धान्य वाळवितात. काही शेतकरी डांबरी रस्त्यावरही धान्य वाळवितात; परंतु अशा ठिकाणी ते धान्य चांगले वाळत नाही. त्यात आवश्यकतेपेक्षा जास्त आर्द्रता राहते; त्यामुळे त्या धान्यात किडीचा प्रादुर्भाव होतो. तसेच धान्य कोठेही वाळविल्यास त्यात धूळ, माती मिसळण्याची शक्यता जास्त असते. म्हणून हे धान्य ताबडतोब कसे वाळविता येईल यासंबंधी अनेक प्रयोग करण्यात आले.

धान्य वाळविण्याच्या पद्धतीसंबंधी केलेल्या अनेक प्रयोगांत असे आढळून आले की, जर काळ्या पॉलिथिन प्लॅस्टिकवर धान्य आणि मिरच्या वाळविल्या तर १० ते १५ टक्के कमी वेळात ते चांगले वाळते. वातावरण ढगाळ असेल तरीही या पद्धतीने धान्य लवकर वाळते. तसेच जमिनीवर धान्य वाळविल्यास त्यात खडे, माती मिसळते; परंतु प्लॅस्टिकवर धान्य वाळविल्यास त्यात असे पदार्थ मिसळण्याची शक्यता कमी असते. तसेच धान्य गोळा करणेही सोपे जाते.

धान्य खळ्यावर असताना जर अचानक पाऊस आला किंवा धान्याची वाहतूक करताना पाऊस पडल्यास फारच नुकसान होते. अशा वेळी त्यावर झाकण्यासाठी योग्य आकाराचे प्लॅस्टिकचे आवरण विकसित केले गेले आहे; त्यामुळे बरेच नुकसान टळू शकेल.

१९६८-६९ मध्ये भारतात मोठ्या प्रमाणात धान्यउत्पादन झाले. हे धान्य राखीव साठा म्हणून ठेवण्याची केंद्र शासनाची योजना होती; परंतु त्यासाठी ताबडतोब गोदामे बांधणे शक्य नव्हते. म्हणून प्लॅस्टिकचा वापर करून तात्पुरती 'कव्हर अँड प्लीन्थ' (कॅप) प्रकारची नवीन पद्धत सुरू करण्यात आली. या पद्धतीत जमीन चांगली तयार करून त्याच्यावर ओटा तयार करतात. त्या ओट्यावर एलडीपीइचे आवरण घालतात. अशा ओट्यावर धान्याची पोती रचून ठेवतात. सर्व पोती काळ्या जाड प्लॅस्टिकच्या ताडपत्रीने झाकून टाकतात. पुण्याशेजारी देहूरोडच्या आसपास अशा तऱ्हेचे साठवलेले धान्य अनेकांनी पाहिले असेल. या पद्धतीने धान्य साठवण्याच्या पद्धतीत आता अनेक सुधारणा करण्यात आल्या आहेत.

प्लॅस्टिकचा उपयोग करून अकोला येथे धान्य साठवण्याच्या वेगवेगळ्या प्रकारच्या कोठ्या तयार करण्यात आल्या आहेत. त्या थोड्या खर्चात तयार होतात आणि अधिक उपयुक्त आहेत. अशा प्लॅस्टिकच्या कोठ्यात धान्याचे नुकसान होत नाही.

पिठीसाठी पिशव्या

खरगपूर येथील संशोधनात असे आढळून आले आहे की, तांदूळ, डाळ आणि गव्हाचा आटा या वस्तू प्लॅस्टिकच्या पिशवीत चांगल्या राहतात. त्यासाठी नेहमीची ज्यूटची पोती वापरण्याची जरुरी नाही. सोयाबीनचे पीठ कापडी पिशवीत ४५ दिवस, पॉलिथिनच्या पिशवीत १२० दिवस आणि पत्र्याच्या हवाबंद डब्यात १३५ दिवस चांगल्या तऱ्हेने राहते असे प्रयोगात आढळले; परंतु हवाबंद पत्र्याचा डबा वापरण्यास बराच खर्च येतो; म्हणून त्याऐवजी पॉलिथिनच्या पिशव्या वापरणे केव्हाही स्वस्त आणि सोयीचे असते.

ताजी फळे प्लॅस्टिकच्या पिशवीत ठेवल्यास ती किती दिवस चांगली राहतात याबद्दलचे प्रयोगही कोईमतूर येथे करण्यात आले. त्या भागातील सात संत्री छिद्रे पाडलेल्या आणि छिद्रे न पाडलेल्या प्लॅस्टिकच्या पिशवीत साठवण्यात आली. तसेच काही संत्री मोकळीच ठेवली. सात दिवसांनंतर सर्वांची पाहणी केल्यानंतर असे आढळले की, जी संत्री मोकळी ठेवली होती, ती सातव्या दिवसानंतर सुरकुतल्यासारखी वाटली; परंतु जी संत्री प्लॅस्टिकच्या छिद्रे पाडलेल्या पिशवीत ठेवली होती ती २१ दिवसांनंतरही सुरकुतलेली नव्हती. पिशव्यांना किती छिद्रे असावीत म्हणजे शेतमाल जास्तीतजास्त दिवस चांगला राहील याबद्दलही प्रयोग केले. पिशवीला ०.२ टक्के आकाराची छिद्रे पाडणे फायद्याचे असते असे आढळून आले. ही पद्धत इतर फळांसाठीसुद्धा वापरता येऊ शकते.

प्लॅस्टिकच्या पेट्या

काश्मीर व हिमाचल प्रदेशात सफरचंदांचे मोठ्या प्रमाणात उत्पादन होते. ही सफरचंदे इतर राज्यांत पाठविताना लाकडी पेट्यांतून पाठवितात; परंतु त्यासाठी फार मोठ्या प्रमाणात लाकडाची जरुरी असते. हल्ली लाकूड मिळणे अवघड झाले आहे. म्हणून सफरचंदे पाठविण्यासाठी लाकडी पेट्यांऐवजी प्लॅस्टिकच्या पेट्या वापरल्या तर काय परिणाम होतो याचीही सविस्तर पाहणी करण्यात आली. त्यात असे आढळले की, प्लॅस्टिकच्या पेट्या लाकडी पेट्यांपेक्षा महाग आहेत; परंतु यामध्ये माल चांगला राहतो. तसेच या पेट्या अनेक वेळा वापरता येणे शक्य असते; त्यामुळे त्यांचा खर्च कमी होतो. या पेट्या दिसायलाही चांगल्या असतात.

आपल्याकडे आंबे पाठविण्यासाठी मोठ्या प्रमाणात लाकडी पेट्या वापरतात. त्यासाठी बाहेरून लाकूड आणावे लागते; परंतु दिवसेंदिवस लाकडाची टंचाई वाढली आहे. लाकडाचे दरही वाढले आहेत. अशा परिस्थितीत प्लॅस्टिकच्या खोक्यांचा वापर करणे शक्य आहे. कोकणातील काही शेतकरी लोखंडी ट्रंकांतून आंबे पाठवितात. त्याऐवजी प्लॅस्टिकची खोकी वापरणे योग्य ठरेल.

काही ठिकाणी जाड पुठ्ठ्याची किंवा कागदांची खोकी द्राक्षे, आंबे पाठविण्यासाठी वापरतात; परंतु पावसाने ही खोकी भिजल्यास मोठे नुकसान होते. अशा परिस्थितीत प्लॅस्टिकच्या खोक्यांचा वापर कितपत परवडेल याचाही अभ्यास सुरू आहे; त्यामुळे आंबे, द्राक्षे इत्यादी फळे पाठविण्यासाठी लाकडी खोक्याकरता वापराव्या लागणाऱ्या लाकडाचा खप कमी होईल; फार मोठ्या प्रमाणावर झाडांची तोड थांबू शकेल आणि झाडाच्या तोडीमुळे निर्माण झालेले प्रश्न काही प्रमाणात कमी होतील.

फुलांसाठी पिशव्या

फुलदाणीत ठेवण्यासाठी लांब दांड्यांची फुले मोठ्या प्रमाणात शहरात विक्रीसाठी पाठवितात. ही फुले जर प्लॅस्टिकच्या नळीसारख्या पिशवीत ठेवली तर ती अधिक काळ चांगली राहतात असे संशोधनात आढळून आले आहे. फुलांच्या दांड्याच्या टोकावर रासायनिक प्रक्रिया केल्यास फुले अधिक दिवस टवटवीत राहू शकतात. ७० गेजच्या पॉलिथिनच्या पिशवीत बियाणे ठेवल्यास ते तीन वर्षपर्यंत चांगले राहू शकते असेही काही प्रयोगांत आढळून आले आहे. कोणते अन्नपदार्थ पॉलिथिनच्या पिशवीत किती दिवस चांगले राहू शकतात यासंबंधी म्हैसूर येथील मध्यवर्ती अन्नतंत्रज्ञान संशोधन संस्थेत बरेच संशोधन झाले आहे.

याशिवाय पाणीपुरवठा ठिबक सिंचन, फवारा सिंचन पद्धत अशा अनेक प्रकारे शेतकामासाठी प्लॅस्टिकचा उपयोग होतो आहे.

अशा प्रकार शेतीत प्लॅस्टिकचा मोठ्या प्रमाणात वापर करणे सहज शक्य आहे. त्या दृष्टीने आता सुरुवात झाली आहे. त्याचे प्रमाण वाढणार आहे. कारण प्लॅस्टिकला दुसरा पर्याय नाही.

◆

'सुजलाम् – सुफलाम्' महाराष्ट्र

''या माळरानावर आम्ही कधी डाळिंबाची सुंदर बाग फुलवू शकू असं आम्हाला स्वप्नातही वाटलं नव्हतं; परंतु आम्ही आता इतक्या चांगल्या प्रतीची डाळिंबं पिकवितो की, आमची डाळिंबं परदेशातही जातात.'' सोलापूर जिल्ह्यातील सांगोला तालुक्यातील एक शेतकरी अभिमानाने सांगत होते.

''पाहिलीत ही आमची बोरं? किती आकर्षक आणि चवदार आहेत हे तुम्ही खाऊनच पाहा. आमची बोराची ही संपूर्ण सहा एकरांची बाग तुम्ही फिरून पाहा आणि कुठं एखादं तरी किडकं बोर दिसलं तरी आम्हाला सांगा.'' सोलापूरजवळचे एक शेतकरी आत्मविश्वासाने सांगत होते.

''हा टेंपो दिसतो आहे ना? तो मी कुठल्या बँकेचं कर्ज काढून घेतलेला नाही. तर या संकरित टोमॅटोचं एकरी २५ टन उत्पादन काढून त्यातील फायद्यावर हा टेंपो घेऊन आता त्या टेंपोतूनच मी माझ्या टोमॅटो आणि इतर भाजीपाल्याची वाहतूक करतो.'' कोल्हापूर जिल्ह्यातील जयसिंगपूरशेजारचे एक तरुण शेतकरी माझ्याशी बोलत होते.

''आम्ही गेल्या वर्षी उसाच्या पिकात बटाटा घेतला. आम्हाला या उसाच्या पिकातील बटाट्याचं एकरी ५० क्विंटल उत्पादन मिळालं; त्यामुळे बटाट्याचेच आम्हाला एकरी दहा हजार रुपये मिळाले. त्याशिवाय आमचा ऊस एकरी ६० टन निघाला. आता थोडा खर्च झाला; परंतु ही शेती तोट्याची आहे काय? करणारा पाहिजे.'' पुणे जिल्ह्यातील राजगुरूनगरचे एक शेतकरी आपला विक्रम सांगत होते.

अशी अनेक उदाहरणे सांगता येतील. महाराष्ट्रातील प्रत्येक गावात काही शेतकऱ्यांनी असे अनेक विक्रम केले आहेत. महाराष्ट्राच्या या 'सुजलाम-सुफलाम' भूमीत काय पिकू शकते हे अनेकांनी अनेकदा दाखवून दिले आहे; त्यामुळेच महाराष्ट्राचे धान्य उत्पादन वाढते आहे. अपवादाची काही वर्षे वगळता, त्यात सतत वाढच होत आहे.

महाराष्ट्रातील शेतकरी कष्टाळू आहे. कल्पक आहे. तरीही त्याच्या कष्टाला व कल्पकतेला मर्यादा आहेत. कारण त्याला हव्या त्या प्रमाणात निसर्गाची साथ मिळत नाही. पाहिजे त्या वेळी पाऊस न पडल्याने आकाशाकडे डोळे लावून स्वतःच्या डोळ्यांतून पाणी येण्याचा प्रसंग अनेकदा त्याच्यावर येतो. महाराष्ट्रातील शेतीला विहिरी, कालवे, तलाव यांच्यामार्फत मिळणारे पाणी फारच अपुरे आहे. सुमारे ८५ टक्के जमीन पावसाच्या पाण्यावरच अवलंबून आहे. अशा परिस्थितीत त्याच्या श्रमाला मर्यादा पडल्याशिवाय राहात नाहीत. एवढेच नाही तर वेळेवर पाऊस पडून पेरणी करावी आणि पुन्हा काही दिवसांनंतर पाऊस गायब व्हावा असे अनेकदा घडते; त्यामुळे त्याच्या कष्टाचे, पैशाचे मातेरे होते. तरीही महाराष्ट्रातील शेतकरी डगमगलेला नाही. नवीन कल्पना लढवून, आहे त्या परिस्थितीत, आहे त्या जमिनीतून जास्तीतजास्त उत्पादन कसे काढावे आणि महाराष्ट्राची मान व शान कशी वाढवावी याची आपला शेतकरी पराकाष्ठा करतो आहे.

मातीपरीक्षण

आपल्या शेतातील माती तपासून, त्यात काय आहे आणि काय नाही हे पाहून मगच रासायनिक खते द्यावीत हे काही वर्षांपूर्वी बहुतेक शेतकऱ्यांना पटत नव्हते; परंतु आता मातीपरीक्षणाचे महत्त्व शेतकऱ्यांना समजले असून महाराष्ट्रातील हजारो खेड्यांतील लाखो शेतकऱ्यांनी आपले मातीचे नमुने तपासून घेतले असून त्यांतील शिफारशीनुसार सध्या शेतकरी पिके घेत आहेत, खते देत आहेत.

रासायनिक खतांचा वापर

रासायनिक खते दिल्याशिवाय पिके आणि त्यातल्या त्यात संकरित किंवा अधिक उत्पादन देणारी पिके चांगली येत नाहीत, हे शेतकऱ्यांना आता चांगले माहीत झाले आहे; त्यामुळेच रासायनिक खताचा खप वाढला आहे; परंतु रासायनिक खते पेरणीपूर्वी किंवा पेरणी करताना दिली असता अधिक फायदा होतो हे अनेक शेतकऱ्यांना पटत नव्हते. कारण पेरणीच्या अगोदर शेतात खत टाकणे म्हणजे मातीत खत घालविणे असे अनेकांना वाटे; परंतु आता शेतकऱ्यांच्या कल्पना बदलल्या असून अनेक ठिकाणी शेतकरी पेरणीयंत्र किंवा दोन चाड्यांची पाभर

वापरून पेरणीबरोबरच पिकांना रासायनिक खते देतात; त्यामुळे कमी खतात पिकांचे अधिक उत्पादन येण्यास निश्चितच मदत होते.

संकरित जाती

महाराष्ट्रातील शेतीचे उत्पादन वाढले, त्याची अनेक कारणे असली तरी अधिक उत्पादन देणाऱ्या आणि संकरित जातीच्या पिकांच्या निरनिराळ्या जाती शेतकरी मोठ्या प्रमाणात पेरत आहेत, हे प्रमुख कारण आहे. आता ज्वारीचेच पाहा. ज्वारी हे महाराष्ट्रातील अन्नधान्याचे प्रमुख पीक आहे. म्हणून शेतकऱ्यांनी संकरित ज्वारीचा पेरा करावा यासाठी आतापर्यंत बरेच प्रयत्न करण्यात आले. त्याला यश येऊन सध्या महाराष्ट्रातील शेतकरी संकरित ज्वारीचे बियाणे वापरून भरघोस उत्पादन काढतात. खरीप हंगामात गावरान ज्वारी घेणारे शेतकरी आता शोधावे लागतात.

ज्वारीप्रमाणेच गहू आणि भातपिकांचे आहे. आता महाराष्ट्रातील बहुतेक सर्व शेतकरी बुटक्या जातीचे व अधिक उत्पादन देणारे भाताचे आणि गव्हाचे पीक घेतात. काही दिवसांनी भाताच्या स्थानिक जाती अजिबात दिसणार नाहीत; त्यामुळे गहू आणि भात या पिकांच्या एकूण उत्पादनात फार मोठी भर पडली आहे आणि अद्याप पडणार आहे.

तेलबियांची तूट

तेलबियांच्या बाबतीत महाराष्ट्र तुटीचे राज्य आहे. कारण भुईमूग हे महाराष्ट्रातील तेलबियांचे महत्त्वाचे पीक आहे; परंतु गेली काही वर्षे वेळेवर पाऊस न पडल्याने अनेक ठिकाणी भुईमुगाच्या पेरण्या वेळेवर झाल्या नाहीत तर काही ठिकाणी पेरण्या होऊनही नंतर पावसाने ताण दिल्याने पिके चांगली आली नाहीत. म्हणूनच आता भुईमुगाऐवजी सूर्यफूल घेण्याकडे शेतकरी अधिक प्रमाणात वळत आहेत. सोलापूर जिल्ह्यात तर सूर्यफुलाने क्रांतीच केली आहे. कारण हजारो एकरांत सलगपणे सूर्यफुलाचे पिवळेधमक पीक पाहून मन हरखून गेल्याशिवाय राहात नाही. अधिक उत्पादन देणारी भुईमुगाची फुले प्रगती हीच जात आता बहुतेक सर्व शेतकरी घेत असल्याने भुईमुगाचे उत्पादन वाढण्यास मदत झाली आहे. गेल्या खरीप हंगामात सांगली, कोल्हापूर, सातारा या तीन जिल्ह्यांतील शेतकऱ्यांनी फुले प्रगतीचे विक्रमी उत्पादन घेतले आहे.

पूर्वी करडईचे पीक फार क्वचितच दिसे. तेही बहुतेक मिश्रपीक म्हणून घेत; परंतु मिश्रपीक घेण्याऐवजी करडईचे सलग पीक घेतल्यास अधिक फायद्याचे असते हे शेतकऱ्यांना आता पटल्याने अनेक शेतकरी करडईचे सलग पीक घेत आहेत;

त्यामुळे तेलबियांची तूट काही प्रमाणात कमी होईल अशी अपेक्षा आहे.

उन्हाळी भूईमूग लाभदायक

शेतकरी उन्हाळ्यात भुईमुगाचे पीक फार क्वचित घेत; परंतु उन्हाळी भुईमुगाचे उत्पादन खरिपापेक्षा अधिक मिळते असा अनुभव शेतकऱ्यांनी घेतल्याने ज्यांच्याकडे पाण्याची सोय आहे असे अनेक शेतकरी उन्हाळी भुईमुगाची लागवड करतात.

सोयाबीन वाढले

महाराष्ट्रात अलीकडे सोयाबीनची लागवड फार झपाट्याने वाढू लागली आहे. ही चांगली गोष्ट आहे. सोयाबीन हे डाळीचे पीक आहे; तसेच ते तेलबियांचेही पीक आहे. सर्वात अधिक प्रथिने असणारे ते कडधान्य आहे. सोयाबीनचे हेक्टरी २५ क्विंटलपर्यंत उत्पादन काढणारे अनेक शेतकरी महाराष्ट्रात आहेत. कोल्हापूर जिल्ह्यात तर खरीप हंगामात सोयाबीनखालील क्षेत्रात सतत वाढ होते आहे. उन्हाळी हंगामातही सोयाबीन घेण्याकडे शेतकऱ्यांचा कल वाढतो आहे. कारण सोयाबीनचे पीक कमी पाण्यात अधिक उत्पादन देणारे, जमिनीची सुपीकता वाढविणारे आहे हे शेतकऱ्यांना आता पटले आहे.

सूर्यफूल

खरीप, रब्बी आणि उन्हाळी अशा तिन्ही हंगामांमध्ये सूर्यफूल घेणारे अनेक शेतकरी आहेत; त्यामुळे खाद्यतेलाची तूट कमी होण्यास निश्चितच मदत होणार आहे.

महाराष्ट्रातील शेती नेहमी दुष्काळाच्या छायेत असते. म्हणून एखादे पीक जरी गेले तरी दुसरे पीक पदरात पडावे यासाठी अनेक पिके घ्यावीत असे तज्ज्ञ सांगतात. मूग, तूर, उडीद ही पिके ज्वारी, बाजरी आणि कापूस या पिकांत आंतरपिके म्हणून घ्यावीत अशी शिफारस आहे; त्यामुळे पिकांचे वाढीव उत्पन्न मिळून शेतकऱ्यांचा फायदा होतो. आतापर्यंत फार थोडे शेतकरी अशी आंतरपिके घेत असत; परंतु आता अनेक शेतकऱ्यांना आंतरपिकांचे महत्त्व पटल्याने महाराष्ट्रात या पिकाखालील क्षेत्र दरवर्षी वाढते आहे.

सर्रास दोन पिके

हमखास चांगला पाऊस पडणाऱ्या भागात खरीप हंगामात पिके घ्यायची तर खरिपात क्वचितच पाऊस पडणाऱ्या भागात जमिनी तशीच मोकळ्या ठेवून रब्बी पिके घेण्याची शेतकऱ्यांची पद्धत होती; परंतु जमीन अशी मोकळी ठेवणे योग्य

नाही. तसेच वर्षातून फक्त एकच पीक घेणेही परवडत नाही हे शेतकऱ्यांना पटल्याने आता बहुतेक शेतकरी खरिपात जमीन मोकळी ठेवत नाहीत तर रब्बी हंगामातही एखादे पीक घेतात. एवढेच नाही तर अनेक शेतकरी उन्हाळ्यातसुद्धा फक्त ६० ते ६५ दिवसांत येणारे उन्हाळी मुगाचे पीक घेतात. उन्हाळी मुगाप्रमाणेच उन्हाळी भात, उन्हाळी भुईमूग, उन्हाळी सूर्यफूल आणि उन्हाळी सोयाबीन ही पिके घेऊन एकाच जमिनीतून जास्तीतजास्त उत्पादन काढण्याचा प्रयत्न अनेक शेतकरी करतात ही समाधानाची गोष्ट आहे. ते वर्षातून दोन पिके सर्रास घेतात.

अन्नधान्याच्या पिकाबरोबरच संकरित भाजीपाला लावून अनेक शेतकरी आपला फायदा करून घेत आहेत. बाजारात भाजीपाल्याच्या अधिक उत्पादन देणाऱ्या संकरित जाती आल्या की, त्या लावायच्या हे आता शेतकऱ्यांच्या अंगवळणी पडले आहे आणि हे प्रगतीचे लक्षण आहे.

फळबाग

फळबागा हे तर महाराष्ट्राचे वैशिष्ट्य आहे. महाराष्ट्रात सर्व प्रकारची फळे होतात; परंतु त्यांची पद्धतशीर लागवड गेल्या काही वर्षांत वाढली आहे. अन्नधान्य पिकापेक्षा फळबागांपासून अधिक फायदा मिळतो हे शेतकऱ्यांना पटल्याने आणि महाराष्ट्र शासन फळबागांना भरीव आर्थिक मदत देत असल्याने येत्या काही वर्षांत महाराष्ट्रात निरनिराळ्या फळांचा महापूर येईल. कमी पाण्यात येणारी कोरडवाहू फळझाडेही अनेक शेतकरी लावत आहेत. आंब्याखालील क्षेत्रही कोकणाबरोबरच इतर जिल्ह्यांतही वाढते आहे. कमी श्रमांत अधिक पैसा फळबागांतून मिळतो हे शेतकऱ्यांना पटले आहे. महाराष्ट्रातील फळे परदेशांत जातात हे आता नावीन्य राहिलेले नाही.

महाराष्ट्रात फक्त सुमारे १३ टक्के जमिनीस पाणी मिळते; म्हणून उपलब्ध पाणी अधिक काटकसरीने वापरून जास्तीतजास्त उत्पादन काढण्याचा प्रयत्न महाराष्ट्रातील शेतकरी सतत करीत आहेत; त्यामुळेच जास्तीतजास्त शेतकरी ठिबक सिंचन आणि तुषार सिंचन पद्धतीकडे वळत आहेत. शासन त्यास सढळ हाताने मदत करीत आहे.

फुलशेती

फळबागांप्रमाणेच फुलशेती महाराष्ट्रात चांगले वळण घेत आहे. शास्त्रोक्त पद्धतीने गुलाब लावून ते परदेशांत निर्यात करण्याचे यशस्वी प्रयत्न काही शेतकऱ्यांनी केले आहेत. त्याशिवाय गुलछडी, शेवंती, ॲस्टर इत्यादी फुलांची व्यापारी पद्धतीने लागवड करून फुलशेती ही ऊसशेतीपेक्षाही फायद्याची होते, असे अनेक शेतकऱ्यांनी

दाखवून दिले आहे. त्यातही सतत वाढ होत आहे.

महाराष्ट्रातील बदलत्या शेतीचे व शेतकऱ्यांचे चित्र अशा विविध रंगांनी भरले आहे; फुलले आहे. त्यात अजून अनेक रंग भरणार आहेत. आता महाराष्ट्रातील शेतकरी जागृत झाला आहे. आपल्या शेतीत काहीतरी नवीन करावे, अधिक उत्पादन काढावे, नवीन शेतीपद्धत अवलंबावी याची तळमळ व तहान त्याला लागली आहे, हे फार महत्त्वाचे आहे. नव्या विचाराने तो भारला जात आहे ही समाधानाची गोष्ट आहे. कारण त्याच्या श्रमांतून, घामातून, त्याच्या प्रगतिशील शेतीच्या विचारातून महाराष्ट्राची शेती फुलणार आहे, बहरणार आहे. त्यातूनच महाराष्ट्र खऱ्या अर्थाने 'सुजलाम – सुफलाम' होणार आहे.

◆